Geometrie und Algebra im Wechselspiel

Hans-Wolfgang Henn

Geometrie und Algebra im Wechselspiel

Mathematische Theorie für schulische Fragestellungen

2., überarbeitete und erweiterte Auflage

STUDIUM

 Springer Spektrum

Hans-Wolfgang Henn
TU Dortmund, Deutschland
wolfgang.henn@mathematik.tu-dortmund.de

ISBN 978-3-8348-1904-8 ISBN 978-3-8348-8666-8 (eBook)
DOI 10.1007/978-3-8348-8666-8

Die Deutsche Nationalbibliothek verzeichnet diese Publikation in der Deutschen Nationalbibliografie;
detaillierte bibliografische Daten sind im Internet über http://dnb.d-nb.de abrufbar.

Springer Spektrum
© Vieweg+Teubner Verlag | Springer Fachmedien Wiesbaden 2003, 2012

Planung und Lektorat: Ulrike Schmickler-Hirzebruch, Barbara Gerlach
Einbandentwurf: KünkelLopka GmbH, Heidelberg

Gedruckt auf säurefreiem und chlorfrei gebleichtem Papier

Springer Spektrum ist eine Marke von Springer DE. Springer DE ist Teil der Fachverlagsgruppe Springer
Science+Business Media
www.springer-spektrum.de

Vorwort

In dem vorliegenden Buch werden einige grundlegende Sätze und Zusammenhänge aus den Gebieten Geometrie, Arithmetik und Algebra vorgestellt. Genauer geht es um Fragestellungen, die aus dem schulischen Mathematikunterricht kommen und bei Lehrerinnen und Lehrern den Wunsch nach einer theoretischen Durchdringung entstehen lassen können.

Bei der vertieften Bearbeitung dieser Fragenstellungen geht es mir nicht um den systematischen Aufbau einer Theorie, wie er bei vielen Mathematikbüchern üblich ist, sondern um horizontale und vertikale Vernetzung. *Horizontale Vernetzung* bedeutet dabei, dass verschiedene Gebiete der Mathematik miteinander in Beziehung gebracht werden. Die Mathematik soll als ein harmonisches Ganzes erscheinen, das mehr ist als eine Summe von Einzeldisziplinen. Gerade Studienanfänger im Fach Mathematik verlieren schnell die Übersicht und „sehen vor lauter Bäumen den Wald nicht mehr". *Vertikale Vernetzung* bedeutet, dass die Mathematik, die in der Schule betrieben wird, aus der „höheren" Sicht der Hochschule betrachtet wird. Hierfür dienen mir die berühmten Vorlesungen „Elementarmathematik vom höheren Standpunkte aus" von *Felix Klein* als Vorbild. *Klein* hat diese beiden auch als Buch erschienenen Vorlesungen (*Klein*, 1908, 1909; im Internet verfügbar) im Wintersemester 1907/08 und im Sommersemester 1908 in Göttingen gehalten. Im Vorwort beschreibt er seine Ziele:

> „Ich habe mich bemüht, dem Lehrer – oder auch dem reiferen Studenten – Inhalt und Grundlegung der im Unterricht zu behandelnden Gebiete vom Standpunkte der heutigen Wissenschaft in möglichst einfacher und anregender Weise überzeugend darzulegen."

Dieses Buch ist die zweite, erweiterte Auflage meiner 2003 bei Vieweg erschienenen „Elementaren Geometrie und Algebra" (Henn, 2003). Der jetzt gewählte Titel „Geometrie und Algebra im Wechselspiel. Mathematische Theorie für schulische Fragestellungen" soll deutlicher auf die angestrebte Vernetzung der Mathematik in Schule und Hochschule hinweisen. In dem neuen ersten Kapitel wird die „Philosophie" des Buches mit seinen zentralen didaktischen Prinzipien dargestellt. In jedem der folgenden fünf Kapitel wird zunächst im ersten Abschnitt ausführlich die (vertikale) Vernetzung der jeweiligen Thematik mit dem schulischen Mathematikunterricht dargestellt. Der dann folgende mathematische Inhalt der Kapitel ist im Wesentlichen eine Überarbeitung der Kapitel der ersten Auflage. Dieses Buch setzt eine gewisse „mathematische Grundbildung" voraus, wie sie z. B. in den ersten mathematischen Studiensemestern erworben wird. Die Kapitel sind unabhängig voneinander lesbar, dadurch gibt es einige wenige Redundanzen. Nicht jedes Ergebnis, das anschaulich erarbeitet wird oder auf das zurückgegriffen wird, wird auch bewiesen. Ein fundierter Überblick mit dem Ziel, ein „stimmiges Bild von Mathematik" zu entwickeln, war mir wichtiger als ein deduktiver Aufbau im Detail. Dieser bleibt mathematischen Spezialvorlesungen vorbehalten. Auf entsprechende „Lücken" weise ich an der jeweiligen Stelle ausdrücklich hin. Möglichst oft habe ich historische Zusammenhänge eingearbeitet und auch passende interessante mathematische Anekdoten erwähnt.

Meine Themenauswahl ist durchaus subjektiv, in jedem Fall wird aber die vertikale Verbindung von Schule und Universität deutlich. Als Beispiel seien die Band- und Flächenornamente (Kapitel 4.5 und 4.6) genannt, bei deren Behandlung das wichtige Spiralprinzip besonders gut erfahrbar wird: Solche Ornamente werden sehr erfolgreich bereits im Mathematikunterricht der Grundschule verwendet, können den Geometrieunterricht der Sekundarstufe I bereichern und werden im Buch exakt klassifiziert. Dabei werden fast nur Methoden verwendet, die im Prinzip aus dem schulischen Geometrieunterricht stammen. Die Spirale geht weiter: Hat man einen mächtigeren algebraischen Apparat zur Verfügung, so können auch Verallgemeinerungen vorgenommen werden bis hin zu aktuellen Forschungsfragen wie den quasiperiodischen Pflasterungen.

Die Definitionen, Sätze und Aufgaben sind nach dem Muster „Satz a.b" nummeriert, wobei a die Nummer des Kapitels und b die laufende Nummer ist. Das Ende eines Beweises wird mit dem rechtsbündigen Symbol ■ angedeutet. Die vielen, mehr oder weniger umfangreichen Aufgaben sollen einladen, sich mit verschiedenen Aspekten des gerade behandelten Themas selbstständig zu beschäftigen. Lösungshinweise zu diesen Aufgaben finden sich auf den Internetseiten zu diesem Buch unter:

```
http://www.geometrie-und-algebra.de/
```

Dort gibt es auch die Materialen, auf die an einigen Stellen des Buchs hingewiesen wird, und weitere Hinweise, wie z. B. auf die wohl unvermeidlichen Druckfehler.

Getreu dem chinesischen Sprichwort „ein Bild sagt mehr als tausend Worte" habe ich versucht, das Buch durch viele Bilder aufzulockern, leichter verständlich und interessanter zu machen. Diese habe ich zum Teil mit dem Computer-Algebra-System MAPLE und dem dynamischen Geometrieprogramm DYNAGEO hergestellt. Für Bilder dieses Buches, die nicht selbst hergestellt wurden, wurde soweit möglich die Abdruckerlaubnis eingeholt. Inhaber von Bildrechten, die ich nicht ausfindig machen konnte, bitte ich, sich bei mir zu melden.

Danken möchte ich meinem Kollegen Dr. Stephan Rosebrock, Karlsruhe, für seine hilfreichen fachlichen Hinweise. Ein ganz besonderer Dank gilt meinem Dortmunder Freund und Kollegen Dr. Andreas Büchter, der mir in bewährter Weise immer wieder mit Rat und Tat zur Seite gestanden ist. Last but not least danke ich meiner Frau Beate, die mich nicht nur als Mathematikerin inhaltlich unterstützt hat, sondern auch monatelang einen ungeduldigen Autor geduldig ertragen hat.

Oktober 2011

Hans-Wolfgang Henn

Inhaltsverzeichnis

Vorwort   **V**

1 Was erwartet die Leserin und den Leser   **1**
1.1 Mathematik ist Mathematik ist Mathematik 1
1.2 Zentrale didaktische Prinzipien in diesem Buch 2
1.3 Worum geht es in diesem Buch? 4
1.4 Was ist bei der Lektüre dieses Buches zu beachten? 6

2 Zu den Grundlagen der Geometrie   **9**
2.1 Vernetzung mit dem mathematischen Schulstoff 9
2.2 Historischer Überblick von *Euklid* bis *Hilbert* 12
2.3 Die verschiedenen „Geometrien" 25
2.4 Affine Ebenen und ihre Koordinatenkörper 27
     2.4.1 Affine Ebenen 28
     2.4.2 Konstruktion des Koordinatenkörpers 29
     2.4.3 Automorphismen von $\mathbb{A}$ 34
     2.4.4 Die Schließungssätze 39
     2.4.5 Der Strukturzusammenhang 42

3 Geometrische Konstruktionen   **47**
3.1 Vernetzung mit dem mathematischen Schulstoff 47
3.2 Einige klassische Probleme 50
3.3 Konstruktionen mit Zirkel und Lineal 54
3.4 Origamics – faltbare Mathematik 59
3.5 Das Deli'sche Problem der Würfelverdoppelung 62
3.6 Die Trisektion des Winkels 64
     3.6.1 Die Unmöglichkeit der Winkeldrittelung 64
     3.6.2 Die Winkeldrittelung nach *Archimedes* und andere Methoden 66
     3.6.3 Eine Papierfalt-Konstruktion 67
3.7 Die Quadratur des Kreises 68
3.8 Die Konstruktion des regelmäßigen n-Ecks 72
     3.8.1 Elementare Überlegungen 72
     3.8.2 Das Ergebnis von *Gauß* 73
     3.8.3 Das regelmäßige 5-Eck 78
     3.8.4 Das regelmäßige 7-Eck 87
     3.8.5 Das regelmäßige 17-Eck 91

4 Symmetriegruppen   **93**
4.1 Vernetzung mit dem mathematischen Schulstoff 93
4.2 Die Gruppe der Bewegungen 97
4.3 Symmetriegruppen von Polygonen 106
     4.3.1 Die Quadratgruppe Q 107
     4.3.2 Regelmäßige n-Ecke und Diedergruppen $\mathbb{D}_n$ 108
4.4 Symmetriegruppen von Polyedern 111
     4.4.1 Polyeder und *Platonische* Körper 111

    4.4.2   Bestimmung der Drehgruppen starrer Körper   120
4.5 Bandornamente und ihre sieben Symmetriegruppen.   128
4.6 Die 17 ebenen kristallographischen Symmetriegruppen   135
    4.6.1   Periodische Pflasterungen der Ebene (Flächenornamente)   135
    4.6.2   Wandmuster und zugehöriges Gitter   140
    4.6.3   Die möglichen Gitter-Fixgruppen $\Gamma_O(G)$ 142
    4.6.4 $\Gamma(F)$ enthält nur Drehungen   145
    4.6.5 $\Gamma(F)$ enthält Achsen- oder Gleitspiegelungen   147
    4.6.6   Übersicht über die Symmetrietypen   154
    4.6.7   Untersuchung von Flächenornamenten   157
    4.6.8   Die fünfeckigen Kacheln von *Rosemary Grazebrook*   160
    4.6.9   Die nichtperiodischen Flächenornamente von *Roger Penrose*   161
4.7 „Beweise, die erklären" oder „Beweise, die nur beweisen"   167

5   Algebraische Gleichungen mit einer Variablen   **169**
5.1 Vernetzung mit dem mathematischen Schulstoff   169
5.2 Auflösung durch Radikale   173
    5.2.1   Lösungen und Lösungsformeln   173
    5.2.2   Algebraische Gleichungen vom Grad ≤ 4   174
    5.2.3   Die *Cardanoschen* Formeln   177
5.3 Elementare Methoden   186
    5.3.1   Hilfsmittel aus Algebra und Analysis.   186
    5.3.2   Division mit Rest im Polynomring   188
    5.3.3   Die Methode von *Sturm*   192
5.4 Die Nichtauflösbarkeit für $n \geq 5$ 194
5.5 Der Fundamentalsatz der Algebra   201
    5.5.1   Der Fundamentalsatz.   202
    5.5.2   Der elementare Beweis nach *Argand*.   203
    5.5.3   Beweis mit dem Satz von *Liouville*   205
    5.5.4   Galoistheoretischer Beweis   205
    5.5.5   Topologische Beweisvariante nach *Gauß*   206

6   Der Aufbau des Zahlensystems: Von den natürlichen zu den komplexen Zahlen   213
6.1 Vernetzung mit dem mathematischen Schulstoff   213
6.2 Überblick über unser Zahlensystem   217
    6.2.1   Der Aufbau des Zahlensystems   217
    6.2.2   Die Messung des Unendlichen   218
6.3 Die natürlichen Zahlen   223
    6.3.1   Konstruktion von $\mathbb{N}$ als „Kardinalzahlen"   224
    6.3.2   Konstruktion von $\mathbb{N}$ als „Ordinalzahlen"   225
    6.3.3   Der konstruktivistische Ansatz   226
    6.3.4   Die axiomatische Charakterisierung   226
    6.3.5   Die *g*-adische Zahldarstellung   227
6.4 Die Erweiterung von den natürlichen zu den ganzen Zahlen   229
6.5 Die Erweiterung von den ganzen zu den rationalen Zahlen   230
6.6 Die Erweiterung von den rationalen zu den reellen Zahlen.   234
    6.6.1   Die Entdeckung der Irrationalität   234
    6.6.2   Die Konstruktion von $\mathbb{R}$ 238

6.6.3 Konstruktiver versus axiomatischer Aufbau der reellen Zahlen 241

6.7 Die Erweiterung von den reellen zu den komplexen Zahlen 242

6.8 Das *Cantor'sche* Diskontinuum und andere Fraktale 249

6.8.1 Das *Cantor'sche* Diskontinuum 249

6.8.2 Fraktale Dimension 253

6.8.3 „Zufallsfraktale" 257

Literaturverzeichnis **265**

Stichwortverzeichnis **271**

1 Was erwartet die Leserin und den Leser?

Ziel dieses Buches ist es, Elementarmathematik vom höheren Standpunkt aus lebendig werden zu lassen, um damit Lehrerinnen und Lehrer der Sekundarstufen zu befähigen, typische Themen der Mathematik in der Schule so zu unterrichten, dass die Begriffsbildungen offen für eine Vertiefung auf dem Niveau der Hochschule sind. Dabei geht es in der Schule nicht um eine Vorwegnahme des formalen Apparats, sondern um eine substanzielle Thematisierung ausgewählter zentraler Gegenstände aus Geometrie, Arithmetik und Algebra. Die Lehrerin oder der Lehrer sollen beispielsweise die Themen der schulischen Algebra in der Mittelstufe als Spezialfälle allgemeiner Begriffsbildungen und Konstruktionsverfahren der universitären Algebra erkennen, etwa wenn quadratische Gleichungen der Mittelstufe an der Hochschule zur Konstruktion quadratischer Körpererweiterungen von $\mathbb{Q}$ verwendet werden. So können sie diese Themen im Sinne des didaktisch wichtigen Spiralprinzips unterrichten, das auch der Konzeption des vorliegenden Buchs zugrunde liegt.

1.1 Mathematik ist Mathematik ist Mathematik

Helmut Kneser hat in den 50er Jahren des letzten Jahrhunderts darauf hingewiesen, dass man nicht von „Schulmathematik" sprechen sollte, weil dies nach einer „besonderen Art von Mathematik" klinge. Er schlug den Ausdruck „mathematischer Schulstoff" vor, was zeigen soll, dass es auch in der Schule um Mathematik geht, aber mit einer beschränkten und grundlegenden Stoffauswahl. Dass in der Realität „Schulmathematik" und „Universitätsmathematik" aber oft zwei verschiedene Welten sind, hat *Felix Klein* schon zu Beginn des letzten Jahrhunderts beklagt:

> „Der junge Student sieht sich am Beginn seines Studiums vor Probleme gestellt, die ihn in keiner Weise mehr an die Dinge erinnern, mit denen er sich auf der Schule beschäftigt hat. [...] Tritt er aber nach Absolvierung des Studiums ins Lehramt über, so soll er plötzlich diese herkömmliche Elementarmathematik schulmäßig unterrichten; da er diese Aufgabe kaum selbständig mit der Hochschulmathematik in Zusammenhang bringen kann, so wird er in den meisten Fällen recht bald die althergebrachte Unterrichtstradition wieder aufnehmen und das Hochschulstudium bleibt ihm nur eine mehr oder minder angenehme Erinnerung, die auf seinen Unterricht später kaum einen Einfluss hat." (Klein, 1908/1924).

Diese von *Felix Klein* beklagte (und auch heute noch übliche) doppelte Diskontinuität überwinden zu helfen, ist ein zentrales Anliegen des vorliegenden Buches. Im Gegensatz zu üblichen Mathematikbüchern, bei denen ein Gebiet systematisch aufgebaut wird, werden in diesem Buch fünf zentrale mathematische Themenkreise behandelt, die aus der subjektiven Sicht des Autors besonders relevant sind und deren zentrale inhaltliche Idee beim Übergang von der Schule zur Universität kontinuierlich sichtbar bleiben soll.

Auch wenn die Curricula für das Fach Mathematik in den 16 Bundesländern in Teilen unterschiedlich sind, so stellen doch Arithmetik, Algebra und Geometrie in jedem Land zentrale Themen dar. Allerdings werden diese Gebiete aus Sicht der Schule und aus Sicht der Hochschule recht unterschiedlich gesehen: Bei der schulischen Algebra denkt man an Buchstabenrechnen und Termumformungen, bei der Geometrie an die ebene Geometrie der Mittelstufe mit Dreiecken, Vierecken und Kreisen. An der Universität ist Algebra einerseits eine wichtige Grundlagentheorie für praktisch alle Bereiche der Mathematik und andererseits ein relevantes und lebendiges mathematisches Forschungsgebiet. Dagegen spielt Geometrie an der Universität eine eher untergeordnete Rolle; Vorlesungen gibt es vielleicht zu Grundlagen der Geometrie oder zur Differentialgeometrie. Es wird kaum sichtbar, dass und wie der in der Schule behandelte Stoff in der Hochschule im Sinne des Spiralprinzips weiterentwickelt wird. Dieses Buch und die Überschrift dieses Teilkapitels sollen zeigen, dass es nur *eine* Mathematik gibt, deren vielfältige Vernetzungen und Beziehungen zwischen der Sicht der Schule und der Sicht der Hochschule helfen können, dass die mathematischen Gegenstände wieder lebendig gemacht werden.

1.2 Zentrale didaktische Prinzipien in diesem Buch

Lehrbücher der Mathematik weisen überwiegend den typischen axiomatisch-deduktiven Aufbau mathematischer Texte auf. Dieser Aufbau ist an sich nichts Schlechtes, ist der axiomatisch-deduktive Aufbau doch gerade das charakteristische Merkmal und eine Stärke der Mathematik. Allerdings ist dieser Aufbau das Produkt eines langen Entwicklungsprozesses, nicht dessen Ausgangspunkt.

Der Aufbau dieses Buches soll sich aber zuerst am Lernprozess der Leserinnen und Leser orientieren und an dem Ziel, die Mathematik an der Universität als Vertiefung und Ausweitung der Mathematik in der Schule zu erfahren. Ausgehend vom Vorwissen der Leserinnen und Leser, hier also von den eigenen Erfahrungen aus Schule und Hochschule, werden verschiedene Facetten aus dem Spannungsfeld „Schule – Hochschule" betrachtet und Hintergründe der

schulischen Betrachtungen aus der höheren Sicht der Hochschule beleuchtet. Den Leserinnen und Lesern soll dabei eine individuelle schrittweise Konstruktion und Vernetzung der mathematischen Theorie ermöglicht werden. Dieses *(historisch) genetische Prinzip* (*Wagenschein*, 1970; *Wittmann*, 1981, S. 144 f.) ist untrennbar mit dem Namen *Martin Wagenschein* (1896 – 1988) verbunden. Durch interessante Problemkreise soll die Genese des fachlichen Denkens beim Leser ermöglicht werden. Der Leser soll auf die Reise dorthin, wo und wie Mathematik entstanden ist, mitgenommen werden. Besonders schön hat der deutsche Mathematiker *Otto Toeplitz* (1881 – 1940) schon zu Beginn des letzten Jahrhunderts dieses Ziel – bezogen auf die Analysis – ausgedrückt:

Bild 1.1 *Martin Wagenschein*

„Ich sagte mir: alle diese Gegenstände der Infinitesimalrechnung, die heute als kanonisierte Requisiten gelehrt werden ... müssen doch einmal Objekte eines spannenden Suchens, einer aufregenden Handlung gewesen sein, nämlich damals, als sie geschaffen wurden. Wenn man an diese Wurzeln zurückginge, würde der Staub der Zeiten, die Schrammen langer Abnutzung von ihnen abfallen, und sie würden wieder als lebensvolle Wesen vor uns stehen." (Toeplitz, 1927)

Was *Toeplitz* über die Analysis gesagt hat, gilt natürlich genauso für die anderen Gebiete der Mathematik – sei es in ihrer schulischen, sei es in ihrer universitären Erscheinung. Ein solches

Vorgehen ist vor allem dann wichtig, wenn sich ein Buch an Studierende des Lehramts richtet. Schließlich sollen sie später als Lehrerinnen und Lehrer produktive Lernumgebungen entwickeln, in denen die Schülerinnen und Schüler diesem genetischen Prinzip entsprechend Mathematik entdecken und betreiben können. Im vorliegenden Buch sollen die ausgewählten fachlichen Gegenstände in solche „aufregenden Handlungen" rückverwandelt werden und für die Leserinnen und Leser von dort aus entstehen.

Bild 1.2 *Seymour Bruner*

Ein weiteres, für dieses Buch grundlegendes didaktisches Prinzip ist das auf den amerikanischen Psychologen *Jérôme Seymour Bruner* (geb. 1915) zurückgehende *Spiralprinzip*. Entsprechend diesem Prinzip sollen im Unterricht fundamentale Ideen des fraglichen Fachs im Vordergrund stehen. Das Lernen soll „spiralig" organisiert sein, wobei die wesentlichen Begriffe schon früh aufgeworfen und behandelt werden und dann immer wieder aufgegriffen und mit zunehmender Mathematisierung, Systematisierung und mit wachsendem Abstraktionsgrad vertieft werden.

Ein Beispiel ist die Genese des Bruchbegriffs aus der Sicht des Spiralprinzips. Bei einer ersten propädeutischen Begegnung mit „$\frac{1}{4}$ Liter Milch" in der Grundschule dient der Bruch für eine konkrete Mengenangabe. Später in der 5. Klasse ist „$\frac{1}{4}$" eine konkrete Bruchzahl, die den Anteil einer Größe beschreibt oder einen konkreten Punkt des Zahlenstrahls darstellt. Dann in der 8. Klasse steht der Bruch „$\frac{a}{b}$" immer noch für eine Größe oder einen Punkt des Zahlenstrahls, wobei die Variablen a und b im Gegenstandsaspekt (die Variable steht für eine konkrete, aber nicht näher bekannte Zahl) oder im Einsetzaspekt (die Variable ist ein Platzhalter, für den Zahlen einer gewissen Zahlenmenge eingesetzt werden können) verwendet werden. In jedem Fall sind die mathematischen Gegenstände, hier die Brüche, konkret in der Welt, in der wir leben, verankert oder, wie man auch sagt, ontologisch gebunden. Auf dem Niveau der Hochschule wird abstrahiert von konkreten Deutungen des Bruchs, es wird verallgemeinert zu „$\frac{a}{b}$" als Element des Quotientenkörpers eines Integritätsbereichs. Jetzt werden die Variablen im Kalkülaspekt verwendet, d. h., sie sind im Prinzip bedeutungslose Zeichen, die keine ontologische Bindung mit der Realität mehr haben und mit denen nach gewissen Regeln operiert werden kann. Das Beispiel zeigt, wie die Entwicklung des Wissenserwerbs vom Anschaulichen zum Abstrakten geht. Jedes Mal wird das Vorwissen aufgegriffen, weiter vertieft und abstrahiert. Für das Verständnis eines abstrakten mathematischen Begriffs sind aber semantische Vorstellungen, hier die Vorstellung konkreter Brüche, wesentlich, sonst besteht die Gefahr, dass nur auf der syntaktischen Ebene – und dann häufig falsch – gearbeitet wird.

Ein Beispiel aus der Geometrie für das Spiralprinzip ist das Kapitel 4 über Symmetriegruppen. Symmetrien der dort behandelten Art kommen schon in der Grundschule vor und werden immer wieder durch die Sekundarstufe I mit wachsender Komplexität thematisiert.

Ein Beispiel aus der Algebra für das Spiralprinzip ist das Kapitel 5 über algebraische Gleichungen einer Variablen, d. h. von Gleichungen der Art $f(x) = 0$, wobei $f(x)$ ein Polynom ist. Das Lösen von Gleichungen ist ohne Zweifel eine fundamentale Aufgabe der Mathematik, die ebenfalls schon in der Grundschule den Schülerinnen und Schülern an einfachen Beispielen gestellt wird. Viele innermathematische und außermathematische Probleme führen auf eine zu lösende Gleichung. Wie kommt man zu einer Lösung? In den weitaus meisten Fällen gibt es keine „exakte" Lösungsmethode, etwa in Form einer Lösungsformel. Oft lässt sich die Suche nach Lösungen einer Gleichung durch die Suche nach Nullstellen einer Funktion ersetzen – jetzt kann ein Funktionenplotter wertvolle Hilfe leisten und zur Erfassung des wesentlichen Unterschieds zwischen der Existenz von Lösungen einer Gleichungen, von Näherungslösungen und der Existenz von Lösungsformeln anregen. In den Sekundarstufen werden lineare und quadratische Gleichungen (und vielleicht Spezialfälle von algebraischen Gleichungen höheren Grades) sehr ausführlich, vielleicht zu ausführlich, behandelt. Da es für diese Gleichungen Lösungsformeln gibt, könnte die falsche Vorstellung entstehen, das sei immer so. Der mathematische Hintergrund, die Suche nach Lösungsformeln algebraischer Gleichungen 3., 4., 5., allgemein n-ten Grades ist aus mathematischer Sicht tiefliegend und spannend und hat eine ebenso spannende historische Komponente. Im Sinne des Spiralprinzips ist es für Lehrerinnen und Lehrer (und für interessierte Schülerinnen und Schüler) eine wertvolle Aufgabe, diesen Zusammenhängen nachzugehen.

Alle in diesem Buch behandelten Themen wurzeln in Fragen des mathematischen Schulstoffs und entsprechen fundamentalen mathematischen Ideen, die sich gemäß dem Spiralprinzip vom Beginn der Schulzeit bis zur Universität verfolgen lassen. Der hier gewählte Zugang zur Mathematik soll sinnstiftend wirken und der oben zitierten *Klein'schen* Diskontinuität einer Trennung zwischen „Schul-Mathematik" und „Universitäts-Mathematik" entgegenwirken.

1.3 Worum geht es in diesem Buch?

Die Sprache, Methoden und Ergebnisse der Algebra sind Grundlage (fast) aller mathematischen Disziplinen – auch in der Schule. In unserer Expertise zum Mathematikunterricht in der gymnasialen Oberstufe (*Borneleit* u. a., 2001) haben wir Analysis, Analytische Geometrie und Stochastik als die drei Säulen der Sekundarstufe II beschrieben. Alle drei bauen auf der Mathematik der Sekundarstufe I auf, sind also ohne Geometrie und Algebra nicht denkbar. Zu den Gebieten Stochastik (*Büchter & Henn*, 2007[2]) und Analysis (*Büchter & Henn*, 2010) haben *Andreas Büchter* und ich Bücher verfasst, die zwar im Gegensatz zu diesem Buch Lehrbücher zum Erarbeiten eines Themas, aber mit derselben didaktischen „Philosophie" wie dieses Buch geschrieben sind; ein weiteres Buch zur Analytischen Geometrie ist in Vorbereitung.

Die Themen, die ich für dieses Buch gewählt habe, entsprechen besonders gut dem Spiralprinzip. Von der Primarstufe bis zur „höheren Sicht" der universitären Fachmathematik werden Themen aus Geometrie und Algebra vielfach vernetzt und weiterentwickelt. Zu Beginn jedes Kapitels wird im 1. Abschnitt jeweils die spiralige Vernetzung des Kapitel-Themas mit dem mathematischen Schulstoff dargestellt – es geht genauer um die folgenden fünf Themengebiete:

Kapitel 2: Grundlagen der Geometrie

Ein „Überblick von *Euklid* bis *Hilbert*" beschreibt den Übergang von der ontologisch gebundenen Sicht *Euklids* zur abstrakten Konstruktion *Hilberts*. In der schulischen Sicht der Zeichenebene mit einem zweidimensionalen kartesischen Koordinatensystem werden Punkte durch Zahlen und Geraden durch Zahlgleichungen beschrieben. Die abstrakte Verallgemeinerung dieser anschaulichen Sicht durch die Konstruktion des „Koordinatenkörpers" für eine beliebige affine Ebene ist ein spannendes Beispiel für das Entstehen neuer Mathematik.

Kapitel 3: Geometrische Konstruktionen

Leitlinie dieses Kapitels sind die folgenden, mit Zirkel und Lineal unlösbaren Probleme: Das Deli'sche Problem der Würfelverdoppelung, die Dreiteilung des Winkels und die Konstruktion regelmäßiger *n*-Ecke, von denen als Erstes das 7-Eck nicht konstruierbar ist. Interessanterweise können diese Aufgaben alle mit Papierfalten, also mit Methoden des Origami gelöst werden.

Kapitel 4: Symmetriegruppen

Symmetrien werden schon in der Primarstufe ausführlich untersucht. Die Untersuchung von *Platonischen* Körpern und von Band- und Flächenornamenten vernetzt auch Fächer wie Geschichte und Kunst mit der Mathematik. Die Klassifikation der Ornamente gelingt mit Mitteln der Sekundarstufe, ist aber in dieser Vollständigkeit für den herkömmlichen Unterricht zu komplex.

Kapitel 5: Algebraische Gleichungen einer Variablen

Das Lösen von Gleichungen ist ohne Zweifel eine fundamentale Aufgabe der Mathematik. Dies geht von einfachen Gleichungen des Typs $3 + \square = 5$ in der Grundschule – in das Kästchen als „Platzhalter" werden Zahlen eingesetzt – bis hin zu Lösungen partieller Differentialgleichungssysteme an der Universität. Oft liefert der Wunsch, neue Gleichungstypen lösen zu können, den Anstoß, neue Zahlen zu entdecken. Besonders wichtige Gleichungen sind die algebraischen Gleichungen einer Variablen, die aus historischer Sicht bemerkenswert sind. In der Schule kommen sie oft im Wesentlichen und in unangemessener Breite als quadratische Gleichungen mit ihrer „p-q-Formel" vor. In manchen Bundesländern heißt diese Formel „Mitternachts-Formel", da sie angeblich so wichtig ist, dass man sie auch nachts um 12 Uhr geweckt aufsagen können muss. Wie kommt man aber zu den Lösungen von Gleichungen höheren Grades?

Kapitel 6: Aufbau des Zahlensystems

Der Aufbau des Zahlensystems von den natürlichen Zahlen bis zu den reellen Zahlen füllt einen großen Teil des Mathematikunterrichts von der Primarstufe bis weit in die Sekundarstufe I hinein. Aus der Sicht der Schule sind die Zahlen ontologisch gebunden an die Zahlengerade: In der anschaulichen Sicht des niederländischen Mathematikers und Mathematikdidaktikers *Hans Freudenthal* (1905 – 1990) sind alle Zahlen schon da und müssen „nur" auf der Zahlengeraden entdeckt werden. In einer abstrakteren Sicht hingegen müssen die natürlichen und alle weiteren Zahlen erst konstruiert werden, was in der Schule natürlich anschaulich geschieht; hier spricht man dann sinnvollerweise von „Zahlbereichserweiterungen".
Die exakte abstrakte Realisierung, bei der auf dem

Bild 1.3 *Hans Freudenthal*

Niveau der Hochschule die natürlichen, rationalen, reellen und komplexen Zahlen konstruiert werden, ist die Verallgemeinerung im Sinne des Spiralprinzips. „Noch eine Spirale weiter" kann dann der Quotientenkörper eines Integritätsbereichs definiert werden. In jedem Fall orientiert sich diese abstrakte Sicht, wie so oft in der Mathematik, an der anschaulichen Sicht der Schule, sofern dort elementarisiert, aber nicht verfälscht wurde.

1.4 Was ist bei der Lektüre dieses Buchs zu beachten?

Dieses Buch richtet sich vor allem an Studierende des Lehramts für die Sekundarstufen im Hauptstudium bzw. in der Masterphase, aber auch an Referendarinnen und Referendare oder an erfahrene Lehrkräfte, die nach neuen Anregungen suchen. Sie sollen ein angemessenes und vielschichtiges Bild der Mathematik entwickeln einschließlich des Zusammenhangs zwischen Schulstoffen und Inhalten der universitären Fachvorlesungen. Es ist aber ebenso gut geeignet, Studierenden der Mathematik oder ihrer Anwendungsdisziplinen mit dem Abschlussziel Bachelor oder Master einen inhaltlichen Zugang zu Gebieten zu verschaffen, der für weiterführende Vorlesungen sinngebend wirken und damit zu einem „stimmigen Bild" von Mathematik beitragen kann.

Alle in diesem Buch behandelten Themen wurzeln in wichtigen Fragen der in der Schule üblichen mathematischen Themengebiete. Natürlich ist diese Auswahl auch aufgrund der subjektiven Sicht und der mathematischen Herkunft des Autors geschehen. Dementsprechend werden die Leserin oder der Leser manche ihr oder ihm wichtige Themen vermissen. Insbesondere ist das Buch kein klassisches Lehrbuch, sondern soll die in klassischen Vorlesungen und mit klassischen Lehrbüchern erworbenen Kenntnisse verwenden, um wichtige Themen der Schule von „höherem Standpunkt" aus fortzuführen. Das Buch soll auch ganz einfach „zum Schmökern" anregen.

Es basiert auf meinem 2003 erschienenen Buch „Elementare Geometrie und Algebra". Die sehr freundliche Aufnahme in den an den Verlag geschickten Beurteilungen hat mich ermutigt, diese Überarbeitung und Erweiterung zu verfassen. Das folgende Zitat aus einer Beurteilung beschreibt sehr schön mein Ziel: „Stetes Aufzeigen des Schulbezugs ermöglicht den Lehramtsstudierenden einen einzigartigen Blick von oben auf Geometrie und Algebra, die in der Schulmathematik eine zentrale Rolle spielen." Die Darstellung der Inhalte erfolgt nicht auf dem Niveau schulischen Unterrichts, sondern geht von dem für Lehrerinnen und Lehrer notwendigen höheren Standpunkt aus. Der Schwierigkeitsgrad des Textes ist folglich unterschiedlich und hängt vom jeweiligen Thema ab. Beispielsweise werden in Kapitel 5.4 Elemente der Galoistheorie benötigt, die zwar dort knapp dargestellt werden, zu deren Verständnis aber tiefere Kenntnisse in klassischer Algebra nötig sind. Alle Kapitel sind unabhängig voneinander lesbar.

Wenn Sie mit diesem Buch arbeiten, ist es empfehlenswert, ein Computer-Algebra-System (CAS) und eine Dynamische Geometriesoftware (DGS) zur Verfügung zu haben. Ich habe z. B. bei der Erstellung von Abbildungen verschiedene Computerprogramme, vor allem CAS und DGS, genutzt. Genauer habe ich das CAS MAPLE und das DGS DYNAGEO verwendet. Die in diesem Buch angestrebten Ziele sind natürlich mit *jedem* CAS und *jedem* DGS erreichbar. Besonders empfehlenswert sind das CAS MAXIMA und das DGS GEOGEBRA, da beide sehr leistungsfähig und kostenfrei sind. In der nächsten Version von GEOGEBRA soll MAXIMA integriert sein.

Wesentlich für mathematisches Arbeiten – sei es in der Schule, sei es an der Hochschule – ist die eigene Beschäftigung mit der jeweiligen Thematik; es muss ein Gleichgewicht zwischen „Instruktion" (hier durch den Text des Buches) und „Konstruktion" (hier durch die Beschäftigung mit Aufgaben) bestehen. Deshalb bietet das Buch viele Aufgabe zum eigenen Arbeiten an. Auf den Internetseiten zu diesem Buch stehen unter

http://www.geometrie-und-algebra.de/

ausführliche Lösungshinweise zu den Aufgaben. Auf diesen Seiten finden Sie auch weitere Informationen wie einen – hoffentlich nur kleinen – Fehlerteufel mit eventuellen Korrekturen und können eine E-Mail an den Autor senden. Ebenfalls finden Sie die verwendeten Computerfiles für die CAS MAPLE und MAXIMA und für die DGS DYNAGEO und GEOGEBRA.

Die an verschiedenen Stellen angegebenen Internetadressen wurden zuletzt im September 2011 überprüft.

2 Zu den Grundlagen der Geometrie

In diesem Kapitel wird die Entwicklung der Geometrie zu einer abstrakten Wissenschaft beschrieben. Vor über 2500 Jahren haben die alten Griechen damit begonnen, geometrische Fragestellungen, die schon in vielen alten Kulturen aus Realsituationen entstanden waren, in einer neuen, abstrakten Sicht zu betrachten. *Euklid* (lebte um 360 v. Chr.) hat in seiner berühmten, 13-bändigen Abhandlung *Die Elemente* das mathematische Wissen seiner Zeit zusammengefasst und damit das erste Werk exakter Wissenschaft geschaffen. Alle Ergebnisse wurden auf Definitionen, Postulaten und Axiomen aufgebaut und dann streng bewiesen. Dieses Werk blieb maßgeblich bis in die Neuzeit. Das Postulat, das die Existenz von Parallelen forderte, wirkte durch die Jahrhunderte als Katalysator für mathematische Forschung, da Generationen von Mathematikern versuchten, es zu beweisen. Die Entdeckung nichteuklidischer Geometrien im 19. Jahrhundert, bei denen dieses Postulat nicht gilt, gab den Anstoß zu einem neuen Aufbau der Geometrie. Diese Entwicklung fand ihren Höhepunkt mit *David Hilberts* 1899 erschienenen *Grundlagen der Geometrie*.

2.1 Vernetzung mit dem mathematischen Schulstoff

Die Geometrie beschreibt bestimmte Facetten der uns umgebenden Welt. Allerdings sind die Objekte, mit denen die Welt beschrieben wird, in gewissem Sinne vage: Niemand kann genau erklären, was ein Punkt oder was eine Gerade ist, auch wenn wir alle tragfähige Vorstellungen davon haben, mit denen wir Geometrie treiben können. Die Grundbegriffe „Punkt" und „Gerade" sind ontologisch gebunden; wir haben eine intuitive Vorstellung davon. Die bewusste Analyse eines „Bleistift-Punkts" oder eines „DGS-Punkts" kann die intuitive Vorstellung eines geometrischen Punkts unterstützen und zu einer adäquaten Grundvorstellung führen. Es ist ein wichtiges Ziel des Geometrieunterrichts, diesen Abstraktionsprozess vom konkreten Objekt zu einem durch tragfähige Vorstellungen abgesicherten mathematischen Begriff zu fördern. Ein Bierdeckel oder ein mit der Hand in der Luft gezogener Kreis, dann mit dem Zirkel gezeichnete Kreise auf dem Papier sollen die Vorstellung des geometrischen Konstrukts „Kreis" fördern. Der mathematische Begriff „Kreis" hat (wie auch alle anderen mathematische Begriffe schon in der Grundschule) theoretischen Charakter, wird aber erst durch den Umgang mit Konkretem aufgebaut. Der theoretische Begriff „Kreis" wird durch das Erkennen des Gleichbleibenden in vielen „konkreten Kreisen" und in Abgrenzung zu vielen „runden", aber nichtkreisförmigen Dingen geschaffen. Der Abstraktionsprozess führt also von konkreten Gegenständen, hier etwa Bierdeckeln, über viele Zeichnungen von Kreisen zur Figur „Kreis". Man kann etwas plakativ sagen, dass Geometrie das Erkennen der Figur in der Zeichnung ist. Eine Zeichnung ist immer konkret und heuristisch wertvoll. Sie ist die Verwirklichung einer Konstruktionsvorschrift. Die Figur ist eine Klasse von Zeichnungen, sie kann am besten als Konstruktionsvorschrift gesehen werden. Im Zugmodus eines DGS wird die Zeichnung variiert, aber nicht die Figur. Wenn man durch die Vorgabe von vier Punkten ein Viereck konstruiert, so kann man durch Ziehen an den vier Ecken beliebige andere Vierecke erzeugen, natürlich auch Rechtecke und Quadrate. Das Gemeinsame aller dieser auf dem Bildschirm erzeugten Vierecke ist aber nur die Figur „Viereck". Konstruiert man dagegen ein Quadrat, so sind alle im Zugmodus erzeugten weiteren Vierecke ebenfalls Quadrate. Das Gemeinsame aller dieser

Vierecke ist die Figur „Quadrat". Der Transfer vom konkreten Ziehen an der Zeichnung zu dem Konzept der Figur als das Gemeinsame aller Zugprodukte aus der ersten Zeichnung kann als Analogon zu dem Wechsel von Zahl zu Variable oder Term in der Algebra angesehen werden.

Die *Euklidische* Geometrie war über zwei Jahrtausende lang Paradebeispiel exakter Mathematik; die *Hilbert'sche* Geometrie setzte neue, auch heute noch gültige Maßstäbe einer abstrakten, an keine Anschauung gebundenen Theorie[1]. Die Elementargeometrie ist besonders geeignet, Schülerinnen und Schüler geometrische Sachverhalte entdecken, begründen und beweisen zu lassen. Natürlich ist hierfür weder das *Euklidische* noch gar das *Hilbert'sche* Axiomensystem als Grundlage geeignet (allerdings sollten Lehrerinnen und Lehrer einen Überblick hierüber haben). Jedoch sind Beweisaktivitäten im Sinne von *Freudenthals „lokalem Ordnen"* (*Freudenthal*, 1973, S. 142) hierfür sehr wohl geeignet. Die Schülerinnen und Schüler sollen in einzelnen Teilbereichen eines mathematischen Gebiets den inneren Begründungszusammenhang erkennen und verstehen. Im lokalen Ordnen sollen sie zu einer zunehmend auch deduktiven Betrachtungsweise übergehen. Über die naiv anschauliche geometrische Propädeutik hinaus sollen Aktivitäten des Begriffsbildens, des Argumentierens und Deduzierens angestoßen werden, wobei durchaus auch anschauliche und inhaltliche Argumentationen erlaubt sind. Allerdings muss man behutsam vorgehen, wenn Beweise nur auf eine Skizze gestützt sind. Mögliche Tücken dieses Vorgehens zeigt etwa der Beweis, dass alle Dreiecke gleichschenklig sind (*Lietzmann*, 1950, S. 88). Daher ist wichtig, dass vereinfacht, aber nicht verfälscht wird und dass bei Bedarf exaktifiziert werden kann, wie es *Werner Blum* und *Arnold Kirsch* (1991) fordern. Ein Beispiel ist die folgende Idee von *August Schmid*, dem langjährigen Herausgeber der Gymnasialreihe „Lambacher-Schweizer". Er hat vorgeschlagen, vier Sätze als nicht zu beweisende, anschaulich plausible Grundlagen der Elementargeometrie zu wählen:

(1) Satz vom gleichschenkligen Dreieck („gleiche Seiten $\Leftrightarrow$ gleiche Winkel").

(2) Satz von den Stufenwinkeln an Parallelen (für zwei verschiedene Geraden g und h gilt: „parallel $\Leftrightarrow$ Stufenwinkel gleich").

(3) Satz vom Parallelogramm („Gegenseiten gleichlang $\Leftrightarrow$ Gegenseiten parallel").

(4) Satz von der zentrischen Streckung (Bild h einer Geraden g bei einer zentrischen Streckung ist ebenfalls Gerade, und h ist parallel zu g. Sind umgekehrt g und h parallel, so gehen sie durch eine zentrische Streckung auseinander vor).

Auf dieser Grundlage lässt sich die gesamte Elementargeometrie „lokal ordnen".

Wir können unsere Welt geometrisch beschreiben und können beispielsweise Längen und Winkel messen. Nach der auf *René Descartes* (1596 – 1650) zurückgehenden Algebraisierung der Geometrie können wir geometrische Objekte durch Zahlen beschreiben; die hierdurch mögliche Koordinatisierung geometrischer Sachverhalte erweist sich als fundamentale Idee der Mathematik; die Koordinaten sind das Bindeglied zwischen Geometrie und Algebra. In der ebenen Geometrie werden Punkte durch Zahlenpaare $(x|y)$ und Geraden durch lineare Gleichungen vom Typ $y = a \cdot x + b$ oder $x = a$ beschrieben. *Was* ein Punkt bzw. eine Gerade ist, wird dadurch immer noch nicht erklärt, wir haben aber mit der reellen Zahlenebene $\mathbb{R}^2$ einen sehr bequemen Formalismus erhalten.

---

[1] Gleichwohl wurzelt diese Theorie in der Anschauung, die erst Anlass zur Entwicklung der Theorie gegeben hat. Die Formulierung der Theorie ist aber nicht mehr ontologisch gebunden.

In Kapitel 2.4 wird als konkretes Beispiel für den streng axiomatischen Aufbau einer geometrischen Theorie ausführlich ein einfacher und übersichtlicher Spezialfall, die Theorie der affinen Ebenen und ihrer „Koordinatenkörper", behandelt. Dies ist eine wunderschöne Theorie, bei der elementargeometrische Beobachtungen, die in der Schule gemacht werden können, „umgedreht" und abstrahiert werden. Es geht um die folgenden Beobachtungen:

a. Zwei grundlegende Konstruktionen der Elementargeometrie in der reellen Zahlenebene $\mathbb{R}^2$ sind das Zeichnen der Verbindungsgeraden durch zwei verschiedene Punkte und die Konstruktion der Parallelen durch einen Punkt zu einer gegebenen Geraden.

b. Die Geometrie in der Ebene erweist sich auch in der Algebra als sehr nützlich: Nach der Entdeckung der reellen Zahlen auf dem Zahlenstrahl können Addition und Multiplikation wie in Bild 2.1 für die reellen Zahlen elementargeometrisch definiert werden; diesen Weg gehen auch mehrere Schulbücher. Links erhält man $c = a + b$, rechts ergibt sich mit Hilfe der Strahlensätze $c = a \cdot b$.

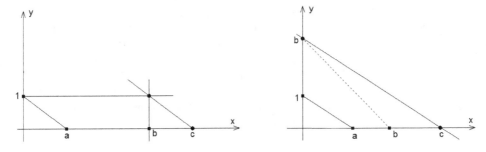

Bild 2.1 Addition und Multiplikation reeller Zahlen

c. Zur statischen *Euklidischen* Kongruenzgeometrie ist in der ersten Hälfte des 20. Jahrhundert gemäß dem Erlanger Programm *Felix Kleins* die dynamische Abbildungsgeometrie getreten. Beide Aspekte, die Kongruenzgeometrie und die Abbildungsgeometrie, sind zwei Seiten der einen Medaille Geometrie. Die Ende der 80er Jahre des letzten Jahrhunderts eingeführten DGS haben die Dynamisierung der Geometrie fruchtbar unterstützt. Leider führt die ausschließliche Behandlung von Kongruenz- und Ähnlichkeitsabbildungen oft zu der falschen Vorstellung, geometrische Abbildungen seien „von Hause aus" geradentreu. Mit Hilfe eines DGS ist es einfach, nicht geradentreue Abbildungen zu studieren und so ein ausgewogenes Bild von Mathematik aufzubauen (z. B. *Henn*, 1997). So wird klar, dass es explizit gefordert werden muss, dass eine Abbildung, die ja „nur" jedem Punkt einen eindeutig bestimmten Bildpunkt zuordnet, auch die Punkte einer Geraden auf eine Punktmenge abbildet, die wiederum eine Gerade ist. Nur solche Abbildungen sind (zunächst) für die Geometrie sinnvoll. Die Forderung weiterer Eigenschaften führt dann zu den Kongruenz- und Ähnlichkeitsabbildungen und später in einer weiteren Spirale im Sinne des Spiralprinzips zu den entsprechenden Abbildungsgruppen.

d. Schließlich gibt es in der Elementargeometrie viele schöne Sätze. Einer, der in der Schule eine große Rolle spielt und der einfach zu beweisen ist, ist der Satz des *Pythagoras*. Seine schulische Bedeutung liegt darin, dass man mit seiner Hilfe Längen (und in Verallgemeinerung zum Cosinus-Satz auch Winkel) *berechnen* und nicht nur messen kann. Viele weitere, zum Teil schon von den alten Griechen gefundene Sätze spielten früher in der Elementargeometrie der Schule eine wichtige Rolle, werden heute allerdings kaum noch behandelt. Ein Beispiel ist der Satz von *Pappos* (lebte um 300 n. Chr.). Bild 2.2 zeigt ihn in der „großen affinen Fassung". Die Punkte *A*, *B*, *C* und *D* liegen abwechselnd auf den sich schneidenden Geraden *f* und *g*. Dann werden *E* und *F* so gesetzt, dass *DE* parallel zu *BA* und *EF* pa-

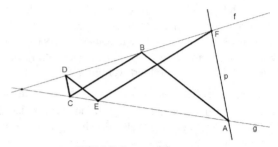

Bild 2.2 Satz von *Pappos*

rallel zu *BC* werden. Die Aussage des Satzes ist, dass die Parallele zu *CD* durch *A* durch den Punkt *F* geht und so das Sechseck *ABCDEF* schließt. Sätze dieser Art heißen ganz anschaulich „Schließungssätze".

Die grundlegende Abstraktion in Kapitel 2.4 ist die Definition „affiner Ebenen" als nichtleere Mengen, deren Elemente „Punkte" heißen, mit gewissen Teilmengen der Punktmenge, die „Geraden" genannt werden, und bei denen die in a. genannten „Basiskonstruktionen" mit Punkten und Geraden möglich sind. Nun wird eine Geraden-Teilmenge *k* als „Koordinatenkörper" ausgezeichnet und gezeigt, dass die affine Ebene sich als k^2 deuten lässt und dass *k* in Analogie von b. mit einer Art „Addition" $\oplus$ und „Multiplikation" $\otimes$ versehen werden kann. In Verallgemeinerung von c. übernehmen gewisse Selbstabbildungen der Punktmenge die Rolle von Kongruenzabbildungen und zentrischen Streckungen im elementargeometrischen Fall. Des Weiteren können gewisse Schließungssätze wie der Satz von *Pappos* in d. in der affinen Ebene betrachtet und (manchmal) bewiesen werden. Das Spannende an diesem Vorgehen wird sein, dass die algebraischen Eigenschaften des Verknüpfungsgebildes (k, $\oplus$, $\otimes$), die Existenz gewisser Abbildungen und die Gültigkeit gewisser Schließungssätze aufs Engste miteinander verbunden sind.

2.2 Historischer Überblick von *Euklid* zu *Hilbert*

Aufbauend auf der mehr anwendungsorientierten Geometrie der Babylonier und der Ägypter haben die griechischen Mathematiker vor 2500 Jahren die Geometrie zu einer abstrakten Wissenschaft entwickelt. Während die alten Ägypter nach den jährlichen Nilüberschwemmungen zur Neuvermessung konkrete Vermessungsarbeit leisten mussten, war die Geometrie bei den alten Griechen eine rein theoretische Wissenschaft, die eines freien Mannes würdig war. Der griechische Mathematiker *Euklid* (lebte um 300 v. Chr.) fasste in seinem berühmten 13-bändigen Werk, den *Elementen*, systematisch das mathematische Wissen seiner Zeit zusammen. *Euklid* wirkte an der *Platonischen* Akademie in Alexandria. Aus der Denkweise *Euklids* hat sich die heutige Auffassung mathematischen Denkens entwickelt. Unter Verzicht auf die Anschauung kommt man allein mit logischen Schlüssen aus Grundannahmen zu neuem mathematischen Wissen. Die Geometrie war Vorbild für viele andere Wissenschaften. *Galileo Galilei* meinte, wer die Geometrie begreift, vermag in dieser Welt alles zu verstehen. Auch ein Philosoph, der auf die strenge Logik

Bild 2.3 *Euklid*

seiner Argumentation hinweisen wollte, versicherte, „in more geometrico" zu arbeiten. „Wie in der Geometrie" war Jahrhunderte lang der äußerste erreichbare Grad von Exaktheit. Man bedenke, dass im Vergleich dazu Zahl- und Funktionsbegriff erst im 19. Jahrhundert befriedigend geklärt wurden.

Kein Buch außer der Bibel hat so viele Ausgaben und Übersetzungen erlebt wie die *Elemente*. Die schönste *Euklid*-Ausgabe (vgl. auch *Rauchhaupt*, 2011) stammt von dem Briten *Oliver Byrne* aus dem Jahr 1847. *Byrne* hat versucht, die *Elemente* zu visualisieren, indem er sehr viele farbige Abbildungen eingefügt und dafür *Euklids* Formeln weitgehend weggelassen hat. Bild 2.4 zeigt den Satz des *Pythagoras* aus dem ersten Buch *Euklids*. Originale dieser Ausgabe sind unbezahlbar, glücklicherweise gibt es seit Kurzem eine Faksimile-Ausgabe (*Byrne*, 1847/2010, S. 48).

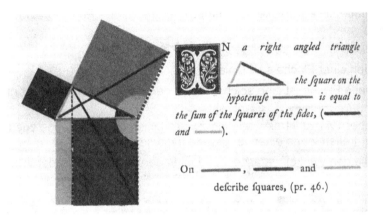

Bild 2.4 Satz des *Pythagoras*

Noch Anfang des 20. Jahrhunderts wurden die *Elemente* in Schulen als Lehrbuch verwendet. Die heutige Elementargeometrie in der Schule fußt letztendlich auf *Euklid*, auch wenn dies weitgehend in Vergessenheit geraten ist und die eigentliche Motivation *Euklids* in den Hintergrund getreten ist.

Einen Überblick zur Geschichte der *Elemente* gibt z. B. *Jürgen Schönbeck* (1998). Für eine vertiefte Auseinandersetzung mit *Euklids* Werk seien die Bücher *Euclid – The Creation of Mathematics* von *Benno Artmann* (1999) und *Euklids Erbe* von *Günter Aumann* (2006) empfohlen.

Euklid wollte die Geometrie von ihren konkreten materiellen Grundlagen wie Maßbändern und Lichtstrahlen trennen. Seine Grundlage waren *Definitionen*, *Postulate* und *Axiome*, aus denen nur durch logisches Schließen alle weiteren Sätze *deduziert* wurden. Zu Beginn des ersten Buchs der *Elemente* stehen diese beweislos anzuerkennenden Grundlagen. Dann folgen 48 Paragraphen, in denen die ersten Sätze der ebenen Geometrie bewiesen werden. Genauer befassen sich die §§ 1 – 26 mit Kongruenzlehre, Fundamentalkonstruktionen und Verwandtem, die §§ 27 – 32 mit der Parallelenlehre und schließlich die §§ 33 – 48 mit den Hauptsätzen über das Parallelogramm und die Lehre von der Flächengleichheit.

Es ist durchaus etwas mühsam, aber empfehlenswert, die Gedankengänge *Euklids* nachzuvollziehen. Im folgenden Text werden einige Passagen aus der deutschen Übersetzung *Euklid* (1980) zitiert (erkenntlich durch den Strich am linken Rand). Zunächst kommen *Euklids* Grundlagen, die Definitionen, Postulate und Axiome. Machen Sie sich ggf. Skizzen, um zu verstehen, was *Euklid* meint.

Definitionen

1. Ein *Punkt* ist, was keine Teile hat,

2. Eine *Linie* breitenlose Länge.

3. Die Enden einer Linie sind Punkte.

4. Eine *gerade Linie (Strecke)* ist eine solche, die zu den Punkten auf ihr gleichmäßig liegt.

5. Eine *Fläche* ist, was nur Länge und Breite hat.

6. Die Enden einer Fläche sind Linien.

7. Eine *ebene* Fläche ist eine solche, die zu den geraden Linien auf ihr gleichmäßig liegt.

8. Ein ebener *Winkel* ist die Neigung zweier Linien in einer Ebene zueinander, die einander treffen, ohne einander gerade fortzusetzen.

9. Wenn die den Winkel umfassenden Linien gerade sind, heißt der Winkel *geradlinig*.

10. Wenn eine gerade Linie, auf eine gerade Linie gestellt, einander gleiche Nebenwinkel bildet, dann ist jeder der beiden gleichen Winkel ein *Rechter*, und die entstehende gerade Linie heißt *senkrecht* zu (*Lot* auf) der, auf der sie steht.

11. *Stumpf* ist ein Winkel, wenn er größer als ein Rechter ist,

12. *Spitz*, wenn kleiner als ein Rechter.

13. Eine *Grenze* ist das, worin etwas endigt.

14. Eine *Figur* ist, was von einer oder mehreren Grenzen umfasst wird.

15. Ein *Kreis* ist eine ebene, von einer einzigen Linie umfasste Figur mit der Eigenschaft, dass alle von einem innerhalb der Figur gelegenen Punkte bis zur Linie laufenden Strecken einander gleich sind;

16. Und *Mittelpunkt* des Kreises heißt dieser Punkt.

17. Ein *Durchmesser* des Kreises ist jede durch den Mittelpunkt gezogene, auf beiden Seiten vom Kreisumfang begrenzte Strecke; eine solche hat auch die Eigenschaft, den Kreis zu halbieren.

⋮

23. Parallel sind gerade Linien, die in derselben Ebene liegen und dabei, wenn man sie nach beiden Seiten ins Unendliche verlängert, auf keiner einander treffen.

Postulate

Gefordert soll sein,

1. Dass man von jedem Punkt nach jedem Punkt die Strecke ziehen kann,

2. Dass man eine begrenzte gerade Linie zusammenhängend gerade verlängern kann,

3. Dass man mit jedem Mittelpunkt und Abstand den Kreis zeichnen kann,

4. Dass alle rechten Winkel einander gleich sind,

5. Und dass, wenn eine gerade Linie beim Schnitt mit zwei geraden Linien bewirkt, dass innen auf derselben Seite entstehende Winkel zusammen kleiner als zwei Rechte werden, dann die zwei geraden Linien bei Verlängerung ins Unendliche sich treffen auf der Seite, auf der die Winkel liegen, die zusammen kleiner als zwei Rechte sind.

Axiome

1. Was demselben gleich ist, ist auch einander gleich.

2. Wenn Gleichem Gleiches hinzugefügt wird, sind die Ganzen gleich.

3. Wenn von Gleichem Gleiches weggenommen wird, sind die Reste gleich.

4. Wenn Ungleichem Gleiches hinzugefügt wird, sind die Ganzen ungleich.

5. Die Doppelten von dem selben sind einander gleich.

6. Die Halben von dem selben sind einander gleich.

7. Was einander deckt, ist einander gleich.

8. Das Ganze ist größer als der Teil.

9. Zwei Strecken umfassen keinen Flächenraum.

Man erkennt, dass die zulässigen geometrischen Konstruktionen nichts mit den Bedürfnissen des praktischen Zeichnens zu tun haben. Die *Elemente* sind ein rein wissenschaftliches Buch, die erlaubten Grundkonstruktionen sind normative Setzungen, also gewissermaßen Spielregeln. Die Definitionen schaffen es allerdings nicht, sich von der Bindung an die Realität zu lösen. Wer nicht anschaulich weiß, was ein Punkt ist, wird es aus *Euklids* Definition auch nicht lernen. Wer keine Erfahrung mit materiellen Geraden hat, wird kaum aus *Euklids* Definition ein adäquates Bild von Geraden erhalten. Entsprechendes gilt für die Definition von Winkeln. In Definition 10 müssen Winkel verglichen werden, ohne dass gesagt wird, wie das zu geschehen hat. Neue Begriffe können die Definitionen also nicht schaffen, sie zeigen nur *Euklids* Bemühen um einen abstrakten Aufbau der Geometrie.

Für *Euklid* ist, vergleichbar mit der heutigen Auffassung, die Existenz des Definierten nicht durch die Definition gesichert, sondern muss durch Postulate gefordert oder durch Konstruktionen, die aus Postulaten abgeleitet werden, gesichert werden. Die Grenzen zwischen den 5 Postulaten und den 9 Axiomen sind fließend. Postulate sichern die Existenz eines Gebildes oder die Möglichkeit einer Konstruktion. Axiome sind allgemeine logische Grundsätze, die aus gemeinsamer menschlicher Erfahrung entstehen.

Postulat 5 ist das berühmte „Parallelenaxiom" (Bild 2.5): Wird das Geradenpaar f und g von einer dritten Geraden h so geschnitten, dass die beiden auf der gleichen Seite von h liegenden Innenwinkel β und γ zusammen kleiner als 180° sind, so schneiden sich f und g auf der entsprechenden Seite. Dieses Postulat ist für die Wissenschaftsgeschichte von besonderer Bedeutung, da es immer wieder zum Katalysator mathematischer Entdeckungen wurde. Die Aussage ist weit weniger selbstverständlich wie die Aussagen der anderen Postulate. Da *Euklid* sie aber nicht beweisen konnte, hat er sie als Postulat formuliert. Generatio-

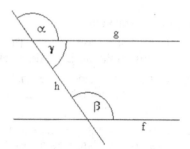

Bild 2.5 Parallelenaxiom

nen von Mathematikern haben versucht, dieses Postulat durch einen Beweis zu beseitigen. Wie der *Euklid*-Kommentator *Proklus* (410 – 485) beweisen konnte, ist das Parallelenaxiom mit der Aussage über die Winkelsumme von 180° in einem ebenen Dreieck gleichwertig. Mancher „Beweiser" des Parallelenaxioms hat dies nicht beachtet, sondern das Parallelenaxiom aus dem kritiklos vorausgesetzten Winkelsummensatz hergeleitet.

Interessanterweise ist die Umkehrung des Parallelenaxioms beweisbar, wie *Euklid* in seinem Satz I, 28 zeigt. In unserer Sprechweise (Bild 2.5) besagt dieser Satz Folgendes: Aus $\alpha = \beta$ oder aus $\beta + \gamma = 180°$ folgt, dass f und g parallel sind. Die folgende Formulierung des Satzes und seines Beweises stammt wieder aus *Euklid* (1980). Machen Sie sich die Mühe, die Formulierung und die Skizze in heutiger Schreibweise nachzuvollziehen. Verwendet wird das Symbol $\|$ für die in Definition 23 erklärte Parallelität von geraden Linien.

Wenn eine gerade Linie beim Schnitt mit zwei geraden Linien bewirkt, dass ein äußerer Winkel dem auf derselben Seite innen gegenüberliegenden gleich oder innen auf derselben Seite liegende Winkel zusammen zwei Rechten gleich werden, dann müssen diese geraden Linien einander parallel sein.

Die gerade Linie EF mache nämlich beim Schnitt mit den zwei geraden Linien AB, CD den äußeren Winkel EGB dem innen gegenüberliegenden Winkel GHD gleich oder die innen auf derselben Seite liegenden BGH+GHD = 2R. Ich behaupte, dass AB $\|$ CD.

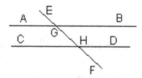

Da nämlich EGB = GHD, andererseits EGB = AGH (I, 15), so ist auch AGH = GHD; sie sind dabei Wechselwinkel; also ist AB $\|$ CD (I, 27).

Im zweiten Fall sind, da BGH+GHD = 2R., aber auch AGH+BGH = 2R. (I, 13), AGH+BGH = BGH+GHD (Post. 4, Ax. 1); man nehme BGH beiderseits weg; dann ist Rest AGH = Rest GHD; sie sind dabei Wechselwinkel; also ist AB $\|$ CD (I, 27).

Bei diesem Beweis werden nur Postulate, Axiome und schon bewiesene Sätze verwendet. Auf die folgenden drei Sätze wird Bezug genommen (in moderner Sprechweise aufgeschrieben):

Satz I, 13 besagt, dass Nebenwinkel zusammen 180° ergeben.

Satz I, 15 besagt, dass Scheitelwinkel einander gleich sind.

Satz I, 27 geht wieder von einer Figur wie in Bild 2.5 aus und besagt, dass aus gleichen inneren Wechselwinkeln auf die Parallelität der Geraden f und g geschlossen werden kann.

Seit dem Altertum hat man immer wieder versucht, das Parallelenaxiom zu beweisen. Die *nichteuklidischen* Geometrien verdanken ihre Existenz diesen vergeblichen Beweisversuchen und der hieraus erwachsenen Erkenntnis der Unabhängigkeit des Parallelenaxioms von den anderen Axiomen. Da ein direkter Beweis des Parallelenaxioms nicht gelang, versuchten manche Mathematiker, einen Widerspruchsbeweis zu finden, d. h. aus der Annahme, das Parallelenaxiom gelte nicht, einen Widerspruch herzuleiten. Es zeigte sich aber, dass die Ausschaltung des Parallelenaxioms nicht zu einem Widerspruch führte, sondern dass sich eine Geometrie auch ohne die Spielregel des Parallelenaxioms aufbauen ließ – die *nichteuklidischen* Geometrien waren geboren. Drei Namen sind mit der Beantwortung der Parallelenfrage untrennbar verbunden: *Carl Friedrich Gauß* kam wohl als Erster um 1816 zur Erkenntnis, dass das Parallelenaxiom unabhängig ist, jedoch ohne seine Ergebnisse zu veröffentlichen. Um 1830 wurden die gleichen Ergebnisse, die *Gauß* in seinem Schreibtisch verschlossen hatte, gleichzeitig und ohne gegenseitiges Wissen von dem russischen Staatsrat *Nikolai Iwanowitsch Lobatschewskij* (1793 – 1856) und dem ungarischen Offizier *Johann Bólay* (1802 – 1860) veröffentlicht.

Die Beantwortung der Parallelenfrage durch die drei Genannten hatte beträchtliche Auswirkungen auf die Geometrie. Bei *Euklid* fußt alles auf den sinnlich-anschaulichen Begriffen Punkt, Gerade und Ebene. Wenn sich die Geometrie auf den physikalischen Raum bezieht, so müssen die Grundbegriffe physikalisch definiert werden, etwa mit Lichtstrahlen und festen Körpern, was dann zu den Geraden und starren Körpern der Geometrie führt. Die Axiome sind dann empirische Aussagen, synthetisch und a posteriori, d. h. aus der Erfahrung gewonnen. Wie jede physikalische Aussage wären sie einer späteren Revision vorbehalten. So käme ein empirisches Element in die Mathematik. Ob die *Euklidische* Geometrie wirklich am besten unsere Welt beschreibt, bezweifelt spätestens *Einsteins* allgemeine Relativitätstheorie von 1915. Anders als in der *Newton'schen* Physik wird dort der Raum durch eine gekrümmte Geometrie beschrieben. Als mathematische Theorie darf aber die Geometrie nicht auf empirische Aussagen gestellt werden. Für *Kant* liegt die Quelle der absolut sicheren Erkenntnis vor der Erfahrung. Man war folglich der Auffassung, es gäbe einen denknotwendigen Raum, zu dem unsere Intuition einen besonderen Zugang habe. Die Axiome seien evidente Aussagen über diesen Anschauungsraum, also synthetische Urteile a priori, d. h. vor jeder Erfahrung, rein aus der Vernunft gewonnen.

Das Parallelenaxiom macht eine Aussage nicht über einen von der Anschauung überblickbaren kleinen Bereich, sondern über den gesamten unendlichen Verlauf zweier Geraden. Dies gab wohl dem Parallelenaxiom einen minderen Grad von Evidenz und führte zu dem Unbehagen, diese Aussage als synthetisch und a priori zulassen zu müssen. Die Entdeckung der *nichteuklidischen* Geometrien zeigte, dass es keinesfalls denknotwendig ist, a priori in einem „Anschauungsraum" die *Euklidische* Geometrie zu erhalten.

Die Begründung der Geometrie aus der Anschauung weckte gegen Ende des 19. Jahrhunderts immer mehr das Unbehagen der Geometer. 1882 erschien das Buch „Vorlesungen über neuere Geometrie" von *Moritz Pasch*, in dem er zum ersten Mal ein logisches System der *Euklidischen* Geometrie angab, das sich an keiner Stelle mehr auf die Anschauung beruft. Nach weiteren Beiträgen fand diese glanzvolle Entwicklung der Geometrie, die zu Beginn des 19. Jahrhunderts mit der Entdeckung der *nichteuklidischen* Geometrien begonnen hatte, ihren Abschluss 1899 in *David Hilberts* (1862 – 1943) Buch „Grundlagen der Geometrie" (*Hilbert*, 1968). In diesem Werk wurde eine grundsätzlich neue Orientierung der Geometrie begründet. Endgültig vollzog sich bei *Hilbert* die Trennung des Mathematisch-Logischen vom Sinnlich-Anschaulichen; die Loslösung der Bindung der Geometrie an die Wirklichkeit wurde ein für alle Mal vollzogen. Der formale, exakte Aufbau der Geometrie wurde zu einem Standard, der in jedem Teilgebiet der Mathematik zu beachten war.

Bild 2.6 *David Hilbert*

Bei geometrischen Begriffsbildungen, Axiomen und Beweisen dürfen keine sinnlich-räumlichen Vorstellungen als Argument des Beweisens benutzt werden. Den Grundelementen – Punkt, Gerade, Ebene – und den Grundbeziehungen zwischen den Grundelementen – liegt auf, liegt zwischen, parallel, kongruent – kommt zunächst keinerlei konkrete Bedeutung bei der Beschreibung des Raumes zu. Verlangt wird nur, dass die in den Axiomen fixierten Beziehungen gelten. Für eine solche axiomatisch aufgebaute Theorie ist es zunächst gleichgültig, ob die Axiome irgendeinem Erfahrungsbereich entspringen oder mit einem Erfahrungsbereich verträglich sind. In dem Fall, dass die Geometrie letztendlich auch zur Beschreibung der objektiven Realität geeignet sein soll, ist es jedoch vernünftig, sich durch Auswahl geeigneter Axiome an die Erfahrung der Realität anzupassen. Schließlich will man einen Teilbereich der räumlichen Erfahrung einigermaßen zutreffend mit einer Theorie beschreiben, die deduktiv aus ihren Axiomen zu entwickeln ist. Analoges gilt natürlich auch bei der Axiomatisierung anderer mathematischer Gebiete, die zur Beschreibung der Realität verwendet werden, zum Beispiel bei der Axiomatisierung der reellen Zahlen oder bei der Axiomatisierung der Wahrscheinlichkeitstheorie. Für die Geometrie sei dies am Beispiel des Winkelsummensatzes erläutert:

- *Erfahrungsgeometrie* („Physik"): Der Winkelsummensatz ist empirisch aus Messungen an verschiedenen Dreiecken gewonnen worden. Die Art von Dreiecken, die vermessen wurden, und der Rahmen der Mess-Fehlergrenzen bestimmen den Gültigkeitsbereich des Satzes.

- *Axiomatische Geometrie:* Der Winkelsummensatz ist Ergebnis einer Kette logischer Schlüsse, ausgehend von geeigneten Axiomen. In dieser deduktiven Theorie ist der Satz *allgemeingültig*. Er bezieht sich *nicht* auf die empirisch nachprüfbaren Eigenschaften eines physikalischen Erfahrungsraumes.

- Der Zusammenhang zwischen *Theorie* und *Empirie* wird durch eine im Blick auf die menschliche Raumerfahrung entworfene Axiomatik hergestellt. Die *deduzierte „Euklidische* Geometrie" beschreibt unseren Erfahrungsraum sehr gut, wenigstens wie man bisher mit unseren prinzipiell ungenauen Messungen in nicht zu großen und nicht zu kleinen Bereichen überprüfen konnte. Würde man bei besseren Messungen in kosmischen Abständen eine merkliche Abweichung von 180° feststellen, so würde die *Euklidische* Geometrie diesen erweiterten Erfahrungsbereich *nicht* mehr beschreiben. Dann müsste man die Theorie, d. h. die Axiome, abändern, um wieder zu einer besseren Übereinstimmung zu kommen. Etwa könnte sich eine andere Geometrie als die *Euklidische* nach *Einsteins* allgemeiner Relativitätstheorie als besser geeignet zur Beschreibung unserer Welt erweisen. Ein analoges Beispiel ist der Anfang des 20. Jahrhunderts erfolgte Übergang vom mathematischen Modell der *Newton'schen Mechanik* zum Modell der *Einstein'schen Mechanik* zur Beschreibung statischer und dynamischer Erscheinungen in unserer Welt.

Die *Euklidische* Geometrie ist also ein *Modell* für die Erfahrungswelt, wie wir heute sagen. *Heinrich Hertz* hat 1894 die Rolle der Modelle im Vorwort seiner *Prinzipien der Mechanik* prägnant beschrieben:

„ ... Das Verfahren aber, dessen wir uns zur Ableitung des Zukünftigen aus dem Vergangenen und damit zur Erlangung der erstrebten Voraussicht stets bedienen, ist dieses: Wir machen uns innere Scheinbilder oder Symbole der äußeren Gegenstände, und zwar machen wir sie von solcher Art, dass die denknotwendigen Folgen der Bilder stets wieder die Bilder seien von den naturnotwendigen Folgen der abgebildeten Gegenstände. ... “

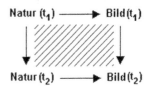

Bild 2.7 Der *Hertz'sche* Modellierungsvorgang

In heutiger mathematischer Ausdrucksweise würde man kurz sagen, das Diagramm in Bild 2.7 muss kommutativ sein!

Kehren wir zurück zur Geometrie! Zunächst müssen also die Axiome aus ihrer mathematisch ohnedies irrelevanten Bindung an die naive Raumerfahrung gelöst werden. Anders ausgedrückt: Wenn für drei Grunddinge deren gegenseitige Beziehungen so beschaffen sind, dass dabei alle Axiome der Geometrie erfüllt sind, so gelten für diese Grunddinge alle Lehrsätze der Geometrie. Dies ist genau das axiomatische Prinzip! *Hilbert* drückte das noch drastischer aus:

„Wenn ich unter meinen Punkten irgendwelche Systeme von Dingen, z. B. das System Liebe, Gesetz, Schornsteinfeger ... denke und dann nur meine sämtlichen Axiome als Beziehungen zwischen diesen Dingen annehme, so gelten meine Sätze, z. B. der Pythagoras, auch von diesen Dingen. ...

Man muss jederzeit an Stelle von ‚Punkten', ‚Geraden', ‚Ebenen' auch ‚Tische', ‚Stühle', ‚Bierseidel' sagen können. “

Analoges haben wir in der Linearen Algebra, wo z. B. im Vektorraum der Polynome (oder der stetigen Funktionen, ...) auch „Winkel" zwischen Polynomen definiert werden. In der Stochastik haben die Axiome von *Kolmogorov* ebenfalls die ontologische Bindung des Wahrscheinlichkeitsbegriffs aufgegeben: Eine Wahrscheinlichkeitsverteilung ist „nur noch" eine durch gewisse mengentheoretische Axiome definierte reellwertige Funktion.

Im Ansatz *Hilberts* drückt sich schon in den einleitenden Worten der radikale Bruch mit der traditionellen Auffassung aus: Es wird nicht mehr definiert, was Punkte, Geraden, Ebenen sind, es wird nicht mehr an die Anschauung appelliert, sondern *Hilbert* sagt zu Beginn seines Buchs „Wir denken uns drei verschiedene Systeme von Dingen, die wir ‚Punkte', ‚Geraden', ‚Ebenen' nennen". Alle weitere Charakterisierung der Dinge geschieht bei *Hilbert* erst durch Axiome. Mit Sätzen der Art „Der Punkt A liegt auf der Geraden g" oder „Der Punkt A liegt zwischen B und C" werden nicht die gewöhnlichen, anschaulichen Bedeutungen verbunden, sondern sie bezeichnen gewisse, zunächst unbestimmte Beziehungen, die erst durch die Axiome implizit festgelegt werden. Dies ist genauso, wie bei einem Spiel die Spielregeln angegeben werden, nach denen man ziehen darf. Das Axiomensystem selbst bringt also nicht eine

Tatsache zum Ausdruck, sondern stellt nur eine mögliche Form eines Systems von Verknüpfungen dar.

Im folgenden Text aus dem ersten Kapitel der *Grundlagen der Geometrie* (gekennzeichnet durch einen Strich am linken Rand und zitiert nach *Hilbert*, 1968) werden die fünf Axiomgruppen für die dreidimensionale Geometrie und ihre wichtigsten Axiome aufgezählt. Der Vergleich dieser Formulierung mit der Formulierung *Euklids* zeigt den gewaltigen Fortschritt in Axiomatisierung und deduktivem Aufbau.

Die fünf Axiomgruppen

§ I. Die Elemente der Geometrie und die fünf Axiomgruppen.

Erklärung. Wir denken drei verschiedene Systeme von Dingen: die Dinge des *ersten* Systems nennen wir *Punkte* und bezeichnen sie mit A, B, C, ...; die Dinge des *zweiten* Systems nennen wir *Geraden* und bezeichnen sie mit a, b, c, ...; die Dinge des *dritten* Systems nennen wir *Ebenen* und bezeichnen sie mit α, β, γ, ...; die Punkte heißen auch die *Elemente der linearen Geometrie*, die Punkte und Geraden heißen die *Elemente der ebenen Geometrie*, und die Punkte, Geraden und Ebenen heißen die *Elemente der räumlichen Geometrie* oder *des Raumes*.

Wir denken die Punkte, Geraden, Ebenen in gewissen gegenseitigen Beziehungen und bezeichnen diese Beziehungen durch Worte wie „liegen", „zwischen", „kongruent"; die genaue und für mathematische Zwecke vollständige Beschreibung dieser Beziehungen erfolgt durch die *Axiome der Geometrie*.

Die Axiome der Geometrie können wir in fünf Gruppen teilen; jede einzelne dieser Gruppen drückt gewisse zusammengehörige Grundtatsachen unserer Anschauung aus. Wir benennen dieser Gruppe von Axiomen in folgender Weise:

I	1 - 8.	Axiome der *Verknüpfung*,
II	1 - 4.	Axiome der *Anordnung*,
III	1 - 5.	Axiome der *Kongruenz*,
IV		Axiom der *Parallelen*,
V	1 - 2.	Axiome der *Stetigkeit*.

§ 2. Die Axiomgruppe I: Axiome der Verknüpfung.

Die Axiome dieser Gruppe stellen zwischen den oben eingeführten Dingen: Punkte, Geraden und Ebenen eine *Verknüpfung* her und lauten wie folgt:

I 1. *Zu zwei Punkten A, B gibt es stets eine Gerade a, die mit jedem der beiden Punkte A, B zusammengehört.*

I 2. *Zu zwei Punkten A, B gibt es nicht mehr als eine Gerade, die mit jedem der beiden Punkte A, B zusammengehört.*

Hier wie im Folgenden sind unter zwei, drei, ... Punkten bzw. Geraden, Ebenen stets verschiedene Punkte, bzw. Geraden, Ebenen zu verstehen.

Statt „zusammengehören" werden wir auch andere Wendungen gebrauchen, z. B. a geht durch A und durch B, a verbindet A und oder mit B, A liegt auf a, A ist ein Punkt von a, es gibt den Punkt A auf a usw. Wenn A auf der Geraden a und außerdem auf einer anderen Geraden b liegt, so gebrauchen wir auch die Wendungen: die Geraden a und b schneiden sich in A, haben den Punkt A gemein; usw.

I 3. *Auf einer Geraden gibt es stets wenigstens zwei Punkte. Es gibt wenigstens drei Punkte, die nicht auf einer Geraden liegen.*

[...]

§ 3. Die Axiomgruppe II: Axiome der Anordnung.

Die Axiome dieser Gruppe definieren den Begriff „zwischen" und ermöglichen auf Grund dieses Begriffs die Anordnung der Punkte auf einer Geraden, in einer Ebene und im Raume.

Erklärung. Die Punkte einer Geraden stehen in gewissen Beziehungen zueinander, zu deren Beschreibung uns insbesondere das Wort *„zwischen"* dient.

II 1. *Wenn ein Punkt B zwischen einem Punkt A und einem Punkt C liegt, so sind A, B, C drei verschiedene Punkte einer Geraden, und B liegt dann auch zwischen C und A.*

II 2. *Zu zwei Punkten A und C gibt es stets wenigstens einen Punkt B auf der Geraden AC, so daß B zwischen A und C liegt.*

[...]

§ 5. Die Axiomgruppe III: Axiome der Kongruenz.

Die Axiome dieser Gruppe definieren den Begriff der Kongruenz und damit auch den der Bewegung.

Erklärung. Die Strecken stehen in gewissen Beziehungen zu einander, zu deren Beschreibung uns die Worte *„kongruent"* oder *„gleich"* dienen.

III 1. *Wenn A, B zwei Punkte auf einer Geraden a und ferner A' ein Punkt auf derselben oder einer anderen Geraden a' ist, so kann man auf einer gegebenen Seite der Geraden a' von A' stets einen Punkt B' finden, so daß die Strecke AB der Strecke A'B' kongruent oder gleich ist, in Zeichen: AB ≡ A'B'.*

Dieses Axiom fordert die Möglichkeit der Strecken*abtragung.* Ihre Eindeutigkeit wird später bewiesen.

Die Strecke war als System zweier Punkte A, B schlechthin definiert, sie wurde mit AB oder BA bezeichnet. Die Reihenfolge der beiden Punkte wurde also in der Definition nicht berücksichtigt; daher sind die Formeln

AB ≡ A'B', AB ≡ B'A', BA ≡ A'B', BA ≡ B'A'

gleichbedeutend.

[...]

§ 7. Die Axiomgruppe IV: Axiom der Parallelen.

Es sei α eine beliebige Ebene, a eine beliebige Gerade in α und A ein Punkt in α, der außerhalb a liegt. Ziehen wir dann in α eine Gerade c, die durch A geht und a schneidet, und sodann in α eine Gerade b durch A, so daß die Gerade c die Geraden a, b unter gleichen Wechselwinkeln schneidet, so folgt leicht aus dem Satze vom Außenwinkel, Satz 22, dass die Geraden a, b keinen Punkt miteinander gemein haben, d. h. in einer Ebene α lässt sich durch einen Punkt A außerhalb einer Geraden a stets eine Gerade ziehen, welche jene Gerade a nicht schneidet.

Erklärung. Wir nennen zwei Geraden parallel, wenn sie in einer Ebene liegen und sich nicht schneiden.

Das **Parallelenaxiom** lautet nun:

IV. *(Euklidisches Axiom). Es sei a eine beliebige Gerade und A ein Punkt außerhalb a: dann gibt es in der durch a und A bestimmten Ebene höchstens e i n e Gerade, die durch A läuft und a nicht schneidet.*

Nach dem Vorhergehenden und auf Grund des Parallelenaxioms erkennen wir, daß es zu einer Geraden durch einen Punkt außerhalb von ihr genau eine Parallele gibt.

Das Parallelenaxiom IV ist gleichbedeutend mit der folgenden Forderung:

Wenn zwei Geraden a, b in einer Ebene eine dritte Gerade c derselben Ebene nicht treffen, so treffen sie auch einander nicht.

In der Tat, hätten a, b einen Punkt A gemein, so würden durch A in derselben Ebene die beiden Geraden a, b möglich sein, die c nicht treffen; dieser Umstand widerspräche dem Parallelenaxiom IV. Ebenso leicht folgt umgekehrt das Parallelenaxiom IV aus der genannten Forderung.

Das Parallelenaxiom IV ist ein ebenes *Axiom*.

Die Einführung des Parallelenaxioms vereinfacht die Grundlagen und erleichtert den Aufbau der Geometrie in erheblichem Maße.

Nehmen wir nämlich zu den Kongruenzaxiomen das Parallelenaxiom hinzu, so gelangen wir leicht zu den bekannten Tatsachen:

Satz 30. Wenn zwei Parallelen von einer dritten Geraden geschnitten werden, so sind die Gegenwinkel und Wechselwinkel kongruent, und umgekehrt: die Kongruenz der Gegen- oder Wechselwinkel hat zur Folge, dass die Geraden parallel sind.

Satz 31. Die Winkel eines Dreiecks machen zusammen zwei Rechte aus.

Erklärung. Wenn M ein beliebiger Punkt in einer Ebene α ist, so heißt eine Gesamtheit von allen solchen Punkten A in α, für welche die Strecken M A einander kongruent sind, ein Kreis; M heißt der Mittelpunkt des Kreises.

Aufgrund dieser Erklärung folgen mit Hilfe der Axiomgruppen III-IV leicht die bekannten Sätze über den Kreis, insbesondere die Möglichkeit der Konstruktion eines Kreises durch irgend drei nicht auf einer Geraden gelegenen Punkte sowie der Satz über die Kongruenz aller Peripheriewinkel über der nämlichen Sehne und der Satz von den Winkeln im Kreisviereck.

§ 8. Die Axiomgruppe V: Axiome der Stetigkeit.

V 1. *(Axiom des Messens oder Archimedisches Axiom). Sind AB und CD irgendwelche Strecken, so gibt es eine Anzahl n derart, daß das n-malige Hintereinander-Abtragen der Strecke CD von A aus auf den durch B gehenden Halbstrahl über den Punkt B hinausführt.*

V 2. *(Axiom der linearen Vollständigkeit). Das System der Punkte einer Geraden mit seinen Anordnungs- und Kongruenzbeziehungen ist keiner solchen Erweiterung fähig, bei welcher die zwischen den vorigen Elementen bestehenden Beziehungen sowie auch die aus den Axiomen I – III folgenden Grundeigenschaften der linearen Anordnung und Kongruenz und V 1 erhalten bleiben.*

Gemeint sind mit den Grundeigenschaften die in den Axiomen II 1-3 und im Satz 5 formulierten Anordnungseigenschaften sowie die in den Axiomen III 1-3 formulierten Kongruenzeigenschaften nebst der Eindeutigkeit der Streckenabtragung.

Gemeint ist ferner, daß bei der Erweiterung des Punktsystems die Anordnungs- und Kongruenzbeziehungen auf den erweiterten Punktbereich ausgedehnt werden.

Man beachte, daß das Axiom I 3. bei jeder Erweiterung eo ipso erhalten bleibt und daß die Erhaltung der Gültigkeit von Satz 3 bei den betrachteten Erweiterungen eine Konsequenz der Erhaltung des Archimedischen Axioms V 1 ist.

Die Erfüllbarkeit des Vollständigkeitsaxioms ist wesentlich dadurch bedingt, daß in ihm unter den Axiomen, deren Aufrechterhaltung gefordert wird, das Archimedische Axiom enthalten ist. In der Tat lässt sich zeigen: zu einem System von Punkten auf einer Geraden, welches die vorhin aufgezählten Axiome und Sätze der Anordnung und Kongruenz erfüllt, können stets noch Punkte hinzugefügt werden, derart, daß in dem durch die Erweiterung entstehenden System die genannten Axiome ebenfalls gültig sind; d. h. ein Vollständigkeitsaxiom, in dem nur die Aufrechterhaltung der genannten Axiome und Sätze, nicht aber auch die des Archimedischen oder eines entsprechenden Axioms gefordert wäre, würde einen Widerspruch einschließen.

Soweit *Hilberts* Originalarbeit! *Hilberts* Axiomensystem ist sehr kompliziert. In diesem Axiomensystem Beweise zu führen, ist sehr schwierig. Geometrische Entdeckungen kann man in ihm kaum machen. Es gibt heute ein breites Spektrum verschiedener axiomatischer Zugänge zur ebenen und zur räumlichen Geometrie, die mit einem deutlich geringeren Aufwand auskommen.

Für die Schule sind diese axiomatischen Zugänge weniger geeignet. Dort bewegt man sich – im Allgemeinen unbewusst – innerhalb eines Axiomensystems. Der Satz von den Mittelsenkrechten im Dreieck, die sich in einem Punkt schneiden, kann von einer Schülerin argumentativ gefunden werden, ohne dass sie auf die axiomatischen Wurzeln zurückgehen muss! Allerdings muss stets klar sein, welche Argumente zulässig sind und was man als gegeben voraussetzt. Der niederländische Mathematiker *Hans Freudenthal* (1905 – 1990) nannte diese Art mathematischen Arbeitens „lokales Ordnen".

Die einfachste denkbare Geometrie ist die der *affinen Ebene*; wir werden im nächsten Abschnitt darauf zurückkommen. Die „Minimalforderungen" für affine Ebenen sind die 3 Axiome:

A1: Zu 2 verschiedenen Punkten P, Q existiert genau eine Verbindungsgerade PQ (entspricht den *Hilbertschen* Axiomen I 1 und 2).

A2: Zu Punkt $P \notin g$ und Gerade g existiert genau eine Parallele p zu g durch P (entspricht dem *Hilbertschen* Axiom IV).

A3: Es gibt mindestens 3 nicht kollineare Punkte (Reichhaltigkeitsaxiom) (entspricht dem *Hilbertschen* Axiom I 3).

Das *Hilbertsche* Axiom V 1, das „*Archimedische* Axiom" ist fundamental für die *archimedisch geordneten* Körper $\mathbb{Q}$ und $\mathbb{R}$ (vgl. Kapitel 6.5 und 6.6.) und für das „Messen" durch Exhaustion. Es ist in der Quantenphysik verletzt: Jeder Messvorgang beeinträchtigt die Messobjekte!

In der heutigen Sprechweise war die Axiomatik des *Euklid* die Beschreibung eines ganz bestimmten Modells. Die Grundbegriffe und Axiome waren Konstante von absoluter Bedeutung (synthetisch und a priori). Die Axiomatik *Hilberts* entspricht erstmalig dem heutigen modernen Standpunkt. Die Axiome sind Aussagen. Aus ihnen folgert man mit Hilfe der Logik weitere Aussagen, die „Sätze der Geometrie" heißen. Zu einem Axiomensystem gibt es Modelle, die alle als gleichwertig betrachtet werden; eventuell gibt es auch überhaupt kein Modell.

Ein anderes Beispiel ist das Axiomensystem zur Definition einer „Gruppe", zu dem es viele verschiedene Modelle gibt. Zum Axiomensystem „einfache endliche Gruppe ungerader Ordnung" gibt es dagegen nur sehr wenige Modelle; es sind gerade die zyklischen Gruppen $\mathbb{Z}_p$, wobei p eine Primzahl ist. Dies ist übrigens ein recht neues Ergebnis.

Hilbert betrachtete natürlich nicht irgendwelche geometrische Axiome, sondern die des *Euklid*. Sein Axiomensystem ist kategorisch, d. h., es gibt genau ein Modell, nämlich das, was wir heute den „*Euklidischen* Raum $\mathbb{R}^3$" nennen. Durch Fortlassen von Axiomen stellt sich die Frage, ob es Modelle gibt, die die restlichen Axiome erfüllen, die fortgelassenen aber nicht. Dies ist eine typisch „moderne" Fragestellung, die die Unabhängigkeit der Axiome prüft.

Die axiomatische Methode war es, die beim Erscheinen des *Hilbert'schen* Werks eine sensationelle Neuigkeit war und dem Werk sofort große Popularität verlieh. Ein vollständiges und widerspruchsfreies Axiomensystem beschreibt ein mathematisches Gebiet. Mathematisch existent ist für *Hilbert* alles, was aus dem Axiomensystem mit den logischen Schlussregeln hergeleitet werden kann; jede Aussage ist für ihn beweisbar oder widerlegbar. Nicht viel später, in den 30er Jahren des 20. Jahrhunderts, hat *Kurt Gödel* (1906 – 1978) *Hilberts* Vision zerstört: *Gödel* konnte zeigen, dass es Sätze gibt, die weder beweisbar noch widerlegbar sind, und löste so eine neue Grundlagenkrise der Mathematik aus.

Mit der strengen Unterscheidung zwischen Mathematik und Realität hat *Hilbert* einer neuen Methodologie, der Axiomatik, den Weg gewiesen. Klassisch geworden sind die Worte *Einsteins* bei seinem 1921 gehaltenen Vortrag *Geometrie und Erfahrung*: „Insofern sich die Sätze der Mathematik auf die Wirklichkeit beziehen, sind sie nicht sicher, und insofern sie sicher sind, beziehen sie sich nicht auf die Wirklichkeit."

2.3 Die verschiedenen „Geometrien"

Ursprünglich war die Geometrie die Lehre
von den Eigenschaften der Figuren, unabhängig von deren Lage in Ebene bzw. Raum.
Dies drückt der Begriff *„synthetische Geometrie"* aus, bei der die Figuren als Ganzes
behandelt werden. Die auf *René Descartes*
(1596 – 1650) zurückgehende *„analytische
Geometrie"* beschreibt die Punkte der Ebene
bzw. des Raumes durch Koordinaten, also
durch Zahlenpaare bzw. -tripel.

Bild 2.8 *René Descartes*

Je nachdem, welche Axiome bzw. Axiomen-
gruppen aus *Hilberts* Axiomensystem man
zugrunde legt, erhält man spezielle (ebene) Geometrien. Bild 2.9 gibt einen groben Überblick,
man geht dabei von einer Menge *P* von Punkten und einer Menge *G* von Geraden aus. In der
Inzidenz-Geometrie ist nur eine Inzidenzrelation zwischen Punkten und Geraden definiert. In
einer *affinen Ebene* kommt das Parallelenaxiom hinzu, in einer *projektiven Ebene* stattdessen
das Axiom, dass sich zwei Geraden stets in einem Punkt schneiden. Sätze der *absoluten Geometrie* sind diejenigen Aussagen, die aus *Hilberts* Axiomen ohne Verwendung des Parallelenaxioms bewiesen werden können. Es ist beispielsweise ein Satz der absoluten Geometrie, dass
die Winkelsumme im Dreieck höchstens 180° beträgt (einen Beweis findet man in *Aumann*
(2006, S. 202)). Dass die Winkelsumme genau 180° beträgt, ist hingegen äquivalent zur Gültigkeit des Parallelenaxioms.

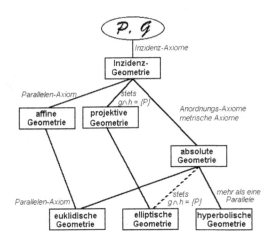

Bild 2.9 Verschiedene „ebene Geometrien"

Da hier die Punkte auf einer Geraden angeordnet sind, umfasst die absolute Geometrie eigentlich nur die *Euklidische* und die *hyperbolische Geometrie*. In der *elliptischen Geometrie* gibt
es die anschauliche Anordnung der Punkte auf einer Geraden nicht.

Ein besonders interessanter Aufbau der ebenen Geometrie ist in dem 1959 erschienenen Werk *Aufbau der Geometrie aus dem Spiegelungsprinzip* von *Friedrich Bachmann* (1889 – 1982) dargestellt. Ausgangspunkt ist die Beobachtung, dass in der *Euklidischen* Ebene den Punkten bzw. den Geraden umkehrbar eindeutig die Spiegelungen an den Punkten bzw. an den Geraden entsprechen. Alle Symmetrieabbildungen lassen sich aus Achsenspiegelungen aufbauen (vgl. Kapitel 4.2, Satz 4.3). Spiegelungen sind involutorisch, d. h. mit sich selbst verkettet ergeben sie die Identität. Sie haben also die Ordnung zwei. Inzidenz von Punkten und Geraden und Orthogonalität von Geraden haben ihre Entsprechung in gruppentheoretischen Relationen zwischen den zugehörigen Spiegelungen. *Bachmann* startet nun mit einer Gruppe, die von „Spiegelungen", also Elementen der Ordnung zwei, erzeugt wird, und postuliert als Axiome gewisse Gesetze über diese involutorischen Gruppenelemente. Diese Axiome sind analogen Aussagen über Spiegelungen, die in der „normalen Geometrie" gelten, nachempfunden. *Bachmann* konstruiert zunächst eine ebene absolute Geometrie. Durch Zusatzaxiome werden dann die drei speziellen ebenen Geometrien, nämlich die *Euklidische*, die hyperbolische und die elliptische Geometrie aufgebaut. Für eine leicht lesbare Vertiefung nichteuklidischer Geometrien sei auf den Klassiker „Was ist Mathematik" von *Richard Courant* und *Herbert Robbins* (1992) verwiesen.

Modelle für die drei letzten Geometrien lassen sich leicht konstruieren (was natürlich noch nicht ihre Kategorizität beweist, d. h. die Tatsache, dass es jeweils bis auf Isomorphie genau ein Modell gibt):

Standardmodell für die ebene *Euklidische* Geometrie ist die bekannte *Euklidische* Ebene $\mathbb{R}^2$. Bekannte Modelle für die beiden anderen Geometrien gehen auf *Felix Klein* zurück.

Als Modell für die ebene (stetige) elliptische Geometrie wählt man die Einheitskugel. „Punkte" der Geometrie sind die Paare $\{P, \overline{P}\}$ einander diametral gegenüberliegender Punkte der Kugel, „Geraden" sind die Großkreise.

Als Modell für die ebene (stetige) hyperbolische Geometrie verwendet man das Innere K des Einheitskreises. „Punkte" der Geometrie sind die Punkte von K, „Geraden" sind die von „normalen" Geraden in K ausgeschnittenen Sehnen.

Heute charakterisiert man, dem Erlanger Programm von *Felix Klein* (1849 – 1925) folgend, die verschiedenen Geometrien nach ihrer Automorphismengruppe: Nach seiner

Bild 2.10 *Felix Klein*

Berufung an die Universität Erlangen hat *Klein* 1872 seine programmatische Antrittsrede „Vergleichende Betrachtungen über neuere geometrische Forschungen" gehalten, die noch heute als „Erlanger Programm" weltbekannt ist. *Constantin Caratheodory* (1873 – 1950) beschreibt im Jahr 1919 die Bedeutung des Erlanger Programms so: „Eine Geometrie entsteht erst, wenn man neben der räumlich ausgedehnten Mannigfaltigkeit noch eine Gruppe von Transformationen dieser Mannigfaltigkeit in sich vorgibt, und jeder Gruppe entspricht eine besondere Geometrie." Im nächsten Abschnitt soll bei der Erkundung affiner Ebenen ein Stück weit der *Klein'sche* Weg gegangen werden.

Im Zusammenhang mit nichteuklidischen Geometrien sollte das DGS CINDERELLA[2] nicht unerwähnt bleiben. Es ist (meines Wissens) das einzige solche Programm, das nicht nur das Konstruieren in der *Euklidischen* Geometrie erlaubt, sondern auch elliptische und hyperbolische Geometrie darstellen kann.

Aufgabe 2.1:

Ein anderes Modell einer hyperbolischen Ebene stammt von *Henri Poincaré* (1854 – 1912): Die „Punkte" der Ebene sind wieder die Punkte im Innern K des Einheitskreises. Die „Geraden" sind die Kreisbögen in K, die den Rand von K senkrecht schneiden. Winkel zwischen „Geraden" werden im *Euklidischen* Sinne des Schnittwinkels zweier Kreise gemessen. Dieser Schnittwinkel ist gerade der Winkel, den die Tangenten an die beiden Kreise im betrachteten Schnittpunkt bilden. Untersuchen Sie dieses Modell. Wie sehen „Dreiecke" aus? Zeigen Sie, dass die Win-

Bild 2.11 *ICM 1978*

kelsumme in solchen Dreiecken stets kleiner als $180°$ ist. Dieses Modell für die hyperbolische Ebene ist auf einer finnischen Briefmarke dargestellt, die aus Anlass des *International Congress of Mathematicians* 1978 in Helsinki erschienen ist (Bild 2.11).

2.4 Affine Ebenen und ihre Koordinatenkörper

In diesem Unterkapitel wird der axiomatische Aufbau der einfachsten Geometrie, nämlich der *affinen Ebenen* vorgestellt. Die Punkte der schulbekannten *Euklidischen* Ebene werden ganz einfach durch Paare reeller Koordinaten beschrieben. Obwohl im allgemeinen Fall einer affinen Ebene nur sehr wenige Strukturen vorhanden sind, lässt sich ein sogenannter „Koordinatenkörper" nur unter Verwendung der Axiome einer affinen Ebene definieren. Dieser ist ein Verknüpfungsgebilde mit zwei inneren Verknüpfungen, erfüllt aber im Allgemeinen nur wenige der Körperaxiome. Der Koordinatenkörper tritt an die Stelle der reellen Zahlen und erlaubt es, die Punkte der allgemeinen affinen Ebene analog zum *Euklidischen* Fall als 2-Tupel darzustellen. Auch die in der Schule behandelten reichhaltigen Kongruenz- und Ähnlichkeitsabbildungen haben Analoga bei den affinen Ebenen, es sind die Automorphismen der Ebene. Schließlich werden gewisse Schließungssätze betrachtet, bei denen aus der Existenz von Paaren paralleler Geraden auf die Parallelität eines anderen Geradenpaars geschlossen werden kann. Diese in der *Euklidischen* Ebene gültigen Sätze müssen bei einer allgemeinen affinen Ebene nicht gelten. Interessanterweise hängen die genaue Struktur des Koordinatenkörpers, die Existenz gewisser Automorphismen und die Gültigkeit von Schließungssätzen bei affinen Ebenen eng zusammen. Hieraus entsteht eine direkte Verzahnung von Geometrie und Algebra.

---

[2] www.cinderella.de

2.4.1 Affine Ebenen

Zunächst werden die „einfachsten" Geometrien konstruiert und untersucht, die *affinen Ebenen*. Vorausgesetzt werden nur ein Inzidenz-Axiom und das Parallelen-Axiom.

Definition 2.1:

$\mathbb{A}$ sei eine Menge, Γ sei eine Teilmenge der Potenzmenge von $\mathbb{A}$. Wir führen folgende Sprechwiese ein: Die Elemente P von $\mathbb{A}$ heißen „Punkte", die Elemente g von Γ heißen „Geraden". Falls der Punkt $P \in g$ ist, sagt man „P liegt auf g". Zwei Geraden g und h heißen „parallel" (Symbol $g \parallel h$), falls $g = h$ oder $g \cap h = \varnothing$ gilt. Sonst heißen g und h „nicht parallel" ($g \nparallel h$). $\mathbb{A}$ (genauer das Paar $\mathbb{A}$, Γ) heißt *affine Ebene*, wenn die folgenden drei Axiome gelten:

A1: Zu 2 verschiedenen Punkten P, $Q \in \mathbb{A}$ existiert genau eine Gerade $g \in \Gamma$ mit P, $Q \in g$ („Verbindungsgerade $g = PQ$").

A2: Zu jeder Geraden $g \in \Gamma$ und zu jedem Punkt P, der nicht auf g liegt, existiert genau eine Gerade h mit $P \in h$ und $g \cap h = \varnothing$ („Parallelen-Axiom").

A3: Es existieren 3 Punkte, die nicht auf einer Geraden liegen („Existenz eines Dreiecks", „Reichhaltigkeits-Axiom").

Aufgabe 2.2:

Beweisen Sie:

a.   Die Relation „$\parallel$" ist eine Äquivalenzrelation (d. h., sie ist reflexiv, symmetrisch und transitiv).

b.   Zwei verschiedene Geraden haben höchstens einen Punkt gemeinsam.

c.   Die „übliche" *Euklidische* Ebene $\mathbb{R}^2$ ist das erste Beispiel einer affinen Ebene; geben Sie die Menge Γ der Geraden an!

Die Äquivalenzklassen der Parallel-Relation sind *Parallelenscharen*. Man nennt ganz anschaulich die Äquivalenzklasse der Geraden g ihre *Richtung* $[g]$.

Es wird nun versucht, das *Minimalmodell*, d. h. eine affine Ebene mit möglichst wenigen Punkten, zu konstruieren:

▪   Nach A3 gibt es 3 verschiedene Punkte A, B, C, die nicht auf einer Geraden liegen.

▪   Nach A1 gibt es die Verbindungsgeraden $c = AB$, $a = BC$ und $b = CA$. Keine zwei dieser Geraden sind parallel, denn wäre etwa $a \parallel b$, so wäre wegen $C \in a \cap b$ notwendig $a = b$, also A, B, C kollinear, d. h., sie würden auf einer Geraden liegen. Das stünde im Widerspruch zur Wahl von A, B, C.

▪   Nach A2 gibt es die eindeutig bestimmte Parallele a^* zu a durch A und analog dazu die Parallelen b^* und c^*. Keine zwei der Geraden a^*, b^* und c^* sind untereinander parallel.

Wäre nämlich etwa $a^* \parallel b^*$, so wäre wegen $a \parallel a^*$ und $b \parallel b^*$ auch $a \parallel b$, da „$\parallel$" eine Äquivalenzrelation ist. Also gibt es den Schnittpunkt A^* mit $b^* \cap c^* = \{A^*\}$ und analog die Schnittpunkte B^*, C^*. Dies ist dies anschaulich in Bild 2.12 dargestellt.

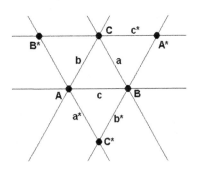

- Die 6 Geraden a, b, c, a^*, b^*, c^* sind verschieden. Zum Beispiel ist $a^* \neq a$, da $A \in a^*$, aber $A \notin a$. Weiter ist $a^* \nparallel b$, sonst hätte man den Widerspruch $a \parallel a^* \parallel b$, also ist insbesondere $a^* \neq b$.

- Es gilt $A^* \notin \{A, B, C\}$, denn aus $A^* \in b^*$ und $A^* \in c^*$, aber $A^* \notin b$ und $A^* \notin c$ folgt die Behauptung.

Bild 2.12 Minimalmodell I

Damit ist gezeigt, dass es mindestens 4 Punkte, 6 Geraden und 3 Richtungen gibt. Man kann aber nicht nachweisen, dass A^*, B^*, C^* verschieden sein müssen, im Gegenteil, die Festsetzung $D := A^* = B^* = C^*$ führt zu einem widerspruchsfreien Modell einer affinen Ebene, dem *Minimalmodell*:

$$\mathbb{A} = \{A, B, C, D\}, \quad \Gamma = \{\{A,B\}, \{A,C\}, \{A,D\}, \{B,C\}, \{B,D\}, \{C,D\}\}.$$

Die folgende Inzidenztabelle zeigt, welche Punkte zu welchen Geraden gehören. Bild 2.13 ist eine besonders übersichtliche Darstellung des Minimalmodells. Man muss diese Darstellung jedoch richtig interpretieren und darf sie nicht „mit den Augen der *Euklidischen* Ebene" lesen!

Minimal sind also 4 Punkte und 6 Geraden. Es sind alle $\binom{4}{2} = 6$ zweielementigen Teilmengen

von $\mathbb{A}$ in der Geradenmenge Γ enthalten!

	A	B	C	D
a		*	*	
b	*		*	
c	*	*		
a^*	*			*
b^*		*		*
c^*			*	*

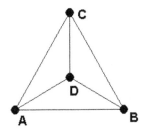

Bild 2.13 Minimalmodell II

2.4.2 Konstruktion des Koordinatenkörpers

Die klassische *Euklidische* Ebene $\mathbb{A}_2(\mathbb{R})$ über dem Körper $\mathbb{R}$ der reellen Zahlen ist selbstverständlich auch eine affine Ebene. Sie entsteht dadurch, dass man als Punkte die Zahlenpaare $(x|y) \in \mathbb{R}^2$ und als Geraden die Punktmengen

$$g_c := \{(x|y) \in \mathbb{R}^2 \mid x = c\} \quad \text{„Gerade } x = c \text{ zu } c \in \mathbb{R}"$$

$$g_{m,b} := \{(x|y) \in \mathbb{R}^2 \mid y = mx + b\} \quad \text{„Gerade } y = mx + b \text{ zu } m, b \in \mathbb{R}\text{“}$$

nimmt. Ersetzt man die reellen Zahlen durch einen beliebigen Körper K, so erhält man mit denselben Definitionen die affine Ebene $\mathbb{A}_2(K)$ über dem Körper K. Dieses K kann z. B. der Körper $\mathbb{Q}$ der rationalen Zahlen, der Körper $\mathbb{C}$ der komplexen Zahlen oder der endliche Körper $\mathbb{F}_p$ aus p Elementen sein. Zur Erinnerung: $\mathbb{F}_p = \mathbb{Z}/\mathbb{Z}\cdot p$ ist der „Restklassenkörper modulo p“, wobei $p \in \mathbb{P}$ eine Primzahl ist.

Aufgabe 2.3:

Weisen Sie für das soeben definierte $\mathbb{A}_2(K)$ über dem Körper K die Axiome einer affinen Ebene nach. Zeigen Sie insbesondere, dass das Minimalmodell als $\mathbb{A}_2(\mathbb{F}_2)$ dargestellt werden kann!

Während man bei der klassischen affinen Ebene über einem Körper von den Punkten als Tupel aus zwei Körperelementen ausgeht, geht man bei einer abstrakten affinen Ebene den umgekehrten Weg: Man startet mit einer affinen Ebene $\mathbb{A}$ gemäß der Definition 2.1. Dann definiert man ein Verknüpfungsgebilde $(K, +, \cdot)$, den „Koordinatenkörper von $\mathbb{A}$“, und stellt die affine Ebene als kartesisches Produkt $\mathbb{A} = K^2$ dar. K ist im Allgemeinen keineswegs ein Körper im algebraischen Sinn! Später werden aber die algebraischen Eigenschaften von K (bezüglich der Verknüpfungen + und $\cdot$) mit den geometrischen Eigenschaften von $\mathbb{A}$ (Existenz gewisser Automorphismen von $\mathbb{A}$, Gültigkeit gewisser geometrischer Schließungssätze) in Beziehung gesetzt, Bild 2.14 deutet dies an. Automorphismen von $\mathbb{A}$ sind bijektive Selbstabbildungen, die Geraden (als Punktmengen) auf Geraden abbilden; sie bilden eine Gruppe, die Automorphismengruppe Aut($\mathbb{A}$).

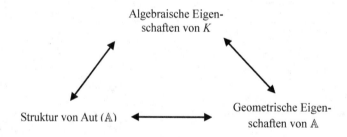

Bild 2.14 Der Strukturzusammenhang

Es war die geniale Idee von *Felix Klein*, die Automorphismengruppe Aut($\mathbb{A}$) der Struktur $\mathbb{A}$ zu studieren. Das Spannende an diesem Weg ist, dass drei Aspekte affiner Ebenen in enge Beziehung gesetzt werden, die auf den ersten Blick überhaupt nichts miteinander zu tun haben!

Die im Folgenden verwendeten Zeichnungen dienen nur der Veranschaulichung. Alle Definitionen und Schlüsse benutzen ausschließlich die Axiome A1, A2 und A3 bzw. schon Bewiesenes. Wir folgen also ein Stück weit dem abstrakten Weg *Euklids* und *Hilberts*. Die Konstruktion des Koordinatenkörpers K und die Identifizierung $\mathbb{A} = K^2$ geschehen in mehreren Schritten:

1. Schritt: „Koordinatensystem" und „Koordinatenkörper"

Man wählt nach A3 drei nicht kollineare Punkte $O, E, \tilde{E}$ und setzt nach A1 dann $g := OE$, $h := O\tilde{E}$. Die Konstruktion ist in Bild 2.15 angedeutet. Als „Koordinatenkörper" definiert man nun $K := g$, genauer ist also K gerade als die Menge g definiert. Die Abbildung

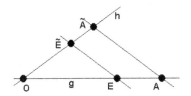

$$g \to h, \; A \mapsto \tilde{A},$$

Bild 2.15 Koordinatenkörper

wobei A der Schnittpunkt der Parallelen durch A zu $E\tilde{E}$ ist, ist bijektiv. Dabei folgt „injektiv", da die Relation „parallel" eine Äquivalenzrelation ist, „surjektiv", da das Verfahren umkehrbar ist. Ein wichtiges Teilresultat ist der folgende

Satz 2.1:

Alle Geraden einer affinen Ebene haben gleich viele Punkte (was für $|\mathbb{A}| = \infty$ im Sinne von „gleichmächtig" (vgl. Kapitel 6.2, Definition 6.1) zu verstehen ist).

Beweis:

Der Satz besagt, dass unsere intuitive Vorstellung, dass jede Gerade gleich viele Punkte hat, exaktifizierbar und beweisbar ist. Bis jetzt ist nur bekannt, dass g und h gleichmächtig sind. Anstelle von h könnte man jede andere Gerade $\neq g$ durch O verwenden, die dann wieder gleichmächtig zu g ist. Ist f eine Gerade, die O nicht enthält, so ist sie zumindest zu einer der Geraden g und h nicht parallel, o. B. d. A. gelte $f \nparallel g$. Dann kann man auch den Schnittpunkt von f und g als „Ursprung" wählen und hat die Gleichmächtigkeit von f und g.

∎

2. Schritt: Identifizierung von $\mathbb{A}$ und K^2

Die folgende Abbildung ist bijektiv und erlaubt folglich die gesuchte Identifikation $\mathbb{A} = K^2$: Man definiert hierzu

$$K \times K \to \mathbb{A}, \; (A, B) \mapsto P,$$

wobei zunächst $\tilde{B}$ der B entsprechende Punkt auf h ist (nach dem 1. Schritt) und dann P der Schnittpunkt der Parallelen zu g durch $\tilde{B}$ mit der Parallelen zu h durch

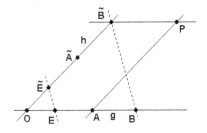

Bild 2.16 Identifizierung

A ist (die Konstruktion ist in Bild 2.16 angedeutet). Die Definition bleibt auch für $A = B$ oder für $A, B \in \{O, E\}$ sinnvoll. Überlegen Sie die Verhältnisse beim Minimalmodell!

Die Injektivität der so definierten Abbildung folgt leicht: Würde auch das Tupel (A', B') auf P abgebildet werden, so würde wegen $A'P \parallel h \parallel AP$ und $A'P \cap AP \neq \varnothing$ sofort $A = A'$ folgen (und analog $B = B'$). Die Surjektivität folgt, da zu beliebigem P die Konstruktion umkehrbar ist und ein Tupel $(A, B) \in K \times K$ mit $(A, B) \mapsto P$ liefert.

Jetzt lässt sich die Anzahl-Aussage von Satz 2.1 verschärfen:

Satz 2.2:

Im Falle einer endlichen affinen Ebene, d. h. $|\mathbb{A}| < \infty$, gilt, dass $|\mathbb{A}| = n^2$ eine Quadratzahl ist, dass jede Gerade n Punkte hat, jede Richtung aus n Parallelen besteht, durch jeden Punkt $n+1$ Geraden gehen und es n^2+n Geraden gibt.

Beweis:

Wegen der Endlichkeit von $\mathbb{A}$ und Satz 2.1 hat jede Gerade genau n Punkte für eine natürliche Zahl $n > 1$. Aufgrund der Identifizierung von K^2 mit $\mathbb{A}$ im 2. Schritt gilt also $|\mathbb{A}| = n^2$. Machen Sie sich klar, an welcher Stelle jeweils die 3 Axiome einer affinen Ebene verwendet werden: Jede Parallelenschar schneidet g (oder h) in verschiedenen Punkten, umgekehrt führt jeder Punkt von g (bzw. h) zu einer Geraden der Parallelenschar. Also gibt es genau n Geraden in der Parallelenschar. P sei ein beliebiger Punkt, der nicht auf g liegt (sonst argumentiere man wieder analog!). Jede Gerade durch P schneidet entweder g (was für genau n Geraden zutrifft) oder ist parallel zu g (was für genau eine Gerade zutrifft). Also gehen durch einen Punkt genau $n + 1$ Geraden. Nun betrachtet man die Gerade g mit ihren n Punkten P_1 bis P_n. Durch jeden Punkt verlaufen $n+1$ Geraden, eine davon, nämlich g, verläuft durch alle, alle anderen Geraden sind paarweise verschieden. Das sind zusammen $n^2 + 1$ Geraden. Hinzu kommen die Geraden der Parallelenschar von g, das sind $n - 1$ weitere Geraden. Jede Gerade ist jetzt aufgezählt, was die Behauptung beweist.

∎

3. Schritt: Definition der Verknüpfungen „+" und „·"

Jetzt werden zwei Verknüpfungen „+" und „·" in K definiert. Diese Definition wird natürlich nicht willkürlich sein, sondern orientiert sich am klassischen Fall der *Euklidischen* Ebene. Dort kann die Addition und Multiplikation reeller Zahlen mittels Abtragen von Strecken bzw. mit Hilfe des Strahlensatzes ausgeführt werden (Bild 2.1). Diese klassischen Konstruktionen werden oft in der Sekundarstufe I durchgeführt. Hier werden sie im allgemeinen Fall einer affinen Ebene „nachgeahmt":

Definition der „Addition":

$$K \times K \to K, (A, B) \mapsto C = A + B.$$

Zu $A, B \in K$ sei $A + B = C$, wobei C wie folgt definiert ist (vgl. Bild 2.17): f ist die Parallele zu g durch $\tilde{E}$, P der Schnittpunkt von f und der Parallelen zu h durch B und schließlich C der Schnittpunkt von g und der Parallelen durch P zu $A\tilde{E}$.

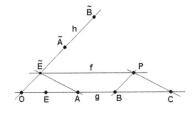

Bild 2.17 Addition

Definition der „Multiplikation":

$$K \times K \to K, (A, B) \mapsto C = A \cdot B.$$

Zu $A, B \in K$ sei $A \cdot B = C$, wobei C wie folgt definiert ist (vgl. Bild 2.18): Die Parallele zu EA durch B schneidet g in C.

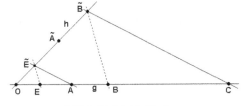

Bild 2.18 Multiplikation

Das so definierte Verknüpfungsgebilde $(K, +, \cdot)$ hat im Allgemeinen nur wenige algebraische Eigenschaften, insbesondere erfüllt es nur einige der Körperaxiome (man nennt eine solche Struktur einen „Ternärkörper").

Aufgabe 2.4:

a. Zeigen Sie, dass O und E Null- und Einselement von K sind, d. h. dass gilt

$$O + A = A + O = A \text{ für alle } A \in K,$$

$$E \cdot A = A \cdot E = A \text{ für alle } A \in K.$$

Weiter gilt auch

$$O \cdot A = A \cdot O = O \text{ für alle } A \in K.$$

b. Für festes $A \in K$ sind die folgenden vier, jeweils für alle $X \in K$ definierten Abbildungen bijektiv:

$$X \mapsto X + A, \ X \mapsto A + X, \ X \mapsto X \cdot A, \ X \mapsto A \cdot X,$$

wobei bei den letzten beiden Abbildungen $A \neq O$ sein muss.

Die in b. beschriebene Eigenschaft ist eine Vorstufe für inverse Elemente. Die anderen bei Körpern gültigen Eigenschaften (die beiden Assoziativgesetze, die beiden Kommutativgesetze und die beiden Distributivgesetze) fehlen im Allgemeinen.

Bemerkung (ohne Beweis): Im endlichen Fall $|\mathbb{A}| < \infty$ wurde gezeigt, dass $|\mathbb{A}| = n^2$ eine Quadratzahl sein muss. Es gibt jedoch *nicht* zu jedem n eine affine Ebene mit $|\mathbb{A}| = n^2$, z. B. nicht für $n = 6$. Man vermutet, dass $n = p^r$ eine Primzahlpotenz sein muss. Genauer gilt Folgendes:

Zu jeder Primzahlpotenz $n = p^r$ gibt es affine Ebenen, nämlich z. B. $\mathbb{A} = K^2$ mit $K = \mathbb{F}_n$. Vor ca. 20 Jahren hat man mit viel Hirnschmalz und hartem Computer-Nachrechnen bewiesen, dass es für $n = 10$ keine zugehörige affine Ebene gibt. Der Rechenaufwand steigt von 10 auf 12 derart an, dass man bis heute (2011) diese Frage schon für $n = 12$ noch nicht entscheiden konnte.

2.4.3 Automorphismen von $\mathbb{A}$

Wie seit *Felix Kleins* Erlanger Programm üblich, betrachtet man die Automorphismen, also die strukturerhaltenden bijektiven Selbstabbildungen der affinen Ebene $\mathbb{A}$. Im klassischen Fall einer *Euklidischen* Ebene sind dies z. B. die schulbekannten Kongruenz- und Ähnlichkeitsabbildungen. Genauer versteht man im allgemeinen Fall unter Automorphismen die folgenden Abbildungen:

Definition 2.2:

Automorphismen (oder *Kollineationen*) einer affinen Ebene $\mathbb{A}$ sind diejenigen bijektiven Selbstabbildungen, die Geraden (als Menge von Punkten) auf Geraden abbilden.

Diese Definition bedeutet, dass für einen Automorphismus α und eine Gerade $g \in \Gamma$ die Menge $\{\alpha(P) \mid P \in g\}$ wieder ein Element von Γ ist, das $\alpha(g)$ genannt wird. Automorphismen sind also genau die „geradentreuen" Bijektionen. Nur ein kleiner Teil aller denkbarer Bijektionen ist geradentreu, dies ist eine sehr spezielle Eigenschaft, die untrennbar mit der Struktur „affine Ebene" verknüpft ist. Nehmen Sie z. B. im Falle der „normalen" *Euklidischen* Ebene zwei verschiedene Punkte A und B. Dann ist die Abbildung, die A und B vertauscht und jeden anderen Punkt fest lässt, eine Bijektion, die sicher nicht geradentreu ist. Es gibt auch viele geometrisch interessantere Abbildungen der *Euklidischen* Ebene, die nicht geradentreu sind, z. B. die Kreisspiegelung (vgl. *Henn*, 1997). Da im Schulunterricht meistens ausschließlich geradentreue Abbildungen (Translationen, Spiegelungen, Drehungen, zentrische Streckungen, ...) betrachtet werden, entsteht oft der falsche Eindruck, dies sei eine „normale" Eigenschaft einer geometrischen Abbildung. Eine solche Abbildung ist aber eben „von Haus aus" nur eine Abbildung (oder Funktion) Ebene → Ebene.

Satz 2.3:

a. Aut($\mathbb{A}$), die Menge aller Automorphismen von $\mathbb{A}$ bildet (bezüglich der Verkettung von Abbildungen) eine Gruppe.

Für Automorphismen $\alpha \in$ Aut($\mathbb{A}$), Punkte $P, Q \in \mathbb{A}$ und Geraden $g, h \in \Gamma$ gilt:

b. Falls $P \neq Q$ ist, so gilt $\alpha(PQ) = \alpha(P)\alpha(Q)$.

c. Falls $g \nparallel h$ ist, so gilt $\alpha(g \cap h) = \alpha(g) \cap \alpha(h)$.

d. Falls $g \parallel h$ ist, so gilt auch $\alpha(g) \parallel \alpha(h)$, α ist also *parallelentreu* (und führt somit Richtungen in Richtungen über).

Beweis:

a. Da die identische Abbildung E ein Automorphismus ist und da mit α auch die Umkehrabbildung α^{-1} ein Automorphismus ist, ist die Aussage klar.

b. Da sowohl $\alpha(PQ)$ als auch $\alpha(P)\alpha(Q)$ die Punkte $\alpha(P)$ und $\alpha(Q)$ enthalten, müssen die beiden Geraden nach A1 gleich sein.

c. Das Bild $\alpha(g \cap h)$ des Schnittpunkts von g und h liegt sowohl auf $\alpha(g)$ als auch auf $\alpha(h)$.

d. Ein Schnittpunkt von $\alpha(g)$ und $\alpha(h)$ würde aufgrund der Bijektivität von α Bild eines Schnittpunkts von g und h sein.

■

Die Automorphismen permutieren jeweils die Punkte und die Geraden untereinander oder, wie man in der Gruppentheorie sagt, *operieren* auf der Menge der Punkte bzw. der Geraden. Genauer *operiert eine Gruppe G* (mit der Gruppenverknüpfung ∘ und dem Einselement E) *auf einer Menge M*, wenn eine Abbildung $G \times M \to M$, $(g, m) \mapsto g \cdot m$ existiert mit der „vernünftigen" Eigenschaft

$$(g \circ h) \cdot m = g \cdot (h \cdot m) \text{ und } E \cdot m = m$$

für alle Gruppenelemente g und h und alle Elemente m von M. Wenn diese Operation sogar *treu* ist, d. h. nur das Einselement E alle Elemente m von M einzeln fest lässt, so kann man die Elemente von G als Permutationen von M auffassen. Ist M zusätzlich endlich, so wird G zu einer Untergruppe der symmetrischen Gruppe $\mathbb{S}_n$ mit $n = |M|$. Da trivialerweise jede Gruppe mittels der Gruppenverknüpfung treu auf sich selbst operiert, lässt sich jede endliche Gruppe als Untergruppe einer geeigneten symmetrischen Gruppe $\mathbb{S}_n$ auffassen.

In den folgenden Sätzen und Definitionen werden für die abstrakte affine Ebene viele der Begriffe und Tatbestände der „normalen" *Euklidischen* Ebene axiomatisch übertragen.

Satz 2.4:

Gilt $\alpha(g) = g$ für alle Geraden g, so ist α die identische Abbildung. Aut($\mathbb{A}$) operiert also treu auf der Menge der Geraden.

Beweis:

Es sei $\alpha(g) = g$ für alle Geraden g. Zu jedem Punkt P gibt es 2 Geraden g, h mit $g \cap h = \{P\}$. Daraus folgt $\alpha(P) \in \alpha(g) \cap \alpha(h) = g \cap h = \{P\}$, also $\alpha(P) = P$, und α ist, wie behauptet, die Identität. Die Abbildung α ist also als Punkt- und als Geradenabbildung identifizierbar.

■

Definition 2.3:

Dilatationen sind richtungserhaltende Automorphismen, d. h. $\alpha(g) \parallel g$ für alle Geraden g.

Satz 2.5:

a. Seien $P \neq Q$, $P' \neq Q'$. Dann gibt es höchstens eine Dilatation α mit $\alpha(P) = P'$ und $\alpha(Q) = Q'$.

b. Eine Dilatation ($\neq$ Identität) hat höchstens einen Fixpunkt.

c. Ist α eine Dilatation ($\neq$ Identität), so ist für alle Punkte P die Gerade $g := P\alpha(P)$ Fixgerade.

Beweis:

a.   Es seien $P \neq Q$, $P' \neq Q'$ und α eine Dilatation mit $\alpha(P) = P'$, $\alpha(Q) = Q'$. Wegen der Definition einer Dilatation ist notwendigerweise $P'Q' \parallel PQ$. Zuerst wird gezeigt, dass das Bild R' jedes Punktes $R \neq P, Q$ jetzt festliegt.

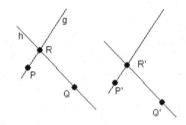

Bild 2.19 Konstruktion des Bildpunkts

Sei $R \notin PQ$ (vgl. Bild 2.19): Es seien $g = PR$, $h = QR$. Dann sind $\alpha(g)$ bzw. $\alpha(h)$ als Parallelen zu g durch P' bzw. zu h durch Q' eindeutig bestimmt. Also ist auch
$$R' = \alpha(g \cap h) = \alpha(g) \cap \alpha(h)$$
eindeutig bestimmt.

Es sei nun $R \in PQ$. Man wählt $S \notin PQ$ und bestimmt das Bild S' wie eben. R liegt nicht auf PS, also ist R' wie eben durch P, S, P' und S' bestimmt.

b.   Folgt direkt aus a.: Gäbe es (mindestens) 2 Fixpunkte P, Q, so wäre durch P, Q, $P' = P$, $Q' = Q$ genau eine Dilatation festgelegt. Eine solche ist aber auch die Identität.

c.   Die Aussage ist klar, da $g \parallel \alpha(g)$ gilt und da $\alpha(P)$ sowohl auf g als auch auf $\alpha(g)$ liegt.

■

Definition 2.4:

a.   Eine *Translation* ist eine fixpunktfreie Dilatation oder die Identität.

b.   Eine *eigentliche Dilatation* (oder *Streckung*) hat genau einen Fixpunkt.

Die Idee zu diesen und zu anderen Definitionen kommt natürlich von den entsprechenden Abbildungen der schulbekannten *Euklidischen* Ebene!

Satz 2.6:

a.   Zu zwei Punkten P und P' gibt es höchstens eine Translation τ mit $\tau(P) = P'$.

b.   Ist τ eine nichttriviale Translation, d. h., τ ist nicht die Identität, und sind P und Q Punkte, so gilt $P\tau(P) \parallel Q\tau(Q)$. Man nennt diese eindeutige Richtung von $P\tau(P)$ auch die *Richtung von τ*. Ist g eine Gerade mit der Richtung von τ, so gilt $\tau(g) = g$.

Beweis:

a. Sei τ eine nichttriviale Translation mit $P' = \tau(P)$. Jetzt liegt jeder weitere Bildpunkt fest: Für jeden Punkt $Q \notin PP'$ gilt $Q\tau(Q) \parallel PP'$. Denn ein Schnittpunkt wäre ein Fixpunkt, da nach Satz 2.5.c die Geraden PP' und $Q\tau(Q)$ Fixgeraden sind. Damit liegt $\tau(Q)$ auf der Parallelen zu PP' durch Q und auf $\tau(P)\tau(Q)$, der Parallelen zu PQ durch P', und ist als deren Schnittpunkt eindeutig festgelegt.

Ist $Q \in PP'$, argumentiert man wieder über einen Hilfspunkt $R \notin PP'$.

b. Folgt direkt aus a.

∎

Satz 2.7:

a. $D = \{$alle Dilatationen$\}$ ist Untergruppe und sogar Normalteiler von $\mathrm{Aut}(\mathbb{A})$.

b. $T = \{$alle Translationen$\}$ ist Untergruppe von D und sogar Normalteiler von $\mathrm{Aut}(\mathbb{A})$.

c. $D_F = \{$alle eigentlichen Dilatationen mit Fixpunkt $F\} \cup \{$Identität $E\}$ ist Untergruppe von D. Gibt es ein $\sigma \in \mathrm{Aut}(\mathbb{A})$ mit $\sigma(F_2) = F_1$, so sind die entsprechenden Fixpunktgruppen konjugiert:

$$D_{F_2} = \sigma^{-1} D_{F_1} \sigma.$$

Normalteiler spielen bei nichtkommutativen Gruppen eine große Rolle: Sind zwei Gruppenelemente α, β nicht vertauschbar, also $\alpha\beta \neq \beta\alpha$, so gilt auch für das *konjugierte Element* $\beta^{-1}\alpha\beta \neq \alpha$. Ist $U \leq G$ eine Untergruppe von G, so ist die Menge $\beta^{-1}U\beta := \{\beta^{-1}\alpha\beta \mid \alpha \in U\}$ eine, wie man sagt, *konjugierte Untergruppe*, die im Allgemeinen $\neq U$ sein wird. Gilt dagegen $\beta^{-1}U\beta = U$ für alle $\beta \in G$, so heißt U **Normalteiler** von G. Bei kommutativen Gruppen sind alle Untergruppen Normalteiler. Stets vorhandene Normalteiler sind G selbst und die triviale Untergruppe $\{E\}$. Wenn es keine anderen Normalteiler gibt, so heißt die Gruppe **einfach**. Beispiele für einfache Gruppen sind die zyklischen Gruppen vom Primzahlgrad und die alternierenden Gruppen $\mathbb{A}_n$ für $n \geq 5$. Die einfachen Gruppen spielen bei der Klassifikation der Gruppen eine ähnliche Rolle wie die Primzahlen für die multiplikative Struktur der natürlichen Zahlen.

Beweis von Satz 2.7:

a. Die Untergruppeneigenschaft ist einfach nachzurechnen. Damit D Normalteiler ist, muss zu allen Abbildungen $\alpha \in D$ und $\beta \in \mathrm{Aut}(\mathbb{A})$ wieder $\beta^{-1}\alpha\beta \in D$ gelten. Sei hierzu g eine Gerade. Bild 2.20 zeigt die Wirkung der Automorphismen auf g. Da β^{-1} als Automorphismus Richtungen in Richtungen überführt und α Richtungen fest lässt, gilt, wie behauptet,

$$g = \beta^{-1}(\beta(g)) \parallel \beta^{-1}(\alpha(\beta(g))).$$

b. Wenn τ eine Translation ist, so natürlich auch τ^{-1}. Es seien τ und τ^* Translationen. Nach a. ist $\tau\tau^*$ eine Dilatation. Wäre $P = \tau\tau^*(P)$ ein Fixpunkt, so wäre $\tau^*(P) = \tau^{-1}(P)$, wegen der Eindeutigkeit also $\tau^* = \tau^{-1}$ und $\tau\tau^*$ die identische Abbildung. Also ist T Untergruppe.

Es seien jetzt $\tau \in T$ und $\beta \in \text{Aut}(\mathbb{A})$. Nach a. ist $\beta^{-1}\tau\beta$ Dilatation. Wäre $P = \beta^{-1}\tau\beta(P)$ ein Fixpunkt, so hätte τ wegen $\tau\beta(P) = \beta(P)$ den Fixpunkt $\beta(P)$, was ein Widerspruch ist.

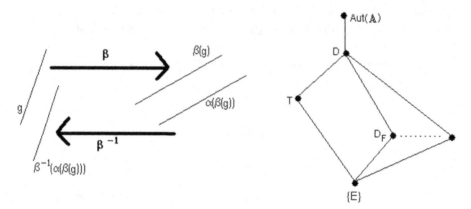

Bild 2.20 Konjugierte Elemente **Bild 2.21** Untergruppenverband

b.   Ist klar.

Die aus Satz 2.7 resultierende Untergruppenstruktur zeigt Bild 2.21.

■

Satz 2.8:

Falls Translationen zu verschiedenen Richtungen existieren, so ist T eine kommutative (oder *abelsche*) Gruppe.

Nur unter der Voraussetzung des Satzes bilden die Translationen, wie im *Euklidischen* Fall gewohnt, eine kommutative Gruppe! Gibt es nur Translationen zu einer Richtung, so muss die Translationsgruppe nicht kommutativ zu sein.

Beweis:

a.   Es sei g eine Gerade, τ eine Translation mit der Richtung $[g]$ und σ eine Dilatation. Zunächst gilt $g \parallel \sigma^{-1}(g)$, also sind die Richtungen $[g] = [\sigma^{-1}(g)]$ gleich. Da τ die Gerade $\sigma^{-1}(g)$ festlässt und σ wieder $\sigma^{-1}(g)$ auf g abbildet, ist $[g]$ auch die Richtung von $\sigma\tau\sigma^{-1}$.

b. τ_1, τ_2 seien Translationen mit verschiedener Richtung. Nach a. haben $\tau_1\tau_2\tau_1^{-1}$ und τ_2, also auch τ_2^{-1}, dieselbe Richtung. Dasselbe gilt für τ_1^{-1} und $\tau_2\tau_1^{-1}\tau_2^{-1}$, also auch τ_1. Produkte von Translationen gleicher Richtung haben natürlich wieder diese Richtung. Also gilt, dass die Abbildung

$$\underbrace{\tau_1\ \overbrace{\tau_2\tau_1^{-1}}\ \tau_2^{-1}}$$

sowohl die Richtung von τ_1 als auch die von τ_2 hat. Das geht (da beide Richtungen verschieden sind) nur, falls $\tau_1 \tau_2 \tau_1^{-1} \tau_2^{-1}$ die identische Abbildung ist, also beide Translationen kommutieren: $\tau_1 \tau_2 = \tau_2 \tau_1$.

c. τ_1, τ_2 seien Translationen gleicher Richtung. τ_3 sei eine Translation mit einer anderen Richtung. Nach b. gilt $\tau_1 \tau_3 = \tau_3 \tau_1$. Außerdem muss $\tau_2 \tau_3$ eine andere Richtung wie τ_1 haben, sonst hätte $\tau_3 = \tau_2^{-1} \tau_2 \tau_3$ dieselbe Richtung wie τ_1. Nach b. gilt daher

$$(\tau_1 \tau_2)\tau_3 = \tau_1(\tau_2 \tau_3) = (\tau_2 \tau_3)\tau_1 = \tau_2(\tau_3 \tau_1) = \tau_2(\tau_1 \tau_3) = (\tau_2 \tau_1)\tau_3$$

und daher auch in diesem Fall wie behauptet $\tau_1 \tau_2 = \tau_2 \tau_1$.

∎

Definition 2.5:

a. $\mathbb{A}$ heißt *Translationsebene*, wenn es für alle $P, Q \in \mathbb{A}$ eine Translation gibt, die P in Q überführt. Nach Satz 2.8 ist T dann sogar kommutativ.

b. $\mathbb{A}$ heißt *Dilatationsebene*, wenn zu jedem $P \neq Q$ und $P' \neq Q'$ mit $PQ \parallel P'Q'$ eine Dilatation existiert, die P auf P' und Q auf Q' abbildet.

Kurz gesagt, wenn $\mathbb{A}$ eine Translations- oder Dilatationsebene ist, so existieren jeweils alle möglichen Translationen bzw. Dilatationen.

Aufgabe 2.5:

Bestimmen Sie die Automorphismengruppe des Minimalmodells.

2.4.4 Die Schließungssätze

Unter den Sätzen der *Euklidischen* Geometrie, die nur von Punkten, Geraden, Inzidenz und Parallelität handeln, haben die „Schließungssätze" für die Theorie der affinen Ebenen eine besondere Bedeutung. In diesen Sätzen wird das „Sich-Schließen" gewisser Figuren behauptet. In 2.4.5 wird gezeigt, dass die Gültigkeit solcher Sätze die Existenz von Translationen und Streckungen garantiert. Schon lange bekannte und besonders wichtige Schließungssätze sind der Satz von *Pappos* (*Pappos von Alexandria*, lebte um 300 n. Chr.) und der Satz von *Desargues* (*Gerard Desargues*, 1591 – 1661). Als Sätze der normalen *Euklidischen* Ebene erscheinen sie eher trivial und folgen direkt aus den Strahlensätzen bzw. den Sätzen von Winkeln an Parallelen. Hier jedoch bewegen wir uns in einer allgemeinen affinen Ebene, wo diese Sätze keinesfalls gelten müssen. Beim Satz von *Desargues* gibt es drei Trägergeraden, die copunktal sind (D = „großer *Desargues*") oder alle parallel sind (d = „kleiner *Desargues*"). Beim Satz von *Pappos* gibt es zwei Trägergeraden, die sich schneiden (P = „großer *Pappos*") oder die parallel sind (p = „kleiner *Pappos*"). Es wird jeweils aus gewissen Parallelitäten auf eine weitere Parallelität geschlossen, wodurch die sich schließende Figur entsteht.

In den folgenden Figuren sind die Voraussetzungen der Sätze zu entnehmen; verschieden gezeichnete Punkte und Geraden seien als verschieden vorausgesetzt.

Satz 2.9: Satz von *Desargues*

Unter den Voraussetzungen von

Bild 2.22 (D = „großer *Desargues*" mit 3 copunktalen Trägergeraden t_1, t_2 und t_3) bzw.

Bild 2.23 (d = „kleiner *Desargues*" mit 3 parallelen Trägergeraden t_1, t_2 und t_3) gilt:

Falls $f \parallel f'$ und $g \parallel g'$, so gilt auch $h \parallel h'$.

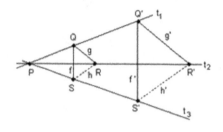

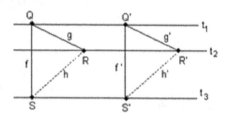

Bild 2.22 Großer *Desargues*

Bild 2.23 Kleiner *Desargues*

Satz 2.10: Satz von *Pappos*

Unter den Voraussetzungen von

Bild 2.24 (P = „großer *Pappos*" mit 2 sich schneidenden Trägergeraden t_1 und t_2) bzw.

Bild 2.25 (p = „kleiner *Pappos*" mit 2 parallelen Trägergeraden t_1 und t_2) gilt:

Falls $f \parallel f'$ und $g \parallel g'$, so gilt auch $h \parallel h'$.

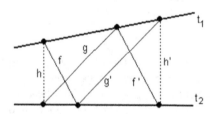

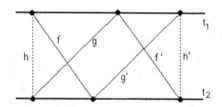

Bild 2.24 Großer *Pappos*

Bild 2.25 Kleiner *Pappos*

Satz 2.11: Logischer Zusammenhang der Schließungssätze

a. Aus der Gültigkeit des großen *Desargues* folgt der kleine *Desargues* und aus der Gültigkeit des großen *Pappos* folgt der kleine *Pappos*.

b. Aus der Gültigkeit des großen *Pappos* folgt der große *Desargues*.

c. Aus der Gültigkeit des kleinen *Desargues* folgt der kleine *Pappos* (vgl. Skizze).

$$P \Rightarrow D$$
$$\Downarrow \quad \Downarrow$$
$$p \Leftarrow d$$

Bemerkung:

Es ist meines Wissens (Stand 2011) noch ein offenes Problem, ob „p $\Rightarrow$ d" ein Satz der Theorie der affinen Ebenen ist. Die anderen Pfeile lassen sich nicht umkehren. Zu jedem Satz gibt es affine Ebenen, in denen der entsprechende andere Satz nicht gilt.

Beweis:

d $\Rightarrow$ p

Die Voraussetzungen für den kleinen *Pappos* seien erfüllt, es gelte also, wie in Bild 2.26 angedeutet, $h \parallel g$ und $P_2Q_1 \parallel P_1Q_2$ sowie $P_1Q_3 \parallel P_3Q_1$. O. B. d. A. seien $P_1 \neq P_2 \neq P_3 \neq P_1$.

S ist der Schnittpunkt der Parallelen zu Q_1P_2 durch Q_3 und zu Q_1P_3 durch Q_2. Jetzt kann man den kleinen *Desargues* auf die Dreiecke Q_3Q_1S und $P_1P_3Q_2$ anwenden (Trägergeraden sind die drei Parallelen Q_3P_1, Q_1P_3, SQ_2) und erhält $SQ_1 \parallel Q_2P_3$. Wird der kleine *Desargues* auf die anderen drei parallelen Trägergeraden angewandt, folgt auch $SQ_1 \parallel Q_3P_2$, was zu zeigen war.

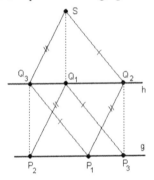

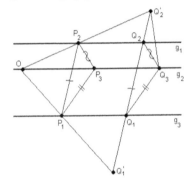

Bild 2.26 „d $\Rightarrow$ p" Bild 2.27 „D $\Rightarrow$ d"

D $\Rightarrow$ d

Die Voraussetzungen für d mit Trägergeraden g_1, g_2, g_3 seien erfüllt, also gilt $g_1 \parallel g_2 \parallel g_3$ und $P_1P_2 \parallel Q_1Q_2$, $P_1P_3 \parallel Q_1Q_3$. Wäre $P_2P_3 \not\parallel Q_2Q_3$, so würde die Parallele zu P_2P_3 durch Q_3 die Gerade Q_1Q_2 in einem anderen Punkt Q_2' schneiden. Dann schneidet P_2Q_2' die Gerade g_2 in O, OP_1 schneidet Q_1Q_2 in Q_1' (klar ist Q_1' $\neq Q_1$). Folglich kann man den großen *Desargues* auf die Dreiecke $P_1P_2P_3$ und $Q_1'Q_2'Q_3$ anwenden (vgl. Bild 2.27). Dann wäre aber Q_3Q_1' eine zweite Parallele zu P_1P_3 durch Q_3, was ein Widerspruch ist.

P $\Rightarrow$ D

Dieser Beweisteil verläuft analog, nur etwas komplizierter, so dass hier auf eine Durchführung verzichtet wird. Man vergleiche ggf. *Lingenberg & Baur* (1967, S. 74 f.).

P $\Rightarrow$ p

Dies folgt wegen P $\Rightarrow$ D $\Rightarrow$ d $\Rightarrow$ p aus dem bisher Bewiesenen.

■

2.4.5 Der Strukturzusammenhang

Der folgende Satz ist der angestrebte „Hauptsatz". Er verbindet drei unterschiedliche Aspekte affiner Ebenen, indem er die Gültigkeit von Schließungssätzen, die Struktur der Automorphismengruppe Aut($\mathbb{A}$) und die algebraische Struktur des Koordinatenkörpers K in den Zusammenhang bringt, der in Bild 2.14 angedeutet worden war.

Satz 2.12: Der Strukturzusammenhang

a. Der kleine *Desargues* ist gültig $\Leftrightarrow$ $\mathbb{A}$ ist Translationsebene $\Leftrightarrow$ K ist Quasikörper

b. Der große *Desargues* ist gültig $\Leftrightarrow$ $\mathbb{A}$ ist Dilatationsebene $\Leftrightarrow$ K ist Schiefkörper

c. Der große *Pappos* ist gültig $\Leftrightarrow$ $\left\{\begin{array}{l}\mathbb{A}\text{ ist Dilatationsebene} \\ D_F\text{ ist für ein } F \text{ abelsch}\end{array}\right\}$ $\Leftrightarrow$ K ist Körper

Bemerkungen:

- Ein Schiefkörper erfüllt alle Körperaxiome, nur das Kommutativgesetz der Multiplikation wird nicht verlangt. Beim Quasikörper wird auch auf das Assoziativgesetz der Multiplikation verzichtet.

- Wegen b. spricht man dann auch von *Desargues'schen* Ebenen.

- Im Falle von c. sind dann für alle Punkte P der affinen Ebene die Streckungs-Fixgruppen D_P *abelsch* und untereinander konjugiert.

- In jeder endlichen Dilatationsebene gilt der Satz von *Pappos*. Dieses Resultat folgt aus einem berühmten Satz von *Joseph Henry Maclagen Wedderburn* (1882 – 1948). Er hat 1905 bewiesen, dass jeder endliche Schiefkörper sogar ein Körper ist (*Aigner & Ziegler*, 2002, S. 27 f.). Also ist dann der Koordinatenkörper K der Ebene nicht nur nach b. ein Schiefkörper, sondern sogar ein Körper, und nach c. gilt der Satz von *Pappos*! Für diese rein geometrische Aussage ist meines Wissens kein rein geometrischer Beweis bekannt. In diesem Fall gilt also in dem Diagramm zu Satz 2.11 auch die Umkehrung P $\Leftarrow$ D.

Beweis von Satz 2.12:

Dieser Beweis ist im Detail umfangreich, es seien hier nur einige Schritte angedeutet bzw. ausgeführt.

Die Struktur der Translationen spiegelt sich in der additiven Struktur des Koordinatenkörpers K wider, entsprechend die Struktur der Streckungs-Fixgruppen D_F in der multiplikativen Struktur von K, woraus jeweils die zweiten Äquivalenzpfeile folgen.

Genauer ist im Falle einer Dilatationsebene

$$D_O \cong (K\backslash\{O\}, \cdot).$$

Der vermittelnde Isomorphismus ordnet jedem $A \in K\backslash\{O\}$ die Streckung σ_A mit $\sigma_A(O) = O$ und $\sigma_A(E) = A$ zu.

Die weiteren Beweisteile werden im Folgenden genauer ausgeführt. Die Bezeichnungen entsprechen den Abbildungen der Schließungssätze.

Beweis zu a. „Translationsebene $\Rightarrow$ d" bzw. b. „Dilatationsebene $\Rightarrow$ D"

σ sei im ersten Fall die Translation, die Q nach Q' abbildet, im zweiten Fall die Dilatation mit Fixpunkt P, die Q nach Q' abbildet (vgl. Bild 2.28 für „d", analoge Abbildung für „D"). Nach der Abbildungseigenschaft gilt

$$m = QR \parallel \sigma(Q)\sigma(R) = Q'\sigma(R).$$

Außerdem gilt $m = QR \parallel m' = Q'R'$ nach Voraussetzung, und es folgt $\sigma(R) = R'$. Analog gilt $\sigma(S) = S'$, woraus wie behauptet $SR \parallel \sigma(S)\sigma(R) = S'R'$ folgt.

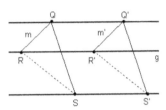

Bild 2.28 „Translationsebene $\Rightarrow$ d"

Beweis zu a. „d $\Rightarrow$ Translationsebene"

Wenn jede Gerade genau 2 Punkte enthält, so ist $|K| = 2$, also $K = \mathbb{F}_2$ der Primkörper der Charakteristik 2; $\mathbb{A}$ ist dann das Minimalmodell und „alle Eigenschaften" gelten. Jede Gerade habe also mindestens 3 Punkte, und es gelte der kleine *Desargues*. Es seien Q, Q' zwei verschiedene Punkte. Ziel ist die Konstruktion einer Translation τ, die Q auf Q' abbildet. Zunächst definiert man eine Abbildung $\tau^{QQ'}: R \mapsto R'$ für alle Punkte R, die *nicht* auf QQ' liegen: g sei die Parallele zu QQ' durch R (also $g \neq QQ'$), m' sei die Parallele zu QR durch Q' (also $m' \neq QR$ und $m' \neq g$). R' sei der Schnittpunkt von m' und g (vgl. Bild 2.28). Es gilt dann $R' \neq Q'$ und $R' \neq R$.

Die analog definierte Abbildung $\tau^{RR'}$ bildet natürlich Q auf Q' ab. Machen Sie sich für die folgenden Argumentationen jeweils eine Skizze! S sei ein weiterer Punkt, der weder auf QQ' noch auf RR' liegt, und sei $S' = \tau^{QQ'}(S)$. Die Existenz eines solchen Punktes S folgt daraus, dass jede Gerade mindestens drei Punkte hat; man betrachte etwa den Schnittpunkt von TR' und QR, wobei T ein dritter Punkt auf QQ' ist. Die drei Geraden QQ', RR' und SS' sind paarweise verschieden und parallel. Da der kleine *Desargues* gilt, folgt $RS \parallel R'S'$. Das bedeutet, dass auch $S' = \tau^{RR'}(S)$ gilt. Folglich sind $\tau^{QQ'}$ und $\tau^{RR'}$ auf dem gemeinsamen Definitionsbereich identisch. Dasselbe Argument gilt für $\tau^{SS'}$; alle 3 Abbildungen sind also überall, wo sie definiert sind, gleich. Die gesuchte Abbildung τ ist die Kombination der drei Abbildungen, τ ist also für jeden Punkt definiert und bildet Q auf Q' ab. Nach Konstruktion ist klar, dass jede Gerade auf eine Parallele abgebildet wird und dass τ fixpunktfrei, also die gewünschte Translation ist.

Beweis zu b. „D $\Rightarrow$ Dilatationsebene"

Zu vier Punkten P, Q, P', Q' mit $P \neq Q$, $P' \neq Q'$ und $PQ \parallel P'Q'$ ist eine Dilatation σ mit $\sigma(P) = P'$ und $\sigma(Q) = Q'$ zu konstruieren. Dies wird zuerst für Spezialfälle gemacht:

1. Schritt: Man konstruiert zu drei verschiedenen, kollinearen Punkten P, Q, Q' eine Streckung σ mit Fixpunkt P und $\sigma(Q) = Q'$. Dies geschieht in analoger Weise wie eben über Hilfsabbildungen $\sigma^{QQ'}$, die jedes $R \notin QQ'$ wie folgt abbilden: R' ist der Schnittpunkt von PR und der Parallelen zu RQ durch Q' (vgl. Bild 2.29).

Die weitere Ausführung des 1. Schritts sei als Übung empfohlen.

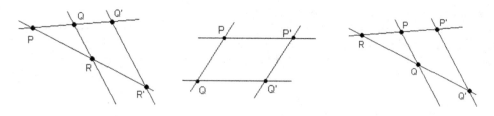

Bild 2.29 Konstruktion I   **Bild 2.30** Konstruktion II   **Bild 2.31** Konstruktion III

2. Schritt: Es seien P, Q, P', Q' und auch PQ, $P'Q'$ alle verschieden, und es gelte $PQ \parallel P'Q'$. Nun wird eine Streckung σ konstruiert, die $P \mapsto P'$ und $Q \mapsto Q'$ abbildet:

Wenn auch $PP' \parallel QQ'$ (Bild 2.30) gilt, so existiert nach Beweisteil a. eine Translation, die das Geforderte tut. Wenn $PP' \cap QQ' = \{R\}$ gilt (Bild 2.31), dann existiert nach dem 1. Schritt eine Streckung σ, die R festhält und P auf P' abbildet. Dann muss diese Streckung σ wegen $\sigma(PQ) = \sigma(P)\sigma(Q)$ den Punkt Q auf Q' abbilden.

3. Schritt: Es seien jetzt allgemein P, Q, P', Q' vier beliebige Punkte mit $P \neq Q$, $P' \neq Q'$ und $PQ \parallel P'Q'$. R und S seien zwei weitere verschiedene, von den (*höchstens*) vier Ausgangspunkten auch verschiedene Punkte, für die $RS \parallel PQ$ und zusätzlich $RS \notin \{PQ, P'Q'\}$ gelten möge. Dies geht stets (wenn nicht gerade $\mathbb{A}$ das Minimalmodell ist, dort gilt aber ohnedies „alles"). Dann gibt es nach dem 2. Schritt zwei Streckungen

$$\sigma_1\colon P \mapsto R, Q \mapsto S \text{ und } \sigma_2\colon R \mapsto P', S \mapsto Q'.$$

Die Verkettung $\sigma_2 \circ \sigma_1$ ist dann die gesuchte Streckung, die $P \mapsto P'$ und $Q \mapsto Q'$ abbildet.

Beweis zu c.

Die Tatsache, dass die Gültigkeit des großen *Pappos* zur multiplikativen Kommutativität des Koordinatenkörpers K äquivalent ist, folgt aus Bild 2.32:

Es gilt $A\tilde{A} \parallel B\tilde{B} \parallel E\tilde{E}$ aufgrund der Identifizierung der beiden „Koordinatenachsen" und weiter $A\tilde{E} \parallel \tilde{B}A{\cdot}B$ aufgrund der Definition der „Multiplikation". Nach dem *Pap-*

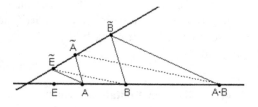

Bild 2.32 Kommutativität

pos'schen Satz ist dann auch $\tilde{E}B \parallel \tilde{A}\,A{\cdot}B$, was die Kommutativität $A{\cdot}B = B{\cdot}A$ bedeutet.

Umgekehrt folgt aus der Gültigkeit des Kommutativgesetzes der *Pappos'sche* Satz.

■

Für eine weiterführende Beschäftigung mit dem in Kapitel 2.4 vorgestellten Thema empfehle ich das vorzügliche Buch *Geometric Algebra* von *Emil Artin* (1898 – 1962) aus dem Jahr 1957.

2.33 *Emil Artin*

3 Geometrische Konstruktionen

Konstruktionen mit Zirkel und Lineal spielten früher eine große Rolle im Mathematikunterricht der Sekundarstufe I. In der abstrakten Wissenschaft geht es weniger um die praktische Durchführbarkeit, sondern um die theoretische Möglichkeit einer Konstruktion nach „Spielregeln", die in der Tradition *Euklids* stehen. Für die praktische Halbierung einer Strecke ist die klassische Schulkonstruktion mit Zirkel und Lineal sicher nicht besser als das Abmessen mit einem Zollstock; bei Streckenlängen von einigen Millimetern ist sogar die Teilung nach Augenmaß besser. Strenge geometrische Konstruktionen gehören vielmehr der abstrakten, deduktiven Seite der Mathematik an. Durch sie können geometrische Sätze thematisiert und bewiesen werden. Beispielsweise wird der Winkelsummensatz von der empirisch durch Messungen gewonnenen Aussage der Physik durch eine geometrische Konstruktion zu einem deduktiv abgeleiteten Satz der Mathematik. Eine Konstruktionsbeschreibung kann man dann als Algorithmus verstehen, um eine konkrete Konstruktion durchzuführen. In diesem Kapitel wird zuerst das Konstruieren mit Zirkel und Lineal mathematisch präzisiert und untersucht, welche Punkte oder Strecken sich überhaupt, ausgehend von gewissen Startpunkten, konstruieren lassen. Die möglichen Ergebnisse solcher Konstruktionen werden in der präzisen Sprache der Algebra formuliert, was zu einer weiteren Verbindung von Geometrie und Algebra führt. Zur Abgrenzung gehen wir kurz auf eine andere Geometrie, die Origami-Geometrie, ein. Dann werden vier schon in der griechischen Antike diskutierte und dort unlösbare Probleme behandelt: das Deli'sche Problem der Würfelverdoppelung, die Dreiteilung des Winkels, die Quadratur des Kreises und die Konstruktion des regelmäßigen 7-Ecks. Diese Fragen haben für mehr als 2000 Jahre die mathematische Forschung angeregt und konnten erst im späten 19. Jahrhundert endgültig als unlösbar beantwortet werden. In der Origami-Geometrie sind drei der klassischen Probleme konstruierbar!

3.1 Vernetzung mit der mathematischen Schulstoff

Geometrie (griech. „Erdmaß", „Landmessung") ist wohl die älteste mathematische Teildisziplin und kann als Ursprung der Mathematik betrachtet werden. Dies ist auch heute noch gut nachvollziehbar: Wenn wir unsere Umgebung betrachten, finden wir eine kaum überschaubare Fülle geometrischer Figuren, Körper und Muster, die sich auf vielfältige Art konstruktiv erzeugen lassen, und damit verbundene lebenspraktische oder ästhetische Fragestellungen. Die Art der Konstruktion prägt den Figuren gewisse Eigenschaften auf. Aus einfachen Grundformen können komplexere Konfigurationen gewonnen werden.

Anlässe für geometrisches Arbeiten finden wir in der Natur ebenso wie in der Kultur, seien es schöne und in gewisser Hinsicht optimale Figuren und Muster, die bei Pflanzenwachstum entstehen, oder geometrische Formen, die von Menschenhand geschaffen Einzug in Kunst, Architektur, Straßenbau usw. gefunden haben. Das Entwerfen von „schönen" Mustern aus Kreisen vermittelt Kindern erste haptische Erfahrungen zum Umgang mit einem Zirkel und kann zu mathematischen Entdeckungen mit Kreisen führen.

Da die Geometrie aus der Auseinandersetzung mit der uns umgebenden Realität entstanden ist, verwundert es kaum, dass geometrisches Arbeiten zunächst rein erfahrungsbasiert, also

„empirisch", war. Die Ablösung von der Erfahrung haben griechische Philosophen und Mathematiker in den Erkenntnisprozess eingebracht: In unserer Gedankenwelt können wir ideale Objekte konstruieren und über diese nach bestimmten Regeln der Logik Aussagen machen. Die klassische *Euklidische* Geometrie, wie sie dem Geometrieunterricht des Gymnasiums zugrunde liegt, ist untrennbar mit den Werkzeugen Zirkel und Lineal verbunden. Alle Konstruktionen werden in der griechischen Tradition „mit Zirkel und Lineal" (im Folgenden mit ZuL abgekürzt) durchgeführt, was einerseits abstrakt in unserer Gedankenwelt und andererseits mit einem konkreten Lineal, einem konkreten Zirkel und einem konkreten Bleistift geschieht. Bleistiftstriche im Heft oder Kreidestriche an der Tafel, ausgeführt mit Zirkel und Lineal, sind genauso wenig *„Euklidische* Geometrie" wie ein mit einem DGS erstelltes Computerbild. Beides sind konkrete Konstruktionen, für die die *Euklidische* Geometrie ein Modell zur mathematischen Beschreibung bereitstellt. Aber diese Konkretisierungen sind genau die Ebene der Exploration. Diese müssen die Lernenden erst in ihre Gedankenwelt übertragen. In dieser Gedankenwelt sind Punkte und Geraden abstrakte Begriffe, die (in der Schule) nicht genau definiert werden können. Beim Zeichnen auf Papier stellen wir Geraden durch möglichst dünne Linien und Punkte als Schnitte von Geraden dar. Aber auch der feinste Bleistiftstrich wird, unter der Lupe betrachtet, wie in Bild 3.1 zu einem Band von Bleistiftteilchen vergröbert. Es ist eine nicht zu unterschätzende Geistesleistung von Schülerinnen und Schülern der Sekundarstufe I, adäquate Grundvorstellungen zu den Basisobjekten der *Euklidischen* Geometrie aufzubauen. Eine wichtige Erkenntnis für Schülerinnen und Schüler ist es, dass „Konstruierbarkeit", sei es mit ZuL, sei es mit anderen erlaubten

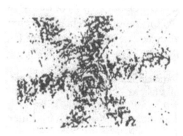

Bild 3.1 Punkte und Geraden

Hilfsmitteln wie mit Origami, ein theoretisches Konstrukt ist, bei dem es nicht um eine möglichst genaue Zeichnung geht. Mit Näherungskonstruktionen oder geschicktem Probieren kann man ggf. eine größere Zeichengenauigkeit erreichen.

Andere Teildisziplinen wie Arithmetik/Algebra haben sich oft aus Fragestellungen mit geometrischem Ursprung entwickelt. Die daraus resultierende starke Vernetzung der mathematischen Teildisziplinen ist auch heute noch – gerade in der Mathematik der Sekundarstufe I – erfahrbar. So können z. B. einerseits geometrische Probleme mit arithmetisch-algebraischen Hilfsmitteln gelöst werden, andererseits können Probleme, die zunächst in der Arithmetik oder Algebra auftreten, durch eine Transformation in eine geometrische Fragestellung gelöst werden.

Bei der Auswahl von Themen und Inhalten sowie bei der Gestaltung des Unterrichts kann man sich gut an der historischen Entwicklung orientieren, die sich auch didaktisch als äußerst tragfähig erweist und zu folgenden Gestaltungsprinzipien führt:

– *Realitätsbezug:* Die Bezüge der Geometrie zur uns umgebenden Welt müssen im Sinne der Sinnstiftung, der Motivation und der Vermittlung eines stimmigen Bilds von Mathematik immer wieder Ausgangspunkt für Schüleraktivitäten sein.

– *Innermathematische Begründung (Beweisen):* Gerade die *Euklidische* Geometrie in der Sekundarstufe I bietet aus den jeweiligen Fragestellungen heraus entstehende Anlässe für innermathematisches Begründen und Beweisen. Der Übergang von der empirisch ausgerichteten Geometrie zu einer stärker axiomatisch-deduktiven kann paradigmatisch die Eigenart der Mathematik z. B. im Vergleich zu den Naturwissenschaften erfahrbar machen.

- *Handlungsaktvierung und Erfahrungsbasierung:* Schülerinnen und Schüler müssen ausreichend Gelegenheit haben, mit konkreten geometrischen Objekten zu experimentieren, konkrete geometrische Objekte herzustellen und vor dem Hintergrund dieser konkret handelnden Erfahrung Begriffe zu bilden und Zusammenhänge zu entdecken.

- *Vernetzung:* Die Bezüge zwischen der Geometrie und den anderen Teildisziplinen sind außerordentlich tief und vielfältig. In der Sekundarstufe I wird besonders leicht die Vernetzung zur Arithmetik/Algebra erfahrbar. Schülerinnen und Schüler müssen erfahren können, dass Mathematik nicht in verschiedene Schubladen aufteilbar ist.

Nach diesen Gestaltungprinzipien haben wir die Geometrie-Box des Mathekoffers (*Büchter &
Henn*, 2008) entworfen.

In Kapitel 3.2 werden kurz die klassischen Probleme aus der griechischen Antike vorgestellt: das Deli'sche Problem der Würfelverdoppelung, die Dreiteilung des Winkels, die Quadratur des Kreises und die Konstruktion regelmäßiger n-Ecke. In Kapitel 3.3 wird untersucht, welche Zahlen überhaupt mit ZuL konstruiert werden können. Die dort aufgeführten vier „Basiskonstruktionen" sind natürlich auch die Grundlage geometrischen Konstruierens in der Schule; aus diesen werden dann dort die „Grundkonstruktionen" wie Halbieren einer Strecke oder eines Winkels, Abtragen einer Strecke usw. abgeleitet. Abtragen von Strecken erlaubt zu gegebenen Strecken a und b die Konstruktion einer Strecke der Länge $a + b$ bzw. $a - b$ (für $a > b$). Mit Hilfe der Strahlensätze lassen sich Strecken der Längen $a \cdot b$ und $\dfrac{a}{b}$ konstruieren.

Schließlich erlaubt der Höhensatz die Konstruktion einer Strecke der Länge $\sqrt{a}$ (Bild 3.2). Algebraisch gesprochen bedeutet das, dass wir ausgehend von einer „Startstrecke" der Länge 1 alle (positiven) rationalen Zahlen und alle Zahlen, die sich in einer Körpererweiterung von $\mathbb{Q}$ befinden, die durch sukzessive quadratische Körpererweiterungen entsteht, konstruieren können. Wenn man beispielsweise $\sqrt{2}$ konstruiert hat, so kann man alle Zahlen aus der quadratischen Erweiterung $\mathbb{Q}(\sqrt{2}) = \{a + b \cdot \sqrt{2} \mid a, b \in \mathbb{Q}\}$ konstruieren.

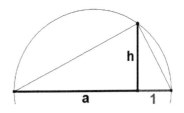

Bild 3.2 Konstruktion von $\sqrt{a}$

Neben den bekannten ZuL-Konstruktionen werden in diesem Kapitel immer wieder Origami-Konstruktionen durchgeführt. Bei Origami denkt man wohl zunächst an Problemlösen und mathematisches Knobeln. Origami hat aber auch einen Bezug zu „Mathematik und der Welt, in der wir leben": Das Falten von Airbags beim Einbau in ein Lenkrad, das platzsparende Falten der riesigen Sonnensegel in Raumsonden oder auch ganz einfach das Falten von Stadtplänen sind alles Origami-Aufgaben. In diesem Kapitel wird Origami im Sinne von „Mathematik als geistige Schöpfung" verwendet. Origami ist auch ein hervorragendes Beispiel für das Spiralprinzip: Schon im Kindergarten arbeiten Kinder mit viel Spaß und sehr fruchtbar mit Origami; es gibt viele Vorschläge für Falt-Aktivitäten schon im Kindergarten. Während in der Grundschule solche Aktivitäten auch weit verbreitet sind, findet man nur in neuen Schulbüchern für die Sekundarstufe I erste Origami-Vorschläge. Ein Schwerpunkt der Geometrie-Box des Mathekoffers (*Büchter & Henn*, 2008) heißt „Spiegeln, Falten, Schneiden"; dort werden auch Origami-Aufgaben gestellt. In den Sekundarstufen kann untersucht werden, welche „Spielregeln" in der Origami-Geometrie die ZuL-Spielregeln ersetzen. Origami-Geometrie erfüllt alle oben genannten Gestaltungsprinzipien, es gibt einfache (für die Sekundarstufe I) und schwierige (für die Algebra-Vorlesung) Falt-Aufgaben. Die in Kapitel 3.4 bis 3.7 „aus höherer" Sicht behandelten klassischen Konstruktionsaufgaben können alle auch in der Sekundarstufe I thematisiert werden. Insbesondere können drei davon mit Hilfe von Origami gelöst werden, mit Origami kann man also mehr Zahlen konstruieren als mit ZuL. Die in 3.7 behandelten regelmäßigen n-Ecke haben für kleine n einen festen Platz schon in der Grundschuldidaktik. Die Konstruktion der n-Ecke für $n = 3$, 4 und 6 ist Standardstoff; in manchen Schulbüchern wird auch das 5-Eck konstruiert. Die Entdeckung regelmäßiger n-Ecke in unserer täglichen Realität, bei Autofelgen, Blumen, gotischen Kirchen und vielem mehr, ist eine spannende Aufgabe für Schülerinnen und Schüler.

Ein Glaser musste etwa bei gotischen Kirchen alle möglichen n-Ecke konstruieren können. Für derartige praktische Zwecke haben schon die alten Griechen Näherungskonstruktionen erfunden. Genauer führen die Versuche, solche Vielecke zu konstruieren, zu der Unterscheidung zwischen einer (exakten) Konstruktion mit ZuL, einer Näherungskonstruktion (die auch mit ZuL durchgeführt wird) und einer (ebenfalls exakten) Konstruktion mit anderen Hilfsmitteln als ZuL (etwa der Origami-Konstruktion des regelmäßigen 7-Ecks).

3.2 Einige klassische Probleme

Viele klassische Konstruktionsprobleme sind aus dem alten Griechenland bekannt. Erlaubte Hilfsmittel bei der Konstruktion waren von alters her nur Zirkel und Lineal (vgl. Kapitel 3.3). Besonders berühmt sind die folgenden vier bis in die Neuzeit ungelösten Probleme (vgl. auch *Johannes Tropfke*, 1937; *Moritz Cantor*, 1907).

a. Das Deli'sche Problem der Würfelverdopplung (vgl. Kapitel 3.4)

Dieses Problem ist die geometrische Aufgabe, einen Würfel mit doppeltem Rauminhalt eines gegebenen Würfels zu konstruieren. Der Name beruht nach antiken Berichten auf dem Orakel von Delphi, das den Einwohnern der griechischen Insel Delos aufgab, zur Abwehr einer Pest den würfelförmigen Altar ihres Tempels zu verdoppeln. Seit dem 19. Jahrhundert weiß man von der prinzipiellen Unmöglichkeit dieser Konstruktion.

b. Die Trisektion des Winkels (vgl. Kapitel 3.5)

Bestimmte Winkel, wie z. B. 90°, sind leicht zu dritteln. Aber schon der 60°-Winkel entzog sich jedem Konstruktionsversuch. Mit der Winkeldreiteilung hat sich wohl als erster *Hippias von Elis* (um 420 v. Chr.) beschäftigt. Bis heute gibt es viele Konstruktionsvorschläge, die aber alle falsch bzw. nur Näherungskonstruktionen sind. Der französische Mathematiker *Pierre Laurent Wantzel* (1814 – 1884) hat als Erster bewiesen, dass es unmöglich ist, einen 60°-Winkel mit Zirkel und Lineal zu dritteln (*Wantzel*, 1837). Die Idee seines Beweises wird in Kapitel 3.5 vorgestellt. Also ist auch die Winkeldrittelung im Allgemeinen ein unlösbares Problem.

c. Die Quadratur des Kreises (vgl. Kapitel 3.6)

Die Aufgabe lautet, mit Zirkel und Lineal ein Quadrat zu konstruieren, das einem gegebenen Kreis flächengleich ist. Dieses Problem wurde erst 1882 als unlösbar erkannt, nachdem *Carl Louis Ferdinand von Lindemann* (1852 – 1939) die Transzendenz von π bewiesen hatte (vgl. *Drinfel'd*, 1980).

Bild 3.3 *Lindemann*

d. Die Konstruktion des regelmäßigen *n*-Ecks (vgl. Kapitel 3.7)

Mit „*n*-Eck" ist in diesem Abschnitt immer ein „regelmäßiges *n*-Eck" gemeint. Es hat also *n* gleichlange Seiten und *n* gleichgroße Winkel. Schon die alten Griechen konnten für die „kleinen" $n = 3, 4, 5, 6, 8$, 10 und 12 das *n*-Eck konstruieren. Fast trivial ist die Konstruktion von 3- und 4-Eck. Auch das 5-Eck lässt sich relativ einfach konstruieren (vgl. 3.7.3). Kann man das *n*-Eck konstruieren, so ist auch das 2*n*-Eck konstruierbar, man braucht ja nur die Mittelsenkrechten der *n*-Eckseiten mit dem Umkreis zu schneiden. Durch mehrfache Anwendung des Verfahrens kann man auch das $2^m \cdot n$-Eck für $m \in \mathbb{N}$ konstruieren. Aber schon für das 7-Eck hat man

lange vergeblich nach einer Konstruktion gesucht. Erst der 19 Jahre alte *Carl Friedrich Gauß* (1777 – 1855) löste das Problem der Konstruktion des regelmäßigen *n*-Ecks vollständig: Zunächst fand er am 29. März 1796 als seine erste große mathematische Entdeckung die Konstruktion des regelmäßigen 17-Ecks (vgl. *Klein*, 1962). Dieses Resultat erschien dann am 1. Juni 1796 im „Intelligenzblatt der allgemeinen Literatur-Zeitung" in Leipzig. Es ist kaum denkbar, dass heute in einer normalen Zeitung ein neues mathematisches Resultat veröffentlicht würde! *Gauß* Arbeit war ein Nebenergebnis seiner viel weiter reichenden zahlentheoretischen Forschungen, die 1801 in den berühmten *Disquisitiones Arithmeticae* erschienen. Dort wird auch gezeigt, dass das regelmäßige *n*-Eck genau

Bild 3.4 *Gauß*

dann konstruierbar ist, wenn $n > 2$ eine Zweierpotenz ist oder wenn *n* sich schreiben lässt als

$$n = 2^a \cdot p_1 \cdot p_2 \cdot \ldots \cdot p_r$$

mit $a \in \mathbb{N}_0$ und Zahlen p_i, die verschiedene Primzahlen vom *Fermat'schen* Typus, also von der Form $2^{2^m} + 1$, sind. Bis heute sind nur die *Fermatprimzahlen* $3 = 2^1 + 1$, $5 = 2^2 + 1$, $17 = 2^4 + 1$, $257 = 2^8 + 1$ und $65.537 = 2^{16} + 1$ bekannt.

Auch die beiden anderen *Fermat-p*-Ecke sind konstruiert worden. *Friedrich Julius Richelot* (1808 – 1875) beschäftigte sich um 1830 mit dem 257-Eck (*Richelot*, 1832). Kurios ist die Geschichte der Konstruktion des regelmäßigen 65.537-Ecks. Bei einem Besuch in Göttingen erzählte man mir Folgendes: *Johann Gustav Hermes*, ein Mathematiklehrer, wollte an der Universität Göttingen Ende des 19. Jahrhunderts promovieren. Seine formale Bildung sei für das Niveau einer üblichen Göttinger Dissertation nicht ausreichend gewesen, so dass

man ihm als ehrenvolle Fleiß-
aufgabe die konkrete Konstruktion des 65.537-Ecks gegeben habe.
Zehn Jahre lang, von 1879 bis
1889, habe man nichts mehr von
ihm gehört, bis er eines Tages mit
einem riesigen flachen Koffer angekommen sei (vgl. Bild 3.5).

Dieser Koffer, der auch heute
noch existiert, enthält seine äußerst sorgfältigen Konstruktionen
mit riesigen Tabellen (Bild 3.6)
und fein ausgeführten Zeichnungen (Bild 3.7).

Bild 3.5 Der Göttinger Koffer

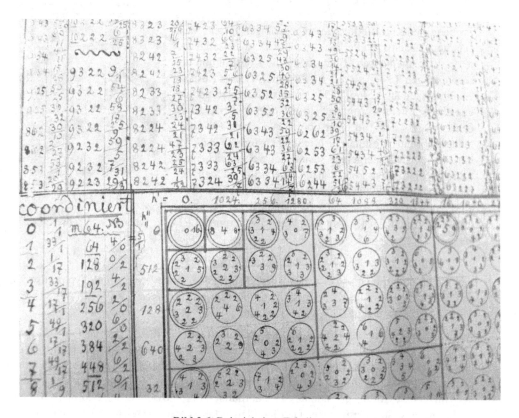

Bild 3.6 Beispiel einer Tabelle

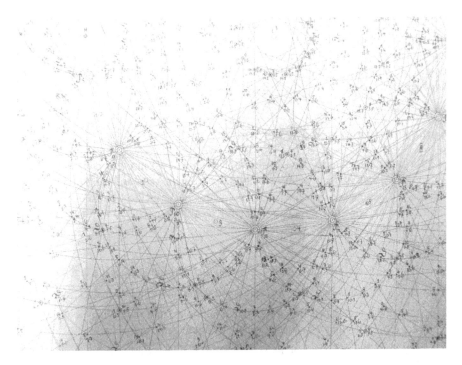

Bild 3.7 Beispiel einer Konstruktion

Auf Befürwortung von *Felix Klein* wurde die Arbeit 1894 der Königlichen Gesellschaft der Wissenschaften zu Göttingen vorgelegt. Der Kandidat erhielt seinen Doktorhut, und die Fakultätsbücherei besitzt seither dieses „Diarium der Kreisteilung" mit seinen 191 Blättern im Format 47 cm × 55 cm als stolz gehütete Rarität. Die Richtigkeit der Konstruktion hat wohl niemand nachgeprüft. In den *Nachrichten von der Gesellschaft der Wissenschaften zu Göttingen* (*Hermes*, 1894) hat *Hermes* über seine Arbeit berichtet.

Für mehr als zwei Jahrtausende haben diese klassischen Konstruktionsprobleme professionelle und Amateur-Mathematiker immer wieder begeistert. Einer von ihnen war der berühmte Renaissance-Künstler *Albrecht Dürer* (1471 – 1528), der sich durch seine literarischen Werke und Schriften *auch* einen Platz unter den Mathematikern seiner Zeit geschaffen hat, was leider weniger bekannt ist. Wohlbekannt ist *Dürers* Anleitung zur Zentralperspektive aus seiner 1525 erschienenen *Underweysung der messung mit dem zirckel und richtscheyt in Linien ebnen unnd gantzen corporen* (ein Faksimile dieses Werks ist als PDF-File über den *Dürer*-Beitrag von Wikipedia verfügbar). Das mathematische Potenzial für die Schule, das sich in diesem Werk verbirgt, ist weitgehend unbekannt. Man kann es zweifellos das erste Mathematikbuch in deutscher Sprache nennen. *Dürer* hat nicht nur alle klassischen Probleme aus diesem Kapitel, sondern auch die *Platonischen* und *Archimedischen* Körper und die Band- und Flächenornamente des 4. Kapitels, darüber hinaus Kegelschnitte und vieles mehr behandelt (*Steck*, 1948). Ein anderer war *Giacomo Girolamo Casanova*, der nicht nur ein Liebhaber der Frauen, sondern auch ein Liebhaber der Wissenschaften war. Besonders mit dem Deli'schen Problem hat er sich lange beschäftigt und war der Meinung, es gelöst zu haben (vgl. *Krätz &*

Merlin, 1995, S. 128 f.). Viele der Amateure haben ihre vermeintlichen Lösungen an Universitäten geschickt, die ihrerseits viele Mühe aufwenden mussten, die Fehler und Missverständnisse zu finden. Deshalb hat im Jahr 1775 die Pariser Französische Akademie der Wissenschaften den Beschluss gefasst und veröffentlicht, keine solche „Lösungen" mehr zu überprüfen (*Delahaye*, 1999, S. 49).

3.3 Konstruktionen mit Zirkel und Lineal

Der Schlüssel zum Verständnis der Konstruktionsprobleme ist ihre Übersetzung in die Sprache der Algebra. Jedes geometrische Konstruktionsproblem kann auf die Aufgabe zurückgeführt werden, zu gegebenen Strecken *a*, *b*, *c* ... gewisse gesuchte Strecken *x*, *y*, ... nur mit Zirkel und Lineal zu konstruieren. Die erlaubten Konstruktionsschritte werden zunächst präzisiert. Die folgenden vier sind die erlaubten „Basiskonstruktionen":

(K1)   Durch 2 verschiedene Punkte kann man die Verbindungsgerade legen;

(K2)   zu 2 nicht parallelen Geraden kann man den Schnittpunkt konstruieren;

(K3)   um einen gegebenen Punkt *M* als Mittelpunkt kann man einen Kreis *k* zeichnen, der die Entfernung *r* zweier gegebener Punkte zum Radius hat;

(K4)   die Schnittpunkte zweier Kreise oder eines Kreises mit einer Geraden kann man konstruieren.

Für eine beliebige Konstruktion dürfen diese Basiskonstruktionen *endlich oft* ausgeführt werden. „Konstruktion" in unserem Sinne ist natürlich nicht die konkrete, fehlerbehaftete Zeichnung, sondern die Frage, ob die genaue Lösung theoretisch mit Zirkel und Lineal allein gefunden werden kann. Es geht also um das Idealisieren realer Handlungen. Diese Idealisierung ist dann eine exakte mathematische Konstruktion.

Zur Vorbereitung von Satz 3.1, des Hauptsatzes über konstruierbare Zahlen, sollen zuerst die benötigten Ergebnisse aus der Algebra, genauer aus der Körpertheorie zusammengefasst werden. Im Wesentlichen geht es dabei zunächst um endliche Erweiterungskörper von $\mathbb{Q}$. Wir bewegen uns hier (und auch später fast immer) im „sicheren Hafen" der komplexen Zahlen $\mathbb{C}$ (vgl. Kapitel 6.7). Die Zahlen, um die es geht, kann man sich also immer konkret als spezielle reelle oder komplexe Zahlen vorstellen; es sind keine abstrakten algebraischen Körper zu betrachten.

Die reellen Zahlen werden unterschieden in die rationalen Zahlen aus $\mathbb{Q}$ und die irrationalen Zahlen aus $\mathbb{R}\backslash\mathbb{Q}$. Die letzteren zerfallen in die Menge der reellen algebraischen Zahlen, d. h. solche, die Nullstelle eines Polynoms aus $\mathbb{Q}[x]$ sind (schulisches Standardbeispiel ist $\sqrt{2}$; ein zugehöriges Polynom ist $x^2 - 2$), und die Menge der reellen transzendenten Zahlen (schulbekannte Beispiele des letzten Typs sind π und e; es gibt kein rationales Polynom, das π oder e als Nullstelle hat). Entsprechend lassen sich die Zahlen aus $\mathbb{C}\backslash\mathbb{Q}$ in über $\mathbb{Q}$ algebraische und transzendente Zahlen einteilen. Weitere Ausführungen hierzu stehen in Kapitel 6.2.

Neben dem wohlbekannten Körper $\mathbb{R}$ der reellen Zahlen gibt es unendlich viele weitere Körper *K*, die zwischen $\mathbb{Q}$ und $\mathbb{C}$ liegen. Algebraische Erweiterungen von $\mathbb{Q}$ sind Erweiterungskörper, bei denen jedes Element algebraisch über $\mathbb{Q}$ ist. Die klassische algebraische

Zahlentheorie studiert diese Körper. Wesentlich für das Folgende sind irreduzible Polynome $f(x)$: Ein Polynom $f(x)$ heißt *reduzibel* im Polynomring $\mathbb{Q}[x]$ (bzw. analog in einem anderen Polynomring), wenn es sich nichttrivial in zwei Polynome zerlegen lässt, d. h. $f(x) = g(x) \cdot h(x)$ mit $g(x)$, $h(x) \in \mathbb{Q}[x]$ und Grad $g(x)$, Grad $h(x) \geq 1$. Sonst heißt $f(x)$ *irreduzibel*. Die irreduziblen Polynome aus $\mathbb{Q}[x]$ entsprechen den Primzahlen in $\mathbb{Z}$.

Eine algebraische Körpererweiterung von $\mathbb{Q}$ wird z. B. durch ein irreduzibles Polynom $f(x)$ aus $\mathbb{Q}[x]$ definiert: Ist $\alpha \in \mathbb{C}$ eine Nullstelle von $f(x)$, so ist $K := \mathbb{Q}(\alpha)$ der kleinste Körper, der $\mathbb{Q}$ und α enthält. Die Existenz einer solchen komplexen Nullstelle α von $f(x)$ ist nach dem Fundamentalsatz der Algebra (vgl. Kapitel 5.5) gesichert. Nimmt man eine andere Nullstelle β von $f(x)$, so entsteht im Allgemeinen ein anderer Erweiterungskörper $\mathbb{Q}(\beta)$.

Aufgabe 3.1:

Untersuchen Sie den durch das über $\mathbb{Q}$ irreduzible Polynom $x^2 + 1$ erzeugten Körper $\mathbb{Q}(i)$. Dabei ist $i := \sqrt{-1}$ die komplexe Einheit. Zeigen Sie, dass er gerade aus den Zahlen $a + b \cdot i$ mit a, $b \in \mathbb{Q}$ besteht.

Aufgabe 3.2:

Es sei $f(x) = x^3 - a$ mit $a \in \mathbb{N}$. Geben Sie Beispiele für a an, so dass $f(x)$ irreduzibel über $\mathbb{Q}$ ist, und Beispiele dafür, dass $f(x)$ reduzibel über $\mathbb{Q}$ ist.

Aufgabe 3.3:

a. Es sei α Nullstelle des irreduzibeln Polynoms $f(x) \in \mathbb{Q}[x]$ vom Grad n. Zeigen Sie, dass sich $K = \mathbb{Q}(\alpha)$ schreiben lässt als

$$K = \{a_{n-1}\alpha^{n-1} + a_{n-2}\alpha^{n-2} + \ldots + a_1\alpha + a_0 \mid a_i \in \mathbb{Q} \text{ für } i = 0, \ldots, n-1\}.$$

b. Das Polynom $f(x) = x^3 - 2$ ist irreduzibel über $\mathbb{Q}$ (in Aufgabe 3.9 sollen Sie das beweisen). Nach a. können Sie mit $\alpha = \sqrt[3]{2}$ und seinen Potenzen alle Elemente von $K = \mathbb{Q}(\alpha)$ darstellen. „Rechnen Sie ein bisschen" in diesem K (z. B. $(7\alpha^2 + 3\alpha + 2) \cdot (5\alpha^2 - 6\alpha + 1)$).

Jeden Erweiterungskörper K von $\mathbb{Q}$ kann man in natürlicher Weise auch als Vektorraum über $\mathbb{Q}$ auffassen. Ist die Dimension n dieses Vektorraums endlich, so nennt man diese Dimension den *Körpergrad* $(K : \mathbb{Q})$ von K über $\mathbb{Q}$. Ein endlicher Erweiterungskörper K vom Grad n über $\mathbb{Q}$ ist immer algebraisch über $\mathbb{Q}$, denn für eine beliebige Zahl $\beta \in K$ sind auf jeden Fall die $n+1$ Zahlen β^n, β^{n-1}, $\ldots$, β und 1 linear abhängig über $\mathbb{Q}$, woraus sich sofort ein rationales Polynom ergibt, dessen eine Nullstelle β ist. Man sagt folglich, K ist *algebraisch vom Grad n über* $\mathbb{Q}$. Aus Aufgabe 3.3 folgt sofort, dass der durch ein irreduzibles Polynom vom Grad n definierte Körper $K = \mathbb{Q}(\alpha)$ die Basis $\{\alpha^{n-1}, \alpha^{n-2}, \ldots, \alpha, 1\}$, also den Körpergrad $(K : \mathbb{Q}) = n$ hat.

Analoges gilt für beliebige Körpererweiterungen K über einem Körper k und auch für die spezielle Erweiterung $K := k(\alpha)$, wobei k ein Erweiterungskörper von $\mathbb{Q}$ und $f(x)$ ein irreduzibles Polynom aus $k[x]$ ist. Hat man eine Körperkette $k_1 < k_2 < k_3$ („$<$" ist als „ist Teilkörper von" zu lesen), wobei jeweils endliche Erweiterungen vorliegen mögen, so folgt aus der Betrachtung entsprechender Vektorraumbasen sofort die *Körpergrad-Multiplikationsformel*

$$(k_3 : k_1) = (k_3 : k_2) \cdot (k_2 : k_1).$$

Der Körper heißt *reell-algebraisch*, wenn er algebraisch über $\mathbb{Q}$ und Teilkörper von $\mathbb{R}$ ist. (Randbemerkung: Wann in diesem Buch mit dem Buchstaben k ein Kreis und wann ein Körper gemeint ist, ergibt sich stets aus dem Zusammenhang.)

Zur Bestimmung der mit Zirkel und Lineal konstruierbaren Zahlen geht man aus von 2 Punkten O, E mit $\overline{OE} = 1$ (Normierung der Zahlengeraden). Ziel ist der folgende

Satz 3.1: Hauptsatz über konstruierbare Zahlen

Mit Zirkel und Lineal sind genau diejenigen reellen Zahlen α (als Streckenlängen) konstruierbar, die in einem reell-algebraischen Erweiterungskörper K von $\mathbb{Q}$ mit Körpergrad $(K : \mathbb{Q}) = 2^n$ liegen, wobei $\mathbb{Q}$ und K durch eine Kette quadratischer Körpererweiterungen

$$\mathbb{Q} = K_0 \underset{2}{<} K_1 \underset{2}{<} K_2 \underset{2}{<} \ldots \underset{2}{<} K_n = K$$

verbunden sind. Die Zahl α lässt sich dann durch (eventuell mehrfach geschachtelte) Quadratwurzeln ausdrücken (z. B. $\alpha = \sqrt{5} + \sqrt{3 + \sqrt{2}}$).

Natürlich kann man auch komplexe Zahlen als Punkte der komplexen Zahlenebene konstruieren, nämlich dann, wenn man Realteil x und Imaginärteil y der komplexen Zahl $z = x + i \cdot y$ konstruieren kann.

Zum **Beweis von Satz 3.1** werden zunächst einige einfachere Resultate zusammengestellt, die zum Teil als Aufgabe formuliert werden. Dabei geht man immer von einem Zahlenstrahl mit den Einheitspunkten O, E mit $\overline{OE} = 1$ aus, auf dem die Zahl x als Punkt X oder als Strecke OX mit $\overline{OX} = x$ repräsentiert ist.

Aufgabe 3.4:

Sind 2 beliebige Zahlen als Strecken der Längen a, b gegeben ($a, b \neq 0$), so lassen sich auch

$$a + b, a - b \text{ (für } a > b), \ a \cdot b, \ \frac{1}{a}, \ \frac{a}{b} \text{ und } r \cdot a \text{ mit } r \in \mathbb{Q}^+$$

mit Zirkel und Lineal konstruieren. (Genauer müsste man eigentlich sagen: „eine Strecke der Länge $a + b$, ..."). Führen Sie die Konstruktionen durch!

Aufgabe 3.5:

Sind n beliebige Strecken der Längen a_1, a_2, ..., a_n gegeben, so bildet die Menge K aller hieraus allein mit Zirkel und Lineal konstruierbaren Zahlen einen Erweiterungskörper von $\mathbb{Q}$, der insbesondere a_1, ..., a_n enthält. In Aufgabe 3.4 wurden ja eigentlich nur positive Zahlen (als Strecken) verwendet. Wie kann man für Aufgabe 3.5 die negativen Zahlen behandeln?

Aufgabe 3.6:

Ist eine Strecke der Länge a gegeben, so ist auch $\sqrt{a}$ konstruierbar. Eine Möglichkeit zeigt Bild 3.2. Überlegen Sie weitere Konstruktionsmöglichkeiten.

Satz 3.2: Reell-quadratische Erweiterungen

Sind alle Zahlen aus dem reell-algebraischen Körper k konstruierbar, so sind auch für jede Zahl $d \in k$ mit $d > 0$ und $\sqrt{d} \notin k$ alle Zahlen aus der reell-quadratischen Erweiterung $K = k(\sqrt{d})$ konstruierbar.

Beweis:

Nach Aufgabe 3.6 ist $\sqrt{d}$ konstruierbar, nach Aufgabe 3.5 also sogar alle Zahlen aus dem quadratischen Erweiterungskörper $K = k(\sqrt{d})$, der ja gerade aus allen Zahlen $a + b \cdot \sqrt{d}$ mit $a, b \in k$ besteht.

∎

Wendet man Satz 3.2 mehrfach an, so ist gezeigt, dass sich jede reelle Zahl konstruieren lässt, die sich durch sukzessives Quadratwurzelziehen, ausgehend von rationalen Zahlen darstellen lässt. Genauer ausgedrückt, wenn es eine endliche Folge reell-quadratischer Körpererweiterungen

$$\mathbb{Q} = K_0 \underset{2}{\leq} K_1 \underset{2}{\leq} K_2 \underset{2}{\leq} ... \underset{2}{\leq} K_n = K$$

gibt, in deren letztem Glied K_n die Zahl liegt, dann ist die Zahl konstruierbar. Damit ist die eine Richtung der „genau-dann"-Aussage von Satz 3.1 bewiesen.

Es ist noch zu zeigen, dass es keine anderen konstruierbaren Zahlen gibt: Um leichter zu überblicken, welche neuen Zahlen überhaupt aus den gegebenen Zahlen mit Hilfe der erlaubten Basis-Konstruktionen (K1) – (K4) konstruiert werden können, argumentiert man bezüglich eines kartesischen Koordinatensystems. Die schon konstruierten Zahlen mögen in einem Erweiterungskörper K von $\mathbb{Q}$ liegen.

Zu zwei Punkten $P(p_1|p_2)$, $Q(q_1|q_2)$ besteht die Verbindungsgerade $g = PQ$ aus allen Punkten $(x|y)$, die eine Gleichung

$$(1) \quad g: Ax + By + C = 0$$

erfüllen. Dabei hängen A, B, C rational von den Koordinaten von P und Q ab. Mit dem Lineal allein lassen sich Schnittpunkte $S(s_1|s_2)$ zweier Geraden konstruieren; s_1 und s_2 sind durch ein lineares Gleichungssystem aus den beiden Geradengleichungen der Form (1) gegeben, hängen also auch rational von deren Parametern ab. Man bleibt folglich in dem durch die gegebenen Größen definierten Körper K.

Der Kreis $k(M; r)$ mit Mittelpunkt $M(m_1|m_2)$ und Radius r besteht aus den Punkten $(x|y)$, die die Gleichung

$$(2)\quad k: (x - m_1)^2 + (y - m_2)^2 = r^2$$

erfüllen. Die nach (K 4) konstruierbaren Schnittpunkte einer Geraden g und eines Kreises k sind die Lösungen eines nichtlinearen Gleichungssystems, das aus den beiden Gleichungen (1) und (2) besteht. Auflösen von (1) nach y (für $B \neq 0$) und Einsetzen in (2) führt zu einer quadratischen Gleichung

$$ax^2 + bx + c = 0 \text{ mit } a \neq 0$$

für x. Für $B = 0$ erhält man eine analoge quadratische Gleichung für y. Die Koeffizienten a, b, c hängen rational von den Parametern A, B, C, m_1, m_2 und r ab. Wegen der existierenden Schnittpunkte gibt es eine oder zwei reelle Lösungen für die Schnittpunkt-Abszissen

$$x_1 = \frac{-b + \sqrt{b^2 - 4ac}}{2a}, \quad x_2 = \frac{-b - \sqrt{b^2 - 4ac}}{2a},$$

die beide in dem über K reell-quadratischen Zahlkörper $K(\sqrt{b^2 - 4ac})$ liegen. Da y_1, y_2 wegen (1) rational von x_1, x_2 abhängen, liegen y_1, y_2 auch in dieser quadratischen Erweiterung.

Aufgabe 3.7:

Führen Sie die analoge Überlegung für den Schnitt zweier Kreise durch.

Da der Ausgangspunkt der Zahlenstrahl mit den Zahlen 0 und 1, d. h. der Körper $\mathbb{Q}$ war, beweist diese Überlegung, dass keine weiteren Zahlen konstruierbar sind.

■

Jede konstruierbare Zahl ist algebraisch von einem Grad 2^n über $\mathbb{Q}$, ist also Nullstelle eines zugehörigen Polynoms aus $\mathbb{Q}[x]$ vom Grad 2^n. Dieses Polynom soll für das schon genannte Beispiel

$$\alpha = \sqrt{5} + \sqrt{3 + \sqrt{2}}$$

bestimmt werden. Hierzu löst man der Reihe nach die Wurzeln durch geeignetes Quadrieren auf:

$$x = \sqrt{5} + \sqrt{3 + \sqrt{2}}$$

$$(x - \sqrt{5})^2 = x^2 - 2\sqrt{5} \cdot x + 5 = 3 + \sqrt{2}$$

$$x^2 + 2 = 2\sqrt{5} \cdot x + \sqrt{2}$$

$$x^4 + 4x^2 + 4 = 20x^2 + 4\sqrt{10} \cdot x + 2$$

$$x^4 - 16x^2 + 2 = 4\sqrt{10} \cdot x$$

$$(x^4 - 16x^2 + 2)^2 = 160x^2$$

$$f(x) = x^8 - 32x^6 + 260x^4 - 224x^2 + 4$$

Das ganzrationale Polynom $f(x)$ achten Grades ist irreduzibel über $\mathbb{Q}$, und α ist als Nullstelle von $f(x)$ algebraisch vom Grad 8 über $\mathbb{Q}$. Damit ergibt sich eine mögliche Kette quadratischer Erweiterungen, die zwischen $\mathbb{Q}$ und $K = \mathbb{Q}(\alpha)$ liegen:

$$\mathbb{Q} = K_0 \underset{2}{\leq} K_1 \underset{2}{\leq} K_2 \underset{2}{\leq} K_3 = K .$$

Dabei gilt

$$K_1 = \mathbb{Q}(\sqrt{2}) \text{ mit erzeugendem Polynom } f_1(x) = x^2 - 2 \in \mathbb{Q}[x],$$

$$K_2 = K_1(\sqrt{3 + \sqrt{2}}) \text{ mit erzeugendem Polynom } f_2(x) = x^2 - 3 - \sqrt{2} \in K_1[x],$$

$$K = K_2(\sqrt{5}) \text{ mit erzeugendem Polynom } f_3(x) = x^2 - 5 \in K_2[x].$$

Aufgabe 3.8:

Führen Sie die Konstruktion der Zahl α mit Zirkel und Lineal durch.

Bemerkung:

Mit eingeschränkten „Werkzeugen" (z. B. Lineal allein, Zirkel allein) oder speziellen „Werkzeugen" (z. B. Rechtwinkelhaken, Einschiebelineal (dieses wird genauer in 3.5.2 erklärt) oder Ellipsenzirkel) lassen sich andere Zahlenmengen (je nachdem weniger oder mehr als bei den klassischen Konstruktionen mit Zirkel und Lineal) konstruieren (vgl. *Bieberbach*, 1952).

3.4 Origamics – faltbare Mathematik

Origami, die alte japanische Papierfaltkunst, hat insbesondere im Mathematikunterricht der Grundschule eine lange und erfolgreiche Tradition[1]. Origami setzt sich aus den beiden Wortteilen *ori* für Falten und *kami* für Papier zusammen. Traditionell wird das zu faltende Kunstwerk aus einem quadratischen Stück Papier ohne Schneiden, nur durch Falten erzeugt. So werden aus einem simplen Stück farbigen Papiers hüpfende Frösche, kunstvoll gedrehte Schnecken und vielerlei andere Figuren. Jeder hat schon einmal Papierflieger gefaltet und ist damit selbst zum Origami-Künstler geworden. Falten hat etwas mit Symmetrieachsen zu tun;

---

[1] Schöne Beispiele findet man unter `http://www.mathematik.uni-kassel.de/didaktik/HomePersonal/wollring/home/COSIMA_WO.pdf`

man kann Origami also auch mit einem „mathematischen Auge" betrachten. Einer der Pioniere des mathematischen Papierfaltens, der emeritierte japanische Biologieprofessor *Kazuo Haga*, hat beim Second International Congress for Origami Science and Scientific Origami im Jahr 1994 den Namen *Origamics* als Verbindung von Origami und Mathematics vorgeschlagen. Wir werden sehen, dass sich das Deli'sche Problem, die Winkeldrittelung und die Konstruktion des 7-Ecks mit Origami-Konstruktionen lösen lassen. Origami ist also mächtiger als ZuL-Geometrie.

Bild 3.8 *Kazuo Haga*

Im Jahr 1992 hat *Humiaki Huzita* sechs „Origami-Axiome" (*Huzita*, 1992) formuliert, die alle Objekte beschreiben sollen, die sich mit einfachen Origami-Faltungen ergeben können. Das Wort „einfach" ist dabei wichtig, da bei komplexeren Origami-Faltungen manchmal gleichzeitig mehrere Faltungen ausgeführt werden. Bei den folgenden Betrachtungen ist also bei jedem Konstruktionsschritt nur eine Faltung erlaubt. Eine mathematisch präzise formulierte Origami-Axiomatik hat *Roger C. Alperin* (2000) entworfen. Er formulierte sechs Origami-Axiome. In der folgenden Übersicht ist jeweils zur leichteren Verständlichkeit eine Skizze gezeichnet, in der die gegebenen Punkte und Geraden dick, die zu faltenden Linien gestrichelt und die neuen Punkte „hohl" gezeichnet sind:

O₁   Zu zwei verschiedenen Punkten P und Q kann die Verbindungslinie gefaltet werden.

O₂   Zu zwei sich schneidenden Faltlinien g und h kann der Schnittpunkt P konstruiert werden.

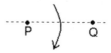

O₃ P und Q seien verschiedene Punkte. Dann kann so gefaltet werden, dass Q auf P fällt.

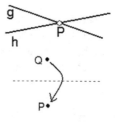

O₄ g und h seien zwei verschiedene Faltlinien. Dann kann g auf h gefaltet werden.

O₅   Zu zwei verschiedenen Punkten P und Q und einer Faltlinie g kann man P so auf g falten, dass die Faltlinie durch Q geht.

O₆   Zu jeweils verschiedenen Punkten P und Q und Geraden g und h kann man so falten, dass P auf g und Q auf h kommen.

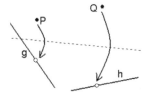

Die ersten fünf Origami-Axiome entsprechen genau den Konstruktionen mit Zirkel und Lineal. In der Sprache der ZuL-Geometrie bedeuten:

O₁   Konstruktion der Verbindungsgeraden PQ.

O₂   Konstruktion des Schnittpunkts der Geraden g und h.

O₃   Konstruktion der Mittelsenkrechten der Punkte P und Q.

O₄   Konstruktion der Winkelhalbierenden der Geraden g und h.

O₅   Hier muss man etwas genauer hinschauen, um zu erkennen, dass dies der Konstruktion des Schnitts der Geraden g mit dem Kreis $k(Q,\overline{QP})$ entspricht.

Das 6. Origami-Axiom O₆ erlaubt jedoch eine geometrische Konstruktion, die mit Zirkel und Lineal nicht möglich ist; diese Origami-Konstruktion entspricht genau der Konstruktion mit einem *Einschiebelineal* (vgl. *Bieberbach*, 1952, S. 74 f.). Auf einem Einschiebelineal ist eine Strecke s durch zwei Punkte A und B markiert, und es ist erlaubt, das Lineal so zu verschieben, dass A bzw. B auf vorgegebenen Geraden (oder Kreisen) zu liegen kommen. Damit hat schon *Archimedes* exakt einen Winkel gedrittelt, wie wir in Kapitel 3.5.2 sehen werden. Mit dem Einschiebelineal sind alle geometrischen Konstruktionsaufgaben lösbar, die auf kubische Gleichungen führen, und dasselbe gilt somit für die Origami-Konstruktionen (*Bläuenstein*, 1997). In Analogie zu Satz 3.1 über die Zahlen, die mit ZuL konstruierbar sind, kann man sagen, dass mit einer Origami-Faltung zumindest alle Zahlen konstruierbar sind, die in einer Körpererweiterung K von $\mathbb{Q}$ mit Körpergrad $(K : \mathbb{Q}) = 2^n \cdot 3^m$ liegen, wobei $\mathbb{Q}$ und K durch eine Kette von Zwischenkörpern vom jeweiligen Relativgrad 2 oder 3 verbunden sind.

Die prinzipielle Konstruierbarkeit ist eine Sache, für eine konkrete Aufgabe die zugehörige Faltfolge zu finden, ist allerdings eine andere! Wir werden das später in Kapitel 3.6.4.2 bei der Faltung für das 7-Eck sehen.

Als erstes Beispiel eines Origami-Beweises soll der berühmte Satz von *Kazuo Haga* (2008, S. 7) vorgestellt werden, mit dessen Hilfe man eine Strecke dritteln kann. Man beginnt mit einem quadratischen Papierstück $ABCD$ (vgl. Bild 3.9). Die Mitte M der oberen Seite wird durch einen kleinen Faltknick markiert, dann wird wie im Bild die rechte untere Ecke B auf M

gefaltet. *Hagas Satz* behauptet nun, dass der Schnittpunkt G der beiden Blattkanten die Strecke AD drittelt.

Der **Beweis** beruht darauf, dass die drei entstehenden
Dreiecke MEC, GMD und FGH ähnliche rechtwinklige
Dreiecke mit dem Seitenverhältnis $3:4:5$ sind. Genauer sei der Einfachheit halber die Kantenlänge des
Ausgangsquadrats 8 Längeneinheiten, also ist $\overline{MC} = 4$.
Weiter seien $x = \overline{EC}$ und $y = \overline{EM} = \overline{EB}$. Die Gleichung $x + y = 8$ und der Satz des Pythagoras im Dreieck
ECM, also $y^2 = 4^2 + x^2$ liefern zusammen sofort $x = 3$
und $y = 5$. Insbesondere wurde damit ein *Pythagoräi-
sches* Zahlentripel gefaltet. Die drei fraglichen rechtwinkligen Dreiecke haben alle die gleichen Winkel,
sind also ähnlich. Angewandt auf die Dreiecke GMD
und ECM folgt $\overline{DG} : 4 = 4 : 3$, also wie behauptet

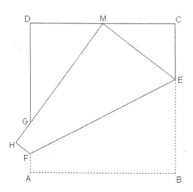

Bild 3.9 Satz von *Haga*

$$\overline{DG} = \frac{16}{3} = \frac{2}{3} \cdot 8 \text{ und } \overline{AG} = 8 - \frac{2}{3} \cdot 8 = \frac{1}{3} \cdot \overline{AD} \, .$$

∎

3.5 Das Deli'sche Problem der Würfelverdopplung

Der zu verdoppelnde Würfel möge ohne Beschränkung der Allgemeinheit eine Kantenlänge
von 1 haben. Das bedeutet, dass die gesuchte Kantenlänge z des doppelt so großen Würfels
die Gleichung

$$z^3 - 2 = 0$$

erfüllen muss. Wäre z konstruierbar, so läge z nach Satz 3.1 in einem algebraischen Körper K
mit $(K : \mathbb{Q}) = 2^n$ für eine natürliche Zahl $n \geq 1$.

Aufgabe 3.9:

Das Polynom $f(x) = x^3 - 2$ ist irreduzibel über $\mathbb{Q}$.

Aus Aufgabe 3.9 folgt, dass der von z erzeugte Körper

$$L = \mathbb{Q}(z)$$

den Grad 3 über $\mathbb{Q}$ hat. Natürlich muss er auch ein Teilkörper von K sein (K umfasst ja $\mathbb{Q}$
und enthält auch z). Nach der Körpergradformel für $\mathbb{Q} \leq L \leq K$ gilt also

$$2^n = (K : \mathbb{Q}) = (K : L) \cdot (L : \mathbb{Q}) = (K : L) \cdot 3 \, ,$$

was ein Widerspruch ist. Das Deli'sche Problem ist folglich unlösbar.

Ein elementarer Beweis dafür, dass eine Nullstelle z eines über $\mathbb{Q}$ irreduziblen Polynoms 3.
Grades nicht in einem Körper liegen kann, der in quadratischen Schritten aus $\mathbb{Q}$ entsteht, steht

bei *Courant/Robbins* (1967, S. 107-109). *Walter Breidenbach* hat ein ganzes Buch dem De-li'schen Problem gewidmet (*Breidenbach*, 1953).

Aufgabe 3.10: Näherungskonstruktionen zum Deli'schen Problem

Der griechische Mathematiker *Hippokrates von Chios* reduzierte das Problem, einen Würfel mit der Kantenlänge a zu verdoppeln, also die dritte Wurzel $\sqrt[3]{2}$ zu ziehen, auf das (scheinbar) einfachere Problem, zwei Zahlen x und y als mittlere Proportionalen zu bestimmen, genauer muss gelten $a : x = x : y = y : 2a$. Übrigens hat *Dürer* in seiner *Underweysung* drei Nähe-rungsmethoden für das Deli'sche Problem gegeben, eine davon ist die hier angegebene. Un-tersuchen Sie diese Methode der mittleren Proportionalen.

In Kapitel 3.4 haben wir uns mit *Origamics* beschäftigt. Damit lassen sich insbesondere Glei-chungen vom Grad 3 konstruktiv lösen. Es ist allerdings nicht einfach, für ein gegebenes Problem eine Faltkonstruktion zu finden.

Satz 3.3: Papierfaltkonstruktion von $\sqrt[3]{2}$

Die folgende Faltung löst das Deli'sche Problem: Man beginnt, wie in Bild 3.10 gezeigt, mit einem quadratischen Stück Papier, das zuerst mit Hilfe des Satzes von *Haga* in drei gleiche parallele Teile gefaltet wird. Nun faltet man so, dass die Ecke B als B' auf die Seite AD und gleichzeitig der Punkt E als E' auf die Strecke HG kommt. Bild 3.11 zeigt das Falterergebnis. *Nach dem Falten* teilt die Ecke B' die Seite AD im gewünschten Verhältnis:

$$\frac{\overline{B'D}}{\overline{AB'}} = \sqrt[3]{2} \; .$$

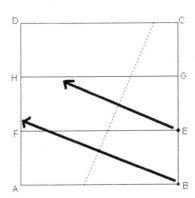

Bild 3.10 Deli'sches Problem I

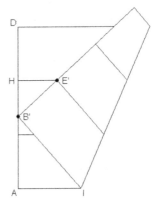

Bild 3.11 Deli'sches Problem II

Beweis:

Zur einfacheren Rechnung wird die Seitenlänge des Ausgangsquadrats als 3 angesetzt. Dann ist $\overline{B'E'} = 1$. Weiter seien $x := \overline{DB'}$, $y := \overline{AB'}$, $a := \overline{AI}$ und $b := \overline{IB'}$. Damit gilt zunächst $x + y = a + b = 3$. Da die Dreiecke AIB' und $B'E'H$ ähnlich sind, gilt weiter

$$\frac{a}{b} = \frac{x-1}{1},$$

woraus sofort $a = \dfrac{3x-3}{x}$ und $b = \dfrac{3}{x}$ folgt. Außerdem gilt $y = 3 - x$. Setzt man dies in die Pythagoras-Gleichung im rechtwinkligen Dreieck AIB' ein, so erhält man nach einigen Umformungen folgende Gleichung dritten Grades für x:

$$3x^3 - 18x^2 + 54x - 54 = 0.$$

Diese Gleichung wird nun etwas trickreich zum behaupteten Ergebnis umgeformt:

$$x^3 = -2x^3 + 18x^2 - 54x + 54 = 2(27 - 27x + 9x^2 - x^3) = 2(3 - x)^3 = 2y^3.$$

Das Einschieben der Strecke BE ist eine Konstruktion, die nicht mit Zirkel und Lineal ausführbar ist.

∎

Aufgabe 3.11:

Führen Sie die Details des Beweises aus und verschärfen Sie das Ergebnis, indem Sie (z. B. mit Zirkel und Lineal) eine einzelne Strecke der Länge $\sqrt[3]{2}$ konstruieren.

3.6 Die Trisektion des Winkels

Die Konstruktion der Winkelhalbierenden wird im Schulunterricht oft benötigt. Die fast genauso einfach aussehende Aufgabe, einen Winkel zu dritteln, ist jedoch nicht mit Zirkel und Lineal lösbar. Dieses sehr einfach zu formulierende Problem hat viele interessante Aspekte, so dass hier etwas ausführlicher darauf eingegangen wird.

3.6.1 Die Unmöglichkeit der Winkeldrittelung

Ein gegebener Winkel α soll gedrittelt werden. Ein Winkel kann am einfachsten durch drei Punkte in der üblichen Form gegeben sein, etwa wie in Bild 3.12 als $\alpha = \sphericalangle AOP$. Die Winkeldrittelung mit Zirkel und Lineal bedeutet dann die Konstruktion des Punktes Q oder B oder der Strecke BQ.

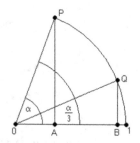

Bild 3.12 Winkeldrittelung

Nach den Additionstheoremen für Sinus und Cosinus gilt:

$$\cos(\alpha+\beta) = \cos(\alpha)\cdot\cos(\beta) - \sin(\alpha)\cdot\sin(\beta)$$
$$\sin(\alpha+\beta) = \sin(\alpha)\cdot\cos(\beta) + \cos(\alpha)\cdot\sin(\beta)$$

Also gilt weiter:

$$\cos(3\alpha) = \cos(\alpha + 2\alpha) = \cos(\alpha)\cos(2\alpha) - \sin(\alpha)\sin(2\alpha)$$
$$= \cos(\alpha)(\cos^2(\alpha) - \sin^2(\alpha)) - \sin(\alpha)(2\sin(\alpha)\cos(\alpha))$$
$$= \cos^3(\alpha) - 3\cos(\alpha)\sin^2(\alpha)$$
$$= \cos^3(\alpha) - 3\cos(\alpha)(1 - \cos^2(\alpha))$$
$$= 4\cos^3(\alpha) - 3\cos(\alpha).$$

Ersetzten wir den Winkel 3α durch α und α durch $\dfrac{\alpha}{3}$, so hängt α mit $\dfrac{\alpha}{3}$ über die Gleichung

$$4\cos^3(\frac{\alpha}{3}) - 3\cos(\frac{\alpha}{3}) - \cos(\alpha) = 0$$

zusammen.

Nun sei angenommen, der Winkel α sei mit Zirkel und Lineal zu dritteln. Für die Punkte P und Q im Einheitskreis von Bild 3.12 gilt

$$P = (\cos(\alpha) \mid \sin(\alpha)), \quad Q = (\cos(\frac{\alpha}{3}) \mid \sin(\frac{\alpha}{3})) \,.$$

Wegen $\cos^2(\frac{\alpha}{3}) + \sin^2(\frac{\alpha}{3}) = 1$ ist $\cos(\frac{\alpha}{3})$ genau dann konstruierbar, wenn $\sin(\frac{\alpha}{3})$ konstruierbar ist, dies ist aber nach Voraussetzung geschehen. Man kann also eine Zahl z konstruieren, die Nullstelle des kubischen Polynoms

$$f(x) = 4x^3 - 3x - \cos(\alpha)$$

ist.

Dasselbe Argument wie in Kapitel 3.5 zeigt, dass diese Konstruktion unmöglich ist, wenn das Polynom $f(x) \in \mathbb{Q}[x]$ und irreduzibel über $\mathbb{Q}$ ist. Für manche Winkelwerte α , etwa für $\alpha = 90°$, mag es reduzibel sein, und die Winkeldrittelung ist mit Zirkel und Lineal möglich. Aber zum Beispiel für $\alpha = 60°$ hat man

$$f(x) = 4x^3 - 3x - \frac{1}{2} \,.$$

Im Polynom $F(x) := 2 \cdot f(x)$ wird $y = 2x$ substituiert, und man erhält
$$g(y) = y^3 - 3y - 1.$$

Wäre $f(x)$ reduzibel über $\mathbb{Q}$, so wäre auch $g(y)$ reduzibel, also $g(y) = p(y) \cdot q(y)$, o. B. d. A. habe $q(y)$ den Grad $= 1$. Dann gäbe es aber eine rationale Nullstelle von $q(y)$, also auch von $g(y)$, d. h. eine rationale Zahl $\dfrac{a}{b}$ mit teilerfremden Zahlen $a \in \mathbb{Z}$ und $b \in \mathbb{N}$, für die gelten würde

$$\frac{a^3}{b^3} - 3\frac{a}{b} - 1 = 0 \iff a^3 = b^3 + 3ab^2 = b^2(b + 3a).$$

Jeder Primteiler von b wäre auch ein Teiler von a, was wegen der Teilerfremdheit ein Widerspruch ist. Daher müsste die Zahl $b = 1$ sein. Daraus würde aber folgen, dass jeder Primteiler von a auch 1 teilen würde, was zu $a = 1$ oder $a = -1$, also auch einem Widerspruch führen würde. Es folgt, dass $g(y)$ und damit $f(x)$ irreduzibel über $\mathbb{Q}$ sind, und $\alpha = 60°$ lässt sich nicht mit Zirkel und Lineal dritteln. Da es ein Gegenbeispiel gibt, ist damit der Beweis der Unmöglichkeit dieser allgemeinen Konstruktionsaufgabe geführt. Weitere Einzelheiten stehen z. B. in *Breidenbach* (1951) und *Sträßer* (2000).

3.6.2 Die Winkeldrittelung nach *Archimedes* und andere Methoden

Eine naheliegende, von Schülern oft vorgeschlagene Methode, einen Winkel zu dritteln, ist die Verallgemeinerung der Konstruktion der Winkelhalbierenden mit Hilfe einer Sehne. In Bild 3.13 wird eine zugehörige Sehne gedrittelt, was ja mit Zirkel und Lineal leicht konstruiert werden kann. Für kleine α sieht das ganz gut aus, wenn aber α nahe bei 180° ist, sieht man deutlich die Unsinnigkeit der Konstruktion (Bild 3.14).

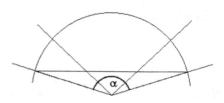

Bild 3.13 Drittelung der Sehne I   **Bild 3.14** Drittelung der Sehne II

Es gibt viele bessere Näherungskonstruktionen für die Winkeldrittelung, ein Bespiel zeigt die Aufgabe 3.12 a. Wenn man mächtigere Werkzeuge als ZuL zulässt, so gibt es exakte Methoden der Winkeldrittelung. Eine auf *Archimedes* zurückgehende Methode wird im Folgenden dargestellt, eine weitere in Aufgabe 3.12 b.

Die Konstruktion von *Archimedes* ist in Bild 3.15 dargestellt. α ist der zu drittelnde Winkel mit Scheitel O. Die Gerade g verlängert den einen Schenkel. Man zeichne einen beliebigen Kreis um O mit Radius r. Auf dem Lineal markiere man 2 Punkte B, C mit $\overline{BC} = r$. Dann hält man C auf den Halbkreis und verschiebt das Lineal so lange, bis B auf g liegt und das Lineal durch A verläuft. Der Winkel β bei B misst jetzt genau ein Drittel des Maßes von α.

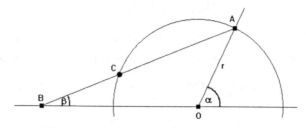

Bild 3.15 Winkeldrittelung nach *Archimedes*

Dies lässt sich leicht elementargeometrisch nachrechnen (Bild 3.16):

Nach dem Außenwinkelsatz im Dreieck BOC gilt $\delta = 2\beta$. Wird derselbe Satz auf das Dreieck BOA angewandt, so folgt $\alpha = \beta + \delta$. Zusammen folgt wie behauptet, $\alpha = 3\beta$.

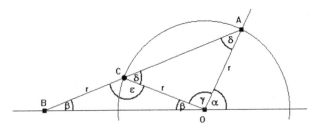

Bild 3.16 Begründung der Winkeldrittelung nach *Archimedes*

Allerdings ist *Archimedes'* Konstruktion keine erlaubte Konstruktion mit Zirkel und Lineal. Das passende „Einschieben" der Strecke *BC* ist eine neue Basis-Konstruktion (K 5), die es in der Tat erlaubt, auch Konstruktionen auszuführen, die auf algebraische Gleichungen vom Grad 3 führen. Man spricht dann vom „Einschiebelineal" (oder „markiertem Lineal") als weiterem zugelassenen Hilfsmittel.

Aufgabe 3.12:

a. Untersuchen Sie die in Bild 3.17 dargestellte Näherungskonstruktion der Winkeldrittelung. Zu dritteln ist der spitze Winkel α mit Scheitel *O*. Der Kreis um *O* mit Radius *r* schneidet die beiden Schenkel in *A* und *B*. Man zeichnet die Parallele *p* zu *OA* durch *B* und trägt auf OA den Punkt *C* mit $\overline{OC} = 2r$ ab. *D* ist derjenige Schnittpunkt des Kreises um *C* mit Radius *r* mit *p*, für den $\overline{BD} = 2r$ gilt. Das Lot von *D* auf *OA* schneidet *OA* in dem Punkt *E*, der Kreis um *O* durch *E* schneidet *p* in *F*. Der Winkel *AOF* ist jetzt (ungefähr) ein Drittel des Ausgangswinkels α. Wie genau ist die Konstruktion?

b. Beweisen Sie, dass die in Bild 3.18 dargestellte Konstruktion des griechischen Mathematikers *Nikomedes* eine exakte, aber keine mit Zirkel und Lineal durchführbare Winkeldrittelung ist. Zu dritteln ist der spitze Winkel α mit Scheitel *O*. Das Lot im Punkt *A* des einen Schenkels zu diesem Schenkel schneidet den zweiten Schenkel in *B*. Dann wird die Parallele *p* durch *B* zu *OA* gezeichnet. Nun wird eine Gerade durch *O* so konstruiert, dass sie das Lot *AB* im Punkt *C* und die Parallele *p* im Punkt *D* so schneidet, dass $\overline{CD} = 2 \cdot \overline{OB}$ ist. Der Winkel *AOD* ist jetzt ein Drittel des Ausgangswinkels α.

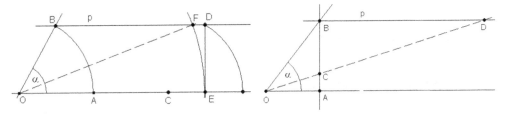

Bild 3.17 Näherungskonstruktion   **Bild 3.18** Exakte Konstruktion

3.6.3 Eine Papierfalt-Konstruktion

Auch die Dreiteilung eines beliebigen Winkels lässt sich durch eine Papierfalt-Konstruktion exakt realisieren. Am besten folgen Sie den folgenden Anweisungen und versuchen dann, die

Konstruktion zu analysieren.

Nehmen Sie ein rechteckiges Blatt (DIN A4-)Papier *ABCD* und falten den zu drittelnden Winkel $\alpha = \sphericalangle CBP$ (Bild 3.19). Falten Sie dann eine beliebige Parallele *EF* zu *BC*, aber nicht zu nah an den Rändern des Blatts (Bild 3.20), und die Mittelparallele *GH* von *EF* und *BC* (Bild 3.21). Falten Sie anschließend die Ecke *B* so ab, dass *E* auf *BP* und gleichzeitig *B* auf *GH* liegt (Bild 3.22). Markieren Sie die Bildpunkte als *B'* und *E'* und falten zurück (Bild 3.23). Die letzte Faltkante schneidet *GH* in *I*. Die Linien *BI* und *BB'* dritteln dann den Ausgangswinkel α (Bild 3.24).

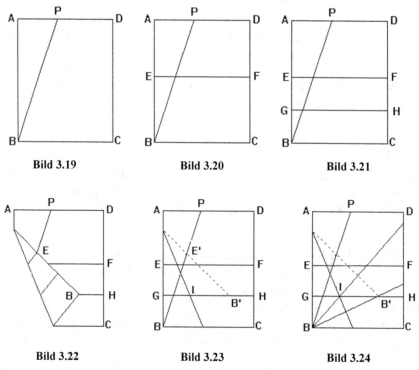

Bild 3.19   Bild 3.20   Bild 3.21

Bild 3.22   Bild 3.23   Bild 3.24

Aufgabe 3.13:

Beweisen Sie elementargeometrisch, dass tatsächlich der Winkel gedrittelt wurde, und untersuchen Sie, wieso diese Faltkonstruktion keine ZuL-Konstruktion ist.

3.7 Die Quadratur des Kreises

Die Aufgabe lautet, einen gegebenen Kreis mit Radius *r* in ein flächengleiches Quadrat der Kantenlänge *x* umzuwandeln. Für die zu konstruierende Zahl *x* gilt also die Gleichung

$$x^2 = r^2 \pi.$$

Nach Kapitel 3.4 ist die Konstruktion von *x* dazu äquivalent, eine Strecke der Länge π konstruieren zu können[2], denn es reicht, den Einheitskreis in ein flächengleiches Quadrat umwandeln zu können. Nun gibt es zwar relativ elementare Beweise dafür, dass π irrational ist. Einen einfachen Beweis findet man in dem schönen *Buch der Beweise* von *Martin Aigner* und *Günter M. Ziegler* (2002, S. 33 f.). Dies nutzt uns hier aber nichts, da man auch viele irrationale Zahlen konstruieren kann. Die Unmöglichkeit der Quadratur des Kreises folgt aus der erstmals von *Lindemann* bewiesenen Tatsache, dass π sogar transzendent ist, also niemals Nullstelle eines Polynoms mit Koeffizienten aus $\mathbb{Q}$ sein kann. Ein relativ leicht verständlicher Beweis dafür steht z. B. in *Drinfel'd* (1980, S. 94 f.), die Beweisidee ist in *Delahaye* (1999, S. 201 f.) dargestellt.

Eine klassische Approximationsmethode für Inhalt A und Umfang U des Kreises (für $r = 1$, also von $A = \pi$ und $U = 2\pi$) ist die Analyse ein- und umbeschriebener regelmäßiger n-Ecke: Man beginnt mit dem einbeschriebenen 6-Eck mit Inhalt A_6 und Umfang a_6 und mit dem umbeschriebenen 6-Eck mit Inhalt B_6 und Umfang b_6. In jedem weiteren Schritt wird die Eckenzahl verdoppelt, also vom 6-Eck zum 12-Eck, 24-Eck, ..., $2^m \cdot 3$-Eck. Bild 3.25 zeigt die ersten beiden Schritte. Aufgrund der jeweiligen Verdoppelung der Eckenzahl ist klar, dass die umbeschriebenen Werte streng monoton fallen und die einbeschriebenen Werte streng monoton wachsen. Anschaulich ist klar, dass so sogar Intervallschachtelungen

$$A_6 < A_{12} < A_{24} < ... < A < ... < B_{24} < B_{12} < B_6$$

für den Kreisinhalt A und

$$a_6 < a_{12} < a_{24} < ... < U < ... < b_{24} < b_{12} < b_6$$

für den Kreisumfang U entstehen.

Manchmal werden in Schulbüchern das 3-Eck, 4-Eck, 5-Eck, 6-Eck, ...verwendet. Anschaulich konvergieren wieder die Umfänge und Flächeninhalte gegen die entsprechenden Größen des Krei-

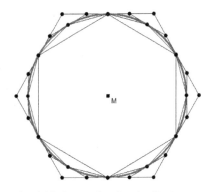

Bild 3.25 Approximation des Kreises

ses; man kann das aber nicht mehr so einfach beweisen: Wieso sollte das einbeschriebene 5-Eck einen kleineren Umfang als das einbeschriebene 6-Eck haben?

Archimedes hat schon bis zum $96 = 3 \cdot 2^5$-Eck gerechnet und für π die sehr gute Abschätzung

$$3,141 \approx 3\frac{10}{71} < \pi < 3\frac{10}{70} \approx 3,143$$

gefunden (vgl. *Dörbrand*, 2001).

Aufgabe 3.14:

Weisen Sie die Intervallschachtelungs-Eigenschaft nach und bestätigen Sie das Ergebnis von *Archimedes*! Entwickeln Sie hierzu eine Rekursionsformel, mit Hilfe derer (und bei konkreter

---

[2] Die Verwendung des kleinen griechischen Buchstabens π wurde von dem englischen Mathematiker *William Jones* im Jahr 1706 vorgeschlagen. *Euler* hat diese Bezeichnung ab 1737 übernommen, wodurch sich π als Standardsymbol durchgesetzt hat.

Rechnung mit Hilfe eines CAS) die Daten des $2^{m+1} \cdot 3$-Ecks aus den entsprechenden Daten des $2^m \cdot 3$-Ecks berechnet werden können. Wie gut konvergiert Ihre Rekursionsformel?

Ludolph van Ceulen (1540 – 1610) ging sogar bis zum $3 \cdot 2^{62}$-Eck und fand damit π auf 35 Stellen genau. Weitere interessante Einzelheiten zu π stehen z. B. bei *Ebbinghaus* (1988, S. 100 f.) und bei *Delahaye* (1999).

Es gibt ungezählte Versuche, die Quadratur des Kreises zu lösen. Manche sind mehr oder weniger gute Näherungslösungen. Eine davon sollen Sie in Aufgabe 3.15 untersuchen. Andere sind phantastische Hirngespinste von verkannten Genies; ein (für einen mathematisch Denkenden) abschreckendes Beispiel beklagt *Armin Witt* in seinem 1991 erschienenen, gut gemeinten Buch *Das Galilei Syndrom. Unterdrückte Entdeckungen und Erfindungen* (dort S. 271 f.).

Aufgabe 3.15: Quadratur des Kreises

Nicolaus von Cues (1401 – 1460) hat folgende Näherungskonstruktion für die Quadratur des Kreises vorgeschlagen (Bild 3.26): Führen Sie mit Zirkel und Lineal seine Konstruktion durch: *ABC* ist ein gleichseitiges Dreieck. *H* ist sein Höhenschnittpunkt, *M* ist die Mitte der Strecke *AB* und *D* ist die Mitte der Strecke *MB*. Der Punkt *E* liegt auf dem Strahl [*HD* mit der Vorgabe $\overline{HE} = 1{,}25 \cdot \overline{HD}$. Nun ist nach *Nicolaus von Cues* der Umfang des Dreiecks (fast) genauso groß wie der Umfang des Kreises $k(H; \overline{HE})$. Wie groß ist der Fehler?

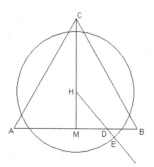

Bild 3.26 Quadratur

Schon im griechischen Altertum hat man mit Hilfe weiterer Konstruktionswerkzeuge auch die Quadratur des Kreises gelöst: Man verwendete eine deshalb **Quadratrix** genannte Kurve, die der berühmte *Hippias von Elis* (um 420 v. Chr.) erfunden hat. Das Bild 3.27 erklärt die Konstruktion der Quadratrix:

Im Quadrat *ABCD* ist ein Viertelkreis eingezeichnet. Der Punkt *P* durchläuft gleichmäßig den Viertelkreis von *D* nach *B* und definiert dabei den Schenkel *AP* des Winkels α. Gleichzeitig und ebenfalls gleichmäßig durchläuft *Q* die Strecke *DA* von *D* aus und erreicht *A* genau dann, wenn *P* den Punkt *B* erreicht. Die Parallele *QR* zu *AB* schneidet *AP* im Punkt *S*. Die Quadratrix ist nun die Ortslinie von *S*. Man kann diese Kur-

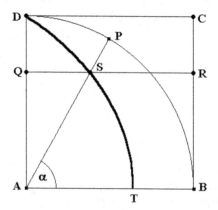

Bild 3.27 Quadratrix

ve sehr schön dynamisch als Ortslinie mit einem dynamischen Geometrieprogramm (wie in Bild 3.27 mit dem DGS DynaGeo) erzeugen. Man kann zeigen, dass

$$\overline{AT} = \frac{2}{\pi} \cdot \overline{AB}$$

ist, d. h. dass man mit Hilfe der Quadratrix die Zahl π konstruieren kann und damit dann die Quadratur des Kreises gelöst ist.

Zum **Beweis** dieses Ergebnisses verwendet man ein Einheitsquadrat, setzt also der Einfachheit halber die Seitenlänge $\overline{AB} = 1$. Der Punkt P hat damit die Koordinaten $P = (\cos(\alpha) \mid \sin(\alpha))$. Wegen des gleichmäßigen Durchlaufens gilt

$$\frac{\overline{AQ}}{\overline{AD}} = \frac{\text{Bogen}(BP)}{\text{Bogen}(BD)} = \frac{\alpha}{\frac{\pi}{2}} = \frac{2\alpha}{\pi}.$$

Wegen $\overline{AD} = 1$ ist also $\overline{AQ} = \frac{2\alpha}{\pi} =: s$. Der Punkt S ist Schnittpunkt der Geraden f und g mit

$$f = AP : y = \frac{\sin(\alpha)}{\cos(\alpha)} \cdot x, \quad g = QR : y = s = \frac{2\alpha}{\pi}.$$

Damit folgt für die x-Koordinate von S

$$x_S = \frac{2\cos(\alpha)}{\pi} \cdot \frac{\alpha}{\sin(\alpha)},$$

was wegen $\frac{\alpha}{\sin(\alpha)} \to 1$ und $\cos(\alpha) \to 1$ für $\alpha \to 0$ zu $x_S \to \frac{2}{\pi} = x_T$ führt und die Behauptung beweist.

Man kann zwar von der Quadratrix beliebig viele Punkte mit Zirkel und Lineal konstruieren. Beispielsweise kann man beginnend mit einem orthogonalen und einem parallelen Kantenpaar des Grundquadrats sukzessive Winkelhalbierende und Mittelparallelen konstruieren (Bild 3.28) und erhält so eine dichte Teilmenge der Quadratrix. Keinesfalls kann aber *jeder* Punkt der Quadratrix in endlich vielen Schritten mit Zirkel und Lineal konstruiert werden, die klassische Quadraturaufgabe ist unlösbar! Vielleicht kann man ja, einem Vorschlag meines Freundes *Horst Hischer* folgend (*Hischer*, 1994), einen Quadratrix-Zirkel herstellen (Bild 3.29), der als zusätzliches Konstruktionswerkzeug weitere Konstruktionen möglich macht. Ist Ihnen klar, wie dieser Zirkel funktionieren könnte? Für weitere Eigenschaften der Quadratrix vgl. *Schupp/Dabrock* (1995).

Aufgabe 3.16: Winkeldrittelung mit dem Quadratrix-Zirkel

Zeigen Sie, dass mit Hilfe eines Quadratrix-Zirkels, d. h. eines Zirkels, der die Quadratrix zeichnen kann, auch die Winkeldrittelung möglich ist.

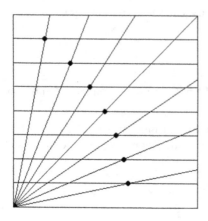

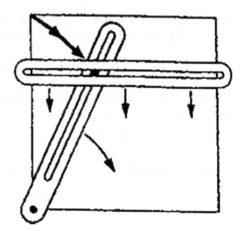

Bild 3.28 Konstruktion von Quadratrixpunkten   **Bild 3.29** Quadratrix-Zirkel

Eine aus meiner Sicht lustige Randbemerkung: Im Land der unbegrenzten Möglichkeiten, genauer im amerikanischen Bundesstaat Indiana, wollte tatsächlich im Jahr 1897 ein cleverer Herr namens *Edward Johnston Goodwin* sich per Gesetz ein Copyright auf miserable Näherungswerte von π sichern lassen (*Hallerberg*, 1977; *Henn*, 1992). Genauer sollten die Näherungswerte „$\pi = 4$" und „$\pi = 3,2$" als neue mathematische Erkenntnisse gesetzlich gesichert werden und nur gegen Tantiemen benutzt werden dürfen. Die Geschichte dieser „Pi-Bill", die zunächst ohne Gegenstimme im dortigen Repräsentantenhaus verabschiedet wurde, reizt die Lachnerven!

3.8   Die Konstruktion des regelmäßigen *n*-Ecks

Schon immer waren möglichst symmetrische Figuren und Körper für Künstler, Kunsthandwerker und natürlich auch für Mathematiker besonders interessant. Nach dem Kreis weisen die regelmäßigen *n*-Ecke[3] die meisten Symmetrieachsen auf, also *n*-Ecke, die gleichlange Seiten und gleichgroße Innenwinkel haben. Der große Mathematiker *Carl Friedrich Gauß* hat als Erster eine vollständige Theorie dieser regelmäßigen *n*-Ecke geschaffen und beschrieben, welche man mit Zirkel und Lineal konstruieren kann und welche nicht. Der Beweis seines Resultats steht im Mittelpunkt von Kapitel 3.8.

3.8.1 Elementare Überlegungen

Sehr einfach ist die Konstruktion für *n* = 3 und 4 (führen Sie die Konstruktionen zur Übung durch). Des Weiteren sind einfach zu begründen die Aussagen von

---

[3] Zur Definition reicht es nur für *n* = 3, ein *n*-Eck mit *n* kongruenten Seiten zu verlangen; ansonsten müssen auch die Innenwinkel alle gleich sein.

Satz 3.3:

a. Ist das regelmäßige n-Eck konstruierbar, so auch das regelmäßige $2^m \cdot n$-Eck für alle $m \in \mathbb{N}$.

b. Ist das regelmäßige n-Eck konstruierbar und ist $n = a \cdot b$, $a \geq 3$, so ist auch das regelmäßige a-Eck konstruierbar.

c. Sind das regelmäßige a-Eck und b-Eck konstruierbar und gilt $\mathrm{ggT}(a, b) = 1$, so ist auch das regelmäßige $a \cdot b$-Eck konstruierbar.

Beweis:

a. Die Mittelsenkrechten auf den n-Eck-Seiten schneiden den Umkreis des n-Ecks in den zusätzlichen Ecken für das $2 \cdot n$-Eck. Fortsetzung liefert dann nach m Schritten das regelmäßige $2^m \cdot n$-Eck.

b. Man nehme einfach jede b-te Ecke des $a \cdot b$-Ecks und erhält so ein a-Eck.

c. Zum Beweis der letzten Bemerkung beachtet man zuerst, dass man mit Hilfe des *Euklidischen* Algorithmus o. B. d. A.

$$n \cdot a - m \cdot b = 1 \text{ mit geeigneten } n, m \in \mathbb{N}$$

schreiben kann. Nach Voraussetzung sind die Winkel

$$\alpha = \frac{360^o}{a}, \quad \beta = \frac{360^o}{b}$$

konstruierbar. Also ist auch der Winkel

$$-m\alpha + n\beta = \left(\frac{-m}{a} + \frac{n}{b} \right) \cdot 360^o = \frac{-mb + na}{ab} \cdot 360^o = \frac{360^o}{ab}$$

konstruierbar (einfach den Winkel α m-mal mit der Uhr, dann den Winkel β n-mal gegen die Uhr abtragen).   ∎

3.8.2 Das Ergebnis von *Gauß*

Im Folgenden soll das Ergebnis von *Gauß* bewiesen werden:

Satz 3.4: Charakterisierung der konstruierbaren regelmäßigen *n*-Ecke

Das regelmäßige n-Eck ist genau dann mit Zirkel und Lineal konstruierbar, wenn n eine Zweierpotenz ist oder wenn gilt

$$n = 2^s \cdot p_1 \cdot p_2 \cdot \ldots \cdot p_r$$

mit $s \in \mathbb{N}_0$ und paarweise verschiedenen Primzahlen p_i vom *Fermat'schen* Typus, also vom Typ

$$p = 2^{2^a} + 1 \text{ mit } a \in \mathbb{N}_0.$$

Beweis:

Nach den Ergebnissen von Satz 3.3 reicht es, nur die Fälle $n = p$ und $n = p^2$ mit einer Primzahl $p \in \mathbb{P}\backslash\{2\}$ zu diskutieren und zu zeigen, dass der zweite Fall nie konstruierbar ist und der erste genau für Primzahlen vom *Fermat'schen* Typus. Hierzu betrachtet man das zu konstruierende n-Eck im Einheitskreis und legt wie in Bild 3.30 eine Ecke in den Punkt $(1|0)$. Es gilt

$$\alpha = \frac{360^o}{n},$$

die zweite Ecke P hat damit die Koordinaten

$$P = (\cos(\alpha) \mid \sin(\alpha)).$$

Als komplexe Zahl betrachtet ist

$$P = \zeta_n = \cos(\alpha) + i \cdot \sin(\alpha) = e^{i\alpha} = e^{\frac{2\pi i}{n}}$$

eine n-te Einheitswurzel. Die Ecken des n-Ecks sind damit die n verschiedenen komplexen Zahlen

$$\zeta_n, \ \zeta_n^2, \ \zeta_n^3, \ ..., \ \zeta_n^{n-1}, \ \zeta_n^n = 1.$$

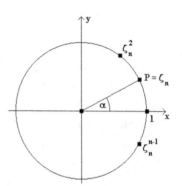

Bild 3.30 n-te Einheitswurzeln

Die Paare ζ_n^i und ζ_n^{n-i} sind jeweils konjugiert komplexe Zahlen. ζ_n ist *primitive* n-te Einheitswurzel, d. h., erst die n-te Potenz ergibt 1, und ist Nullstelle des Polynoms

$$x^n - 1.$$

$\mathbb{Q}(\zeta_n)$ ist der kleinste Erweiterungskörper von $\mathbb{Q}$, der ζ_n enthält. $K := \mathbb{Q}(\zeta_n) \cap \mathbb{R}$ ist reell-algebraischer Teilkörper von $\mathbb{Q}(\zeta_n)$, der den Realteil $\cos(\alpha)$ von ζ_n enthält. Da das quadratische Polynom

$$f(x) = (x - \cos(\alpha))^2 - \cos^2(\alpha) + 1 \in K[x]$$

ζ_n als Nullstelle hat, gilt $(\mathbb{Q}(\zeta_n) : K) = 2$. Die Einheitswurzel ζ_n als komplexe Zahl ist genau dann mit Zirkel und Lineal konstruierbar, wenn dies für die reelle Zahl $\cos(\alpha)$ gilt. Nach Satz 3.1 muss für die Konstruierbarkeit $\cos(\alpha)$ in einer reell-algebraischen Erweiterung von $\mathbb{Q}$ von Zweierpotenzgrad über $\mathbb{Q}$ mit einer geeigneten Zwischenkörperkette liegen, also ist dasselbe für ζ_n notwendig und hinreichend. Die Frage der Konstruierbarkeit des n-Ecks ist damit äquivalent zur Frage, in welchem Erweiterungskörper von $\mathbb{Q}$ die Zahl ζ_n liegt.

Das Polynom $x^n - 1$ ist nicht irreduzibel, sondern hat die Nullstelle 1; im Falle $n = p^2$ ist sogar $x^p - 1$ Teiler von $x^{p^2} - 1$. Damit werden zwei Polynome $F_1(x)$ und $F_2(x)$ definiert:

$$\text{Für } n = p \text{ sei } F_1(x) = \frac{x^p - 1}{x - 1} = x^{p-1} + x^{p-2} + ... + x + 1,$$

$$\text{für } n = p^2 \text{ sei } F_2(x) = \frac{x^{p^2} - 1}{x^p - 1} = x^{p(p-1)} + x^{p(p-2)} + ... + x^p + 1.$$

In jedem Fall ist ζ_n als primitive n-te Einheitswurzel Nullstelle von $F_1(x)$ bzw. $F_2(x)$. Zunächst wird gezeigt, dass F_1 und F_2 irreduzibel sind (d. h. die sogenannten *Kreisteilungspolynome* für die jeweilige primitive Einheitswurzel ζ_n): Es sei $F(x) = F_1(x)$ bzw. $F_2(x)$. Es gilt $F(1) = p$. Wäre $F(x)$ reduzibel über $\mathbb{Q}$, so gäbe es eine nichttriviale Zerlegung

$$F(x) = f(x) \cdot g(x)$$

mit $f(x)$, $g(x) \in \mathbb{Q}[x]$. Da $F(x)$ normiert ist (d. h., der höchste Koeffizient ist 1), kann man auch $f(x)$ und $g(x)$ als normiert voraussetzen. Außerdem sind beide vom Grad ≥ 1.

Nun wird das *Gauß'sche Lemma* benötigt, das leider nicht so leicht zu zeigen ist, wie man auf den ersten Blick glauben könnte. Es wird im Anschluss an den Beweis von Satz 3.4 bewiesen werden.

Satz 3.5: *Gauß'sches* Lemma

Es sei $F(x) \in \mathbb{Z}[x]$ zerlegbar in $\mathbb{Q}[x]$. Dann ist $F(x)$ auch zerlegbar in $\mathbb{Z}[x]$.

Die Anwendung des *Gauß'schen* Lemmas auf die angenommene nichttriviale Zerlegung des Polynoms

$$F(x) = f(x) \cdot g(x)$$

liefert, dass $f(x)$ und $g(x) \in \mathbb{Z}[x]$ sind. Wenn $f(x)$ und $g(x)$ nicht schon selbst irreduzibel sind, so können sie weiter in $\mathbb{Z}[x]$ zerlegt werden, bis man auf die irreduziblen Faktoren kommt. Man kann also schon annehmen, dass $f(x)$ irreduzibel ist. Da $F(x)$ normiert ist, müssen auch $f(x)$ und $g(x)$ normiert sein. Wegen

$$p = F(1) = f(1) \cdot g(1)$$

muss für genau einen der irreduziblen Faktoren von $F(x)$, o. B. d. A. also für den Faktor $f(x)$, gelten $f(1) = p$ (oder $-p$) und damit dann $g(1) = 1$ (oder entsprechend -1).

$F(x)$ hat als Nullstellen gerade die primitiven n-ten Einheitswurzeln, die ja alle geeignete Potenzen von ζ_n sind ($n = p$ oder $n = p^2$). Ist ζ (eine Potenz von ζ_n) eine Nullstelle von $f(x)$, so gibt es eine Potenz ζ^μ, die Nullstelle von $g(x)$ ist. Die Polynome $f(x)$ und $G(x) := g(x^\mu)$ haben dann aber eine gemeinsame Nullstelle ζ, sind also nicht teilerfremd. Wegen der vorausgesetzten Irreduzibilität von $f(x)$ muss $f(x)$ ein Teiler von $G(x)$ sein, muss also

$$g(x^\mu) = f(x) \cdot h(x)$$

gelten, wobei nach dem *Gauß'schen* Lemma auch $h(x)$ ein normiertes, ganzrationales Polynom ist. Einsetzen von $x = 1$ liefert jetzt den gesuchten Widerspruch:

$$\pm 1 = g(1) = g(1^\mu) = f(1) \cdot h(1) = \pm p \cdot h(1).$$

Nun ist das Ergebnis von *Gauß* fast bewiesen: Damit die komplexe Zahl ζ_n als Ecke des regelmäßigen n-Ecks konstruierbar ist, muss diese Zahl in einer Körpererweiterung K von $\mathbb{Q}$ vom Körpergrad $(K : \mathbb{Q}) = 2^s$ liegen. Andererseits ist ζ_n Nullstelle des irreduziblen Polynoms $F(x)$ vom Grad $p - 1$ für $n = p$ bzw. vom Grad $p(p - 1)$ für $n = p^2$. Die Körpergradformel liefert für die Körperkette $K \geq \mathbb{Q}(\zeta_n) > \mathbb{Q}$

$$2^s = (K : \mathbb{Q}) = (K : \mathbb{Q}(\zeta_n)) \cdot (\mathbb{Q}(\zeta_n) : \mathbb{Q}) = (K : \mathbb{Q}(\zeta_n)) \cdot (p - 1) \text{ für } n = p,$$

$$2^s = (K : \mathbb{Q}) = (K : \mathbb{Q}(\zeta_n)) \cdot (\mathbb{Q}(\zeta_n) : \mathbb{Q}) = (K : \mathbb{Q}(\zeta_n)) \cdot p \cdot (p-1) \text{ für } n = p^2.$$

Dies ist im zweiten Fall wegen $p \neq 2$ unmöglich und im ersten Fall nur für $n = p = 1 + 2^m$ möglich! Es ist für $n = p$ noch die Existenz einer Zwischenkörperkette in Zweierschritten zu zeigen. Die Nullstellen von $F_1(x)$ sind genau die Potenzen ζ_p, ζ_p^2, ζ_p^3,..., ζ_p^{p-1}; das Polynom zerfällt also über $\mathbb{Q}(\zeta_p)$ in Linearfaktoren. Als Zerfällungskörper eines irreduziblen Polynoms ist $\mathbb{Q}(\zeta_p)$ über $\mathbb{Q}$ *galois'sch*, und die *Galoisgruppe* hat Zweierpotenzordnung (zur *Galoistheorie* vgl. Kapitel 5.3). Solche Gruppen sind aber auflösbar (vgl. *van der Waerden*, 1936), woraus sich über den Hauptsatz der *Galoistheorie* die gesuchte Zwischenkörperkette ergibt.

Dass die Zahlen $2^m + 1$ höchstens für Zweierpotenzen $m = 2^a$ Primzahlen sein können, folgt einfach: Es sei m keine Zweierpotenz, also $m = b \cdot c$ mit b, $c > 1$ und b ungerade. Dann ist

$$2^m + 1 = 2^{bc} + 1 = (2^c + 1) \cdot (1 - 2^c + 2^{2c} - 2^{3c} \pm ... + 2^{(b-1)c})$$

eine echte Zerlegung von m. Also führen, wie behauptet, genau die *Fermat*-Primzahlen zu konstruierbaren n-Ecken.

∎

Beweis von Satz 3.5 (*Gauß'sches* Lemma):

Es sei $F(x) \in \mathbb{Z}[x]$ und es sei $F(x) = g(x) \cdot h(x)$ mit $g(x)$ und $h(x) \in \mathbb{Q}[x]$ eine echte Zerlegung von $F(x)$. Man schreibt

$$g(x) = \frac{c}{d} \cdot \tilde{g}(x), \quad h(x) = \frac{e}{f} \cdot \tilde{h}(x) \text{ mit } d, f \in \mathbb{N} \text{ und } c, e \in \mathbb{Z}.$$

Dabei sind d bzw. f die Hauptnenner der jeweiligen Koeffizienten von $g(x)$ bzw. $h(x)$, und c und e sind so, dass $\tilde{g}(x)$, $\tilde{h}(x) \in \mathbb{Z}[x]$ Polynome mit jeweils relativ primen Koeffizienten sind. Damit ist

$$d \cdot f \cdot F(x) = c \cdot e \cdot \tilde{g}(x) \cdot \tilde{h}(x)$$

eine Zerlegung in $\mathbb{Z}[x]$. Nach eventuellem Kürzen folgt

$$A \cdot F(x) = B \cdot \tilde{g}(x) \cdot \tilde{h}(x) \text{ mit } A, B \in \mathbb{Z}^{\times} \text{ und } \mathrm{ggT}(A, B) = 1.$$

Es sei nun q ein Primteiler von A. Hieraus wird ein Widerspruch hergeleitet, d. h., es gilt dann $A = \pm 1$, und das *Gauß'sche* Lemma ist bewiesen. Zunächst folgt aus der Voraussetzung $\mathrm{ggT}(A, B) = 1$, dass q kein Teiler von B ist. Ausführlich geschrieben gilt

$$A \cdot F(x) = B \cdot \sum_{i=0}^{n} a_i x^i \cdot \sum_{j=0}^{m} b_j x^j = B \cdot \sum_{k=0}^{n+m} \left(\sum_{i+j=k} a_i b_j \right) x^k.$$

Es sei q Teiler von $a_0, a_1, ..., a_{s-1}$, aber erstmals nicht von a_s. Entsprechend sei q Teiler von b_0, $b_1, ..., b_{t-1}$, aber erstmals nicht von b_t. Solche Werte $s \leq n$, $t \leq m$ existieren nach der Voraussetzung, dass die Koeffizienten von $\tilde{g}(x)$ und $\tilde{h}(x)$ relativ prim sind. In der rechten Seite obiger Gleichung betrachtet man den Koeffizienten bei x^{s+t}. Jeder Summand in diesem Koeffizienten

$$B \cdot \sum_{i+j=s+t} a_i b_j$$

ist durch q teilbar mit der einzigen Ausnahme von $B \cdot a_s \cdot b_t$, d. h., dieser fragliche Koeffizient ist insgesamt *nicht* durch q teilbar. Dies ist aber ein Widerspruch, denn aus der linken Seite derselben Gleichung ist zu sehen, dass *jeder* Koeffizient durch q teilbar sein muss:

$$q \mid A \Rightarrow q \mid A \cdot F(x) \Rightarrow \text{jeder Koeffizient ist durch } q \text{ teilbar.}$$

Damit ist das *Gauß'sche* Lemma bewiesen.

∎

Pierre de Fermat (Ende 1607 oder Anfang 1608 – 1665; das Geburtsjahr 1601 auf der Briefmarke ist falsch), nach dem die *Fermatzahlen* benannt sind, war von Beruf Jurist und Parlamentsrat in Toulouse, nach heutigen Maßstäben eine ziemlich hohe politische Stellung. Mathematik konnte er nur in seinen Mußestunden betreiben, war aber so erfolgreich, dass sein Name in vielen Zusammenhängen innerhalb der Mathematik unsterblich geworden ist. Am bekanntesten ist wohl die *Fermat'sche* Vermutung, die erst 1994 endgültig durch die

Bild 3.31 *Pierre de Fermat*

Arbeiten von *Andrew Wiles* (* 1953) bewiesen werden konnte. Die spannende Geschichte der Vermutung erzählt *Simon Singh* in seinem 1998 erschienenen Buch *Fermats letzter Satz*. An diese Leistung *Fermats* erinnert die zum Anlass seines 400. Geburtstags im Jahr 2001 in Frankreich erschienene Briefmarke (Bild 3.31). *Fermat* hat auch vermutet, dass alle Zahlen

$$F_n = 2^{2^n} + 1 \text{ mit } n \in \mathbb{N}_0$$

Primzahlen sind. Er kannte aber explizit nur

$$F_0 = 3,\ F_1 = 5,\ F_2 = 17,\ F_3 = 257 \text{ und } F_4 = 65.537$$

als Primzahlen. Erst *Leonard Euler* (1707 – 1783) fand 1732 die Zerlegung

$$F_5 = 641 \cdot 6.700.417 = 4.294.967.297$$

durch einen genialen zahlentheoretischen Trick. Es gilt

$$F_5 = 2^{2^5} + 1 = 2^{32} + 1 \,.$$

Euler schrieb die Zahl 641 auf zwei Arten:

$$641 = 640 + 1 \ \ = 5 \cdot 2^7 + 1,$$
$$641 = 625 + 16 \ = 5^4 + 2^4.$$

Nach der ersten Zerlegung folgt

$$5 \cdot 2^7 \equiv -1 \bmod 641, \text{ also auch } 5^4 \cdot 2^{28} \equiv (-1)^4 \equiv 1 \bmod 641.$$

Zusammen mit der zweiten Zerlegung von 641 folgt

$$5^4 \equiv -2^4 \bmod 641, \text{ also } -2^4 \cdot 2^{28} = -2^{32} \equiv 1 \bmod 641,$$

woraus wie behauptet $641 \mid F_5$ folgt.

Einige weitere bekannte Ergebnisse sind: Im Jahr 1855 hat *Theodor Clausen* gezeigt, dass auch F_6 nicht prim ist, es gilt $274.177 \mid F_6 = 2^{64} + 1$. *Morehead* konnte 1905 zeigen, dass die riesige Zahl F_{73} nicht prim ist, es gilt $19.055 \cdot 2^{75} + 1 \mid F_{73} = 2^{2^{73}} + 1$. Diese Zahl hat mehr als 10^{21} Ziffern! Die Zerlegung von F_{73} in Primfaktoren gelang aber erst *Brillhart* und *Morrison* im Jahr 1970.

Bis heute hat man mit Hilfe von Computern viele weitere *Fermatzahlen* als nichtprim nachgewiesen, aber keine einzige weitere *Fermatprimzahl* gefunden. Beispielsweise wurde 1985 von Mathematikern im Rechenzentrum der Universität Hamburg gezeigt, dass $5 \cdot 2^{23.473} + 1$ Primzahl und Teiler der gigantischen *Fermatzahl* $F_{23.471}$ ist. Nicht für alle *Fermatzahlen* bis dahin ist die Untersuchung abgeschlossen. Offen ist die Frage, ob es überhaupt noch weitere *Fermatprimzahlen* gibt. Experimentieren Sie ein bisschen mit einem CAS ... (Aber Vorsicht: Mein aktueller Rechner braucht im Jahr 2011 nur 0,7 sec, um mit MAPLE13 die Zahl F_7 prim zu zerlegen, für F_8 dagegen schon 659 sec! Vor ca. 10 Jahren rechnete meine damalige MAPLE-Version etwa so lange für die Faktorisierung von F_7.

Die Charakterisierung der mit ZuL konstruierbaren n-Ecke in Satz 3.4 lässt sich auf die Charakterisierung der mit Origami faltbaren (bzw. mit dem Einschiebelineal konstruierbaren) n-Ecke übertragen. Wie in Kapitel 3.4 besprochen sind Zahlen faltbar, die in einer Körpererweiterung K von $\mathbb{Q}$ mit Körpergrad $(K : \mathbb{Q}) = 2^n \cdot 3^m$ liegen (wobei die entsprechende Zwischenkörperkette vorhanden sein muss). Damit lassen sich die regulären n-Ecke mit

$$n = 2^r \cdot 3^s \cdot p_1 \cdot p_2 \cdot ... \cdot p_m \text{ und mit verschiedenen Primzahlen } p_i \text{ vom Typ } p = 2^u \cdot 3^v + 1$$

falten. Diese Primzahlen heißen auch nach dem amerikanischen Mathematiker *James Pierpont* (1866 – 1938) *Pierpont'sche* Primzahlen. Wie bei *den Fermat'schen* Primzahlen ist unbekannt, ob es unendlich viele davon gibt).

Aufgabe 3.17:

Bestimmen Sie die ersten *Pierpont'schen* Primzahlen.

3.8.3 Das regelmäßige 5-Eck

3.8.3.1 Regelmäßiges 5-Eck und goldener Schnitt

Die belebte Natur hat sich des regelmäßigen Fünfecks gerne bedient. Viele Pflanzen haben exakt fünfeckige Blüten, auch Seesterne bevorzugen die Fünfecksymmetrie (vgl. Bild 3.32). In der Architektur finden man z. B. bei gotischen Kirchen immer wieder Fünfecksymmetrien. Das *Pentagon*, das amerikanische Verteidigungsministerium, ist ein bekanntes Gebäude in 5-Eck-Form.

Ein spezielles Fünfeck, das *Pentagramm* (Bild 3.33), war das geheime Erkennungszeichen der *Pythagoreer*. Bei ihnen hat das regelmäßige Fünfeck wahrscheinlich eine entscheidende Rolle bei der Entdeckung der Inkommensurabilität gespielt (vgl. Kap. 6.5), d. h. zur Widerlegung der Annahme, dass es zu zwei beliebigen Strecken stets ein gemeinsames Maß gibt. Das Pentagramm kommt auch schon auf alten Münzen Kleinasiens und Galliens vor. Bild 3.34 zeigt eine Münze der griechischen Stadt Melos (ca. 420 v. Chr.).

Bild 3.32 Seesterne   **Bild 3.33** Pentagramm

Bild 3.34 Münze aus Melos   **Bild 3.35** Fünfeck-Briefmarke

In der Architektur der gotischen Maßwerke kommen viele regelmäßige *n*-Ecke, so auch das Fünfeck vor. Es gibt sogar Briefmarken in der Form eines Fünfecks: Bild 3.35 zeigt den am 15. 08. 2002 erschienenen Block aus solchen Marken mit dem Präsidenten und dem Vizepräsidenten der Republik Indonesien.

Den *Kelten* war das Pentagramm heilig, und es heißt nach den *Druiden*, den keltischen Priestern, auch *Drudenfuß*. Dieser Drudenfuß blieb im Mittelalter das Kennzeichen aller geheimen Gesellschaften und kam in den Ruf, dass man mit ihm den Teufel bannen könne.

Auf diese Bedeutung wird im ersten Band von *Goethes „Faust"* an der bekannten Szene in *Fausts* Studierzimmer angespielt (Zeilen 1393 – 1402):

Mephistopheles:	Gesteh' ich's nur! daß ich hinausspaziere,
	Verbietet mir ein kleines Hinderniß,
	Der Drudenfuß auf Eurer Schwelle.
Faust:	Das Pentagramma macht dir Pein?

> Ey sag mir, du Sohn der Hölle,
> Wenn das dich bannt, wie kamst du denn herein?
> Wie ward ein solcher Geist betrogen?
> *Mephistopheles:*   Beschaut es recht! Es ist nicht gut gelungen;
> Der eine Winkel, der nach außen zu,
> Ist, wie du siehst, ein wenig offen.

Das regelmäßige Fünfeck ist eng mit dem *goldenen Schnitt* verwandt: In Bild 3.36 teilt der Punkt C die Strecke AB im Verhältnis Φ des goldenen Schnitts, wenn sich die größere Teilstrecke zur kleineren wie die Gesamtstrecke zur größeren verhält. Es gilt dann für die Strecken $a = \overline{AC}$ und $b = \overline{CB}$

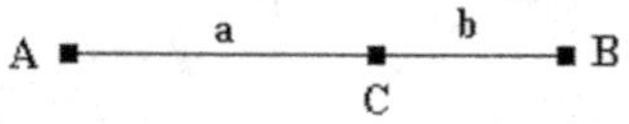

Bild 3.36 Goldener Schnitt

$$\Phi = \frac{a}{b} = \frac{a+b}{a}.$$

Wegen $\Phi = \dfrac{a+b}{a} = 1 + \dfrac{b}{a} = 1 + \dfrac{1}{\Phi}$ folgt hieraus sofort die „goldene quadratische Gleichung"

$$\Phi^2 = \Phi + 1 \Leftrightarrow \Phi^2 - \Phi - 1 = 0 \Leftrightarrow \Phi = \frac{1}{2}\left(1 \pm \sqrt{5}\right),$$

d. h., da $\Phi > 0$ ist, ergibt sich das

goldene Verhältnis $\Phi = \dfrac{1}{2}\left(1 + \sqrt{5}\right) \approx 1{,}618.$

Betrachtet man stattdessen die größere Strecke a und die Gesamtstrecke $c := a + b$, so lautet die entsprechende „goldene quadratische Gleichung" für a

$$a^2 + c \cdot a - c^2 = 0 \quad \text{mit Lösung} \quad a = \frac{1}{2}(\sqrt{5} - 1)c \approx 0{,}618 \cdot c.$$

Die Kunsttheorie bringt den goldenen Schnitt mit einem Idealbild menschlicher Schönheit in Verbindung; bekannt ist die Zeichnung *Der vitruvianische Mensch* von *Leonardo da Vinci* (1452 – 1519), die auch auf der italienischen 1-Euro-Münze abgebildet ist (Bild 3. 37).

Bild 3.37 1 Euro aus Italien

Der Zusammenhang zwischen dem regelmäßigen Fünfeck und dem goldenen Schnitt wird durch den folgenden Satz hergestellt (auf diesen Zusammenhang werden wir nochmals in Kapitel 6 im Zusammenhang mit der Entdeckung der Irrationalität zurückkommen):

Satz 3.6:

Das regelmäßige Fünfeck (oder, was äquivalent ist, das regelmäßige Zehneck) ist genau dann mit Zirkel und Lineal konstruierbar, wenn die Teilung im goldenen Schnitt mit Zirkel und Lineal konstruierbar ist.

Beweis:

Man betrachtet ein *goldenes Dreieck ABC* mit Winkeln 36°, 72°, 72° (d. h. den Baustein des regelmäßigen Zehnecks). Der Punkt D auf der Seite BC sei so, dass $\overline{AD} = \overline{DC}$ gilt (vgl. Bild 3.38). Dann hat das kleine Dreieck ABD die gleichen Winkel und ist ähnlich zu $\triangle ABC$. Daraus folgt

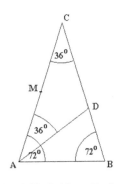

$$\frac{\overline{AC}}{\overline{AB}} = \frac{\overline{AB}}{\overline{BD}}.$$

Da das kleine Dreieck ADC auch gleichschenklig ist, gilt $\overline{CD} = \overline{AD} = \overline{AB}$, d. h., D teilt die Seite CB im Verhältnis des goldenen Schnitts. Außerdem ist das Dreieck ADM, wobei M die Mitte von AC ist, rechtwinklig, und es gilt

Bild 3.38 Goldenes Dreieck

$$\cos(36^\circ) = \frac{\overline{AM}}{\overline{AD}} = \frac{\frac{1}{2}\overline{AC}}{\frac{1}{2}\left(\sqrt{5}-1\right)\cdot\overline{AC}} = \frac{1}{4}\left(\sqrt{5}+1\right).$$

∎

Wenn man also ein goldenes Dreieck mit Winkeln 72°, 72°, 36° und damit das regelmäßige Fünfeck und Zehneck konstruieren kann, so kann man auch den goldenen Schnitt konstruieren. Das gilt natürlich auch umgekehrt. Eine direkte Konstruktion des goldenen Schnitts zeigt der folgende

Satz 3.7:

Die in Bild 3.39 dargestellte Konstruktion teilt die Strecke AB im Verhältnis des goldenen Schnitts: M ist die Mitte von AB, $CB \perp AB$ und $\overline{BM} = \overline{BC}$. Nun ist D der Schnittpunkt des Kreises $k(C;\ \overline{BC})$ und der Strecke AC. Dann schneidet der Kreis um A durch D die Strecke AB im gesuchten Teilungspunkt T.

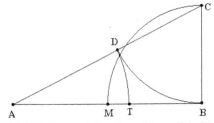

Bild 3.39 Konstruktion des goldenen Schnitts

Beweis:

Es gilt $\overline{AD} = \overline{AT}$ und $\overline{AC} = \overline{AT} + \frac{1}{2}\overline{AB}$. Nach dem Satz des *Pythagoras* im Dreieck ABC folgt also

$$\overline{AB}^2 + \frac{1}{4}\overline{AB}^2 = \left(\overline{AT} + \frac{1}{2}\overline{AB}\right)^2.$$

Dies führt wieder zu einer „goldenen quadratischen Gleichung"

$$\overline{AT}^2 + \overline{AB} \cdot \overline{AT} - \overline{AB}^2 = 0.$$

∎

Der goldene Schnitt taucht noch in vielen Zusammenhängen auf, einen Überblick findet man in den „goldenen Büchern" von *Albrecht Beutelspacher* (1995) und *Hans Walser* (1993). Bei *Euklid* findet man die erste erhalten gebliebene Beschreibung des goldenen Schnitts als „Teilung im inneren und äußeren Verhältnis". Der Franziskanermönch *Luca Pacioli* (1445 – 1514) verfasste das Werk *De Divina Proportione*; dieser Name *Proportio Divina* oder *Göttliche Teilung* ist noch heute gebräuchlich. Die Bezeichnung *Goldener Schnitt* wurde erstmals 1835 von dem Mathematiker *Martin Ohm* (1792 – 1872), einem Bruder des gleichnamigen Physikers, verwendet.

Abschließend werden zwei besonders schöne Darstellungen des goldenen Verhältnisses Φ angegeben. Man geht hierzu von der goldenen quadratischen Gleichung $\Phi^2 = \Phi + 1$ aus. Zuerst schreibt man $\Phi = \sqrt{\Phi + 1}$ und schreibt dann sukzessive

$$\Phi = \sqrt{1+\Phi} = \sqrt{1+\sqrt{1+\Phi}} = \sqrt{1+\sqrt{1+\sqrt{1+\Phi}}} = \dots,$$

was zur Darstellung

$$\Phi = \frac{1}{2}(\sqrt{5}+1) = \sqrt{1+\sqrt{1+\sqrt{1+\sqrt{1+\dots}}}}$$

führt. Für die zweite Darstellung formt man die goldene quadratische Gleichung der Reihe nach um zu

$$\Phi = 1 + \frac{1}{\Phi} = 1 + \cfrac{1}{1+\cfrac{1}{\Phi}} = \dots.$$

Dies führt zur **Kettenbruchdarstellung**

$$\Phi = \frac{1}{2}(\sqrt{5}+1) = 1 + \cfrac{1}{1+\cfrac{1}{1+\cfrac{1}{1+\dots}}}.$$

Aufgabe 3.18:

Untersuchen Sie die Näherungsbrüche der Kettenbruchdarstellung, also die Brüche

$$b_1 = 1,\; b_2 = 1 + \frac{1}{1},\; b_3 = 1 + \cfrac{1}{1+\cfrac{1}{1}},\; \dots,\; \text{allgemein } b_{n+1} = 1 + \frac{1}{b_n} \text{ für } n \geq 1.$$

Finden Sie den Zusammenhang mit der *Fibonacci*-Folge, d. h. mit der durch $f_1 = f_2 = 1$ und $f_{n+2} = f_{n+1} + f_n$ für $n \geq 1$ definierten Folge $(f_n)_{n \in \mathbb{N}}$.

3.8.3.2 *Euklids* Konstruktion

Es gibt viele exakte ZuL-Konstruktionen, aber auch zahlreiche Näherungskonstruktionen für das Fünfeck. Die folgende Konstruktion des regelmäßigen Fünfecks war schon *Euklid* bekannt:

Satz 3.8:

In Bild 3.40 sind AB und CD zwei zueinander orthogonale Durchmesser des Kreises $k(O; r)$ mit $r = \overline{OA}$. Der Punkt E ist die Mitte von OB. Weiter ist F ein Schnittpunkt von $k(E; \overline{EC})$ mit AB, der Punkt G ist ein Schnittpunkt von $k(C; \overline{CF})$ mit $k(O; r)$. Dann ist $s_5 = CG$ eine Seite des einbeschriebenen regelmäßigen Fünfecks.

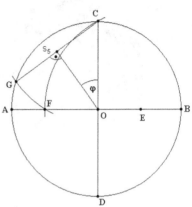

Bild 3.40 *Euklids* Konstruktion

Beweis:

Man setzt o. B. d. A. $r = 1$. Nach dem Satz des *Pythagoras* im Dreieck OEC ist $\overline{EC} = \dfrac{1}{2}\sqrt{5}$. Weiter gilt

$$\overline{FO} = \overline{FE} - \overline{OE} = \overline{EC} - \overline{OE} = \frac{1}{2}\sqrt{5} - \frac{1}{2} = \frac{1}{2}(\sqrt{5} - 1).$$

Damit und mit dem Satz des *Pythagoras* im Dreieck OCF ist

$$s_5 = \overline{CG} = \overline{CF} = \sqrt{\overline{OC}^2 + \overline{FO}^2} = \sqrt{1 + \frac{1}{4}\left(\sqrt{5} - 1\right)^2} = \frac{1}{2}\sqrt{10 - 2\sqrt{5}},$$

und man hat s_5 durch Quadratwurzeln ausgedrückt. Für den Winkel φ gilt $\sin(\varphi) = \dfrac{s_5}{2}$ und daher

$$\cos(\varphi) = \sqrt{1 - \sin(\varphi)^2} = \sqrt{1 - \frac{1}{16}\left(10 - 2\sqrt{5}\right)} = \frac{1}{4}\left(\sqrt{5} + 1\right).$$

Wie im Beweis zu Satz 3.6 folgt hieraus $\varphi = 36°$, was den Beweis schließt.

∎

Die Untersuchung des regelmäßigen Fünfecks wird mit fünf interessanten Aufgaben beendet:

Aufgabe 3.19: Tai Gi

Ein uraltes Symbol der chinesischen Kultur ist das *Tai Gi* (Bild 3.41). Es soll die Gespaltenheit des Menschen in *Yin* und *Yang* verdeutlichen. Wenn man die Figur konstruiert, so kann man wieder ein regelmäßiges Fünfeck entdecken: Erklären Sie die Konstruktion in Bild 3.42 und beweisen Sie, dass *BGIJH* ein regelmäßiges Fünfeck ist.

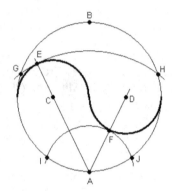

Bild 3.41 Tai Gi   **Bild 3.42** Konstruktion des Tai Gi

Aufgabe 3.20: Der Fünfeck-Knoten

Das Origamics-Kunstwerk in Bild 3.43 liefert ein regelmäßiges Fünfeck: Nehmen Sie einen langen und schmalen Papierstreifen und machen aus ihm einen Knoten. Wird er platt gedrückt, so entsteht ein Fünfeck (Bild 3.43). Führen Sie dies durch und beweisen Sie, dass es sich um ein regelmäßiges Fünfeck handelt.

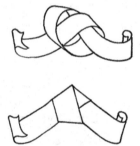

Bild 3.43 Fünfeck-Knoten

Aufgabe 3.21:

In Bild 3.44 wird mit Hilfe einer Winkelhalbierenden ein Fünfeck konstruiert: Der Kreis um *O* durch *A* schneidet das Achsensystem in den weiteren Punkten *B*, *C* und *D*. Der Punkt *E* ist die Mitte von *DO*. Die Winkelhalbierende des Winkels *AEO* schneidet *OA* in *F*, das Lot auf *EF* in *E* schneidet *OA* in *G*. Dann schneiden die beiden Parallelen zu *OB* durch *F* und *G* den Ausgangskreis in den vier Punkten *H*, *I*, *J* und *K*, die zusammen mit *A* ein regelmäßiges Fünfeck bilden. Beweisen Sie dies.

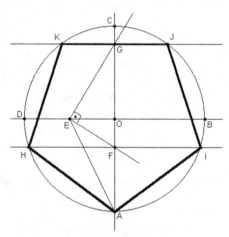

Bild 3.44 Winkelhalbierenden-Konstruktion

Aufgabe 3.22: Logarithmische Spirale

Bild 3.45 zeigt die im Jahr 1987 zum 150-jährigen Bestehen des Schweizerischen Ingenieur- und Architektenvereins SIA in der Schweiz erschienene Briefmarke. Sie zeigt den Zusammenhang zwischen goldenem Schnitt und logarithmischer Spirale. Versuchen Sie, diesen Zusammenhang genauer zu „erforschen"! Eine logarithmische Spirale wird in Polarkoordinatenform nach Wahl zweier positiver reeller Zahlen a und b durch die Gleichung

$$r = a \cdot e^{b \cdot \varphi}, \ \varphi \in \mathbb{R}$$

beschrieben; in Bild 3.46 ist diese Kurve für $a = 1$ und $b = 0{,}2$ im Bereich $0 \leq \varphi \leq 20$ mit Hilfe von MAPLE gezeichnet worden. Die Spirale windet sich unendlich oft um den Nullpunkt herum. Dieser ist asymptotischer Punkt für $\varphi \to -\infty$.

Bild 3.45 Logarithmische Spirale I

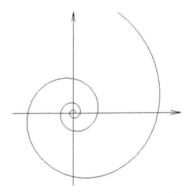

Bild 3.46 Logarithmische Spirale II

Um genauer den oben genannten Zusammenhang zu sehen, analysieren Sie zunächst die Konstruktion auf der Briefmarke (Bild 3.47): Man beginnt mit einem *goldenen Rechteck*, d. h. einem Rechteck, dessen Seitenlängen im Verhältnis des goldenen Schnitts stehen (im Bild ist es das kleine, dick gezeichnete Rechteck). Nun werden sukzessive gemäß der Abbildung Quadrate angesetzt. Dadurch entstehen jeweils neue goldene Rechtecke (welche?). Untersuchen Sie die Folge der Streckenlängen des gestrichelt gezeichneten Diagonalen-Polygonzugs. Dick eingezeichnet ist eine

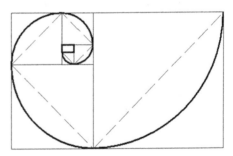

Bild 3.47 Näherungskonstruktion

logarithmische Spirale, die, wie behauptet wird, durch die entsprechenden Quadratecken verläuft. Welche Parameter hat diese Spirale? (In Wirklichkeit habe ich bei der Konstruktion mit DYNAGEO einfach Viertelkreise gezeichnet. Wie groß ist die Abweichung?). Wie kann man die Zunahme der Windungsabstände mathematisch beschreiben?

Aufgabe 3.23:

In Bild 3.48 sehen Sie das „Kernstück" des von *Klaus-Ulrich Guder* entworfenen Tagungsplakats der Jahrestagung 2003 der Gesellschaft für Didaktik der Mathematik in Dortmund. Es sieht auf den ersten Blick ganz ähnlich aus. Analysieren Sie das Bild! Beachten Sie, dass es nicht mit einem goldenen Rechteck, sondern mit einem Quadrat startet, und erinnern Sie sich an die berühmten Zahlen des Herrn *Fibonacci*.

Bild 3.48 GDM-Tagung 2003 in Dortmund

Die logarithmische Spirale wurde vom berühmten *Jacob Bernoulli* (1654 – 1705) erforscht. Er war so begeistert von ihr und ihren Eigenschaften, dass er testamentarisch bestimmte, seinen Grabstein mit einer logarithmischen Spiralen und der Inschrift „Eadem mutata resurgo" („verwandelt kehr' ich als dieselbe zurück") zu schmücken. Nur wusste seine Witwe nicht, was eine logarithmische Spirale ist, so dass der mit der Herstellung von *Bernoullis* Grabstein beauftragte Steinmetz fälschlicherweise eine *archimedische* Spirale einmeißelte. Eine *archimedische* Spirale hat die Gleichung

$$r = a \cdot \varphi, \ \varphi \geq 0;$$

im Gegensatz zur logarithmischen Spirale haben ihre Windungen gleichen Abstand. Dieser Grabstein ist im Baseler Münster zu bewundern (Bild 3.49). Unten auf dem Monument können Sie die anstelle der logarithmischen Spirale versehentlich eingemeißelte *archimedische* Spirale sehen.

Bild 3.49 *Bernoullis* Grabmal

3.8.4 Das regelmäßige 7-Eck

3.8.4.1 Näherungskonstruktionen

Das regelmäßige 7-Eck ist das erste, das sich nicht mit Zirkel und Lineal konstruieren lässt. Eine entsprechende Symmetrie findet man bei Blumen; ein Beispiel ist der *Siebenstern*, dessen Blüten meistens sieben Blätter haben (Bild 3.50). Selten findet man eine 7er-Symmetrie bei Maßwerken gotischer Kirchen. Eines der wenigen mir bekannten Beispiele sind die *Doberaner Ornamente* (vgl. *Meschkowski* (1978), S. 158 f.). Hierbei handelt es sich um Maßwerke und Schnitzereien in dem von Zistertiensermönchen gebauten Münster des mecklenburg-schwerinschen Städtchens Doberan aus dem Ende des 13. Jahrhunderts (Bild 3.51 zeigt ein Detail des Chorgestühls).

Bild 3.50 Siebenstern

Bild 3.51 Doberaner Ornamente

Nun mussten natürlich die Holzschnitzer, Steinmetze und die Glaser irgendwie die *n*-Ecke, die sie herstellen wollten, zuerst irgendwie konstruieren. Dem gemäß wundert es nicht, dass ich in einem Glaser-Fachbuch (*Seiz*, 1971) einfache „Konstruktionsanweisungen" für *alle* *n*-Ecke gefunden habe. Bild 3.52 zeigt die von *Seiz* angegebene „Konstruktion" des regelmäßigen 7-Ecks: Man startet mit den beiden Kreisen $k_1 = k(O; \overline{OA})$ und $k_2 = k(A; \overline{OA})$. Die beiden Kreise schneiden sich in B und C. Die Gerade BC schneidet die Gerade OA in D. Dann ist $\overline{BD}$ die gesuchte Seitenlänge des einbeschriebenen 7-Ecks.

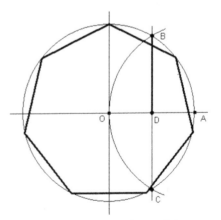

Bild 3.52 Näherungskonstruktion

Aufgabe 3.24:

Führen Sie diese Herstellung des (fast) regelmäßigen 7-Ecks gemäß dem Glaserfachbuch durch und untersuchen Sie die Güte dieser Näherungskonstruktion.

3.8.4.2 Eine Origami-Konstruktion für das 7-Eck

Wie in Kapitel 3.4 beschrieben können mit Origami-Faltungen Zahlen konstruiert werden, die in einer Erweiterung von $\mathbb{Q}$ vom Körpergrad $(K : \mathbb{Q}) = 2^n \cdot 3^m$ liegen. Die siebte Einheitswurzel liegt in einer Erweiterung vom Grad 6, wegen $6 = 2 \cdot 3$ ist also das regelmäßige 7-Eck faltbar.

Ausgangspunkt ist in Anlehnung an *Alperin* (2002) ein Quadrat *ABCD* (Bild 3.53). Zuerst werden die beiden Mittelfalten *a* und *b*, die „Viertelfalten" *c* und *d* und die „Achtelfalte" *e* gefaltet. Damit sind auch die Punkte *O*, *E* und *F* definiert. Ziel ist es, das 7-eck zu falten, das den Kreis um *O* mit Radius $r = \overline{OP}$ als Umkreis hat und den Punkt *P* als eine Ecke.

Nun wird so gefaltet, dass der Punkt *E* auf die Linie *a* und der Punkt *F* auf die Linie *b* kommen (Origami-Axiom 6; überlegen Sie bei den anderen Faltungen selbst, welche Axiome verwendet werden.). Beim konkreten Falten mit Papier faltet man zuerst das linke und das obere Viertel des Papiers nach hinten, dann lässt sich die geforderte Faltung leicht bewerkstelligen; die Bildpunkte auf *a* bzw. *b* werden mit *E'* und *F'* bezeichnet. Für die Abbildungen habe ich dieses *Einschieben* mit der dynamischen Geometriesoftware DynaGeo simuliert (Bild 3.54): Zuerst wird ein Punkt *F'* an die Strecke *b* gebunden. *m* ist die Mittelsenkrechte von *FF'*, *E'* ist der Spiegelpunkt von *E* an *m*.

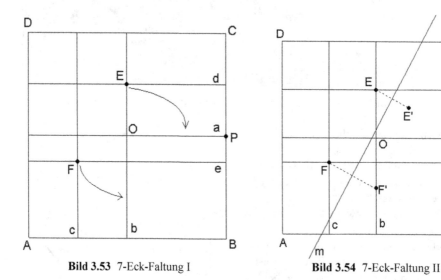

Bild 3.53 7-Eck-Faltung I   **Bild 3.54** 7-Eck-Faltung II

Nun wird an *F'* so lange gezogen, bis der Punkt *E'* auf die Strecke *a* fällt (Bild 3.55). Danach wird noch die Parallele *f* durch *E'* zu *AD* gefaltet. Schließlich wird durch eine Faltlinie durch *O* der Punkt *P* auf die Strecke *f* gefaltet, so dass der Punkt *Q* entsteht. Diese letzte Faltung entspricht natürlich einfach dem Kreis um *O* durch *P*, der die Strecke *f* in *Q* schneidet. *Q* ist nun, wie wir behaupten, die zweite Ecke des gewünschten regelmäßigen Siebenecks. Die weiteren Ecken folgen dann einfach durch weiteres Umfalten, etwa erzeugt der Punkt *P* durch Falten an der Kante *OQ* die nächste Ecke des Siebenecks. Das Endresultat zeigt Bild 3.57.

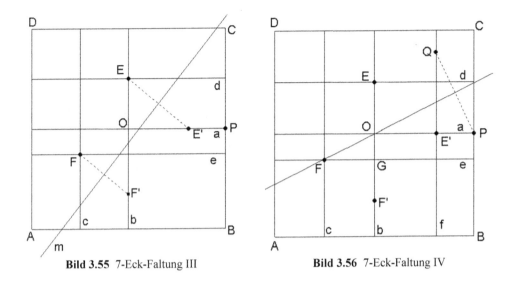

Bild 3.55 7-Eck-Faltung III   **Bild 3.56** 7-Eck-Faltung IV

Zum **Beweis**, dass wir durch unsere Faltung wirklich ein regelmäßiges 7-Eck erhalten haben, normieren wir die Seitenlänge des Grundquadrats auf 2, so dass das behauptete 7-Eck dem Einheitskreis einbeschrieben ist. Wir verwenden das Koordinatensystem mit Ursprung O und a und b als Achsen. Es ist also zu zeigen, dass der Punkt Q als komplexe Zahl die siebte Einheitswurzel $\zeta = \cos(\alpha) + i \cdot \sin(\alpha)$ mit $\alpha = {}^{2\pi}/_{7}$ ist. Hierzu reicht es zu zeigen, dass die Abszisse x von Q (und nach Konstruktion von E') den richtigen Wert $x = \cos(\alpha)$ hat; der Beweis dieser Gleichheit ist das Ziel der folgenden Ausführungen. In Bild 3.58 sind die relevanten Bestimmungsstücke dick markiert. Mit der Abkürzung $z = \overline{GF'}$ lassen sich die folgenden Koordinaten ablesen:

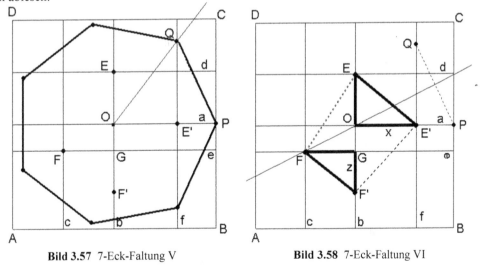

Bild 3.57 7-Eck-Faltung V   **Bild 3.58** 7-Eck-Faltung VI

$$E = (0 \mid \tfrac{1}{2}),\; E' = (x \mid 0),\; F = (-\tfrac{1}{2} \mid -\tfrac{1}{4}),\; F' = (0 \mid \tfrac{1}{4}+z),\; G = (0 \mid -\tfrac{1}{4}).$$

Da die Dreiecke GFF' und $OE'E$ ähnlich sind, folgt weiter

$$\frac{z}{\frac{1}{2}} = \frac{\frac{1}{2}}{x}, \text{ also } z = \frac{1}{4x}.$$

Wegen $\overline{EF} = \overline{E'F'}$ (vgl. Bild 3.58) erhält man aus dem Satz des *Pythagoras* für die Dreiecke FGE und $OE'G'$

$$\left(\frac{1}{2}\right)^2 + \left(\frac{3}{4}\right)^2 = x^2 + \left(\frac{1}{4} + z\right)^2 = x^2 + \left(\frac{1}{4} + \frac{1}{4x}\right)^2.$$

Zusammenfassen und Dividieren durch den positiven Faktor $16 \cdot x^2$ liefert

$$16 \cdot x^4 - 12 \cdot x^2 + 2 \cdot x + 1 = 0.$$

Die Zahl x ist also Nullstelle des Polynoms $f(y) = 16 \cdot y^4 - 12 \cdot y^2 + 2 \cdot y + 1$. Das Polynom $f(y)$ hat auch die Nullstelle ½, ist also reduzibel über $\mathbb{Q}$. Erst

$$g(y) = \frac{f(y)}{2 \cdot \left(y - \frac{1}{2}\right)} = 8 \cdot y^3 + 4 \cdot y^2 - 4 \cdot y - 1$$

ist das irreduzible Minimalpolynom von x. Lässt man den Graphen von g zeichnen (Bild 3.59), so sieht man, dass g drei reelle Nullstellen hat, zwei sind negativ; die dritte Nullstelle ist positiv, ist also unsere fragliche Zahl x. Dem Graphen liest man $x \approx 0{,}62 \approx \cos(\alpha)$ ab. Es ist noch zu zeigen, dass die positive Nullstelle x *genau* $\cos(\alpha)$ ist. Wir zeigen hierzu, dass der „gewünschte" Wert $w := \cos(\alpha)$ ebenfalls positive Nullstelle von $g(y)$

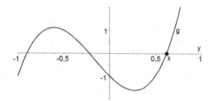

Bild 3.59 Graph von g

ist. Da es nur eine positive Nullstelle von $g(y)$ gibt, folgt dann $x = w = \cos(\alpha)$.

Für den Beweis starten wir mit der ausgezeichneten 7-ten Einheitswurzel ζ und ihrem Minimalpolynom $y^6 + y^5 + \ldots + y + 1$. Die Potenzen $\zeta^2, \ldots, \zeta^6$ sind die anderen Nullstellen. Wegen $\zeta^i = \zeta^{7-i}$ folgt

$$w = \cos(\alpha) = \frac{\zeta + \zeta^6}{2} = \frac{\zeta + \zeta^{-1}}{2}.$$

Weiter folgt

$$2 \cdot w = \zeta + \zeta^{-1}, \quad 4 \cdot w^2 = (\zeta + \zeta^{-1})^2 = \zeta^2 + 2 + \zeta^{-2},$$
$$8 \cdot w^3 = (\zeta + \zeta^{-1})^3 = \zeta^3 + 3 \cdot \zeta + 3 \cdot \zeta^{-1} + \zeta^{-3}.$$

Einsetzen von w in $g(y)$ liefert schließlich

$$g(w) = 8 \cdot w^3 + 4 \cdot w^2 - 4 \cdot w - 1 = (\zeta^3 + 3 \cdot \zeta + 3 \cdot \zeta^{-1} + \zeta^{-3}) + (\zeta^2 + 2 + \zeta^{-2}) - 2 \cdot (\zeta + \zeta^{-1}) - 1$$
$$= \zeta^3 + \zeta^2 + \zeta + \zeta^{-3} + \zeta^{-2} + \zeta^{-1} + 1 = \zeta^3 + \zeta^2 + \zeta + \zeta^4 + \zeta^5 + \zeta^6 + 1 = 0.$$

Da es nur eine positive Nullstelle von $g(y)$ gibt, gilt also wie behauptet $x = w = \cos(\alpha)$, und die obige Faltkonstruktion hat tatsächlich ein regelmäßiges 7-Eck erzeugt.

3.8.5 Das regelmäßige 17-Eck

Nach dem 7-Eck sind das 9-, 11-, 13- und das 14-Eck nicht mit ZuL konstruierbar (wie sieht es mit Origami-Faltungen aus?), während sich das 8-, 10-, 12-, 15- und 16-Eck einfach konstruieren lassen. Erst das mit ZuL konstruierbare 17-Eck stellt wieder eine echte Herausforderung dar!

Für die Konstruktion des regelmäßigen n-Ecks war notwendig und hinreichend, dass man für den zugehörigen Mittelpunktswinkel $\varphi = \dfrac{360^o}{n}$ die Zahl $\cos(\varphi)$ konstruieren, also durch Quadratwurzeln ausdrücken kann. Denkt man sich das n-Eck in den Einheitskreis einbeschrieben, so kann man damit auch einfach die Seitenlänge durch $s_n = \sqrt{2 + 2 \cdot \cos(\varphi)}$ ausdrücken. Einige Beispiele sind:

$$s_3 = \frac{1}{2}\sqrt{3} \ , s_4 = \sqrt{2} \, , s_5 = \frac{1}{2}\sqrt{10 - 2\sqrt{5}} \, , s_6 = 1.$$

Aufgabe 3.25:

a. Bestätigen Sie diese Formeln für s_n und geben Sie die noch fehlenden konstruierbaren Seitenlängen bis $n = 16$ mit Hilfe von Quadratwurzeln an.

b. Die Frage, zu welchen Zeiten der große und der kleine Zeiger auf der Uhr aufeinander stehen, führt zu einem regelmäßigen n-Eck. Zu welchem?

Die Behandlung des regelmäßigen 17-Ecks ist etwas komplizierter. *Gauß* hat für die zur Konstruktion nötige Zahl $\cos(\varphi)$ des Zentriwinkels $\varphi = \dfrac{360^o}{17}$ die folgende Formel angegeben:

$$\cos\left(\frac{360^0}{17}\right) = \frac{1}{16}\left(-1 + \sqrt{17} + \sqrt{2(17 - \sqrt{17})} + 2\sqrt{17 + 3\sqrt{17} - \sqrt{2(17 - \sqrt{17})} - 2\sqrt{2(17 + \sqrt{17})}}\right)$$

$$\approx 0{,}932,$$

$\cos(\varphi)$ und damit das ganze 17-Eck sind folglich mit ZuL konstruierbar, und man kann ebenfalls die Seitenlänge s_{17} durch Quadratwurzeln ausdrücken. Die konkrete Konstruktion des 17-Ecks wird ausführlich von *Heinrich Tietze* (1980, 2. Band, S. 1 – 29) beschrieben. Eine schöne und kurze Anleitung für die Konstruktion findet man in *Delahaye* (1999, S. 187). Natürlich wird man auch im Internet fündig[4].

---

[4] Ein Beispiel ist http://wikipedia.msn.de/wiki/Siebzehneck.

Die hervorragende „Jugendleistung" von *Carl Friedrich Gauß*, das regelmäßige 17-Eck zu konstruieren, wurde aus Anlass seines 200. Geburtstags im Jahr 1977 von der ehemaligen DDR mit einer Sondermarke (Bild 3.60) gewürdigt.

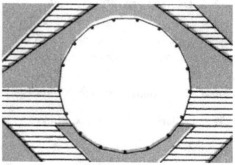

Bild 3.60 *Gauß* und das 17-Eck   **Bild 3.61** Vergrößerung

Selbst auf dem vergrößerten Briefmarkenbild (Bild 3.61) sieht das 17-Eck fast wie ein Kreis aus.

Gauß war auf diese Jugendleistung so stolz, dass er sich das 17-Eck auf seinem Grabstein wünschte. Dieser Wunsch ging nicht in Erfüllung, aber auf dem Denkmal, das zu seinem 100. Geburtstag am 30.04.1877 in Braunschweig aufgestellt wurde (Bild 3.62), ist ein regelmäßiger Stern mit 17 Ecken angebracht; man muss allerdings genau hinschauen, um ihn am linken Fußende zu entdecken (Bild 3.63).

Bild 3.62 *Gauß*-Denkmal in
Braunschweig   **Bild 3.63** Das 17-Eck

4 Symmetriegruppen

In diesem Kapitel werden ebene und räumliche geometrische Objekte systematisch gemäß dem Erlanger Programm von *Felix Klein* nach ihren Symmetrien geordnet und klassifiziert.

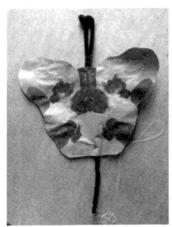

Bild 4.1 *Friedas* Schmetterling

Das Herstellen symmetrischer Objekte ist schon im frühen Bildungsalter wichtig. Vorerfahrungen werden im Elementarbereich gesammelt; ein Beispiel ist der symmetrische Schmetterling der knapp dreijährigen *Frieda* in Bild 4.1, den sie in der Kita hergestellt hat. In den Lehrplänen der Grundschulen sind das Herstellen symmetrischer Objekte und die Untersuchung von Symmetrien verbindlich vorgesehen. Die Untersuchung konkreter Objekte auf ihre Symmetrien hin verbindet gewinnbringend Aspekte der Kunst, der Ingenieur- und Naturwissenschaften und der Mathematik. In gewisser Weise gilt das sogar für den literarischen Bereich, wenn man etwa an Reimschemata denkt.

Im Folgenden werden zunächst die in der Schule behandelten Kongruenzabbildungen untersucht und die Struktur der Gruppe, die sie bilden, genauer analysiert. Dabei werden möglichst symmetrische zwei- und dreidimensionale Objekte betrachtet und ihre Symmetriegruppen bestimmt.

Beispiele sind reguläre *n*-Ecke in der Ebene und *Platonische* Körper im Raum. Die in den Kapiteln 4.5 und 4.6 untersuchten Band- und Flächenornamente sind Verzierungselemente, die seit Jahrtausenden in allen Kulturkreisen und in allen Bereichen der Kunst und des täglichen Lebens verwendet worden sind und immer noch verwendet werden. Man kann sich diese Muster zunächst ganz anschaulich durch das Aneinanderlegen identischer Kacheln vorstellen: im Fall der Bandornamente in einer Richtung der Ebene und im Fall der Flächenornamente in zwei Richtungen der Ebene. Schon in der Primarstufe machen Schülerinnen und Schüler mathematische Entdeckungen beim Umgehen mit diesen Ornamenten und können diese nach Symmetrieeigenschaften unterscheiden. Eine genaue Klassifikation aller möglichen Symmetrietypen ist jedoch insbesondere bei den Flächenornamenten recht komplex.

4.1 Vernetzung mit dem mathematischen Schulstoff

Die in diesem Kapitel behandelten Themen sind Paradebeispiele für das Spiralprinzip. Unsere Welt ist voller Symmetrien, die schon in der Grundschule erkundet werden können. Symmetrie ist

- ein wichtiges Bauprinzip in der Natur, das bei Lebewesen, z. B. bei Tannenzapfen und Sonnenblumen, bei Schmetterlingen, Muscheln und Seesternen, beim Galopp von Pferden und beim eigenen Herzschlag, aber auch in der unbelebten Natur, z. B. bei Eisblumen am Fenster, bei der Wellenstruktur der Sandküste und bei Kristallen (Bild 4.2) vorkommt,

- ein Gestaltungs- und Ausdrucksmittel in Ornamentik, Architektur und Design, das seit Jahrtausenden bei allen Natur- und Kulturvölkern angewendet wird und in vielen verschiedenen Ausprägungen vorkommt (während Bildende Kunst auch von der Spannung Symmetrie-Unsymmetrie lebt),

- ein Konstruktionsprinzip in der Naturwissenschaft und Technik: Symmetrie ist ein wichtiges Prinzip der modernen Physik, symmetrische Formen in der Technik sind häufig optimal für ihren Verwendungszweck.

Bild 4.2 Symmetrische Kristalle

Symmetrien sind Wiederholungen, die nicht zufällig sind, sondern gewissen Mustern und Regeln folgen, die dem Spiralprinzip folgend auf verschiedenem Erkenntnisniveau untersucht werden können. Aktivitäten rund um die Symmetrie sind ab dem frühen Kindesalter (bereits vorschulisch) möglich und sinnvoll. Die schultypischen Aktivitäten lassen sich einteilen in das Erkennen und Beschreiben von Symmetrie und in das Erzeugen von Symmetrie. Frühe Erfahrungen können mit Tintenklecks-Bildern (Bild 4.3) und mit Spiegeln (z. B. mit der Geometrie-Box des Mathekoffers (*Büchter & Henn*, 2008) gemacht werden, mit ihnen kann der Begriff der Achsensymmetrie herausgearbeitet werden.

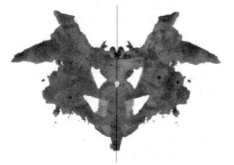

Bild 4.3 Tintenklecks-Bild

Bild 4.4 Kreissymmetrie

Das freie Zeichnen von Kreisbildern übt einerseits den Gebrauch des Zirkels und erlaubt andererseits, Erfahrungen mit der Drehsymmetrie zu gewinnen. Bild 4.4 zeigt das Werk einer Schülerin der 6. Klasse (das im Original durch seine Farbigkeit noch viel schöner wirkt). Eine andere naheliegende Aktivität ist die Untersuchung der (Groß-)Buchstaben auf Symmetrie (Bild 4.5). Neben unsymmetrischen Buchstaben, wie dem F, achsensymmetrischen Buchstaben, wie dem A, drehsymmetrischen wie dem (kreisförmigen) O, tritt beim S ein neuer Symmetrietyp, die Punktsymmetrie, auf.

Bild 4.5 Symmetrien bei Buchstaben

Bild 4.6 Verschiebungssymmetrie

Schließlich könnten Ausschneideaktivitäten zu Mustern wie in Bild 4.6 und damit zur Verschiebungs- oder Translationssymmetrie führen.

Aus diesem enaktiven Tun kristallisiert sich der Begriff der jeweiligen Symmetrieabbildung heraus. Die Eigenschaften der Abbildungen, etwa dass Geraden auf Geraden, Winkel auf Winkel gleicher Größe usw. abgebildet werden, werden anschaulich aus dem Umgehen und Konstruieren mit den Abbildungen gewonnen. Zunächst wirken diese Abbildungen auf konkrete Figuren, also einzelne begrenzte Objekte. Dem heutigen Funktionsbegriff entsprechend werden geometrische Abbildungen jedoch als Funktionen betrachtet, die jedem Punkt der Ebene (oder des Raums) eindeutig einen anderen Punkt zuordnen. Diese abstraktere Auffassung, die für die vertiefte mathematische Auseinandersetzung mit Symmetrien besonders fruchtbar ist, wirkt aus schulischer Sicht zunächst recht komplex und muss behutsam im Laufe der Sekundarstufen entwickelt werden. Dabei muss auch berücksichtigt werden, dass die betrachteten Kongruenzabbildungen spezielle geometrische Abbildungen sind: Viele geometrische Abbildungen haben keinerlei „geometrische" Eigenschaften wie z. B. die Geraden- oder Winkeltreue. Diese und die anderen Eigenschaften, die beim schulischen Zugang anschaulich gewonnen wurden, müssen bei der systematischen Entwicklung einer Theorie der Kongruenzabbildungen – wie in Kapitel 4.2 – ausdrücklich gefordert werden.

Die in Kapitel 4.3 und 4.4 behandelte Untersuchung von Symmetriegruppen von Polygonen der Ebene und Polyedern des Raumes schließt sich ebenfalls spiralig an die analogen, aber einfacheren Untersuchungen in der Schule an. Regelmäßige n-Ecke werden für $n = 3, 4, 5$ und 6 schon in der Grundschule gezeichnet und auf Symmetrien untersucht. Aus diesen werden dann verschiedene Körper gebaut und untersucht, wobei in der Regel mit dem „vertrauten" Würfel begonnen wird. Die Frage, aus welchen n-Ecken überhaupt Körper gebaut werden können, und das konkrete Basteln der Körper schult die Raumerfahrung. *Das Zahlenbuch* für den Mathematikunterricht in Klasse 4 von *Erich Ch. Wittmann* und *Gerhard N. Müller* beschäftigt sich ausführlich mit den *Platonischen* Körpern (Bild 4.7, S. 171 des zitierten Werks).

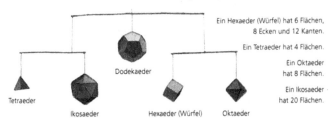

Bild 4.7 *Platonische* Körper im *Zahlenbuch*

Spielwürfel in Form der *Platonischen* Körper (Bild 4.8) bereichern Stochastik *und* Geometrie.

Bild 4.8 *Platonische* „Würfel"   **Bild 4.9** *Rubik's* „Cube"   **Bild 4.10** Fußball

Auch der bei vielen Jugendlichen noch heute beliebte *Rubik's Cube* ist nicht nur würfelförmig erhältlich (Bild 4.9). Schließlich können begeisterte Fußballfans unter den Schülern im Fußball (vgl. *Bender*, 1995) einen weiteren interessanten Körper studieren, der aus 5- und 6-Ecken aufgebaut ist (Bild 4.10). Der Fußball gehört zur Klasse der *Archimedischen Körper*. Er heißt als solcher „abgestumpftes Ikosaeder".

Die Verallgemeinerung der Männchen-Reihe in Bild 4.6 führt zu den Bandornamenten, die Übertragung auf die ganze Zeichenebene dann auf die Flächenornamente. Sowohl Band- (Bild 4.11) als auch Flächenornamente (Bild 4.12) werden schon im Mathematikunterricht der Grundschule thematisiert.

Bild 4.11 Bandornament aus Kacheln   **Bild 4.12** Flächenornament aus Kacheln

Zunächst muss eine „Grundkachel" entdeckt werden, die zwar nicht in der Realität, aber in der mathematischen Idealisierung unendlich oft nach links und nach rechts bei den Bandornamenten, unendlich oft nach links, rechts, oben und unten bei den Flächenornamenten angesetzt werden kann. Maler verwenden u. a. Gummirollen (Bild 4.13), um Zimmerwände zu schmücken. Die hiermit erzeugten Farbmuster (Bild 4.14) können zur Mathematisierung von Bandmustern führen.

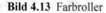

Bild 4.13 Farbroller   **Bild 4.14** Bandornamente mit einem Farbroller

An besonders einfachen Bandornamenten, etwa an solchen aus Großbuchstaben (vgl. Bild 4.5) oder aus den Bandornament-Arbeitskarten des Mathekoffers, entdecken die Schüler verschiedene Symmetrien. Bei vielen vorgelegten Beispielen werden genau 7 verschiedene Symmetrietypen entdeckt und ihre Verschiedenheit begründet.

Für die Sekundarstufe I bietet wieder der Mathekoffer ein reichhaltiges Übungsmaterial zu Ornamenten an. Die verschiedenen Versionen des Spiels *Ubongo* (vgl. auch den Unterrichtsvorschlag von *Christiane Meerstein* (2010)) sind hervorragend zum Spielen, Knobeln und Mathematisieren geeignet. *Oliver Heidbüchel* (2009) macht einen Unterrichtsvorschlag „Symmetrien in der Alhambra" für die Sekundarstufe II. Die Untersuchung der Graphiken des niederländischen Künstlers *Escher* ermöglicht die fruchtbare Verbindung von Mathematik- und Kunstunterricht. Der „krönende Abschluss" an der Universität ist im Sinne des Spiralprinzips die in den Kapiteln 4.5 und 4.6 dargestellte mathematische Klassifikation.

4.2 Die Gruppe der Bewegungen

Gemäß dem Erlanger Programm von *Felix Klein* (vgl. Kap. 2.3) werden die Automorphismen der verschiedenen geometrischen Strukturen betrachtet. Hierzu soll zunächst an die in den Grundlagenvorlesungen zur Linearen Algebra behandelten Abbildungen erinnert werden: Die einfachsten Geometrien sind die über einen zugehörigen Vektorraum definierten *affinen Räume*. Die Automorphismen eines affinen Raums im Sinne des Erlanger Programms sind die *Affinitäten*. Es sind die bijektiven affinen Selbstabbildungen des affinen Raums. Dabei waren *affine Abbildungen* eines affinen Raums A in einen affinen Raum B über die *linearen Abbildungen* der zugehörigen Vektorräume V und W erklärt; genauer heißt $\sigma: A \to B$ affine Abbildung, wenn die Abbildung $V \to W$, $\overrightarrow{PQ} \mapsto \overrightarrow{\sigma(P)\sigma(Q)}$ eine lineare Abbildung ist. Die Affinitäten zweidimensionaler affiner Räume sind gerade die in Kapitel 2.4.3 betrachteten *Kollineationen* (vgl. Definition 2.2). *Euklidische Vektorräume* sind endlichdimensionale reelle Vektorräume mit einer *positiv definiten Bilinearform*; eine solche ist das *Standardskalarprodukt*. Hier werden im Wesentlichen nur die *Euklidische* Ebene $\mathbb{R}^2$ und der *Euklidische* Raum $\mathbb{R}^3$ betrachtet. Eine bijektive Selbstabbildung β eines *Euklidischen* Vektorraums mit der Bilinearform φ, für die $\varphi(\beta(a), \beta(b)) = \varphi(a, b)$ gilt, heißt *Isometrie* des Vektorraums. Affinitäten, deren zugehörige Vektorraumabbildung eine Isometrie ist, heißen *Bewegungen* (oder *isometrische Affinitäten* oder *Kongruenzabbildungen*) des *Euklidischen* Raums, es sind die Automorphismen des Raums im Sinne des Erlanger Programms. Diese Charakterisierung über die Bilinearform bedeutet im Falle des Standardskalarprodukts, dass alle diese Abbildungen *längentreu* sind. Für die Bewegungen ist also kennzeichnend, dass zwei Urbildpunkte P und Q auf zwei Bildpunkte P' und Q' mit demselben Abstand $\overline{PQ} = \overline{P'Q'}$ abgebildet werden. Alle diese Bewegungen bilden zusammen die *Automorphismengruppe* oder *Bewegungsgruppe* $\mathbb{B}$ = Aut(A) des betrachteten *Euklidischen* Raums A (vgl. Aufgabe 4.1.b).

Wie in Kapitel 4.1 diskutiert, werden im Falle der zweidimensionalen *Euklidischen* Ebene $\mathbb{R}^2$ und des dreidimensionalen *Euklidischen* Raumes $\mathbb{R}^3$ die Kongruenzabbildungen mehr oder weniger ausführlich im Geometrieunterricht der Grundschule und der Sekundarstufe I untersucht. Auf jeden Fall kommen dort *Verschiebungen* (oder *Translationen* um einem *Verschiebungs-* oder *Translationsvektor*), *Spiegelungen* (an einem Punkt, einer Geraden, eventuell auch an einer Ebene) und *Drehungen* (um einen Drehpunkt in der Ebene bzw. eine Drehachse im Raum) vor. Weitere Kongruenzabbildungen, wie z. B. die *Gleitspiegelungen* in der Ebene, werden in der Schule kaum thematisiert. Zunächst sollen die eher unbekannten Gleitspiegelungen genauer definiert werden:

Definition 4.1:

Eine **Gleitspiegelung** ist die Verkettung $\tau \circ \sigma_a$ einer Achsenspiegelung σ_a an einer Geraden a und einer Translation τ mit Translationsvektor $\vec{a}$, der parallel zu a ist.

Man spricht auch von der **Gleitachse** a und dem **Gleitvektor** $\vec{a}$ der Gleitspiegelung. Dabei sind die Spiegelung und die Translation vertauschbar, d. h. $\tau \circ \sigma_a = \sigma_a \circ \tau$.

Aufgabe 4.1:

a. Definieren Sie die angesprochenen Abbildungen (Translationen, Spiegelungen, Drehungen) in der Sprache der Sekundarstufe I. Zeigen Sie, dass bei Gleitspiegelungen die zugehörige Spiegelung und die zugehörige Translation vertauschbar sind. Definieren Sie auch die weiteren aus der Schule bekannten Abbildungen, die *Ähnlichkeitsabbildungen*, bei denen als zusätzlicher Grundbaustein die *zentrischen Streckungen* hinzukommen.

b. Zeigen Sie, dass die Bewegungen eines *Euklidischen* Raumes bezüglich der Hintereinanderausführung der Abbildungen, d. h. der Verkettung, eine Gruppe, die zugehörige *Bewegungsgruppe* $\mathbb{B}$ bilden.

Zuerst soll gezeigt werden, dass diese Gruppe im Falle der *Euklidischen* Ebene $\mathbb{R}^2$ von den Achsenspiegelungen, im Falle des *Euklidischen* Raumes $\mathbb{R}^3$ von den Ebenenspiegelungen erzeugt wird. Im allgemeinen Fall sind die Spiegelungen an einer Hyperebene die erzeugenden Abbildungen. Auf dieser Tatsache beruht der in Kapitel 2.3 erwähnte Ansatz von *Friedrich Bachmann*, axiomatisch die Geometrie aus „Spiegelungen", d. h. gewissen involutorischen Abbildungen, aufzubauen (*Bachmann*, 1959). Mit „Spiegelung" sei im Folgenden eine Achsen-Spiegelung im $\mathbb{R}^2$ bzw. eine Ebenen-Spiegelung im $\mathbb{R}^3$ gemeint.

Satz 4.1:

a. Die Verkettung von 2 Spiegelungen mit parallelen Achsen bzw. Ebenen ist eine Translation. Der Translationsvektor ist senkrecht zu den Achsen, von der ersten zur zweiten gerichtet und doppelt so lang wie der Abstand der Achsen (bzw. analog der Ebenen).

b. Die Verkettung von 2 Spiegelungen mit nichtparallelen Achsen bzw. Ebenen ist eine Drehung um den Schnittpunkt der beiden Achsen bzw. der Schnittgeraden der beiden Ebenen mit einem Drehwinkel, der doppelt so groß ist wie der Schnittwinkel der Achsen bzw. Ebenen, in Richtung von der ersten zur zweiten Achse bzw. Ebene (mit dem Spezialfall der Punktspiegelung als 180°-Drehung).

c. Umgekehrt lässt sich jede Translation und Drehung als Verkettung von 2 Spiegelungen schreiben.

Beweis von Satz 4.1.a für Achsenspiegelungen:

Wie üblich wird mit σ_a die Achsenspiegelung an der Achse a, mit σ_P die Punktspiegelung am Punkt P bezeichnet.

Die **erste Beweisvariante** bewegt sich auf dem Niveau der Sekundarstufe I. Die Geraden g und h sind parallel mit Abstand a. Der Punkt P' ist das Bild des Punktes P unter der Achsenspiegelung σ_g, P'' das Bild von P' unter der Achsenspiegelung σ_h (vgl. Bild 4.15). Nun ergibt sich sofort die Aussage des Satzes über die Verkettung $\sigma_h \circ \sigma_g$ bei der gezeichneten Lage von P. Für die anderen möglichen Lagen von P sind weitere Zeichnungen zu untersuchen. Einfacher ist es, ein dynamisches Geometrieprogramm (wie z. B. für die Herstellung von Bild 4.15 das DGS DYNAGEO) zu verwenden. Die Spiegelung an einer Achse ist ein Grundbefehl des Programms; jetzt kann dynamisch der Punkt P mit Hilfe der Maus beliebig bewegt werden, und die Aussage des Satzes kann so für jede mögliche Lage von P überprüft werden.

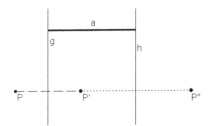

Bild 4.15 Erste Beweisvariante

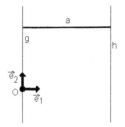

Bild 4.16 Zweite Beweisvariante

Die **zweite Beweisvariante** ist mathematisch präziser und geht von einer Orthonormalbasis

$$\{O, \vec{e}_1, \vec{e}_2\}$$

aus, wobei O auf g liegt, $\vec{e}_1$ senkrecht zu g und $\vec{e}_2$ parallel zu g ist (Bild 4.16). Für einen beliebigen Punkt P mit

$$\overrightarrow{OP} = x\vec{e}_1 + y\vec{e}_2$$

folgt dann für die Bilder $\sigma_g(P)$ und $\sigma_h(P)$

$$\overrightarrow{O\sigma_g(P)} = -x\vec{e}_1 + y\vec{e}_2 \quad \text{und} \quad \overrightarrow{O\sigma_h(P)} = -(x-a)\vec{e}_1 + a\vec{e}_1 + y\vec{e}_2 \,,$$

so dass für die Verkettung

$$\overrightarrow{O\sigma_h(\sigma_g(P))} = -(-x-a)\vec{e}_1 + a\vec{e}_1 + y\vec{e}_2 \,,$$

also, wie behauptet,

$$\overrightarrow{P\sigma_h(\sigma_g(P))} = 2a\vec{e}_1$$

folgt.

■

Aufgabe 4.2:

Beweisen Sie die weiteren Behauptungen von Satz 4.1. Machen Sie jeweils geeignete Skizzen!

Satz 4.2: Gleitspiegelungen als Verkettung von Geraden- und Punktspiegelungen

Es seien σ_f die Spiegelung an einer Geraden f und σ_B die Spiegelung an einem Punkt B.

a. Für $B \in f$ ist die Verkettung $\sigma_B \circ \sigma_f$ kommutativ; es ist die Achsenspiegelung an der Lotgeraden a zu f im Punkt B.

b. Für $B \notin f$ (Bild 4.17) ist die Verkettung $\sigma_B \circ \sigma_f$ eine Gleitspiegelung. Die Lotgerade a von B auf f ist die Gleitachse. Ist g die Parallele zu f durch B, so ist Gleitvektor derjenige Vektor mit Richtung von f nach g, der doppelt so lang wie der Abstand von f und g ist. Die Verkettung $\sigma_f \circ \sigma_B$ ist ebenfalls eine Gleitspiegelung mit derselben Gleitachse; der Gleitvektor hat jetzt die Richtung von g nach f.

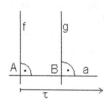

Bild 4.17 Gleitspiegelung

c. Umgekehrt lässt sich jede Gleitspiegelung als Verkettung von einer Punkt- und einer Achsenspiegelung darstellen.

Beweis:

a. Man schreibt nach Satz 4.1.b für die Punktspiegelung $\sigma_B = \sigma_f \circ \sigma_a$, woraus sich die Behauptung ergibt.

b. Jetzt schreibt man analog $\sigma_B = \sigma_a \circ \sigma_g$ (bez. $\sigma_B = \sigma_g \circ \sigma_a$), woraus mit Satz 4.1.a die Behauptung $\sigma_B \circ \sigma_f = (\sigma_a \circ \sigma_g) \circ \sigma_f = \sigma_a \circ (\sigma_g \circ \sigma_f) = \sigma_a \circ \tau = \tau \circ \sigma_a$ folgt. Analog schließt man für $\sigma_f \circ \sigma_B$.

c. Die Gleitspiegelung habe nach Definition 4.1 die Darstellung $\tau \circ \sigma_a$ mit einer Spiegelung σ_a an a und nachfolgender Translation τ mit Richtung a (oder umgekehrt, denn beide Abbildungen kommutieren). Die Gleitspiegelung wird also nach Satz 4.1.a zuerst durch 3 geeignete Achsenspiegelungen σ_f, σ_g, σ_a mit $f \perp a$, $g \perp a$ und dann, wie behauptet, als Verkettung von Achsen- und Punktspiegelung dargestellt (Bild 4.17):

$$\tau \circ \sigma_a = \sigma_a \circ \tau = \sigma_a \circ (\sigma_g \circ \sigma_f) = (\sigma_a \circ \sigma_g) \circ \sigma_f = \sigma_B \circ \sigma_f.$$

∎

Satz 4.3:

Die Bewegungsgruppe $\mathbb{B}$ wird von den Spiegelungen erzeugt:

$\mathbb{B} = \mathrm{Aut}(\mathbb{R}^2) = \langle \sigma \mid \sigma \text{ Achsenspiegelung} \rangle$ im Falle der *Euklidischen* Ebene,

$\mathbb{B} = \mathrm{Aut}(\mathbb{R}^3) = \langle \sigma \mid \sigma \text{ Ebenenspiegelung} \rangle$ im Falle des *Euklidischen* Raums.

Beweis:

Eine Bewegung eines n-dimensionalen *Euklidischen* Raums ist durch die Bilder von $n+1$ Punkten in allgemeiner Lage festgelegt. Diese Punkte bestimmen nach Auszeichnung von einem Punkt eine Basis des zugehörigen *Euklidischen* Vektorraums. Die Idee ist nun, durch geeignete Verkettung von Achsenspiegelungen dieselben Bilder der $n+1$ Punkte wie bei der vorgelegten Bewegung zu erzwingen.

Eine Bewegung β im $\mathbb{R}^2$ liegt durch die Bilder von drei Punkten A, B, C bzw. im $\mathbb{R}^3$ durch die Bilder von vier Punkten A, B, C, D in allgemeiner Lage fest. Es seien Δ das Dreieck ABC bzw. das Tetraeder $ABCD$ und

$$\beta(A) = A', \ \beta(B) = B', \ \beta(C) = C' \text{ (und ggf. } \beta(D) = D').$$

Machen Sie sich für die folgende Argumentation jeweils eine Skizze. Man wendet auf Δ zuerst die Translation τ mit Translationsvektor $\overrightarrow{AA'}$ an, dann eine Drehung δ_1 um A' (bzw. um eine Achse durch A'), die $\tau(B)$ auf B' abbildet. Im Fall der Ebene ist jetzt entweder schon $\delta_1 \circ \tau(C) = C'$, oder es ist noch eine Achsenspiegelung an $A'B'$ auszuführen. Im Fall des Raumes dreht man mit Hilfe einer Drehung δ_2 um die Achse $A'B'$ den Punkt $\delta_1 \circ \tau(C)$ in C'. Jetzt ist auch $\delta_2 \circ \delta_1 \circ \tau(D) = D'$, oder es ist noch eine Ebenenspiegelung an der Ebene $A'B'C'$ auszuführen. In jedem Fall wurde eine nach Satz 4.1 aus Spiegelungen bestehende Bewegung gefunden, die auf A, B, C und ggf. D dieselbe Wirkung wie β hat, also mit β übereinstimmt.

∎

Besonders übersichtlich lassen sich die schon in der Sekundarstufe I behandelten Bewegungen der *Euklidischen* Ebene klassifizieren.

Satz 4.4: Die ebenen Bewegungen

Für die ebenen Bewegungen aus $\mathbb{B} = \text{Aut}(\mathbb{R}^2)$ gilt:

a. Jede Bewegung lässt sich als Produkt von höchstens 3 Geradenspiegelungen schreiben.

b. Das Produkt von 3 Geradenspiegelungen σ_a, σ_b, σ_c ist genau dann wieder eine Geradenspiegelung σ_d, wenn a, b, c kopunktal (d. h. einen gemeinsamen Schnittpunkt haben) bzw. parallel sind. Dann ist auch d kopunktal bzw. parallel zu den drei anderen Achsen. In jedem anderen Fall ist das Dreierprodukt eine Gleitspiegelung. Es gibt damit die folgenden Typen von ebenen Bewegungen:

σ_a Geradenspiegelung an a

$$\sigma_b \circ \sigma_a = \begin{cases} \delta & \text{Drehung um } P \text{ falls } a \cap b = \{P\} \\ \sigma_P & \text{Punktspiegelung an } P, \text{ falls } a \perp b \\ \tau & \text{Translation, falls } a \parallel b \end{cases}$$

$\tau \circ \sigma_a$ Gleitspiegelung (Gleitachse a, Translationsvektor von τ als Gleitvektor)

c. Punkt- und Geradenspiegelungen sind als einzige Bewegungen involutorisch. Drehungen haben genau dann endliche Ordnung, wenn der Drehwinkel ein rationaler Bruchteil von $360°$ ist. Alle anderen Bewegungen erzeugen eine unendliche zyklische, also zu $\mathbb{Z}$ isomorphe Untergruppe der Bewegungsgruppe. Das Quadrat einer Gleitspiegelung ist eine Translation um das Doppelte des zugehörigen Gleitvektors.

d. Es sei σ eine Achsenspiegelung an der Geraden f und τ eine Translation mit Translationsvektor $\vec{a}$. Dann ist $\tau \circ \sigma$ eine Gleitspiegelung mit Gleitachse g und Gleitvektor $\vec{c}$ (Bild 4.18), die wie folgt bestimmt sind: Der Vektor $\vec{a}$ wird zerlegt in $\vec{a} = \vec{b} + \vec{c}$ mit $\vec{b} \perp f, \vec{c} \parallel f$. Die Gleitachse g ist die Parallele zu f in Richtung $\vec{b}$ im Abstand $0{,}5 \cdot |\vec{b}|$, die Komponente $\vec{c}$ ist der Gleitvektor von $\tau \circ \sigma$.

Den Spezialfall $\vec{c} = \vec{0}$, d. h. $\vec{a} = \vec{b}$, kann man als ausgeartete Gleitspiegelung verstehen. Die Verkettung $\sigma \circ \tau$ ist ebenfalls eine Gleitspiegelung mit demselben Gleitvektor und Gleitachse $\tilde{g}$, dem Bild von g unter σ.

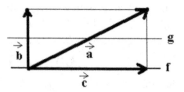

Bild 4.18 Gleitspiegelung

e. Die orientierungserhaltenden Bewegungen $\mathbb{B}^+$ bilden einen Normalteiler vom Index 2. Ist σ eine beliebige Geradenspiegelung, so gilt

$$\mathbb{B} = \mathbb{B}^+ \cup \sigma \mathbb{B}^+,$$

und $\mathbb{B}^- := \sigma \mathbb{B}^+$ ist die Menge der orientierungsumkehrenden Bewegungen.

f. Die Menge T der Translationen bildet einen kommutativen Normalteiler $T \triangleleft \mathbb{B}$.

Beweis:

Vorbemerkung: In Zukunft wird zwischen zwei Abbildungen meistens das Verkettungssymbol weggelassen, wenn es keine Verwechslung geben kann. Die identische Abbildung wird mit E bezeichnet.

a. Wie im Beweis zu Satz 4.2 werden drei Punkte A, B, C der Ebene in allgemeiner Lage betrachtet. $\beta \neq E$ sei eine beliebige Bewegung mit den Bildern $\beta(A) = A'$, $\beta(B) = B'$ und $\beta(C) = C'$. Die Abbildung β kann in $\{A, B, C\}$ höchstens zwei Fixpunkte haben. Wären alle drei Punkte Fixpunkte, so wäre β die identische Abbildung.

Sind A und B Fixpunkte, so muss β die Achsenspiegelung mit Achse AB sein.

Es sei $A = A'$ einziger Fixpunkt. Dann führt die Spiegelung an der Winkelhalbierenden w des Winkels $\sphericalangle BAB'$ den Punkt B in B' über. Falls noch nicht C auf C' abgebildet wurde, so muss noch die Achsenspiegelung an der Achse AB' ausgeführt werden. β ist also das Produkt von höchstens 2 Spiegelungen.

Falls alle 3 Punkte nicht fix sind, so führt zunächst die Achsenspiegelung an der Mittelsenkrechten von AA' die Punkte A auf A' und B auf einen Punkt B^* über. Wie eben führt die Spiegelung an der Winkelhalbierenden des Winkels $\sphericalangle B^*A'B'$ den Punkt B^* auf B' über und lässt A' fest. Jetzt muss eventuell noch an $A'B'$ gespiegelt werden, um endgültig auch C auf C' abzubilden. Wieder ist β durch höchstens 3 Achsenspiegelungen dargestellt worden.

b. Nach Satz 4.1 ist die Klassifikation der Produkte aus 2 Spiegelungen bekannt. Weiterhin ist nach a. klar, dass Bewegungen mit mehr als einem Fixpunkt genau die Achsenspiegelungen, Bewegungen mit genau einem Fixpunkt genau die (nichttrivialen) Drehungen sind. Etwas komplizierter ist die Klassifikation der Produkte aus drei Spiegelungen. Dafür werden der Reihe nach drei kopunktale Achsen, drei parallele Achsen und dann der „weder-noch-Fall" betrachtet:

Es seien 3 kopunktale verschiedene Geraden a, b, c gegeben (Bild 4.19). Die neue Gerade d sei wie folgt definiert: Sie ist ebenfalls kopunktal und bilde den Winkel $\alpha = \sphericalangle(a,b) = \sphericalangle(d, c)$ mit c. Nach Satz 4.1 ist $\sigma_b \sigma_a$ die Drehung um 2α und bildet d auf die Gerade e ab. Also bildet σ_c die Gerade e wieder auf d ab, und jeder Punkt auf d ist unter $\sigma_c \sigma_b \sigma_a$

Fixpunkt. Folglich ist $\sigma_c\sigma_b\sigma_a$ die Achsenspiegelung an d, also

$$\sigma_c\sigma_b\sigma_a = \sigma_d.$$

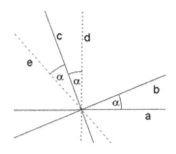

Bild 4.19 a, b, c kopunktal

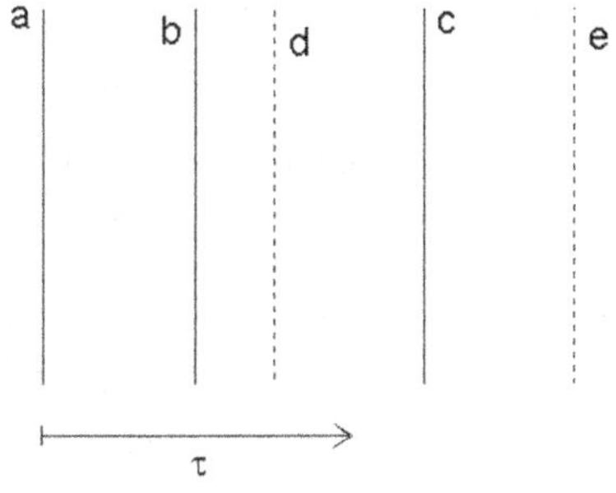

Bild 4.20 a, b, c parallel

Im Falle, dass a, b, c parallel sind, argumentiert man analog (Bild 4.20): d sei die gemeinsame Parallele mit Abstand $\mathbf{d}(d, c) = \mathbf{d}(a, b)$ und derselben Richtung von d nach c wie von a nach b. Die Verkettung $\sigma_b\sigma_a$ ist die Translation τ mit Vektor von a nach b und doppelter Länge $2\cdot\mathbf{d}(a, b)$. Also bildet $\sigma_b\sigma_a$ die Gerade d auf die Gerade e ab. σ_c bildet e wieder zurück auf d ab. Dabei bleibt insgesamt jeder Punkt von d fest. Folglich ist $\sigma_c\sigma_b\sigma_a = \sigma_d$ wieder eine Achsenspiegelung mit parallelen Geraden.

Es ist noch die Umkehrung zu zeigen: Es sei $\sigma_c\sigma_b\sigma_a = \sigma_d$ wieder eine Achsenspiegelung, und o. B. d. A. gelte $c \neq b$. Dann gilt auch

$$\sigma_c\sigma_b = \sigma_d\sigma_a.$$

In obiger Gleichung steht links eine Drehung um den Schnittpunkt von c und b bzw. eine Translation, falls $c \parallel b$ gilt. Also gilt das Gleiche für die rechte Verkettung. Die 4 Geraden a, b, c, d sind damit, wie behauptet, kopunktal oder parallel.

Es bleibt der „weder-noch-Fall" für die drei Achsen a, b, c, was zu den Gleitspiegelungen führt: Es seien also a, b, c weder kopunktale noch parallele Geraden (Bild 4.21). Es ist zu zeigen, dass dann $\sigma_c\sigma_b\sigma_a$ eine Gleitspiegelung ist. Es gelte $b \cap c = \{B\}$ (für $b \parallel c$ müssen sich a und b schneiden, was man zur Übung selbst ausführe). a verläuft nicht durch B, man kann also das Lot d von B auf a mit Fußpunkt A fällen. Da b, c, d kopunktal sind, gibt es nach dem schon Bewiesenen eine weitere Gerade e durch B, so dass gilt

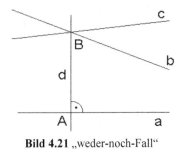

Bild 4.21 „weder-noch-Fall"

$$\sigma_c\sigma_b\sigma_d = \sigma_e.$$

Damit ist

$$\sigma_c\sigma_b\sigma_a = \sigma_c\sigma_b\sigma_d\sigma_d\sigma_a = \sigma_e\sigma_d\sigma_a = \sigma_e\sigma_A$$

als Produkt von Geraden- und Punktspiegelung dargestellt und damit nach Satz 4.2.b als Gleitspiegelung nachgewiesen.

c. Diese Aussagen ergeben sich aus den Definitionen der Abbildungen.

d. Es seien τ_1 die Translation mit Vektor $\vec{b}$ und τ_2 die
Translation mit Vektor $\vec{c}$. Damit gilt $\tau = \tau_1 \circ \tau_2 = \tau_2 \circ \tau_1$.
Mit Hilfe von Satz 4.1.a kann man schreiben:

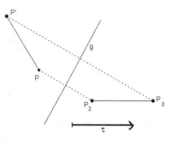

$$\tau \circ \sigma = \tau_2 \circ \tau_1 \circ \sigma = \tau_2 \circ \sigma_g \circ \sigma \circ \sigma = \tau_2 \circ \sigma_g,$$

was die Behauptung beweist. Für $\sigma \circ \tau$ überlegt man
zuerst, dass gilt $\sigma \circ \tau = \mu \circ \sigma$ mit einer Translation μ, deren Verschiebungsvektor $-\vec{b} + \vec{c}$ ist (vgl. Bild 4.18
und Bild 4.22). Nun verwendet man die schon bewiesene Darstellung als Gleitspiegelung.

Bild 4.22 Gleitspiegelung

e. Orientierungserhaltend sind genau die Drehungen
(inklusive Punktspiegelungen) und die Translationen. Ist β orientierungserhaltend, so ist
für jede Spiegelung σ die konjugierte Abbildung $\sigma^{-1}\beta\sigma$ wieder orientierungserhaltend.
Die Identität und das Produkt orientierungserhaltender Bewegungen sind orientierungserhaltend, so dass die Normalteilereigenschaft von $\mathbb{B}^+$ klar ist.

Ist σ eine Achsenspiegelung mit Achse a, so liegt jede andere Achsenspiegelung σ_b wegen

$$\sigma_b = (\sigma\sigma)\sigma_b = \sigma(\sigma\sigma_b) \in \sigma\mathbb{B}^+$$

auch in $\sigma\mathbb{B}^+$. Gleiches gilt dann auch für die Gleitspiegelungen $\sigma_b\tau$. Aus der Darstellung

$$\mathbb{B} = \mathbb{B}^+ \cup \sigma\mathbb{B}^+$$

folgt der Index $(\mathbb{B} : \mathbb{B}^+) = 2$.

f. Dass die Translationen eine kommutative Untergruppe bilden, ist klar. Es sei nun σ die
Achsenspiegelung an der Achse g und τ eine Translation (vgl. Bild 4.22). Ein beliebiger
Punkt P wird wie folgt durch die Konjugierte $\sigma^{-1}\tau\sigma = \sigma\tau\sigma$ abgebildet:

$$P \xrightarrow{\ \sigma\ } P_2 \xrightarrow{\ \tau\ } P_3 \xrightarrow{\ \sigma\ } P'.$$

Daher wird die Strecke P_2P_3 an der Gerade g in die kongruente Strecke PP' gespiegelt,
und die Konjugierte ist gerade die Translation mit dem an g gespiegelten ursprünglichen
Translationsvektor. Da sich jede Bewegung durch Achsenspiegelungen darstellen lässt, ist
die Normalteilereigenschaft bewiesen.

■

Aufgabe 4.3: Schrägspiegelungen

Gleitspiegelungen sollten Sie nicht mit *Schrägspiegelungen*
verwechseln: Eine Schrägspiegelung ist definiert durch zwei
sich schneidende Geraden, die Achse g und die Schrägrich-
tung h. Das Bild P' eines Punktes P ist wie folgt definiert: P'
liegt so auf der Parallelen zu h durch P, dass die Achse g
durch die Mitte der Strecke PP' verläuft (Bild 4.23). Zeigen
Sie, dass so eine Affinität entsteht, die geradentreu, aber nicht
kreistreu ist; Kreise werden auf Ellipsen abgebildet. Geben

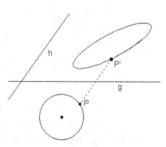

Bild 4.23 Schrägspiegelung

Sie bei vorgegebenen Kreis-Daten die Daten der Bildellipse an.

Satz 4.5: *Euklidischer* **Raum und zugehöriger Vektorraum**

a. Jede Bewegung α eines *Euklidischen* Raums lässt sich nach Wahl einer Orthonormalbasis $\{O; \vec{e}_1, \vec{e}_2, ..., \vec{e}_n\}$ darstellen als

$$\alpha : \mathbb{R}^n \to \mathbb{R}^n, \ X \mapsto \alpha(X) \ mit \ \overrightarrow{O\alpha(X)} = B \cdot \vec{x} + \vec{b}.$$

Dabei ist $\vec{x} = \overrightarrow{OX}$. Durch die $n{\times}n$-Matrix B wird eine Isometrie des zugehörigen *Euklidischen* Vektorraums beschrieben. Genauer ist B eine orthogonale Matrix mit Determinante $\det(B) = \pm 1$. Der Vektor $\vec{b} = \overrightarrow{OO'}$ ist der Translationsanteil mit $\sigma(O) = O'$.

b. Im Falle der *Euklidischen* Ebene $\mathbb{R}^2$ ist B eine $2{\times}2$ Matrix, die den Dreh- bzw. Spiegelungsanteil von α beschreibt. Das Vorzeichen der Determinante $\det(B)$ entscheidet, ob α in $\mathbb{B}^+$ oder $\mathbb{B}^-$ liegt. Genauer gilt

$$\alpha \text{ ist } \begin{cases} \text{Translation für } B = E \text{ (Einheitsmatrix)}, \\ \text{Drehung für } B \neq E \text{ und } \det(B) = 1, \\ \text{Achsen- oder Gleitspiegelung für } \det(B) = -1. \end{cases}$$

Beweis:

a. Die Matrizendarstellung der Bewegungen gehört zu den Grundlagen der Linearen Algebra.

b. Der Fall $n = 2$ wird ohne Rückgriff auf a. genauer ausgeführt: In jedem Fall lässt sich α als affine Abbildung in vektorieller Schreibweise mit

$$\vec{x} = \begin{pmatrix} x \\ y \end{pmatrix}, \ B = \begin{pmatrix} a & b \\ c & d \end{pmatrix} \text{ und } \vec{b} = \begin{pmatrix} e \\ f \end{pmatrix} \text{ mit } a,b,c,d,e,f \in \mathbb{R}$$

schreiben. Die Bilder $\vec{f}_1$ *und* $\vec{f}_2$ der beiden Einheitsvektoren $\vec{e}_1$ *und* $\vec{e}_2$ sind gerade die Spaltenvektoren von B. Sie müssen also wieder die Länge 1 haben und senkrecht aufeinander stehen. Dies führt zu den folgenden drei Gleichungen für die Koeffizienten von B:

$$a^2 + c^2 = 1, \ b^2 + d^2 = 1 \text{ und } a{\cdot}b + c{\cdot}d = 0.$$

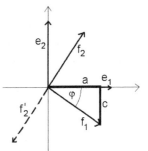

Bild 4.24 Zur Matrix B

Aufgrund der beiden ersten Gleichungen liegen die von O aus abgetragenen Endpunkte von $\vec{f}_1$ und $\vec{f}_2$ auf dem Einheitskreis um den Nullpunkt (vgl. Bild 4.24). Bezeichnet nun $\varphi \in [0°; 360°)$ den Drehwinkel von $\vec{e}_1$ nach $\vec{f}_1$, so hat die Matrix B eine der beiden Formen

$$B = \begin{pmatrix} \cos(\varphi) & \sin(\varphi) \\ -\sin(\varphi) & \cos(\varphi) \end{pmatrix} \text{ oder } B = \begin{pmatrix} \cos(\varphi) & -\sin(\varphi) \\ -\sin(\varphi) & -\cos(\varphi) \end{pmatrix}.$$

Im ersten Fall hat B die Determinante 1, im zweiten Fall die Determinante -1.

Die Fallunterscheidung nach Translationen, Drehungen und Spiegelungen folgt unter
Verwendung von Satz 4.3.b aus der Lösung der zugehörigen Fixpunktgleichung
$\vec{x} = B \cdot \vec{x} + \vec{b}$. Die Fixpunktgleichung führt auf das lineare Gleichungssystem

$$(a-1) \cdot x + b \cdot y = -e,$$
$$c \cdot x + (d-1) \cdot y = -f.$$

Die Determinante dieses LGS ist

$$D = (a-1) \cdot (d-1) - c \cdot b = \det(B) + 1 - a - d.$$

Für $\det(B) = 1$ folgt genauer $D = 2 - 2 \cdot \cos(\varphi)$. Diese Zahl ist genau dann gleich null,
wenn $\alpha = 0°$ ist, wenn also $B = E$ ist. Das LGS ist jetzt für $e \neq 0$ oder $f \neq 0$ unlösbar. Im
letzten Fall $e = f = 0$ ist die Lösungsmenge zweidimensional. Dies führt zu den Translationen bzw. zur identischen Abbildung. In jedem anderen Fall ist D ungleich null, und das
LGS ist eindeutig lösbar. Bewegungen mit genau einem Fixpunkt sind aber nach Satz
4.3.b gerade die Drehungen; φ ist dann der Drehwinkel.

Für $\det(B) = -1$ folgt stets $D = 0$. Das homogene Gleichungssystem hat also eine eindi-
mensionale Lösungsmenge. Das LGS ist dann je nach Vektor $\vec{b}$ unlösbar, was zu den
fixpunktfreien Gleitspiegelungen führt, oder es gibt eine Fixpunktgerade, was zu den
Achsenspiegelungen an dieser Geraden führt.

■

Ziel der folgenden Teilkapitel ist die Untersuchung spezieller Untergruppen der Bewegungsgruppen: Es sollen die Fixgruppen verschiedener geometrischer Objekte der Ebene und des
Raums bestimmt werden. Dabei geht es insbesondere um kulturhistorisch bedeutsame Objekte
wie z. B. die *Platonischen* Körper. Untersucht werden diejenigen Bewegungen, die eine geometrische Figur auf sich abbilden. Die Menge dieser Bewegungen ist eine Untergruppe der
vollen Bewegungsgruppe, da stets die identische Abbildung dabei ist und mit einer Bewegung
auch die Umkehrabbildung eine Bewegung ist, die die fragliche Figur auf sich abbildet. Man
spricht von der **Symmetriegruppe** des jeweiligen geometrischen Gebildes. In Kapitel 4.3
werden die Symmetriegruppen von speziellen ebenen Figuren, den Polygonen, in Kapitel 4.4
als eine Verallgemeinerung im Raum die Symmetriegruppen von Polyedern untersucht.
Schließlich werden die Symmetriegruppen von Bandornamenten in Kapitel 4.5 und von Flächenornamenten in Kap. 4.6 betrachtet und diese Ornamente unter Symmetrieaspekten klassifiziert. Für eine weitergehende Beschäftigung mit „Geometrischer Gruppentheorie" sei auf das
gleichnamige Buch von *Stephan Rosebrock* (2010^2) verwiesen.

4.3   Symmetriegruppen von Polygonen

In der Sekundarstufe I werden Dreiecke und Vierecke nach ihren Symmetrien geordnet.
Gleichseitige Dreiecke und Quadrate sind die jeweiligen Vertreter mit den meisten Symmetrien. Polygone sind die natürliche Verallgemeinerung von Drei- und Vierecken. Ihre Vertreter mit den meisten Symmetrien sind die regelmäßigen n-Ecke, die schon in Kapitel 3.6 unter
anderen Aspekten diskutiert wurden. Die Symmetriegruppen der regelmäßigen n-Ecke sind
die einfachsten Beispiele nichtkommutativer Gruppen: Es sind die *Diedergruppen*.

4.3.1 Die Quadratgruppe Q

Gesucht sind alle Kongruenzabbildungen, die ein gegebenes Quadrat auf sich abbilden, also die Symmetrieabbildungen des Quadrats. Alle diese Abbildungen zusammen bilden bezüglich der Verkettung eine Gruppe, die **Quadratgruppe** genannt wird. Alle Quadrate haben die gleiche Symmetriegruppe (genauer: isomorphe Symmetriegruppen): Denken Sie sich zwei Quadrate mit parallelen Seiten und gleichem Mittelpunkt, der in jedem Fall Fixpunkt ist. Dann ist jede Symmetrieabbildung des einen Quadrats auch Symmetrieabbildung des anderen Quadrats.

Die Ecken des Quadrats werden mit den Zahlen 1, 2, 3 und 4 benannt (Bild 4.25). Leicht findet man alle Symmetrieabbildungen. M sei die Mitte, d_1, d_2 seien die Diagonalen und m_1, m_2 die Mittellinien des Quadrats. Machen Sie sich das Folgende am besten anhand eines konkreten Modells eines Quadrats klar (die 4 Ecken auf beiden Seiten beschriften!).

Es gibt die folgenden Symmetrieabbildungen:

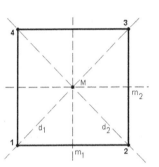

D_i = Drehung um M um $i \cdot 90°$, $i = 1, 2, 3$
A_1, A_2 = Spiegelung an den Achsen m_1, m_2
A_3, A_4 = Spiegelung an den Achsen d_1, d_2
E = identische Abbildung, also
$Q = \{E, D_1, D_2, D_3, A_1, A_2, A_3, A_4\}$ mit der Ordnung $|Q| = 8$.

Die Quadratgruppe vertauscht die Ecken untereinander, d. h., sie operiert auf den Ecken (zum Begriff der Gruppenoperation vgl. Kapitel 2.4.3). Man kann dies durch die Permutationsdarstellung ausdrücken, z. B.

Bild 4.25 Quadratgruppe

$$D_1 = \begin{pmatrix} 1\,2\,3\,4 \\ 2\,3\,4\,1 \end{pmatrix}, \quad A_1 = \begin{pmatrix} 1\,2\,3\,4 \\ 2\,1\,4\,3 \end{pmatrix}.$$

Eine Symmetrieabbildung, die alle 4 Ecken gleichzeitig fest lässt, muss die identische Abbildung sein. Die Quadratgruppe operiert also treu auf der Menge der 4 Ecken und ist somit in natürlicher Weise eine Untergruppe der symmetrischen Gruppe von 4 Elementen:

$$Q \leq \mathbb{S}_4 \text{ mit } |Q| = 8 \text{ und } |\mathbb{S}_4| = 4! = 24.$$

Leicht erkennt man, dass sich Q durch die beiden Abbildungen D_1 und A_1 erzeugen lässt:

$$Q = \{E, D_1, D_2, D_3, A_1, A_2, A_3, A_4\}$$
$$= \{E, D_1, D_1^2, D_1^3, A_1, A_1D_1, A_1D_1^2, A_1D_1^3\}$$
$$= \langle D_1, A_1 \rangle \text{ mit } D_1^4 = A_1^2 = E.$$

Damit die Gruppe „ganz bekannt" ist, muss die Verknüpfungstafel, hier also eine 8×8-Tafel bekannt sein. Diese Tafel ist genau dann bekannt, wenn man zusätzlich noch weiß, wie D_1 und A_1 zu vertauschen sind, d. h. welches der obigen 8 Elemente das Produkt D_1A_1 ist! Dies macht man sich wieder am besten am Quadratmodell durch die Überprüfung klar, welche der leichter überschaubaren Drehungen die konjugierte Drehung $A_1^{-1}D_1A_1$ ist. Wegen $A_1^{-1} = A_1$ stellt man fest, dass es gerade $D_1^3 (= D_1^{-1})$ ist, also folgt $D_1A_1 = A_1D_1^3$. Jetzt kann man die Gruppe möglichst einfach durch *Erzeugende und Relationen* beschreiben:

$$Q = \langle D_1, A_1 \rangle, D_1^4 = A_1^2 = E, D_1A_1 = A_1D_1^{-1}.$$

Dies ist die abstrakte Beschreibung einer Gruppe der Ordnung 8, die nicht mehr die ontologische Bindung an ein Quadrat hat.

Aufgabe 4.4:

Schreiben Sie die Permutationsdarstellung der anderen Abbildungen auf und stellen Sie die 8×8-Verknüpfungstafel der Quadratgruppe auf.

4.3.2 Regelmäßige n-Ecke und Diedergruppen $\mathbb{D}_n$

Weitere n-Ecke liefern nur dann neue, interessante Symmetriegruppen, wenn die n-Ecke selbst „möglichst" symmetrisch sind. Daher bleibt im Wesentlichen noch die Untersuchung der regelmäßigen n-Ecke übrig; regelmäßige Sterne ordnen sich dem unter, da ihre konvexe Hülle ein regelmäßiges n-Eck ist (vgl. Bild 3.6.3).

Man betrachtet am besten für die kleinen Zahlen $n = 3, 5, 6$ ($n = 4$ wurde ja schon in 4.3.1 behandelt) die Situation an Modellen der n-Ecke: Die Ecken nummeriert man wieder der Reihe nach gegen die Uhr von 1 bis n. Es gibt jeweils n Drehungen im Gegenuhrzeigersinn um den Mittelpunkt mit dem Winkel

$$\alpha_k := k \cdot \frac{360°}{n}, \ k = 1, 2, ..., n.$$

Alle lassen sich erzeugen aus der „Basisdrehung" D um α_1 mit

$$D_k = D^k, \ D = \begin{pmatrix} 1\,2\,3\,...\,n-1\,n \\ 2\,3\,4\,...\,n\,\ \ \ 1 \end{pmatrix}, \ D^n = E.$$

Dazu kommen jeweils n Achsenspiegelungen: Ist n ungerade, so sind die Achsen gerade die Verbindungslinien von Ecke zur gegenüberliegenden Seitenmitte, ist n gerade, so sind es die ½·n Diagonalen und die ½·n Mittellinien. Greift man eine dieser Spiegelungen, etwa diejenige, die zur Ecke 1 gehört, heraus, so folgt für die Symmetriegruppe $\mathbb{D}_n$ des regelmäßigen n-Ecks eine ähnliche Darstellung durch Erzeugende und Relationen wie bei der Quadratgruppe:

$$\mathbb{D}_n = <D, A> \text{ mit } D^n = A^2 = E, \ DA = AD^{-1} \text{ und } |\mathbb{D}_n| = 2 \cdot n.$$

Gruppen dieses Typs heißen **Diedergruppen** $\mathbb{D}_n$. Die Quadratgruppe Q von Kapitel 4.2.1 ist also die Diedergruppe $\mathbb{D}_4$. „Di-eder" ist das griechische Wort für einen Zweiflächner, einen ausgearteten Körper, als den man sich ein aus Papier ausgeschnittenes n-Eck vorstellen kann. Im nächsten Abschnitt werden „Poly-eder", also Körper aus vielen Flächen, betrachtet.

Kleine Randbemerkung: Diedergruppen kommen auch bei ungewöhnlichen Anwendungen vor: Die letzten deutschen Banknoten, die 1990 in Umlauf kamen, hatten eine Seriennummer aus 11 Ziffern. Die letzte Ziffer war eine Prüfziffer, die mit Hilfe der Diedergruppe $\mathbb{D}_5$ berechnet wurde (vgl. *Henn*, 2010).

Die gruppentheoretische Darstellung der endlichen Diedergruppen $\mathbb{D}_n$, die als Symmetriegruppen der regelmäßigen n-Ecke gefunden wurden, führt sofort zu einer ersten gruppentheoretischen Verallgemeinerung, für die man (noch) keine Deutung als Symmetriegruppe hat. Die **unendliche Diedergruppe** $\mathbb{D}_\infty$ wird definiert durch

$$\mathbb{D}_\infty := <D, A> \text{ mit } <D> \cong \mathbb{Z} \text{ und } A^2 = E \text{ sowie } ADA = D^{-1}.$$

$\mathbb{D}_\infty$ ist eine Gruppe, die einen zu $\mathbb{Z}$ isomorphen Normalteiler vom Index 2 hat.

Eine weitere Verallgemeinerung erhält man, wenn man die folgende Eigenschaft der endlichen Diedergruppen betrachtet: Sie enthalten eine Menge S von involutorischen Elementen. Als Symmetriegruppen der n-Ecke betrachtet sind es gerade die n Achsenspiegelungen, mit der obigen Terminologie gilt

$$S = \{A_1, A_2, ..., A_n\} \text{ mit } A_i = AD^{i-1} \text{ für } i = 1, ..., n.$$

Alle weiteren Elemente sind als Produkt von zwei Elementen aus S darstellbar; die Menge dieser Zweierprodukte wird als S^2 geschrieben. Bei den Symmetriegruppen sind es gerade die Drehungen, und in der obigen Schreibweise gilt

$$S^2 = \{A_1 A_i \mid i = 1, ..., n\},$$

wobei $A_1 A_i = D^{i-1}$ für $i = 1, ..., n$ gilt. Analoges gilt für die unendliche Diedergruppe.

Diese Eigenschaft lässt sich verallgemeinern: Betrachtet werden Gruppen, die von einer Menge S von Involutionen, also Elementen der Ordnung zwei, erzeugt werden. Bezeichnet man wie eben mit S^2 die Menge aller Zweier-Produkte von Elementen aus S, analog S^3, S^4, ..., so kann man für solche Gruppen schreiben

$$G = \langle S \rangle = S \cup S^2 \cup S^3 \cup S^4 ... \; .$$

Zu diesem Gruppentyp gehören die Bewegungsgruppen des $\mathbb{R}^n$, aber auch die symmetrischen Gruppen $\mathbb{S}_n$, die von den Zweierzyklen, also von Involutionen, erzeugt werden. Bei der ebenen Bewegungsgruppe $\mathbb{B}$ ist S die Menge der Achsenspiegelungen, und es gilt nach Satz 4.3.a

$$\mathbb{B} = S \cup S^2 \cup S^3 \; .$$

Die Symmetriegruppe G eines nichtentarteten Kreises mit Mittelpunkt M besteht aus allen Drehungen um M und aus allen Achsenspiegelungen mit Achsen durch M. Mit der Definition $S = \{$Achsenspiegelungen mit Achsen durch $M\}$ kann man schreiben

$$G = S \cup S^2 \; .$$

S^2 besteht nach Satz 4.3.b genau aus den Drehungen um M und ist ein kommutativer Normalteiler vom Index 2:

$$S^2 \triangleleft G = S^2 \cup \sigma S^2 = \langle S \rangle,$$

wobei σ eine beliebige Spiegelung in S ist. Gruppen dieses Typs heißen **verallgemeinerte Diedergruppen**. Die „normalen" endlichen Diedergruppen und die unendliche Diedergruppe gehören natürlich zu diesem Typ.

Als Untergruppe der Symmetriegruppe des Kreises (und später bei den Bandornamenten) lässt sich auch die unendliche Diedergruppe geometrisch deuten: Bei einem gegebenen Kreis mit Mittelpunkt M sei A eine beliebige Achsenspiegelung an einer Achse durch M und D eine Drehung mit Drehzentrum M und mit einem Drehwinkel $\varphi = r \cdot 360°$. Wenn r eine irrationale Zahl ist, so muss D unendliche Ordnung haben, erzeugt also eine Drehgruppe, die isomorph zu $\mathbb{Z}$ ist, und $<D, A>$ ist eine unendliche Diedergruppe.

Aufgabe 4.5:

a. Untersuchen Sie die folgenden drei Gruppen der Ordnung $2n$:

$$G_1 = \mathbb{Z}_{2n} = <D> \text{ mit } D^{2n} = E,$$

$$G_2 = \mathbb{Z}_n \times \mathbb{Z}_2 = <D, A> \text{ mit } D^n = A^2 = E, DA = AD,$$

$$G_3 = \mathbb{D}_n = <D, A> \text{ mit } D^n = A^2 = E, DA = AD^{n-1}.$$

Beachten Sie, dass es hierbei um abstrakte Gruppen geht. D und A sind also abstrakte Gruppenelemente, die nicht unbedingt eine inhaltliche Bedeutung als Drehung oder als Spiegelung haben müssen. Können zwei davon isomorph sein?

b. Zeigen Sie, dass die $\mathbb{D}_2$ die einzige kommutative Diedergruppe ist. Sie ist auch als ***Klein'-sche Vierergruppe*** $\mathbb{V}_4$ bekannt.

c. Bestimmen Sie den Untergruppenverband der Diedergruppen $\mathbb{D}_n$ für $n \leq 6$. Der Untergruppenverband einer endlichen Gruppe G besteht aus allen Untergruppen von G inklusive G und $\{E\}$. Diese werden in einem Diagramm so angeordnet, dass anzahlgrößere Untergruppen höher stehen und dass eine Untergruppe, die Teilmenge einer anderen ist, mit dieser durch einen Strich verbunden wird. Bild 4.26 zeigt als Beispiel den Untergruppenverband der zyklischen Gruppe $\mathbb{Z}_6$.

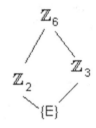

Bild 4.26 Untergruppen der $\mathbb{Z}_6$

d. Die Untergruppen der $\mathbb{D}_4$ entsprechen den „besonderen Vierecken" im „Haus der Vierecke". Stellen Sie diesen Zusammenhang her!

Aufgabe 4.6: Ein Schiebepuzzle

Das Schiebepuzzle in Bild 4.27 hat 20 oval angeordnete Chips mit den Zahlen 1 bis 20. Sie können auf zwei Arten bewegt werden. Alle 20 können gemeinsam nach rechts oder nach links verschoben werden. Die vier Chips, die sich gerade auf einem Durchmesser des dunkelgrauen großen Kreises befinden, können gemeinsam um $180°$ gedreht werden (Bild 4.27 vom linken zum rechten Teil).

Bild 4.27 Schiebepuzzle

Man kann diese möglichen Bewegungen als Permutationen der 20 verwendeten Zahlen, formal als Elemente der symmetrischen Gruppe $\mathbb{S}_{20}$ aller Permutationen von 20 Elementen auffassen. Alle möglichen Bewegungen bilden eine Untergruppe U der $\mathbb{S}_{20}$, die gemäß den möglichen Bewegungen beispielsweise von den Elementen

$$\sigma = \begin{pmatrix} 1\ 2\ 3\ 4\ 5\ ...\ 18\ 19\ 20 \\ 2\ 3\ 4\ 5\ 6\ ....\ 19\ 20\ 1 \end{pmatrix} \text{ mit } \sigma^{20} = E \text{ und } \tau = \begin{pmatrix} 1234 \\ 4321 \end{pmatrix} \text{ mit } \tau^2 = E$$

erzeugt wird. Vergleicht man diese beiden Erzeugenden mit Erzeugenden von Diedergruppen, dann könnte man vermuten, dass U eine Diedergruppe ist. Versuchen Sie herauszufinden, ob diese Vermutung richtig ist! Achtung: Diese Aufgabe ist nicht ganz einfach. Wenn Sie gar nicht weiterkommen, versuchen Sie es einmal mit dem Programmm GAP, das solche Aufgaben lösen kann und im Internet unter

$$\texttt{http://www-gap.mcs.st-and.ac.uk/}$$

kostenlos verfügbar ist.

4.4 Symmetriegruppen von Polyedern

4.4.1 Polyeder und *Platonische* Körper

In Kapitel 4.3 wurden Symmetriegruppen von ebenen Figuren, insbesondere Polygonen untersucht. Jetzt gehen wir in den Raum und untersuchen Kongruenzabbildungen, die einen Körper auf sich abbilden. Alle diese Abbildungen zusammen ergeben wieder die Symmetriegruppe des Körpers. Extreme Beispiele sind eine Kugel, die unendlich viele Symmetrieabbildungen hat, und ein unregelmäßiger Körper wie ein Stein, der bis auf die Identität keine Symmetrien besitzt. Das Analogon der Polygone aus Kapitel 4.3 in der Ebene sind die Polyeder im Raum, das sind Körper, die von n-Ecken begrenzt werden. Beispiele für Polyeder sind ein Quader, aber auch ein Körper, der wie ein Bilderrahmen aussieht (Bild 4.28) und der ebenfalls von Rechtecken begrenzt wird.

Bild 4.28 „Bilderrahmen-Polyeder"

Besonders symmetrische Körper sind die *Platonischen Körper*, nämlich das *Tetraeder*, der *Würfel* (oder das *Hexaeder*), das *Oktaeder*, das *Dodekaeder* und das *Ikosaeder* (Bild 4.29). Der Würfel besteht aus kongruenten Quadraten, das Dodekaeder aus kongruenten regelmäßigen Fünfecken, die anderen bestehen aus kongruenten gleichseitigen Dreiecken. Diese Körper waren schon *Platon* (427 – 347 v. Chr.) bekannt. Er behandelte sie in seinem Werk *Timaios* und wies ihnen die vier Elemente zu: dem Tetraeder das Feuer, dem Hexaeder die Erde, dem Ikosaeder das Wasser und dem Oktaeder die Luft. Das Dodekaeder verwendete Gott seiner Meinung nach für das Weltganze. *Euklid* hat die *Platonischen* Körper in seinem 13. Buch behandelt.

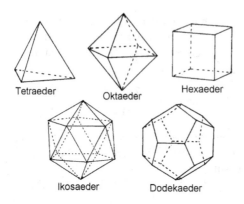

Bild 4.29 *Platonische* Körper   **Bild 4.30** *Platon*

Andere symmetrische Körper sind die *Archimedischen Kör*per. Sie entstehen aus den *Platoni-schen* Körpern durch „gleichmäßiges Abstumpfen" der Ecken (Bild 4.31), für Genaueres vgl. *Behnke* et al. (1967), woraus auch Bild 4.31 stammt (ebd., S. 297). Ein spezieller *Archimedi-scher* Körper ist das abgestumpfte Ikosaeder, das dem „klassischen"[1] Fußball Pate gestanden hat (Bild 4.9 und Bild 4.31, IV). Er besteht aus regelmäßigen Fünf- und Sechsecken (vgl. z. B. *Bender*, 1995).

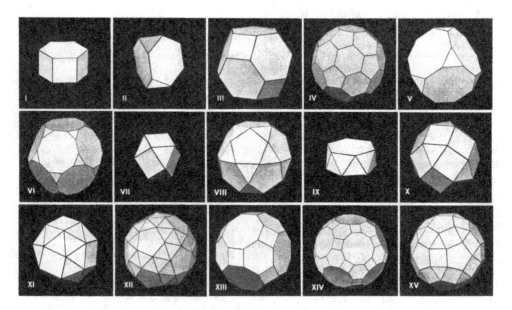

Bild 4.31 *Archimedische* Körper

Ähnliche Strukturen spielen in der modernen Chemie eine große Rolle, es sind die *Fullerene*, kugelförmige Moleküle aus Kohlenstoffatomen. Ein besonders gut erforschtes *Fulleren* hat

---

[1] Es gibt heute auch andere Fußball-Designs, z. B.. „Teamgeist" von der Weltmeisterschaft 2006, „Jabu-lani" von der Weltmeisterschaft 2010.

die Struktur des Fußballs. Der Name geht auf den Architekten *Richard Buckminster Fuller* (1895 – 1983) zurück, der Kuppelkonstruktionen aus fünf- und sechseckigen Zellen („geodätische Kuppeln") entworfen hat.

Im Folgenden werden wir uns genauer mit den *Platonischen* Körpern beschäftigen. Nicht nur in der Grundschule, auch an der Universität ist es sehr sinnvoll, solche Körper zuerst selbst herzustellen. Es gibt hierfür viele geeignete Materialien, beispielsweise magnetische Stäbchen und Kugeln, mit denen man zahlreiche Aktivitäten ausführen kann (solche Spielzeuge oder Lernmaterialien werden von vielen Herstellern angeboten). Bild 4.32 zeigt das Spielzeug und zwei damit hergestellte *Platonische* Körper. Beim Umgehen mit solchen Modellen entstehen leicht die später präzisierten Begriffe *Ecken* (hier die Kugeln), *Kanten* (hier die Magnetstäbchen) und *Flächen*. Will man ein Modell bauen, stellt sich z. B. die Frage, wie viele Kugeln und Stäbe man benötigt – diese Frage führt auf höherem Niveau zum *Euler'schen* Polyedersatz.

Bild 4.32 Magnetspielzeug

Bevor gezeigt werden kann, dass es tatsächlich nur die fünf *Platonischen* Körper aus Bild 4.29 gibt, muss der Begriff präzise definiert werden.

Definition 4.2:

Ein konvexes Polyeder, das von paarweise kongruenten regelmäßigen *n*-Ecken begrenzt wird, wobei an jeder Ecke gleich viele Kanten zusammenstoßen, heißt ***Platonischer Körper.***

Aufgabe 4.7: Alternativ-Definition eines Polyeders

Zeigen Sie, dass man anstelle von „gleich viele Kanten" in Definition 4.2 auch „gleich viele Flächen" verlangen könnte, dass also beide Definitionen gleichwertig sind.

Mit diesen seit der Antike überlieferten Körpern haben sich viele berühmte Mathematiker und auch Philosophen beschäftigt. Jeder der Körper hat eine *Umkugel* durch die Ecken und eine die Flächen berührende *Inkugel*. *Johannes Kepler* (1571 – 1630) hat bei seinen astronomischen Forschungen einen interessanten Zusammenhang zwischen den Bahnen der seit der Antike bekannten sechs Planeten und den *Platonischen* Körpern festgestellt und in seinem 1596 erschienenen Erstlingswerk *Mysterium Cosmographicum* dargestellt. Diese Idee ist auch auf einer im Jahr 1980 in Ungarn erschienen Briefmarke abgebildet (Bild 4.33): *Kepler* betrachtet vereinfachend die Planetenbahnen als Kreise, deren Mittelpunkt die Sonne ist. Diese Kreise definieren jeweils eine Kugel mit der Sonne im Zentrum (Bild 4.34). *Kepler* beschreibt nun seine Entdeckung:

> „Die Erdbahn ist das Maß für alle anderen Bahnen. Ihr umschreibe ein Dodekaeder, die dieses umspannende Sphäre ist der Mars. Der Marsbahn umschreibe ein Tetraeder, die dieses umspannende Sphäre ist der Jupiter. Der Jupiterbahn

umschreibe man einen Würfel. Die diesen umspannende Sphäre ist der Saturn. Nun lege in die Erdbahn ein Ikosaeder; die diesem eingeschriebene Sphäre ist die Venus. In die Venusbahn lege ein Oktaeder, die diesem eingeschriebene Sphäre ist der Merkur." (Bild 4.35)

Bild 4.33 *Kepler*

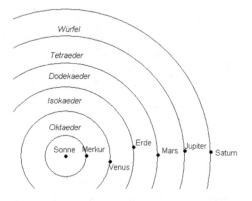

Bild 4.34 *Keplers* Idee

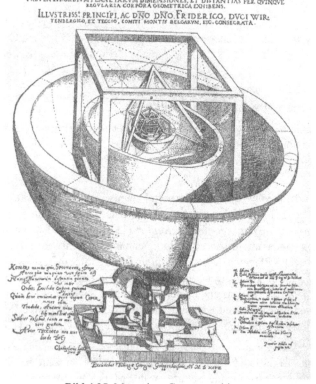

Bild 4.35 Mysterium Cosmographicum

Dass es nur fünf *Platonische* Körper gibt und diese gerade in die fünf Zwischenräume zwischen den Planeten „passen", konnte unmöglich Zufall sein, sondern war für *Kepler* der Beweis, dass Gott die Welt in seinem Schöpfungsplan nach geometrischen Figuren aufgebaut hatte.

In der schon einige Male erwähnten Kunst des Origamics lassen sich auch wunderschöne Modelle der *Platonischen* und vieler weiterer Körper herstellen. Bild 4.36 zeigt einige Beispiele aus einer Ausstellung während des *International Congress on Mathematical Education* 2000 in Tokyo. Faltanleitungen findet man z. B. in *Kasahara* (2000).

Bild 4.36 Origamics-Kunstwerke

Satz 4.6: Hauptsatz über *Platonische* Körper

Es gibt genau fünf *Platonische* Körper, nämlich das *Tetraeder* mit vier gleichseitigen Dreiecken, das *Hexaeder* (oder *Würfel*) mit sechs Quadraten, das *Oktaeder* mit acht gleichseitigen Dreiecken, das *Dodekaeder* mit zwölf regelmäßigen Fünfecken und das *Ikosaeder* mit 20 gleichseitigen Dreiecken.

Beweis:

Man geht hierfür von einem *Platonischen* Körper aus, der aus F kongruenten regelmäßigen n-Ecken besteht. Die folgenden Überlegungen sind besonders anschaulich, wenn man „Raumecken" aus konkreten 3-, 4-, ..., n-Ecken herstellt. Nach dem Winkelsummensatz im n-Eck hat es die Innenwinkel

$$\alpha = \frac{n-2}{n} \cdot 180°.$$

An einer Ecke des Polyeders mögen y Flächen zusammenstoßen. Damit überhaupt ein räumlicher Körper entstehen kann, muss $y \geq 3$ gelten. Denkt man sich die in einer Ecke zusammenstoßenden n-Ecke in der Ebene aneinandergelegt, so folgt weiter $y \cdot \alpha \leq 360°$. Zusammen ergibt dies eine Abschätzung der Eckenzahl n:

$$3\alpha = 3 \cdot \frac{n-2}{n} \cdot 180° \leq y \cdot \alpha \leq 360° \Leftrightarrow 3(n-2) \leq 2n \Leftrightarrow n \leq 6 \,.$$

Bei $n = 6$ würde $\alpha = 120°$ und $y = 3$ folgen; dann würde aber das Aneinanderlegen der 6-Ecke eine ebene Fläche, keinen Körper ergeben. Damit gibt es (höchstens) die Möglichkeiten

$$n = 3: \quad \text{es gilt} \quad \alpha = \ 60°, \quad \text{also } y \in \{3, 4, 5\},$$

$$n = 4: \quad \text{es gilt} \quad \alpha = \ 90°, \quad \text{also } y = 3,$$

$$n = 5: \quad \text{es gilt} \quad \alpha = 108°, \quad \text{also } y = 3.$$

Für das weitere Vorgehen wird der *Euler'sche* Polyedersatz benötigt, der später bewiesen wird. Der Satz macht eine Aussage über **ebene, zusammenhängende Graphen**. Dass sich *Euler* mit den *Platonischen* und *Archimedischen* Körpern beschäftigt hat, sieht man am Namen des Satzes, der sich auf dreidimensionale Polyeder bezieht. Zur mathematischen Präzisierung werden diese Körper im Folgenden auf einen Graphen in der Ebene abgebildet. Für diese und die folgenden Überlegungen ist es ausreichend, sich einen solchen Graphen anschaulich vorzustellen als eine Menge von E Punkten in der *Euklidischen* Ebene, genannt **Ecken**, K Verbindungslinien zwischen jeweils zwei (nicht notwendig verschiedenen) Punkten, die höchstens Ecken gemeinsam haben und **Kanten** genannt werden, und F **Flächen**, in die die Ebene durch die Kanten zerlegt wird. Von diesen Flächen sind $F - 1$ endlich, eine ist unendlich.

Mit dem in Bild 4.32 vorgestellten Magnetbausatz lässt sich eine solche Abbildung eines Körpers vom Raum auf einen ebenen Graphen visualisieren: In Bild 4.37 ist links ein aus Magnetstäbchen und Kugeln gebautes Tetraeder, das durch geeignete Beleuchtung auf den rechten „Schatten-Graphen" abgebildet wird. Um das richtig zu sehen, muss man sich ein wenig in Bild 4.37 hineindenken. Jede durch eine Kugel dargestellte Ecke des Tetraeders wird auf eine Ecke, jede durch ein Stäbchen dargestellte Kante auf eine Kante des Graphen

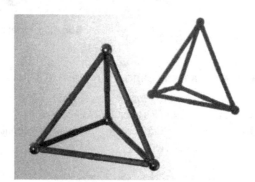

Bild 4.37 Visualisierung

abgebildet. Die vier Flächen des Tetraeders, die gleichseitige Dreiecke sind, werden auf vier Flächenstücke der Ebene abgebildet. Drei davon sind Dreiecksflächen, die zusammen ein großes Dreieck bilden; das Äußere dieses großen Dreiecks bildet das vierte Flächenstück, das unbegrenzt ist.

„Kernstück" einer solchen Abbildung vom Raum in die Ebene auch für die anderen Polyeder ist die **stereographische Projektion**. Diese ist eine Abbildung einer Kugeloberfläche auf die Ebene, was in Bild 4.38 erklärt wird: Die Kugel liegt in einem Punkt auf einer Ebene auf. Der „Nordpol" der Kugel in dieser Lage heißt Zentrum Z. Die Gerade durch Z und einen beliebigen Kugelpunkt $P \neq Z$ schneidet die Ebene in einem eindeutig bestimmten Bildpunkt.

Die stereographische Projektion ordnet also jedem Punkt $P \neq Z$ der Kugel eineindeutig einen Bildpunkt der Ebene zu. Das Zentrum Z wird auf den „unendlich fernen Punkt" der Ebene abgebildet.

Um nun das betrachtete konvexe, regelmäßige Polyeder auf einen Graphen der Ebene abzubilden, geht man wie folgt vor: Das Polyeder wird von seinem Mittelpunkt aus auf seine Umkugel projiziert. Das Bild des Polyeders ist dann ein Gebilde aus kongru-

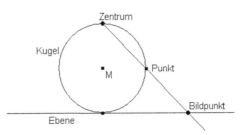

Bild 4.38 Stereographische Projektion

enten Bogenstückchen auf der Umkugel. Dieses Bild wird dann mit Hilfe der stereographischen Projektion vom Bild Z des Mittelpunktes einer Polyederfläche auf die *Euklidische* Ebene projiziert (Bild 4.38). Damit erhält man einen ebenen, zusammenhängenden Graphen, dessen Ecken, Kanten und Flächen genau den Ecken, Kanten und Flächen des Polyeders entsprechen. Die unendliche Fläche des ebenen Graphen entspricht dabei derjenigen Fläche des Polyeders, die zum Projektionszentrum der stereographischen Projektion gehört. Auf diesen Graphen kann man nun den *Euler'schen* Polyedersatz (der den Polyeder im Namen hat, sich aber auf die Ebene bezieht) anwenden:

Satz 4.7: *Euler'scher* **Polyedersatz**

Für einen ebenen, zusammenhängenden Graphen mit E Ecken, K Kanten und F Flächen gilt

$$E + F = K + 2.$$

Für das fragliche Polyeder, von dem man ausgegangen ist, gilt ebenfalls $E + F = K + 2$, weil diese Beziehung nach dem *Euler'schen* Polyedersatz für den in dieser Hinsicht strukturgleichen ebenen zusammenhängenden Graphen gilt.

Da jede Kante zu genau 2 Flächen gehört, gilt $K = \frac{1}{2} F \cdot n$. Nach der Definition eines *Platonischen* Körpers stoßen in jeder Ecke dieselbe Zahl y von Flächen zusammen, also gilt auch $K = \frac{1}{2} E \cdot y$. Daraus folgt

$$E = \frac{2}{y} \cdot K = \frac{F \cdot n}{y}.$$

Wird dieses Ergebnis in die *Eulersche* Polyederformel eingesetzt, so folgt

$$\frac{F \cdot n}{y} + F = \frac{F \cdot n}{2} + 2 \Leftrightarrow F \cdot \left(1 + \frac{n}{y} - \frac{n}{2}\right) = 2.$$

Alle Unbekannten sind natürliche Zahlen; es wurde schon gezeigt, dass für (n, y) nur die Zahlenpaare (3, 3), (3, 4), (3, 5), (4, 3) und (5, 3) möglich sind. Zu jeder Möglichkeit ist F eindeutig bestimmt, aus den anderen Gleichungen dann jeweils auch K und E. Es sind genau die

Werte der folgenden Tabelle. Die notwendigen Bedingungen der Tabelle erweisen sich durch die Konstruktion der Körper auch als hinreichend!

n	y	F	E	K	Name des Körpers
3	3	4	4	6	Tetraeder
3	4	8	6	12	Oktaeder
3	5	20	12	30	Ikosaeder
4	3	6	8	12	Hexaeder (Würfel)
5	3	12	20	30	Dodekaeder

■

Aufgabe 4.7:

Stellen Sie Modelle der *Platonischen* Körper her. Gehen Sie dabei von geeigneten Netzen für die Körper aus. Die Modelle können Sie für die folgenden Überlegungen gut gebrauchen.

Aufgabe 4.8: Bilderrahmen-Polyeder

In Bild 4.8 wurde ein „Bilderrahmen-Polyeder" vorgestellt. Wenn Sie dessen Ecken, Kanten und Flächen abzählen, so werden Sie feststellen, dass die *Euler'sche* Polyederformel nicht gilt. Sie werden es allerdings auch nicht schaffen, dieses Polyeder mit der stereographischen Projektion auf einen ebenen Graphen abzubilden. Das Problem ist, dass dieses Polyeder ein „Loch" hat, die *Platonischen* Körper jedoch nicht. Genauer geht es um die topologische Invariante „Geschlecht" des Körpers. Polyeder „ohne Loch" haben Geschlecht 0; sie lassen sich wie die *Platonischen* Körper behandeln. Der „Bilderrahmen" hat das Geschlecht 1, ein Körper, der wie eine Brezel aussieht, Geschlecht 2. Für solche Polyeder kann man die *Euler'sche* Polyederformel anpassen. Wie?

Es bleibt noch, den von *Leonhard Euler* (1707 – 1783) im Jahr 1758 gefundenen und nach ihm benannten Satz zu beweisen. Eine im Jahr 1983 in der ehemaligen DDR zum 200. Todestag *Eulers* erschienene Briefmarke (Bild 4.39) ist dem Polyedersatz gewidmet! Haben Sie schon bemerkt, dass die Ikosaederzeichnung auf der Briefmarke grob falsch ist (vgl. *Grünbaum*, 1985)?

Bild 4.39 *Leonard Euler*

Beweis von Satz 4.7 (*Eulerscher* Polyedersatz)

Der Beweis wird durch vollständige Induktion nach der Anzahl F der Flächen geführt.

a. $F = 1$: Es gibt nur die unendliche Fläche, also gibt es insbesondere von jeder Ecke zu jeder anderen genau einen Weg, es gibt keine Kreiswege (Bild 4.40). Wenn sich 2 Wege ab einer Ecke trennen, so bleiben sie getrennt. Jeder Weg muss eine letzte Kante zu einer End-Ecke haben. Solche Graphen heißen ganz anschaulich *Bäume*. Der einfachste Baum besteht aus 2 Ecken und einer Kante. Jeder beliebige Baum kann

Bild 4.40 Graph mit $F = 1$

durch fortwährendes Ansetzen von je einer Kante und einer Ecke erreicht werden, also gilt für Bäume mit E Ecken, dass sie $K = E - 1$ Kanten haben. Damit gilt $E + 1 = E + F = K + 2$.

b. Die Behauptung sei für alle zusammenhängenden Graphen mit F Flächen richtig:

$$E + F = K + 2.$$

c. Der Graph habe $F_1 = F + 1$ Flächen, K_1 Kanten und E_1 Ecken. Man nimmt eine Kante weg, die zwei Flächen trennt. Damit erhält man einen neuen zusammenhängenden Graphen. Die Kenngrößen von altem und neuem Graphen hängen wie folgt zusammen:

alter Graph		neuer Graph
$F_1 = F + 1$	$\rightarrow$	$F,$
K_1	$\rightarrow$	$K = K_1 - 1,$
E_1	$\rightarrow$	$E = E_1.$

Für den neuen Graphen gilt nach b. der Polyedersatz, also

$$E + F = K + 2.$$

Für den alten Graphen folgt

$$E_1 + (F_1 - 1) = (K_1 - 1) + 2 \text{ und weiter } E_1 + F_1 = K_1 + 2,$$

also gilt auch dort der Polyedersatz!

∎

Aufgabe 4.9:

Lässt man in Definition 4.2 die Bedingung „in jeder Ecke stoßen gleich viele Kanten zusammen" weg, so gibt es noch fünf weitere Körper, die alle von kongruenten gleichseitigen Dreiecken begrenzt werden (vgl. Bild 4.41). Finden Sie diese Körper, indem Sie den Beweis von Satz 4.6 analysieren und geeignet abändern. Hilfe finden Sie z. B. in *Gerretsen & Vredenduin* (1967).

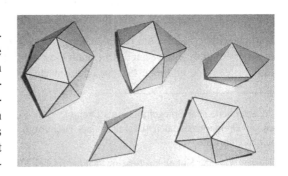

Bild 4.41 Die fünf Ausnahmekörper

4.4.2 Bestimmung der Drehgruppen starrer Körper

In diesem Teilkapitel werden nicht nur *Platonische* Körper, sondern zunächst beliebige starre Körper betrachtet. Als Symmetrieabbildungen dreidimensionaler Körper kommen nur Spiegelungen und Drehungen in Frage. Konkret ausführbar sind natürlich bei starren Körpern nur Drehungen[2]. Deshalb soll die weitere Untersuchung auf die relativ übersichtlichen *Drehgruppen* der Körper beschränkt werden, also auf diejenigen Kongruenzabbildungen des Körpers, die Drehungen sind. Drehungen sind bestimmt durch eine Drehachse und einen Drehwinkel. Ist der Körper ein Polyeder, so ist seine Drehgruppe G stets endlich[3]: Dann operiert sie nämlich treu auf der Menge $\{E_1, ..., E_n\}$ seiner Ecken, ist also in natürlicher Weise als Untergruppe der endlichen symmetrischen Gruppe $\mathbb{S}_n$ deutbar. Bei der Untersuchung der folgenden Körper wird es hilfreich sein, wenn Sie sich jeweils die zugehörige Permutationsdarstellung auf den Ecken vergegenwärtigen. Analog operiert G treu auf der Menge der Kanten, der Menge der Flächen und auf anderen geeigneten Mengen und liefert so weitere Permutationsdarstellungen.

Da die entsprechenden geometrischen Objekte bei den Drehungen untereinander permutiert werden, gehen bei Polyedern die möglichen Drehachsen (a) stets durch den Mittelpunkt des Polyeders und zusätzlich (b) durch eine Ecke, die Mitte einer Kante oder den Mittelpunkt einer Fläche. Dies erleichtert die Untersuchung ungemein!

Im Folgenden werden die Drehgruppen der wichtigsten symmetrischen Körper untersucht. Der Körper ist also gegeben, und die Drehgruppe wird gesucht. Ein etwas schwierigeres Problem ist die allgemeinere Fragestellung der Bestimmung *aller* möglichen Untergruppen der Bewegungsgruppe $\mathbb{B}$ des Raums, die endlich sind und die von Drehungen erzeugt werden. Diese Gruppen nennt man die *endlichen Drehgruppen* des $\mathbb{R}^3$. Man kann zeigen, dass es genau die fünf Typen gibt, die bei der Untersuchung der speziellen Körper gefunden werden, nämlich

- zyklische Gruppen der Ordnung n für jedes $n \in \mathbb{N}$, realisiert z. B. als spezielle Pyramidengruppen,

- Diedergruppen der Ordnung $2n$ für jedes $n \in \mathbb{N}$, realisiert z. B. als spezielle Prismengruppen,

- die Tetraedergruppe der Ordnung 12, die isomorph zur alternierenden Gruppe $\mathbb{A}_4$ ist,

- die Würfelgruppe der Ordnung 24, die isomorph zur symmetrischen Gruppe $\mathbb{S}_4$ ist,

- die Ikosaedergruppe der Ordnung 60, die isomorph zur alternierenden Gruppe $\mathbb{A}_5$ ist.

Zur Erinnerung: Die alternierenden Gruppen $\mathbb{A}_n$ sind Untergruppen, sogar Normalteiler, der symmetrischen Gruppen $\mathbb{S}_n$ vom Index zwei und bestehen aus allen geraden Permutationen.

Deutlich schwieriger ist die Untersuchung *aller endlichen* Untergruppen der Bewegungsgruppe $\mathbb{B}$ des Raumes. So ist nach dem oben Gesagten die volle Symmetriegruppe der jeweiligen Körper stets eine endliche Gruppe, die die zugehörige Drehgruppe als Untergruppe hat. Im

---

[2] In der Ebene sind Spiegelungen als Drehungen im Raum deutbar. Dementsprechend sind Spiegelungen im Dreidimensionalen theoretisch als Drehungen im Vierdimensionalen denkbar, aber natürlich nicht ausführbar.

[3] Körper wie eine Kugel, ein rotationssymmetrisches Ellipsoid oder ein Zylinder haben dagegen unendliche Drehgruppen.

Allgemeinen ist die Symmetriegruppe größer als die Drehgruppe, z. B. ist beim Würfel die Spiegelung an einer Mittelebene eine Symmetrie des Würfels, die sich nicht als Drehung real ausführen lässt. Allerdings kommen nicht allzu viele neue Symmetrien hinzu, die Drehgruppe hat in der Symmetriegruppe höchstens den Index 2. Für genauere Ausführungen vergleiche man z. B. *Michael Artin* (1996) oder *Horst Knörrer* (1996).

Zyklische Gruppen und Diedergruppen erhält man als Drehgruppen von Pyramiden und Prismen. Die jeweiligen Drehgruppen werden mit G bezeichnet.

Pyramiden

Damit $|G| > 1$ ist, ist notwendig, dass eine senkrechte Pyramide vorliegt. Ist die Pyramide kein Tetraeder (dieses wird separat behandelt), so ist die einzige Drehachse die Höhe. Die möglichen Drehungen sind die Drehungen, die die Grundfläche auf sich abbilden. Die Drehgruppen sind folglich zyklische Gruppen: Ist diese Grundfläche ein regelmäßiges n-Eck, so gilt $G \cong \mathbb{Z}_n$ für $n \geq 3$. Ist die Grundfläche ein echtes Rechteck[4], so gilt $G \cong \mathbb{Z}_2$.

Prismen

Ein Prisma kann man sich ganz anschaulich durch Parallelverschiebung eines n-Ecks im Raum entstanden denken. Es ist also ein Polyeder, das von zwei kongruenten, in parallelen Ebenen liegenden n-Ecken und von n Parallelogrammen begrenzt wird.

Nur für senkrechte Prismen kann $|G| > 1$ sein. Eine nichttriviale Drehgruppe hat der allgemeine **Quader** mit $G = \{E, D_1, D_2, D_3\}$ bestehend aus den Drehungen um $180°$ um die 3 Mittelachsen und der identischen Abbildung. G ist isomorph zu *Klein'schen* Vierergruppe $\mathbb{V}_4$, die man auch als Diedergruppe $\mathbb{D}_2$ auffassen kann. Das allgemeine **senkrechte Prisma** mit einem regelmäßigem n-Eck als Grundfläche hat die Drehgruppe $G = \langle D, S \rangle$ mit den zugehörigen Relationen $D^n = S^2 = E$ und $DS = SD^{-1}$, wobei D die Drehung um die Symmetrieachse durch die Mittelpunkte von Grund- und Deckfläche mit dem n-ten Teil des Vollwinkels und S die Halbdrehung um eine zu den Grundflächen parallele mittlere Drehachse ist. G ist wieder die Diedergruppe $\mathbb{D}_n$ der Ordnung $2n$.

Platonische Körper

Die reichhaltigsten Drehgruppen haben erwartungsgemäß die *Platonischen* Körper:

Satz 4.8: Drehgruppe des Würfels und des Oktaeders

Würfel und Oktaeder haben Drehgruppen, die beide isomorph zur symmetrischen Gruppe $\mathbb{S}_4$ der Ordnung 24 sind.

---

[4] Damit sind die wichtigsten, aber nicht alle Fälle diskutiert.

Beweis:

Zuerst wird die Würfelgruppe untersucht, also die Drehgruppe G des Würfels. Als Drehachsen kommen nur in Frage

- Flächenachsen, d. h. Achsen durch die Mittelpunkte zweier gegenüberliegender Flächen,

- Kantenachsen, d. h. Achsen durch die Mittelpunkte zweier gegenüberliegender Kanten,

- Eckenachsen, d. h. Achsen durch zwei gegenüberliegende Ecken.

Dabei ist „gegenüberliegend" jeweils bezüglich der Körpermitte gemeint. Dies führt zu den folgenden Drehungen, die den Würfel auf sich abbilden:

- Die Drehungen M_i mit 90° um die drei Flächenachsen, $i = 1, 2, 3$, und ihre Potenzen:

$$M_i, M_i^2, M_i^3 \text{ mit } M_i^4 = E, \text{ also zusammen 9 Drehungen.}$$

- Die Drehungen S_i mit 180° um die sechs Kantenachsen, $i = 1, ..., 6$:

$$S_i \text{ mit } S_i^2 = E, \text{ also zusammen 6 Drehungen.}$$

- Die Drehungen D_i mit 120° um die vier Eckenachsen, $i = 1, ..., 4$, und ihre Quadrate:

$$D_i, D_i^2 \text{ mit } D_i^3 = E, \text{ also zusammen 8 Drehungen.}$$

Zu diesen 23 Drehungen kommt noch die Identität E, so dass G insgesamt genau 24 Elemente hat.

Um den Gruppentyp zu bestimmen, beachtet man, dass bei *jeder* Drehung Gegeneckenpaare auf Gegeneckenpaare (und auch Raumdiagonalen auf Raumdiagonalen) übergehen. Das bedeutet, dass G auf der Menge dieser 4 Gegeneckenpaare

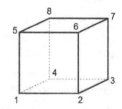

$$A = \{1, 7\}, B = \{2, 8\}, C = \{3, 5\}, D = \{4, 6\}$$

operiert. Die 8 Ecken sind dabei in der üblichen Zählung mit 1, 2, ..., 8 bezeichnet (Bild 4.42). Eine Drehung, die alle Gegeneckenpaare fest lässt, ist die Identität E. G operiert also treu auf der Menge $\{A, B, C, D\}$ der Gegeneckenpaare, woraus $G \leq \mathbb{S}_4$ folgt. Wegen $|G| = |\mathbb{S}_4| = 4! = 24$ folgt die behauptete Isomorphie.

Bild 4.42 Würfelecken

Ein Oktaeder kann man sich wie folgt in einen Würfel einbeschrieben vorstellen: Die Flächenmitten des Würfels sind die Ecken des Oktaeders. Damit entspricht jede Symmetrieabbildung des Oktaeders umkehrbar eindeutig einer solchen des Würfels. Also ist auch die Oktaedergruppe isomorph zur $\mathbb{S}_4$. Analog kann man einem Oktaeder einen Würfel einbeschrieben.

■

Aufgabe 4.10:

a. Stellen Sie die Darstellung der die Würfelgruppe erzeugenden Drehungen als Permutationen der Gegeneckenpaare und die Multiplikationstafel her.

b. Überlegen Sie an einem Oktaeder, welche Drehungen möglich sind. Sie sollen also nicht den oben erwähnten Zusammenhang zwischen Symmetrieabbildungen des Würfels und des Oktaeders verwenden.

Aufgabe 4.11: Das Oktaeder des Grauens

Nach dem Zentralabitur 2008 in Nordrhein-Westfalen geisterte ein „Oktaeder des Grauens" durch den Blätterwald. Es ging bei der Aufgabe um einen in einen Quader einbeschriebenen Oktaeder, mit dem die Schülerinnen und Schüler die größten Schwierigkeiten hatten – was wenig über allgemeine mathematische Fähigkeiten der Schülerinnen und Schüler, aber viel über die Bedeutung der Raumgeometrie in der derzeitigen Schulwirklichkeit sagt. Studieren Sie die Aufgabenstellung, um sich ein eigenes Bild zu machen. Die Aufgabe ist über die Homepage zu diesem Buch erhältlich.

Satz 4.9: Drehgruppe des Tetraeders

Das Tetraeder hat eine Drehgruppe, die isomorph zur alternierenden Gruppe $\mathbb{A}_4$ der Ordnung 12 ist.

Beweis:

Mit analogen Betrachtungen wie beim Würfel findet man die 12 Drehungen der Tetraedergruppe:

Die Drehungen D_i mit 120° um die vier Achsen von den Ecken zu den Mittelpunkten der Gegenflächen, $i = 1, ..., 4$, und ihre Quadrate:

$$D_i, D_i^2 \text{ mit } D_i^3 = E, \text{ also zusammen 8 Drehungen.}$$

Die Drehungen S_i mit 180° um die drei Kantenachsen, $i = 1, 2, 3$:

$$S_i \text{ mit } S_i^2 = E, \text{ also zusammen 3 Drehungen.}$$

Zu diesen 11 Drehungen kommt noch die Identität E, so dass G insgesamt genau 12 Elemente hat.

Außerdem operiert G treu auf der Menge $\{1, 2, 3, 4\}$ der 4 Ecken des Tetraeders, also ist

$$G \leq \mathbb{S}_4.$$

Die einzige Untergruppe der $\mathbb{S}_n$ vom Index 2 ist die alternierende Gruppe $\mathbb{A}_n$. Daher gilt

$$G \cong \mathbb{A}_4.$$

∎

Aufgabe 4.12:

Stellen Sie die Darstellung der 12 Drehungen der Tetraedergruppe als Permutationen der vier Ecken dar. Zeigen Sie *konkret*, dass alle diese Permutationen gerade sind. Sie sollen also nicht den eben benutzen Satz über die $\mathbb{A}_n$ als einziger Untergruppe der $\mathbb{S}_n$ vom Index 2 benutzen.

Im Ruhrgebiet, genauer in Bottrop, steht seit 1994 das *Haldenereignis Emscherblick*, eine 90 m hohe Stahlkonstruktion aus Tetraedern (Bild 4.43). Die Konstruktion erinnert an die räumliche Version des *Sierpinski*-Dreiecks (hierauf werden wir in Kapitel 6.8 im Zusammenhang mit Fraktalen zurückkommen), die auf der in Bild 4.44 gezeigten ungarischen Briefmarke zum ECM, dem European Congress of Mathematics, im Jahr 1996 in Budapest abgebildet ist. Bild 4.45 zeigt eine Teilstruktur des Bottroper Tetraeders, die ein aus 4 kleinen Tetraedern gebildetes Tetraeder ist. Der mittlere Restkörper, der in Bild 4.45 besonders markiert ist, bildet ein Oktaeder. Welches Volumen hat es? Für Bild 4.46 wurde diese Struktur mit dem in Bild 4.32 vorgestellten Magnetbausatz nachgebaut.

Bild 4.43 Haldenereignis Emscherblick

Bild 4.44 Briefmarke zum ECM 1996

Bild 4.45 Teilstruktur

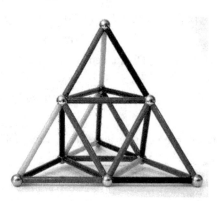

Bild 4.46 Magnetbausatz

Satz 4.10: Drehgruppen des Dodekaeders und des Ikosaeders

Dodekaeder und Ikosaeder haben Drehgruppen, die beide isomorph zur alternierenden Gruppe $\mathbb{A}_5$ der Ordnung 60 sind.

Beweis:

Ähnlich wie oben finden Sie beim Betrachten eines konkreten Dodekaeders mit seinen 12 Fünfecken, 20 Ecken und 30 Kanten die 60 Symmetrieabbildungen der Dodekaedergruppe:

Die Drehungen M_i mit 72° um die sechs Flächenachsen, $i = 1, ..., 6$, und ihre Potenzen:

$$M_i, M_i^2, M_i^3, M_i^4 \text{ mit } M_i^5 = E, \text{ also zusammen 24 Drehungen.}$$

Die Drehungen S_i mit 180° um die fünfzehn Kantenachsen, $i = 1, ..., 15$:

$$S_i \text{ mit } S_i^2 = E, \text{ also zusammen 15 Drehungen.}$$

Die Drehungen D_i mit 120° um die zehn Eckenachsen, $i = 1, ..., 10$, und ihre Quadrate:

$$D_i, D_i^2 \text{ mit } D_i^3 = E, \text{ also zusammen 20 Drehungen.}$$

Zu diesen 59 Drehungen kommt noch die Identität E, so dass G insgesamt genau 60 Elemente hat.

Analog findet man die 60 Symmetrien des Ikosaeders mit seinen 20 Flächen, die gleichseitige Dreiecke sind, 12 Ecken und 30 Kanten:

Die Drehungen M_i mit 72° um die sechs Eckenachsen, $i = 1, ... , 6$, und ihre Potenzen:

$$M_i, M_i^2, M_i^3, M_i^4 \text{ mit } M_i^5 = E, \text{ also zusammen 24 Drehungen.}$$

Die Drehungen S_i mit 180° um die fünfzehn Kantenachsen, $i = 1, ..., 15$:

$$S_i \text{ mit } S_i^2 = E, \text{ also zusammen 15 Drehungen.}$$

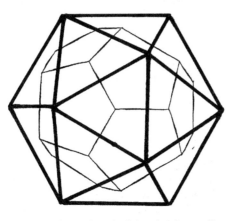

Bild 4.47 Ikosaeder mit einbeschriebenem Dodekaeder

Die Drehungen D_i mit 120° um die zehn Flächenachsen $i = 1, ..., 10$, und ihre Quadrate:

$$D_i \text{ mit } D_i^3 = E, \text{ also zusammen 20 Drehungen.}$$

Zu diesen 59 Drehungen kommt noch die Identität E, so dass G insgesamt auch genau 60 Elemente hat.

Vergleicht man die Symmetrien von Dodekaeder und Ikosaeder, so fallen wieder Gemeinsamkeiten auf. In der Tat bilden die 20 Flächenmittelpunkte eines Ikosaeders die Ecken eines einbeschriebenen Dodekaeders (Bild 4.47). Ebenso bilden die 12 Flächenmittelpunkte eines Dodekaeders die Ecken eines einbeschriebenen Ikosaeders. Diese Überlegung zeigt, dass die Dodekaeder- und die Ikosaedergruppe isomorph sind.

Die Bestimmung der Struktur der Gruppe G ist komplizierter: Zunächst wird bewiesen, dass G eine einfache Gruppe ist, es also nur die beiden Normalteiler G und $\{E\}$ gibt:

Das erste Argument zur Bestimmung der Struktur von G ist *gruppentheoretisch*: N sei ein Normalteiler von G. Ist σ eine nichttriviale Drehung aus G, so ist σ eine der Abbildungen D_i, S_i oder M_i bzw. ihrer Potenzen. M_i hat die Ordnung 5 und D_i hat die Ordnung 3, was beides Primzahlen sind. Daher gehören mit irgendeinem M_i^j, $j = 2, 3, 4$ bzw. mit D_i^2 auch M_i bzw. D_i zu N. Wegen der Normalteilereigenschaft von N gehören mit σ auch alle konjugierten Drehungen $\tau^{-1}\sigma\tau$ für jedes $\tau \in G$ zu N. Nun überlegt man sich aber – am besten an einem Modell –, dass *alle* D_i, *alle* S_i und *alle* M_i jeweils untereinander konjugiert sind. Mit *einer* Drehung sind also *alle* möglichen Drehungen dieses Typs in N enthalten. Daraus folgt für die Ordnung von N

$$|N| = 1 + a\cdot 24 + b\cdot 15 + c\cdot 20 \text{ mit } a, b, c \in \{0,1\}.$$

Da außerdem $|N|\,\big|\,|G|$ gilt, d. h. $|N|$ ein Teiler von 60 sein muss, erhält man, dass es nur die trivialen Lösungen $a = b = c = 0$ mit $N = \{E\}$ oder $a = b = c = 1$ mit $N = G$ gibt. Die einzige einfache Gruppe der Ordnung 60 ist aber die $\mathbb{A}_5$, die alternierende Gruppe auf 5 Elementen. Abgesehen von den trivialen einfachen Gruppen, den zyklischen Gruppen von Primzahlgrad, ist die $\mathbb{A}_5$ die einfache Gruppe kleinster Ordnung.

Man kann auch als zweiten Weg mit einem *geometrischen* Argument die Struktur von G bestimmen. Dabei wird die Gruppe G als Permutationsgruppe auf einer fünfelementigen Menge dargestellt, und man erhält so den Gruppentyp. Sowohl beim Ikosaeder als auch beim Dodekaeder zerfallen die 15 Verbindungsgeraden gegenüberliegender Seitenmitten in 5 Klassen von jeweils 3 paarweise orthogonalen. Die jeweils 6 zugehörigen Seitenmitten bilden ein einbeschriebenes Oktaeder beim Ikosaeder (vgl. Bild 4.48), einen Würfel beim Dodekaeder. Die Drehgruppe permutiert diese 5 einbeschriebenen Oktaeder bzw. Würfel untereinander. Nur die identische Abbildung lässt alle 5 einbeschriebenen Körper fest, d. h. G operiert treu auf diesen Fünfermengen. Also gilt $G \leq \mathbb{S}_5$, woraus wegen $|G| = 60$ und $|\mathbb{S}_5| = 120$ wieder folgt, dass G der einzige Normalteiler der Ordnung 60, also die $\mathbb{A}_5$ ist.

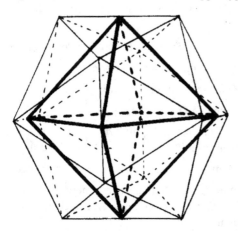

Bild 4.48 Einbeschriebenes Oktaeder

Die Überlegungen am Dodekaeder will ich abschließen mit einer Graphik zum Thema *Abstraktionsprozesse*, die ich *Benno Artmann* verdanke (Bild 4.49, aus *Artmann* (1999), S. 310). Ausgangspunkt ist ein dodekaederförmiger Körper. In einem ersten Abstraktionsprozess entsteht daraus die Idee des Dodekaeders. In einem weiteren Abstraktionsprozess wird nur noch stellvertretend die abstrakte Dodekaedergruppe $\mathbb{A}_5$ betrachtet. Durch Abstraktion wird das Gleichbleibende und Wesentliche verschiedener Dinge erkannt und ein allgemeiner, theoretischer Begriff geformt, der nur in unserer geistigen Vorstellung existiert. In der Elementargeometrie entspricht diesem Übergang vom Konkreten zum Abstrakten das Erkennen der Figur in einer Zeichnung, etwa des mathematischen Konstrukts „Quadrat" in quadratähnlichen Zeichnungen oder wie in der Karikatur des Konstrukts „Dodekaeder" in dodekaederähnlichen Körpern. Alle mathematischen Gegenstände haben prinzipiell diesen theoretischen Charakter, was schon im Mathematikunterricht der Grundschule zu beachten ist. Die prinzipielle Kluft zwischen Idee und Darstellung kann nur das lernende Individuum selbst durch eine konstruktive gedankliche Leistung überwinden. Dies durch geeignete Lernumgebungen zu erleichtern, ist eine wesentliche Aufgabe der Lehrerinnen und Lehrer. Das „epistemologische Dreieck" (vgl. *Bromme* & *Steinbring*, 1990) beschreibt das dynamische Wechselspiel zwischen Begriffsbildung, symbolischer Darstellung und Deutung in einer charakteristischen Situation. Erst aus diesem Wechselspiel entsteht mathematisches Wissen.

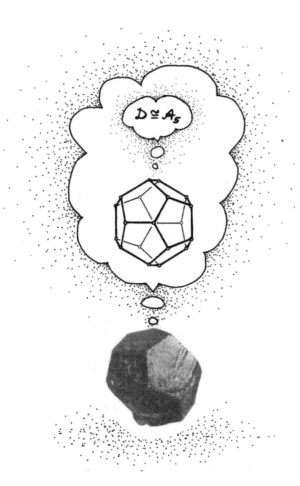

Bild 4.49 Abstraktionsprozesse

4.5 Bandornamente und ihre sieben Symmetriegruppen

Bandornamente sind ein in Kunst und Architektur oft verwendetes Stilmittel. Die folgenden Bilder zeigen einige Beispiele. Man findet sie häufig in der Alltagskunst (Bilder 4.50, 4.51 und 4.54). In der Antike waren sie ein beliebtes Stilmittel (Bilder 4.52 und 4.53), auch in der Architektur wurden sie in allen Kulturkreisen verwendet (Bild 4.55 aus einer altmexikanischen Tempelanlage in Mitla).

Bild 4.50 Badezimmerfliesen

Bild 4.51 Wandornament

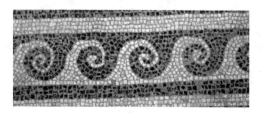

Bild 4.52 Griechisches Mosaik

Bild 4.53 Griechische Vase

Bild 4.54 Pullover

Bild 4.55 Mitla/Mexiko

Man stellt sich ein Bandornament zunächst so vor, wie es im einfachsten Fall ein Fliesenleger herstellen würde: Rechteckige Kacheln gleichen Typs werden lückenlos in einer vorgegebenen Richtung aneinandergesetzt. In der mathematischen Idealisierung entsteht so ein unendliches Band. Auch die Bandornamente griechischer Vasen kann man sich auf die Ebene abgerollt denken. Für das folgende Bandornament in Bild 4.56 wurde zuerst mit Hilfe eines Zeichenprogramms eine „Kachel" konstruiert, die dann mit *Copy & Paste* links und rechts fortgesetzt wurde.

Bild 4.56 Bandornament

Alle möglichen Typen von Bandornamenten sollen klassifiziert werden. Hierzu muss natürlich zunächst festlegt werden, nach welchen Kriterien klassifiziert werden soll. Das könnten die verschiedenen Kulturepochen sein oder die Größe oder die Farbe usw. Es ist eine *willkürliche normative* Entscheidung aus mathematischer Sicht, dass die Bandornamente nach ihren Symmetrien unterschieden werden sollen. Hierzu muss zunächst der Begriff *Bandornament* genauer definiert werden.

In einer ersten Präzisierung beschreibt man in Anlehnung an die Konstruktion von Bild 4.56 ein Bandornament durch das Aneinanderreihen eines *Musters* in gleichen Abständen in einer vorgegebenen Richtung entsprechend dem Aneinanderlegen der zuerst konstruierten Kachel und ihrer Kopien. Es gibt also eine Translation τ mit einem Translationsvektor $\vec{a}$, die eine Translationsgruppe $T = <\tau> \cong \mathbb{Z}$ erzeugt. Das Bandornament B ist dann durch

$$B = \bigcup_{n\in\mathbb{Z}} \tau^n (Muster)$$

dargestellt. Betrachtet man nochmals Bild 4.56, so kann man sich auch vorstellen, dass man die ganze schwarz dargestellte Fläche jeweils um den Verschiebungsvektor von τ oder seinen Vielfachen verschiebt und damit diese Fläche auf sich abbildet. Das heißt genauer, dass es Symmetrieabbildungen gibt, die das Bandornament auf sich abbilden. Diese Idee führt zu der folgenden mathematisch genaueren Definition:

Definition 4.3:

Gegeben ist eine Teilmenge B der Ebene $\mathbb{R}^2$. Die Menge aller Symmetrien von B, d. h. aller *Euklidischen* Bewegungen aus der zweidimensionalen Bewegungsgruppe $\mathbb{B}$, die B auf sich abbilden, ist eine Gruppe, die Automorphismengruppe $\Gamma(B) = \text{Aut}(B)$ von B. Weiter bezeichne $T(B) \leq \Gamma(B)$ die Untergruppe aller Translationen von B (was zunächst natürlich trivial zu $T(B) = \{E\}$ werden kann). B heißt **Bandornament**, wenn gilt

$$T(B) = <\tau> \cong \mathbb{Z}.$$

τ ist dann eine Translation minimaler Schublänge aus $T(B)$, τ^{-1} ist die andere solche. Die Richtung von τ heißt **Achse** des Bandornaments.

Die Untergruppe der Translationen $T(B)$ eines Bandornaments ist sogar ein Normalteiler der vollen Symmetriegruppe $\Gamma(B)$ des Ornaments.

Die anschauliche Vorüberlegung, das Bandornament durch Aneinanderlegen einer (endlichen) Kachel und ihrer Kopien zu erzeugen, ist tragfähig (Bild 4.57): Ist O ein beliebiger Punkt aus $\mathbb{R}^2$, so bilden die beiden Senkrechten f und g zur Achse des Bandornaments durch O und durch $\tau(O)$ einen Streifen, dessen Durchschnitt mit B genau die gesuchte „Kachel" ist, aus der man durch Anwenden aller Translationen gerade wieder das Bandornament erhält.

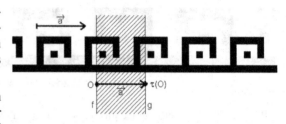

Reale Bandornamente sind natürlich in einem endlichen Streifen, parallel zur Achse des Ornaments, enthalten und haben auch nur eine endliche Länge.

Bild 4.57 Zur Definition „Bandornament"

Dies ordnet sich aber in natürlicher Weise dem allgemeinen Begriff des Bandornaments unter. Auch die Bandornamente auf Vasen oder anderen runden Gefäßen kann man leicht auf unendliche Bandornamente der Ebene zurückführen.

Um die Symmetrietypen der Bandornamente zu klassifizieren, muss man genauer die möglichen Typen der Symmetriegruppen $\Gamma(B)$ klassifizieren. Man betrachtet hierzu zunächst die möglichen Fixgruppen $\Gamma_O(B)$ eines beliebigen Punktes O. Es sei a die Gerade durch O in Richtung der Achse des Bandornaments und b die Senkrechte zu a durch O. Die Gerade a ist im Allgemeinen *keine* Symmetrieachse des Bandornaments. Genauer gilt: Es gibt *höchstens* eine Spiegelachse a, die parallel zur Richtung der erzeugenden Translation τ ist, so dass die Spiegelung σ_a an der Achse a in $\Gamma(B)$ liegt. Wäre nämlich $a' \parallel a$ eine weitere solche Achse, so wäre $\tilde{\tau} = \sigma_a \circ \sigma_{a'} \notin \langle \tau \rangle$ eine Translation mit einer Richtung, die senkrecht zu a ist. Dies wäre ein Widerspruch zur Definition eines Bandornaments. Weiter sei $P = \tau(O)$ mit $\overrightarrow{OP} = \vec{a}$ (Bild 4.58).

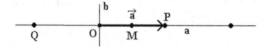

Bild 4.58 Fixgruppe von O

Für $\rho \in \Gamma_O(B)$ muss $\rho(P) = P$ oder $\rho(P) = Q$, der Spiegelpunkt von P an O sein, denn sonst wäre die Abbildung $\rho^{-1}\tau\rho$ eine Translation mit einer anderen Richtung, die also nicht in der Translationsgruppe $\langle \tau \rangle$ liegen würde. Daher ist

$$\Gamma_O(B) \leq \langle \alpha, \beta \rangle \cong \mathbb{V}_4 = \mathbb{D}_2$$

eine Untergruppe der aus den beiden Achsenspiegelungen α an der Geraden a und β an der Geraden b bestehenden Gruppe, die isomorph zur *Kleinschen* Vierergruppe $\mathbb{V}_4$ (oder der Diedergruppe $\mathbb{D}_2$) ist. Ist m die Parallele zu b durch die Mitte M von OP, so lässt sich nach Satz 4.1 die Translation τ auch schreiben als $\tau = \gamma \circ \beta$, wobei γ die Achsenspiegelung an m ist. Entsprechend den fünf Untergruppen der *Kleinschen* Vierergruppe ergibt dies zunächst 5 Typen möglicher Fixgruppen $\Gamma_O(B)$ bei Bandornamenten

$$\text{Typ 1: } \Gamma_O(B) = \{E\},$$

$$\text{Typ 2: } \Gamma_O(B) = \langle \alpha \rangle \cong \mathbb{Z}_2,$$

$$\text{Typ 3: } \Gamma_O(B) = \langle \beta \rangle \cong \mathbb{Z}_2,$$

Typ 4: $\Gamma_O(B) = \langle \beta \circ \alpha \rangle \cong \mathbb{Z}_2$,

Typ 5: $\Gamma_O(B) = \langle \alpha, \beta \rangle \cong \mathbb{D}_2$.

Bei Typ 3 ist wegen $\gamma = \tau \circ \beta$ auch die Spiegelung γ an der obigen Achse m eine Symmetrie des Bandornaments. Bei den Typen 4 und 5 ist neben der Punktspiegelung $\delta = \beta \circ \alpha$ an O auch die Punktspiegelung $\varepsilon = \tau \circ \beta \circ \alpha$ an M eine Symmetrie. Jeweils sind mit einer Abbildung natürlich auch alle Konjugierten unter $T(B)$ Symmetrien des Bandornaments.

Der einzige mögliche Abbildungstyp, der eventuell noch nicht erfasst wurde, ist eine nichttriviale Gleitspiegelung $\rho = \tau_1 \circ \sigma$ mit einer Achsenspiegelung σ mit Achse s und einer Translation τ_1 mit Verschiebungsvektor $\vec{a}_1 \parallel s$ und $\rho = \tau_1 \circ \sigma \in \Gamma(B)$, aber $\sigma, \tau_1 \notin \Gamma(B)$. Weiter sei der Verschiebungsvektor $\vec{a}_1$ von τ_1 kürzest möglich für alle Gleitspiegelungen mit Achse s. Man bildet einen beliebigen Punkt R des Bandornaments ab (Bild 4.59):

ρ^2 ist wieder eine Translation *und* eine Symmetrie des Bandornaments, also gilt $\rho^2 \in T(B)$. Folglich ist ρ^2 eine Potenz von τ. Da τ_1 nicht in $\Gamma(B)$ liegt und wegen der Minimalität von $\vec{a}_1$, muss $\vec{a} = \pm 2 \vec{a}_1$ sein. Damit ist auch o. B. d. A. $\tau = \tau_1^2$. Die Achse s ist parallel zur Richtung von τ. Wieder kann es dann keine weitere Achsen- oder Gleitspiegelung mit Achse $\tilde{s}$ geben, da sonst

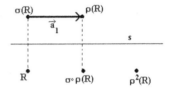

Bild 4.59 Gleitspiegelung

$$(\tau_1 \sigma_s) \circ \sigma_{\tilde{s}} = \tau_1 \tilde{\tau} \quad \text{bzw.} \quad (\tau_1 \sigma_s) \circ (\sigma_{\tilde{s}} \tau_1) = \tau_1^2 \tilde{\tau}$$

eine Translation wäre, die nicht in der Translationsuntergruppe $T(B) = \langle \tau \rangle$ enthalten ist. Man kann also die eventuell vorhandene Spiegel- oder Gleitspiegelachse wieder a nennen und hat gefunden, dass es höchstens die eindeutig bestimmte zusätzliche Gleitspiegelung $\tau_1 \circ \alpha$ gibt, wobei τ_1 die Verschiebung mit $\tau_1^2 = \tau$ ist. Dies ergibt eine Fallunterscheidung bei Typ 1 und Typ 3, wodurch zwei zusätzliche Symmetrietypen von Bandornamenten entstehen:

Typ 1.a: $\Gamma_O(B) = \{E\}$ und $\tau_1 \circ \alpha \notin \Gamma(B)$,

Typ 1.b: $\Gamma_O(B) = \{E\}$ und $\tau_1 \circ \alpha \in \Gamma(B)$,

Typ 3.a: $\Gamma_O(B) = \langle \beta \rangle \cong \mathbb{Z}_2$ und $\tau_1 \circ \alpha \notin \Gamma(B)$,

Typ 3.b: $\Gamma_O(B) = \langle \beta \rangle \cong \mathbb{Z}_2$ und $\tau_1 \circ \alpha \in \Gamma(B)$,

wobei bei allen Typen die Einzelabbildungen α und τ_1 nicht in $\Gamma_O(B)$ liegen.

Bei Typ 3.b treten jetzt noch 2 Punktspiegelungen $\tau_1 \circ \alpha \circ \beta$ an dem Mittelpunkt von OM und $\tau \circ \tau_1 \circ \alpha \circ \beta$ an dem Mittelpunkt von MP auf.

Bei den Fixgruppen-Typen 2 und 5 kann keine zusätzliche Gleitspiegelung auftreten, da diese Fixgruppen schon α enthalten. Mit α und $\tau_1 \circ \alpha$ würden sie auch τ_1 enthalten, was ein Widerspruch zur Definition eines Bandornaments wäre.

Bei Typ 4 wäre mit $\beta \circ \alpha \ (= \alpha \circ \beta)$ und $\tau_1 \circ \alpha$ auch $(\tau_1 \circ \alpha) \circ (\alpha \circ \beta) = \tau_1 \circ \beta \in \Gamma(B)$. Dies ist eine Achsenspiegelung mit einer Achse $\tilde{b}$ senkrecht zu a. Wählt man jetzt den Punkt O mit $a \cap \tilde{b} = \{O\}$ als neuen Ursprung, so liegt wieder Typ 3.b vor. Als Symmetrietyp ist also Typ 4.b identisch mit Typ 3.b.

Damit ist nachgewiesen, dass die Automorphismengruppe $\Gamma(B)$ eindeutig durch die Translationen $T(B) = <\tau>$, die Fixgruppenstruktur und die eventuelle Existenz einer nichttrivialen Gleitspiegelung ρ bestimmt ist. Für die folgende Klassifizierung sei wie eben τ_1 die Translation mit $\tau_1^2 = \tau$.

Satz 3.11: Klassifikation der Bandornamente

Typ 1.a: Der einzige Automorphismus mit Fixpunkten ist E. Es gibt keine Gleitspiegelung. Für die Automorphismengruppe gilt

$$\Gamma(B) = T(B) = <\tau> \cong \mathbb{Z}.$$

Typ 1.b: Der einzige Automorphismus mit Fixpunkten ist E. Es gibt eine Achsenspiegelung α mit Achse $\parallel \tau$ derart, dass die Gleitspiegelung $\rho = \tau_1 \circ \alpha$ in $\Gamma(B)$ liegt. Wegen $\rho^2 = \tau$ gilt für die Automorphismengruppe

$$\Gamma(B) = <\rho> \cong \mathbb{Z}.$$

Typ 2: Der einzige Automorphismus außer E mit Fixpunkten ist eine Achsenspiegelung α mit Achse $\parallel \tau$. Es gilt die Relation

$$\alpha \circ \tau = \tau \circ \alpha.$$

Für die Automorphismengruppe gilt

$$\Gamma(B) = <\tau, \alpha> \cong \mathbb{Z} \times \mathbb{Z}_2.$$

Typ 3.a: Die einzigen Automorphismen außer E mit Fixpunkten sind eine Achsenspiegelung β mit Achse $\perp \tau$ und ihre Konjugierten unter $T(B)$. Es gilt die Relation

$$\beta \circ \tau = \tau^{-1} \circ \beta.$$

Die Automorphismengruppe ist eine unendliche Diedergruppe mit

$$\Gamma(B) = <\tau, \beta> \,\underset{2}{\triangleright}\, T(B) = <\tau> \cong \mathbb{Z}.$$

Typ 3.b: Die einzigen Automorphismen außer E mit Fixpunkten sind eine Achsenspiegelung β mit Achse $\perp \tau$ und ihre Konjugierten unter $T(B)$. Es gibt weiter eine Achsenspiegelung α mit Achse $\parallel \tau$ derart, dass die Gleitspiegelung $\rho = \tau_1 \circ \alpha$ in $\Gamma(B)$ liegt. Wegen $\rho^2 = \tau$ und wegen der Relation

$$\beta \circ \rho = \rho^{-1} \circ \beta$$

ist die Automorphismengruppe wieder eine unendliche Diedergruppe mit

$$\Gamma(B) = <\rho, \beta> \,\underset{2}{\triangleright}\, <\tau, \beta> \,\underset{2}{\triangleright}\, T(B) = <\tau> \cong \mathbb{Z}.$$

Typ 4: Die einzigen Automorphismen außer E mit Fixpunkten sind eine Punktspiegelung σ an einem Punkt O und ihre Konjugierten unter $T(B)$. Es gilt die Relation

$$\sigma \circ \tau = \tau^{-1} \circ \sigma.$$

Die Automorphismengruppe ist wieder eine unendliche Diedergruppe mit

$$\Gamma(B) = <\tau, \sigma> \,\underset{2}{\triangleright}\, T(B) = <\tau> \cong \mathbb{Z}.$$

Typ 5: Die einzigen Automorphismen außer E mit Fixpunkten sind eine Achsenspiegelung α mit Achse $\parallel \tau$ und eine Achsenspiegelung β mit Achse $\perp \tau$ und die

Konjugierten von β unter $T(B)$. Es gelten die Relationen

$$\alpha \circ \tau = \tau \circ \alpha, \ \beta \circ \tau = \tau^{-1} \circ \beta \text{ und } \alpha \circ \beta = \beta \circ \alpha.$$

Die Automorphismengruppe ist das direkte Produkt von $<\alpha> \cong \mathbb{Z}_2$ und der verallgemeinerten Diedergruppe $<\tau, \beta>$ mit

$$\Gamma(B) = <\tau, \alpha, \beta> \ = <\alpha> \times <\tau, \beta> \ \underset{2}{\triangleright} \ <\tau, \beta> \ \underset{2}{\triangleright} \ T(B) = <\tau> \ \cong \mathbb{Z}.$$

Man beachte, dass isomorphe, also aus Sicht der Gruppentheorie gleiche Automorphismengruppen aus Sicht der Bandornamente zu verschiedenen Typen führen können! Die obige Liste ist eine Liste der *höchstens* möglichen Typen. Das folgende Bild 4.60 zeigt, dass alle sieben möglichen Symmetrietypen von Bandornamenten auch tatsächlich vorkommen, und schließt damit den Beweis von Satz 4.11. Beachten Sie, dass die gestrichelten Linien nicht zum Bandornament gehören, sondern nur der Übersichtlichkeit dienen. Machen Sie sich jeweils klar, wo die Symmetrieachsen und -zentren liegen und wie die Abbildungen wirken! ∎

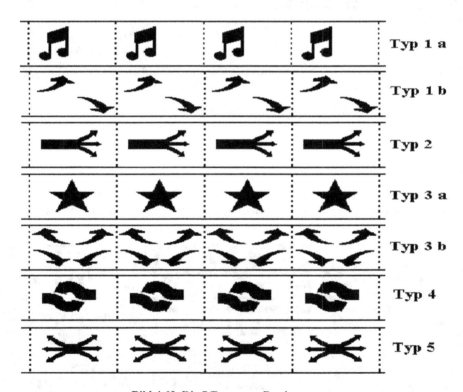

Bild 4.60 Die 7 Typen von Bandornamenten

Alle möglichen Typen kommen auch „in der Realität" vor. Insbesondere arabische Kunsthandwerker haben eine große Formenvielfalt gefunden. Ist der Blick erst einmal etwas geschärft, so kann man auch im Alltag immer wieder Bandornamente erkennen.

Aufgabe 4.13:

Bestimmen Sie den Symmetrietyp bei den Beispielen in den oberen Bildern 4.43 – 48 und in
Bild 4.61 (aus *Faber* (1968), S. 66) von griechischen und arabischen Bandornamenten.

Bild 4.61 Griechische und arabische Bandornamente

Aufgabe 4.14:

Bestimmen Sie den Symmetrietyp der Bandornamente in Bild 4.62. Zeichnen Sie jeweils den
Translationsvektor einer erzeugenden Translation und alle Spiegelachsen und Drehzentren
ein.

Bild 4.62 Verschiedene Bandornamente

Aufgabe 4.15:

a. Sie haben einen Stempel mit dem Stempelabdruck V zur Verfügung. Geben Sie zu allen sieben Symmetrietypen von Bandornamenten jeweils ein Beispiel an, das Sie allein mit diesem Stempel erzeugen können, oder beweisen Sie, dass dies mit dem jeweiligen Typ nicht geht.

b. Bearbeiten Sie Aufgabenteil a. mit dem einen Stempel mit dem Stempelabdruck F.

c. Bearbeiten Sie Aufgabenteil a. mit den anderen möglichen „Buchstabenstempeln".

4.6 Die 17 ebenen kristallographischen Symmetriegruppen

In diesem etwas umfangreicheren Unterkapitel werden Flächenornamente untersucht und klassifiziert, eine Kunstform, die durch die Möglichkeit des Schablonierens zu den ältesten Wandmaltechniken gehört: Man muss nur eine quadratische Schablone herstellen und kann dann ohne Mühe eine ganze Wand wie durch das Abdrücken eines Stempels schmücken. Flächenornamente kommen in allen Kulturkreisen und allen Kunststilen vor, aber auch die einfachste Alltagskunst, ein Badezimmer oder einen Platz mit quadratischen Platten auszulegen, arbeitet damit. In der belebten Natur findet man Flächenornamente, z. B. bei Bienenwaben, aber auch in der unbelebten Natur kristallisieren manche Stoffe in solchen Ornamenten. Durch geeignete Bausteine können Kinder zu spielerischen Aktivitäten angeregt werden. Die Frage nach einer Klassifikation nach Symmetrieaspekten ist eine typisch mathematische und relativ neue Problemstellung, die zentrale mathematische Begriffe und Ideen wie die Gruppentheorie mit Kunst und Architektur verbindet.

4.6.1 Periodische Pflasterungen der Ebene (Flächenornamente)

Sich regelmäßig wiederholende (Flächen-)Ornamente werden seit alters her zur Dekoration von Fußböden, Decken und Wänden benutzt. Andere Sprechweisen für Flächenornamente sind Wandmuster, Tapetenmuster und Parkette. Die englische Bezeichnung *tessellation* kommt vom griechischen Wort τεσσερες (tesseres = vier) und erinnert daran, dass die ersten Flächenornamente aus quadratischen Grundmustern bestanden. Gemeinsames Merkmal ist, dass es viele Symmetrien gibt, was sich wie bei den Bandornamenten mathematisch durch die Symmetriegruppe des Ornaments beschreiben lässt. Der russische Kristallograph *Jewgraf Stepanowitch Federow* (1853 – 1919) leitete im Jahr 1890 die 230 möglichen Raumtypen von dreidimensionalen Kristallgittern ab und hat dann *danach* im Jahr 1891 auch die 17 zweidimensionalen Ornamenttypen aus der Sicht der Symmetrie explizit angegeben. 1924 wurden die Ornamenttypen von *George Pólya* (1887 – 1985) und *Paul Niggli* (1888 – 1953) wiederentdeckt. *Polya* gab als Erster eine „rein mathematische" Klassifikation vom gruppentheoretischen Standpunkt aus an, wie es in diesem Abschnitt auch gemacht werden soll.

Bild 4.63 *G. Pólya*

Von begabten und phantasievollen Kunsthandwerkern wurden schon Jahrhunderte vor der
Erfindung des mathematischen Begriffs „Gruppe", der ziemlich neu ist, Wandmuster geschaffen, in denen alle möglichen Symmetriegruppen realisiert sind! Bekannt sind solche Beispiele
aus dem alten Ägypten, aus China und insbesondere aus dem arabischen Kulturkreis (vgl. Bild
4.64). Verantwortlich für diese Varianz von Ornamenten war das Verbot des Koran, lebendige

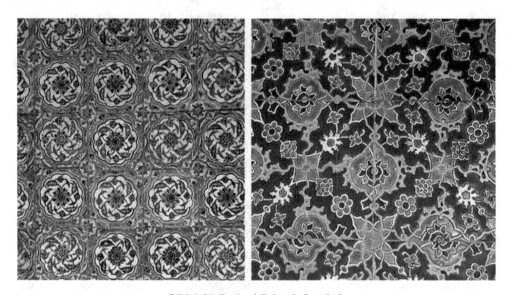

Bild 4.64 Topkapi-Palast in Istanbul

Wesen darzustellen. Besonders viele verschiedene Kachelornamente findet man in der Alhambra in Granada. *Edith Müller* hat eine Promotionsarbeit über die Maurischen Ornamente
in der Alhambra bei dem berühmten Gruppentheoretiker *Andreas Speiser* (1885 – 1970) an
der Universität Zürich geschrieben (*Müller*, 1944). *Müller* berichtet, dass sie bei ihrer Suche
nicht alle 17 Typen gefunden hat (vgl. auch *Flachsmeyer u.a.*, 1990, S. 118). Einige von Edith
Müller gefundene Beispiele sollen Sie später in Aufgabe 4.19 klassifizieren! Anderen Quellen
zufolge findet man alle Typen in der Alhambra; ich selbst habe aber nur 13 verschiedene
Typen dort gesehen. Allerdings kann man in der Tat die in der Alhambra fehlenden Typen bei
anderen Bauwerken der arabischen Welt finden (im Internet werden Sie fündig!).

Dagegen sind die Ornamente im abendländischen Kulturkreis meistens wesentlich weniger
abwechslungsreich; man findet nur wenige Symmetrietypen (in Aufgabe 4.17 müssen Sie
Beispiele aus Italien klassifizieren!). Das Bild 4.65 zeigt ein Beispiel aus Schloss Nymphenburg bei München, Bild 4.66 einen Mosaikfußboden aus der Palastanlage von Knossos auf
Kreta.

In der Alltagskunst gibt es ebenfalls Flächenornamente, wie der Pullover in Bild 4.67 zeigt,
und auch die Natur bringt Formen hervor, die man als Flächenornament beschreiben kann. Ein
Beispiel sind Bienenwaben, wie sie auf der im Jahr 1999 auf den Pitcairn Islands erschienenen
Briefmarke in Bild 4.68 abgebildet sind. Diese Marke ist Teil einer Serie aus vier Marken zur
Bienenzucht, die alle in Sechseckform erschienen sind!

Bild 4.65 Schloss Nymphenburg

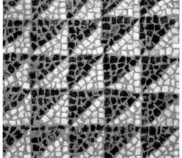

Bild 4.66 Knossos

Bild 4.67 Pullover

Bild 4.68 Bienenwaben

Der niederländische Künstler *Maurits Cornelius Escher* (1898 – 1972) hat sich neben vielen anderen mathematischen Dingen auch intensiv mit Flächenornamenten und ihrer mathematischen Beschreibung beschäftigt. Sein Interesse an deren Geometrie ist 1936 durch einen Besuch der Alhambra geweckt worden. Dort hat er sich die Inspiration zu seinen Flächenornamenten geholt. Einige Beispiele zeigen die Bilder 4.69 – 4.72. Einen umfangreichen Überblick über *Eschers* Werk durch die Brille der Flächenornamente gibt das herrliche Buch von *Caroline H. Mac Gillavry* (1965).

Anschaulich gesehen entsteht ein Flächenornament F durch die Pflasterung der Ebene durch ein *Muster* analog zum Auslegen eines Fußbodens in zwei Richtungen mit einer quadratischen Kachel und ihren Kopien. Mathematisch lässt sich das beschreiben durch zwei linear unabhängige Translationen τ_1, τ_2, die eine Translationsgruppe $T = <\tau_1, \tau_2> \cong \mathbb{Z}^2$ erzeugen.

$$F = \bigcup_{\tau \in T} \tau(Muster)$$

ist dann eine lückenlose und (bis auf die Ränder) überdeckungsfreie Pflasterung der Ebene. In einem einfachsten Fall besteht ein Flächenornament F aus 2 orthogonalen, äquidistanten Parallelenscharen, die eine Teilmenge der Ebene bilden (Bild 4.73). Die beiden ausgezeichneten Translationen bilden diese Menge auf sich ab.

Bild 4.69 Escher I[5]

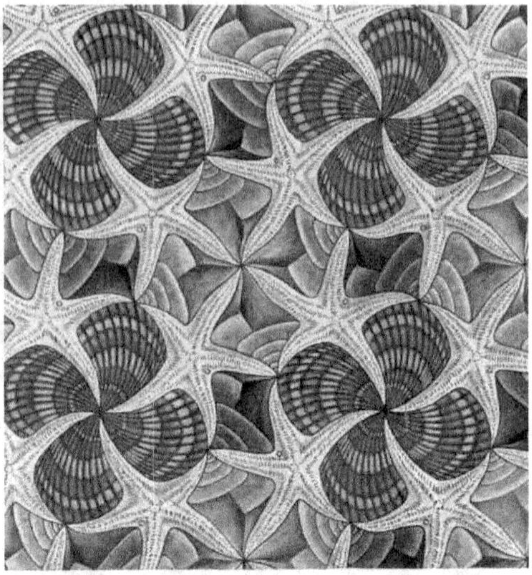

Bild 4.70 Escher II

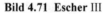

Bild 4.71 Escher III

Bild 4.72 Escher IV

Man studiert also wieder auf den Spuren von *Felix Klein* die Symmetrien des Flächenornaments, die zusammen seine Automorphismengruppe bilden. Diese Idee lässt sich für eine mathematisch präzisere Definition eines Flächenornaments ausnutzen:

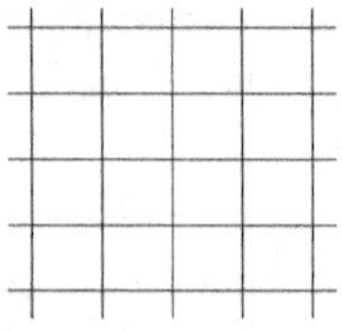

Bild 4.73 Flächen-ornament

Definition 4.4:

Zu einer Teilmenge F der Ebene $\mathbb{R}^2$ sei $\Gamma(F) = \text{Aut}(F)$ die Gruppe aller Symmetrien der Menge F, d. h. aller *Euklidischen* Bewegungen, die F auf F abbilden. Weiter sei $T(F) \leq \Gamma(F)$ die Untergruppe der Translationen von F (was natürlich auch trivial zu $T(F) = \{E\}$ werden kann). F heißt **Flächenornament**, wenn gilt

$$T(F) = <\tau_1, \tau_2> \cong \mathbb{Z}^2 .$$

Es gibt bei einem Flächenornament also 2 linear unabhängige Translationen *minimaler Schublänge*. $T(F)$ ist wieder Normalteiler von $\Gamma(F)$. Eine äquidistante Parallelenschar F (Bild 4.74) ist in diesem Sinne kein Flächenornament, da es zwar 2 linear unabhängige Translationsrichtungen gibt, aber nur senkrecht zur Parallelenrichtung eine Translation minimaler Schublänge. Man könnte die Parallelenschar als ausgeartetes Bandornament betrachten. Die Symmetriegruppe $\Gamma(F)$ des Flächenornaments heißt auch *Wandmustergruppe* oder *ebene kristallographische Gruppe*. Der Name

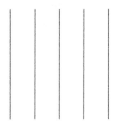

Bild 4.74 Gegenbeispiel

„ebene kristallographische Gruppe" kommt daher, dass beim regelmäßigen Aufbau von Kristallen aus Atomen und Molekülen im $\mathbb{R}^3$ ähnliche Klassifikationsprobleme wie bei den Flächenornamenten im $\mathbb{R}^2$ auftreten, was zu *Federow's* Ansatz geführt hatte. Die Klassifikation der ebenen Flächenornamente ist heute für die Kristallographen der wesentlich einfachere Ausgangspunkt ihrer dreidimensionalen Kristalltypen-Klassifikation.

Die anschauliche *Vorüberlegung*, das Flächenornament durch Aneinanderlegen eines (endlichen) Musters und seiner Kopien zu erzeugen, ist tragfähig: Ist $O \in \mathbb{R}^2$ ein beliebiger Punkt, so bilden die vier Punkte

$$O, \tau_1(O), \tau_2(O), \tau_2\tau_1(O)$$

ein Parallelogramm. (Wie bisher wird das Verkettungssymbol zwischen Abbildungen weggelassen, wenn es keine Verwechslung geben kann.) Der Durchschnitt dieses Parallelogramms mit dem Flächenornament F ergibt eine endliche Teilfigur, aus der man durch Anwenden aller Translationen gerade wieder F erhält (Bild 4.75 nach *Drumm*, 1983, S. 55). In diesem Bild sind auch die beiden Translationsvektoren $\vec{a}_1$ und $\vec{a}_2$ der beiden erzeugenden Translationen τ_1 und τ_2 eingezeichnet.

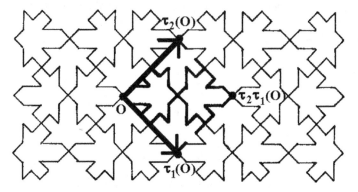

Bild 4.75 Die „erzeugende Kachel"

4.6.2 Wandmuster und zugehöriges Gitter

Wendet man alle Translationen aus $T(F)$ auf einen beliebigen Punkt O an, so erhält man ein (Punkt-)Gitter. Nach Wahl eines anderen Punktes O' wäre ein bis auf die Verschiebung um $\overrightarrow{OO'}$ identisches Gitter entstanden. Man kann daher von *dem* zu F gehörenden Gitter

$$G(F) = \{ \tau(O) \mid \tau \in T(F) \}$$

sprechen. Die Translationen aus $T(F)$ entsprechen umkehrbar eindeutig den Gittervektoren $\vec{b} = \overrightarrow{OP}$ mit $P \in G(F)$. Bild 4.76 zeigt das Gitter $G(F)$ zu dem in Bild 4.75 abgebildeten Flächenornament.

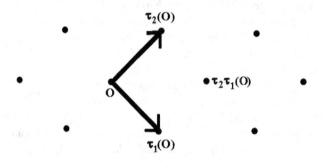

Bild 4.76 Zugehöriges Gitter

Nach Kapitel 4.2 ist bekannt, dass die Bewegungsgruppe $\mathbb{B}$, d. h. die Automorphismengruppe von $\mathbb{R}^2$, aus Translationen, Drehungen, Achsenspiegelungen und Gleitspiegelungen besteht und von den Achsenspiegelungen erzeugt wird. Weiter gilt nach Satz 4.4.e und f

$$T \lhd \mathbb{B} = \mathbb{B}^+ \cup \mathbb{B}^- = \mathbb{B}^+ \cup \sigma \mathbb{B}^+.$$

Dabei ist T der Normalteiler der Translationen. Das Plus-Zeichen beschreibt den Normalteiler der orientierungserhaltenden Bewegungen (die zugehörige Isometrie hat die Determinante +1), das Minus-Zeichen die Teilmenge der orientierungsvertauschenden Bewegungen (die zugehörige Isometrie hat die Determinante −1). σ ist eine beliebige Achsenspiegelung.

Bezüglich einer Orthonormalbasis mit einem beliebigen Punkt O als Ursprung lassen sich nach Satz 4.5 alle Symmetrien $\beta \in \Gamma(F)$ des Flächenornaments wie folgt einfach schreiben: β ist eine Punktabbildung

$$\beta \colon \mathbb{R}^2 \to \mathbb{R}^2, \; X \mapsto X'.$$

Wird weiter

$$\vec{x} = \overrightarrow{OX} \text{ und } \vec{x}' = \overrightarrow{OX'},$$

gesetzt, so gilt in vektorieller Schreibweise

$$\vec{x}' = \beta(\vec{x}) = B\vec{x} + \vec{b}.$$

Dabei ist B die Matrix einer Isometrie des zugehörigen *Euklidischen* Vektorraums, die den Dreh- bzw. Spiegelungsanteil von β beschreibt. Genauer gilt: Ist B die Einheitsmatrix, so ist $\beta \in T$ eine Translation. Jetzt ist $\vec{b}$ ein Gittervektor. Ist B nicht die Einheitsmatrix, aber $\det(B)$

= 1, so ist β eine Drehung um einen geeigneten Drehpunkt. Für det$(B) = -1$ ist β eine Achsen- oder eine Gleitspiegelung. Im Falle einer Gleitspiegelung muss $\vec{b}$ nicht notwendig Gittervektor sein. Wenn es allerdings einen Fixpunkt gibt, d. h. im Falle einer Drehung oder einer Achsenspiegelung, so kann dieser als Ursprung gewählt werden, und $\vec{b}$ verschwindet.

Wichtig ist das folgende Ergebnis, dass jede Symmetrie des Flächenornaments eine Symmetrie des zugehörigen Gitters induziert:

Satz 4.12:

Ist $\beta \in \Gamma(F)$ mit $\vec{x} \mapsto B\vec{x} + \vec{b}$, so ist $\hat{\beta} : \vec{x} \mapsto B\vec{x}$ eine Symmetrie des Gitters, die den ausgezeichneten Punkt O fest lässt.

Beweis:

Es sei $\tau \in T(F)$ mit $\tau(\vec{x}) = \vec{x} + \vec{q}$. Dann ist wegen der Normalteilereigenschaft der Translationsgruppe auch $\beta\tau\beta^{-1} \in T(F)$. Für die Inverse von β rechnet man leicht

$$\beta^{-1}(\vec{x}) = B^{-1}(\vec{x} - \vec{b})$$

nach. Damit gilt

$$\beta\tau\beta^{-1}(\vec{x}) = \beta\tau(B^{-1}\vec{x} - B^{-1}\vec{b}) = \beta(B^{-1}\vec{x} - B^{-1}\vec{b} + \vec{q}) = B(B^{-1}\vec{x} - B^{-1}\vec{b} + \vec{q}) + \vec{b}$$

$$= \vec{x} - \vec{b} + B\vec{q} + \vec{b} = \vec{x} + B\vec{q}.$$

Das heißt aber, dass zu jedem Translationsvektor $\vec{q}$ auch $B\vec{q}$ Translationsvektor ist oder gleichbedeutend, dass das (von O abgetragen gedachte) Gitter $G(F)$ unter der Isometrie B auf sich abgebildet wird, dass also wie behauptet die Isometrie $\vec{x} \mapsto B\vec{x}$ eine Symmetrie des Gitters beschreibt, die O fest lässt.

∎

Die Aussage von Satz 4.12 bedeutet, dass die Dreh- und Spiegelungsanteile aller Symmetrien des Flächenornaments eine Untergruppe $\Gamma_O(F)$ der Gruppe $\Gamma_O(G)$ aller Symmetrien des zugehörigen Gitters $G(F)$ bilden, die den Ursprung O fest lassen. Man beachte bei dieser Überlegung, dass die Abbildungen $\vec{x} \mapsto B\vec{x}$ selbst *nicht notwendig* in $\Gamma(F)$ liegen, man denke an den Fall von Gleitspiegelungen. Ebenfalls wird nicht notwendig *jede* Gittersymmetrie von einer Ornamentsymmetrie induziert.

Das folgende Schema fasst das bisherige Vorgehen zusammen:

Ornament F	Gitter G
Ornamentsymmetrie	**Gittersymmetrie**
$\beta : \vec{x} \mapsto B\vec{x} + \vec{b} \in \Gamma(F)$	$\hat{\beta} : \vec{x} \mapsto B\vec{x} \in \Gamma_O(G)$
Die Symmetrien bilden zusammen die Symmetriegruppe $\Gamma(F)$.	Die induzierten Symmetrien bilden zusammen die Gruppe $\Gamma_O(F)$, die ihrerseits Untergruppe von $\Gamma_O(G)$ ist.

Im folgenden Kapitel 4.6.3 werden also zunächst die möglichen Fixgruppen $\Gamma_O(G)$ eines Gitters untersucht und die dabei möglichen Gitterformen bestimmt. Dies ergibt dann eine Klassifikation der möglichen Dreh- und Spiegelungsanteile B der Symmetrien β in $\Gamma(F)$. Die Untergruppen der möglichen Fixgruppen $\Gamma_O(G)$ sind dann „Kandidaten" für mögliche Untergruppen $\Gamma_O(F)$. Diese werden einzeln in den Kapiteln 4.6.4 und 4.6.5 untersucht.

4.6.3 Die möglichen Gitter-Fixgruppen $\Gamma_O(G)$

Aus Kapitel 4.1 ist bekannt, dass die Gruppe $\mathbb{B}_P$ aller Bewegungen, die den Punkt P fest lassen, eine verallgemeinerte Diedergruppe ist. Genauer gilt

$$\mathbb{B}_P = \mathbb{D}_P \cup \sigma \, \mathbb{D}_P,$$

wobei $\mathbb{D}_P$ die Gruppe aller Drehungen mit Drehzentrum P und σ eine Achsenspiegelung mit Achse durch P ist. Hieraus lassen sich die möglichen Fixgruppen $\Gamma_O(G)$ eines Gitters bestimmen.

Die Translationsgruppe $T(F)$ wird von 2 Translationen τ_1, τ_2 mit linear unabhängigen Schubvektoren $\vec{a}_1$, $\vec{a}_2$ minimaler Länge erzeugt. O. B. d. A. gelte $|\vec{a}_1| \leq |\vec{a}_2|$ und $0 < \sphericalangle(\vec{a}_1, \vec{a}_2) < 180°$ (sonst nimmt man den entgegengesetzten Vektor). Für einen Punkt O sei δ eine echte Drehung aus $\Gamma_O(F)$ mit einem Drehwinkel $\varphi >$ 0. Nach Satz 4.12 bildet δ das Gitter auf sich ab. Es gelte $P = \tau_1(O)$ (Bild 4.77). Dann ist $P' = \delta(P)$ wieder ein Gitterpunkt, und $\overline{PP'}$ ist ein Gitter-Vektor. Das Dreieck OPP' ist gleichschenklig. Wegen der Minimalität des Gittervektors $\vec{a}_1$ muss also $|\overline{PP'}| \geq |\vec{a}_1|$ sein, woraus sofort $\varphi \geq 60°$ folgt. Diese Abschätzung gilt auch für den kleinsten in $\Gamma_O(F)$ vorkommenden Drehwinkel, und alle anderen Drehwinkel von Drehungen in $\Gamma_O(F)$ müssen Vielfache dieses kleinsten sein. Mit φ sei jetzt dieser kleinste Drehwinkel bezeichnet. Die zugehörige Drehung muss endliche Ordnung $m \in \mathbb{N}$ haben, es gilt also $m \cdot \varphi = 360°$. Aus den beiden Bedingungen $m \cdot \varphi = 360°$ und $\varphi \geq 60°$ lassen sich genau die folgenden möglichen Ordnungen und Drehwinkel ableiten:

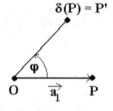

Bild **4.77** Drehung

m	2	3	4	5	6
φ	180°	120°	90°	72°	60°

Man sieht leicht, dass der Fall $m = 5$ nicht vorkommen kann (Bild 4.78): Denn sonst wendet man δ zweimal auf den Punkt P an und erhält $P'' = \delta^2(P)$. Jetzt wurde wegen $\psi = \sphericalangle(P''OR) = 180° - 2 \cdot 72° = 36°$ mit $\overline{RP''}$ ein Gittervektor gefunden, der kürzer als $\vec{a}_1$ ist, was ein Widerspruch ist.

Die „Nachbarpunkte" von O sind die Gitterpunkte P_i mit

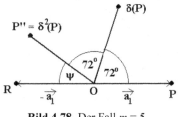

Bild 4.78 Der Fall $m = 5$

$$\overrightarrow{OP_i} = r\vec{a}_1 + s\vec{a}_2 \text{ mit } r, s \in \{-1, 0, 1\}, i = 1, \ldots, 8,$$

die Nummerierung ist wie in Bild 4.79 angedeutet. Dabei gelte $P = P_1$. Der Punkt $\delta(P)$ liegt auf dem Kreis $k(O; |\vec{a}_1|)$. Es wird gezeigt, dass auf diesem Kreis von den Gitterpunkten *höchstens* die Gitterpunkte P_i mit $i = 1, \ldots, 8$ liegen können. Für $|\vec{a}_1| = |\vec{a}_2|$ ist dies klar. Dann liegt nämlich ein *Rauten-Gitter* vor. Für $|\vec{a}_1| < |\vec{a}_2|$ hätte man sonst einen Gittervektor gefunden, der linear unabhängig ist von $\vec{a}_1$ und der kürzer als $\vec{a}_2$ ist, was ein Widerspruch zur Wahl von τ_1, τ_2 mit minimalem $|\vec{a}_1|, |\vec{a}_2|$ ist.

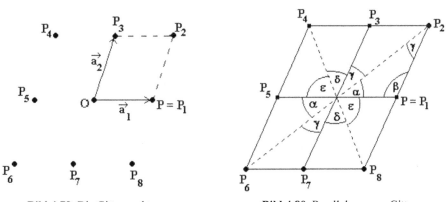

Bild 4.79 Die Gitterpunkte   **Bild 4.80** Parallelogramm-Gitter

Damit, und da der Drehwinkel $0 < \varphi \leq 180°$ ist, gilt $\delta(P) = P_2, P_3, P_4$ oder P_5. Das „allgemeine" Gitter ist ein *Parallelogramm-Gitter*, dessen Winkel sich periodisch wiederholen, wie in Bild 4.80 angedeutet ist. Nun werden die vier Möglichkeiten für $\delta(P)$ untersucht:

Für $\delta(P) = P_2$ gilt zunächst $\varphi = \alpha$. Es gilt weiter

$$\overline{OP_2} = |\vec{a}_1 + \vec{a}_2| = \overline{OP_1} = |\vec{a}_1| \leq |\vec{a}_2|,$$

wobei die letzte Ungleichung wieder die Minimalitätsvoraussetzung über $\vec{a}_1, \vec{a}_2$ ist. Wegen der Minimalität muss dann sogar $|\vec{a}_1 + \vec{a}_2| = |\vec{a}_2|$ sein, sonst hätte man mit $\vec{a}_1 + \vec{a}_2$ einen kürzeren zweiten Translationsvektor gefunden. Das Dreieck OP_1P_2 ist also gleichseitig, der Drehwinkel ist 60°, und die Ordnung von δ ist $m = 6$. Das Gitter ist ein spezielles Rauten-Gitter, ein sogenanntes *Hexagonal-Gitter*. Bei den Hexagonal-Gittern ist $\vec{a}_1 + \vec{a}_2$ oder $\vec{a}_1 - \vec{a}_2$ genauso lang wie $\vec{a}_1, \vec{a}_2$. Das heißt, dass $\tau_1 \tau_2$ oder $\tau_1 \tau_2^{-1}$ als gleichberechtigte minimale Translation dienen könnten. Das Grund-Parallelogramm, das hier eine spezielle Raute ist, zerfällt in 2 kongruente gleichseitige Dreiecke.

Für $\delta(P) = P_3$ gilt zunächst $|\vec{a}_1| = |\vec{a}_2|$, und es liegt auch ein Rauten-Gitter vor. Es gibt drei Möglichkeiten für den Winkel: Ist $\varphi = \alpha + \gamma = 60°$, so haben wir wieder ein Hexagonal-Gitter. Ist $\varphi = \alpha + \gamma = 90°$, so liegt ein *Quadrat-Gitter* vor. Ist $\varphi = \alpha + \gamma = 120°$, so liegt ebenfalls ein Hexagonal-Gitter vor.

Für $\delta(P) = P_4$ gilt zunächst $|\vec{a}_1| = |\overline{OP_4}| = |-\vec{a}_1 + \vec{a}_2| \le |\vec{a}_2|$, also muss wieder wegen der Minimalität $|\vec{a}_1| = |\vec{a}_2|$ gelten. Wegen $OP_5 = OP_4 = OP_3$ ist jetzt OP_4P_5 ein gleichseitiges Dreieck, und es liegt ein Hexagonal-Gitter mit Drehwinkel $120°$ und Ordnung $m = 3$ vor.

Der Fall $\delta(P) = P_5$ ist bei einem Parallelogramm-Gitter stets möglich, es gilt $\varphi = 180°$. Folglich ist $\delta \in \Gamma_O(G)$ eine Punktspiegelung mit $m = 2$. (Es ist allerdings nicht notwendig, dass diese Punktspiegelung $\delta \in \Gamma(F)$ ist.)

Zusammenfassend wurde gezeigt, dass die möglichen *Gitter*-Drehungen die Ordnungen $m = 2$, 4 oder 6 haben (im Fall $m = 3$ wäre ja auch die Punktspiegelung möglich, d. h. in Wirklichkeit liegt auch dann der Gitterfall mit $m = 6$ vor).

Zusätzlich kann eventuell noch eine Achsenspiegelung vorliegen, was dann im Falle eines Parallelogramm-Gitters sogar zu einem *Rechteck-Gitter* oder zu einem Rauten-Gitter führt.

Damit sind die möglichen Fixgruppen $\Gamma_O(G)$ des Gitters und die zugehörigen Gittertypen bestimmt (vgl. Bild 4.81):

Gittertyp	$\Gamma_O(G)$
Parallelogramm-Gitter	zyklische Gruppe $\mathbb{Z}_2$
Rauten-Gitter	Diedergruppe $\mathbb{D}_2$
Rechteck-Gitter	Diedergruppe $\mathbb{D}_2$
Quadrat-Gitter	Diedergruppe $\mathbb{D}_4$
Hexagonal-Gitter	Diedergruppe $\mathbb{D}_6$

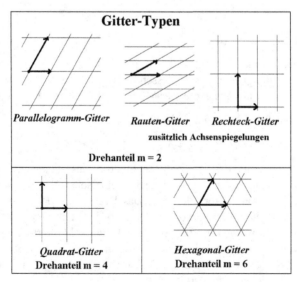

Bild 4.81 Die möglichen Gittertypen

Die von dem Dreh- und Spiegelungsanteil der Flächenornamentgruppe $\Gamma(F)$ induzierte Untergruppe $\Gamma_O(F)$ von $\Gamma_O(G)$ kann dann also eine zyklische Drehgruppe der Ordnung m oder eine Diedergruppe der Ordnung m ($m = 1, 2, 3, 4, 6$) sein.

In den folgenden Abschnitten werden die verschiedenen Möglichkeiten der Reihe nach untersucht und notwendige Bedingungen für mögliche Typen von Flächenornamenten bestimmt. Durch Angabe eines Beispiels wird gezeigt, dass die jeweiligen Bedingungen auch hinreichend sind.

4.6.4 $\Gamma(F)$ enthält nur Drehungen

Nach Kapitel 4.6.3 ist dann $\Gamma_O(F) \cong \mathbb{Z}_m$ mit $m \in \{1, 2, 3, 4, 6\}$. Für $m > 1$ sei $\delta_m \in \Gamma(F)$ eine Drehung der Ordnung m und mit kleinstem Drehwinkel (> 0) zu dieser Ordnung. Diese Drehung möge die Darstellung

$$\delta_m : \vec{x} \mapsto B\vec{x} + \vec{b}$$

haben. Da δ_m einen Fixpunkt hat, kann man diesen als Ursprung O wählen und erhält so die einfachere Darstellung $\delta_m : \vec{x} \mapsto B\vec{x}$. Die Potenzen von δ_m haben dann alle vorkommenden Drehwinkel.

Je 2 Drehungen δ_m und $\tilde{\delta}_m \in \Gamma(F)$ gleichen Drehwinkels unterscheiden sich um eine Translation $\tau \in T(F)$. Um dies nachzurechnen, möge gelten

$$\delta_m : \vec{x} \mapsto B\vec{x}., \text{ also } \delta_m^{-1} : \vec{x} \mapsto B^{-1}\vec{x}, \text{ und } \tilde{\delta}_m : \vec{x} \mapsto B\vec{x} + \vec{c}.$$

Da auch $\tilde{\delta}_m$ einen Fixpunkt hat, ist $\vec{c}$ ein Gittervektor. Weiter muss $\tilde{B} = B$ sein, und es gilt

$$\delta_m^{-1} \circ \tilde{\delta}_m(\vec{x}) = \delta_m^{-1}(B\vec{x} + \vec{c}) = B^{-1}(B\vec{x} + \vec{c}) = \vec{x} + B^{-1}\vec{c}.$$

Also unterscheiden sich die beiden Drehungen, wie behauptet, um eine Translation aus $T(F)$. Die Potenzen von der *einen speziellen* Drehung δ_m und die Translationen erzeugen folglich *alle möglichen* Symmetrien von F. Damit erhält man die fünf ersten Typen von Flächenornamenten (Bild 4.82 – 4.86).

In den folgenden Tabellen wird in der ersten Spalte der Typ des Flächenornaments von 1 bis 17 durchnummeriert und die seit 1952 übliche internationale kristallographische Bezeichnung des jeweiligen Typs angegeben (diese wird später in Kapitel 4.6.6 erklärt). In der zweiten Spalte wird der zugehörige Gittertyp benannt und die Symmetriegruppe des Flächenornaments durch erzeugende Abbildungen angegeben. In der dritten Spalte wird jeweils ein Beispiel (nach *Drumm*, 1983) angegeben, das zeigt, dass der Typ tatsächlich vorkommt (Bild 4.82 – 4.100).

Beachten Sie bei diesen (und den folgenden) Abbildungen, dass das Ornament F *nur* aus den kleinen Dreiecken besteht. Die Gitterlinien dienen ausschließlich zur Orientierung! Jeweils dick eingezeichnet sind die Vektoren $\vec{a}_1$ und $\vec{a}_2$ (am ausgezeichneten Punkt O abgetragen) und ggf. die Achse der ausgezeichneten Spiegelung γ (gestrichelt im Falle einer Gleitspiegelung, durchgezogen im Fall einer Achsenspiegelung).

TYP 1	**Parallelogramm-Gitter**	
$p1$	$\Gamma(F) = T(F)$	
	Bild 4.82	
TYP 2	**Parallelogramm-Gitter**	
$p2$	$\Gamma(F) = \langle \delta_2, T(F) \rangle$ δ_2 Drehung mit Drehwinkel 180° um einem Punkt O	
	Bild 4.83	
TYP 3	**Hexagonal-Gitter**	
$p3$	$\Gamma(F) = \langle \delta_3, T(F) \rangle$ δ_3 Drehung mit Drehwinkel 120° um einem Punkt O	
	Bild 4.84	
TYP 4	**Quadrat-Gitter**	
$p4$	$\Gamma(F) = \langle \delta_4, T(F) \rangle$ δ_4 Drehung mit Drehwinkel 90° um einem Punkt O	
	Bild 4.85	

TYP 5	Hexagonal-Gitter	
$p6$	$\Gamma(F) = \langle \delta_6, T(F) \rangle$	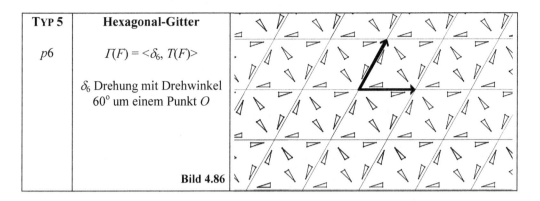
	δ_6 Drehung mit Drehwinkel $60°$ um einem Punkt O	
	Bild 4.86	

4.6.5 $\Gamma(F)$ enthält Achsen- oder Gleitspiegelungen

4.6.5.1 Erzeugung von $\Gamma(F)$

Da es Achsen- oder Gleitspiegelungen gibt, muss nach Kapitel 4.6.3 die induzierte Untergruppe $\Gamma_O(F)$ der Gitterfixgruppe $\Gamma_O(G)$ notwendig eine der fünf Diedergruppen $\mathbb{D}_m$ mit einer Zahl $m \in \{1, 2, 3, 4, 6\}$ sein. Diese Untergruppe besteht also aus den $2m$ Abbildungen

$$\vec{x} \mapsto B^n \vec{x} \quad \text{und} \quad \vec{x} \mapsto S \cdot B^n \vec{x} \quad \text{für} \quad n = 1, ..., m \,.$$

Dabei ist B die Drehmatrix einer Drehung um O mit der Ordnung m und dem kleinstem vorkommenden Drehwinkel ungleich null (bzw. die Einheitsmatrix für $m = 1$). S ist die Spiegelmatrix einer Achsenspiegelung mit Achse durch O. Das bedeutet zunächst, dass $\Gamma(F)$ aus Abbildungen der Form

(1) $\vec{x} \mapsto B^n \vec{x} + \vec{b}_n$, $n = 1, ..., m$,

(2) $\vec{x} \mapsto SB^n \vec{x} + \vec{c}_n$, $n = 1, ..., m$

besteht. Wieder unterscheiden sich 2 Abbildungen vom Typ (1) (bzw. zwei Abbildungen vom Typ (2)) mit demselben n nur um eine Translation aus $T(F)$. Dies rechnet man genauso wie in Kapitel 4.6.4 nach. Also kann man zwei *spezielle* Abbildungen wählen:

eine Drehung δ_m um O der Ordnung m mit $\delta_m(\vec{x}) = B\vec{x}$ (analog zu 4.6.4) und

eine Symmetrie γ mit $\gamma(\vec{x}) = S\vec{x} + \vec{c}$,

so dass sich *jede* Symmetrie aus $\Gamma(F)$ als Verkettung $\gamma^a \circ \delta_m^n \circ \tau$ mit $a \in \{0, 1\}$ und mit $n \in \{1, ..., m\}$ und $\tau \in T(F)$ schreiben lässt, d. h., es gilt

$$\Gamma(F) = \langle \gamma, \delta_m, T(F) \rangle.$$

Nach der Wahl von δ_m und O sind alle *eigentlichen* Bewegungen von der Form

$$\vec{x} \mapsto B^n \vec{x} + \vec{a}$$

mit einer wie oben beschrieben Matrix B und einem Gittervektor $\vec{a}$. Die Symmetrie γ ist jedoch eine Achsen- oder eine Gleitspiegelung, der Translationsvektor $\vec{c}$ braucht *kein* Gittervektor zu sein. Aus nur fünf möglichen Typen von $\Gamma_O(F)$ erhält man daher 12 verschiedene

Typen von $\Gamma(F)$. Dies muss nun einzeln untersucht werden. Bei den folgenden Tabellen ist δ_m jeweils die (willkürlich) ausgezeichnete Drehung mit Drehpunkt O.

4.6.5.2 $\Gamma_0(F) \cong \mathbb{D}_1$

Nach den Überlegungen in Kapitel 4.6.3 liegt jetzt (mindestens) ein Rauten-Gitter oder ein Rechteck-Gitter vor. Nach 4.6.5.1 gilt

$$\Gamma(F) = <\gamma, T(F)> \text{ mit } \gamma : \vec{x} \mapsto S\vec{x} + \vec{c},$$

wobei $\vec{x} \mapsto S\vec{x}$ eine Achsenspiegelung des Gitters ist.

a. Es möge ein Rauten-Gitter vorliegen

Die Spiegelachse f der Gitterspiegelung ist o. B. d. A. die Diagonale des von $\vec{a}_1$ und $\vec{a}_2$ aufgespannten Grund-Parallelogramms. Die Symmetrie γ ist also entweder auch eine Achsenspiegelung mit Achse $\| f$ (dann kann man aber o. B. d. A. den Ursprung O auf diese Achse legen und erhält $\gamma: \vec{x} \mapsto S\vec{x}$) oder eine Gleitspiegelung mit einer Achse $g \| \vec{a}_1 + \vec{a}_2$ und einem Gleitvektor $\lambda(\vec{a}_1 + \vec{a}_2)$ mit $\lambda \in \mathbb{R} \setminus \{0\}$. Im zweiten Fall kann nach Verkettung mit geeigneten Potenzen von $\tau_1 \tau_2$ sogar $0 < \lambda < 1$ erreicht werden. Da γ^2 eine Translation aus $T(F)$ mit Vektor $2\lambda(\vec{a}_1 + \vec{a}_2)$ ist, folgt $2\lambda = 1$. Genauer gilt also im zweiten Fall:

γ ist Gleitspiegelung mit Gleitvektor $\dfrac{1}{2}(\vec{a}_1 + \vec{a}_2)$ und Gleitachse g.

Beide Fälle sind *aber* äquivalent und führen zur selben Symmetrie-Gruppe $\Gamma(F)$: Ist nämlich im ersten Fall γ Achsenspiegelung mit Achse f in $\Gamma(F)$ (Bild 4.87), so ist nach Satz 4.4.d die Symmetrie $\tau_1 \gamma$ eine Gleitspiegelung in $\Gamma(F)$ wie im zweiten Fall mit entsprechender Achse g und Gleitvektor

$$\frac{1}{2}(\vec{a}_1 + \vec{a}_2) .$$

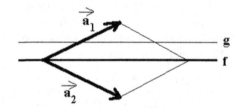

Bild 4.87 Rautengitter

Liegt umgekehrt Fall 2 vor, und ist γ die Gleitspiegelung in $\Gamma(F)$, so ist $\tau_1^{-1}\gamma$ die Fall 1 entsprechende Achsenspiegelung in $\Gamma(F)$. Damit ist der Symmetrie-Typ 6 gefunden, dessen Existenz das Ornament von Bild 4.88 zeigt.

Die Spiegelachse von γ und alle weiteren Spiegelachsen bzw. Gleitspiegelachsen sind zueinander parallel im Abstand

$$\frac{1}{2}|\vec{a}_1 - \vec{a}_2| .$$

Die Mittelparallele zweier benachbarter Spiegelachsen ist jeweils eine Gleitspiegelachse.

TYP 6	Rauten-Gitter	
cm	$\Gamma(F) = <\gamma, T(F)>$	
	γ Achsenspiegelung	
	Bild 4.88	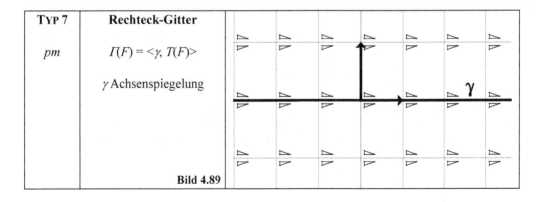

b. Es möge ein Rechteck-Gitter vorliegen

Die *Spiegelachse f* der Gitterspiegelung γ ist o. B. d. A. parallel zum Vektor $\vec{a}_1$ und enthält den Punkt O. Die Symmetrie γ kann also entweder als Achsenspiegelung an f von der Form

$$\gamma : \vec{x} \mapsto S\vec{x}$$

oder als Gleitspiegelung mit einer Achse $g \parallel \vec{a}_1$ und einem Gleitvektor

$$\lambda \vec{a}_1 \text{ mit } \lambda \in \mathbb{R}\backslash\{0\}$$

angesetzt werden. Wie bei Fall a. folgt dann sogar $\lambda = \dfrac{1}{2}$, und man kann schreiben

$$\gamma : \vec{x} \mapsto S\vec{x} + \frac{1}{2}\vec{a}_1.$$

Im Gegensatz zu Fall a. führt dies jetzt jedoch zu zwei verschiedenen Symmetrie-Typen, wie die beiden folgenden Flächenornamente (Bild 4.89 und 4.90) zeigen. Der erste Typ 7 hat nur Achsenspiegelungen, der zweite Typ 8 nur Gleitspiegelungen.

TYP 7	Rechteck-Gitter	
pm	$\Gamma(F) = <\gamma, T(F)>$	
	γ Achsenspiegelung	
	Bild 4.89	

TYP 8	Rechteck-Gitter	
pg	$\Gamma(F) = <\gamma, T(F)>$	
	γ Gleitspiegelung	
	Bild 4.90	

4.6.5.3 $\Gamma_O(F) \cong \mathbb{D}_2$

Wieder liegt nach Kapitel 4.6.3 ein Rauten- oder ein Rechteck-Gitter vor. In jedem Fall gibt es zwei zueinander senkrecht stehende Gitter-Achsen-Spiegelungen.

a) Es möge ein Rauten-Gitter vorliegen

Ganz genauso wie in Kapitel 4.6.5.2, Fall a, folgt, dass die beiden Gitterachsenspiegelungen (mit Achsen parallel zu den Diagonalen des Grund-Parallelogramms) jeweils von einer Achsen- oder einer Gleitspiegelung aus $\Gamma(F)$ herrühren, was aber in beiden Fällen zum selben Symmetrie-Typ 9 führt. Das folgende Flächenornament (Bild 4.91) zeigt die Existenz dieses Typs:

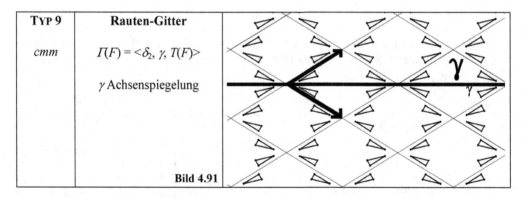

TYP 9	Rauten-Gitter	
cmm	$\Gamma(F) = <\delta_2, \gamma, T(F)>$	
	γ Achsenspiegelung	
	Bild 4.91	

Es gibt zueinander senkrechte Scharen von Spiegel- bzw. Gleitspiegelachsen, über deren Abstände Analoges wie im letzten Absatz von Kapitel 4.6.5.2, Fall a., gilt. Schnittpunkte von 2 orthogonalen Spiegelachsen bzw. Gleitspiegelachsen sind Drehpunkte der Ordnung 2.

b. Es möge ein Rechteck-Gitter vorliegen

Hier sind die Achsen der beiden Gitter-Achsenspiegelungen parallel zu den Seiten des Grund-Parallelogramms; sie rühren also von zwei Ornament-Symmetrien γ_1, γ_2 aus $\Gamma(F)$ her, die Achsen- oder Gleitspiegelungen sind. Dies ergibt 3 Symmetrietypen, je nachdem, ob γ_1, γ_2

beide Achsen-, beide Gleitspiegelungen sind oder ob einmal eine Gleit-, einmal eine Achsen-spiegelung vorliegt. Im Falle der Gleitspiegelung ist der zugehörige Gleitvektor halb so lang wie der entsprechende Translationsvektor $\vec{a}_1$ bzw. $\vec{a}_2$. Die drei folgenden Flächenornamente (Bild 4.92 – 94) zeigen die Existenz der Typen.

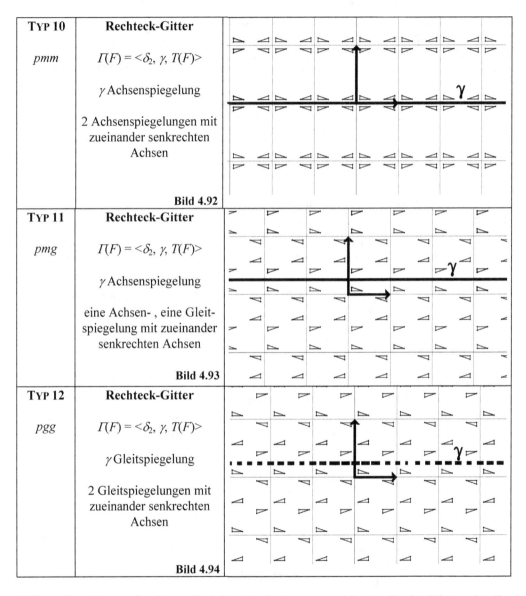

TYP 10	**Rechteck-Gitter**	
pmm	$\Gamma(F) = \langle \delta_2, \gamma, T(F) \rangle$	
	γ Achsenspiegelung	
	2 Achsenspiegelungen mit zueinander senkrechten Achsen	
	Bild 4.92	
TYP 11	**Rechteck-Gitter**	
pmg	$\Gamma(F) = \langle \delta_2, \gamma, T(F) \rangle$	
	γ Achsenspiegelung	
	eine Achsen- , eine Gleit-spiegelung mit zueinander senkrechten Achsen	
	Bild 4.93	
TYP 12	**Rechteck-Gitter**	
pgg	$\Gamma(F) = \langle \delta_2, \gamma, T(F) \rangle$	
	γ Gleitspiegelung	
	2 Gleitspiegelungen mit zueinander senkrechten Achsen	
	Bild 4.94	

Falls γ eine Achsenspiegelung mit Achse durch den ausgezeichneten Punkt O ist, so ist die Verkettung $\gamma\delta_2$ die zweite Achsenspiegelung mit dazu senkrechter Achse durch O; es liegt also Typ 10 vor.

Bei Typ 11 enthält die Achse der Achsenspiegelung folglich den Punkt O nicht.

4.6.5.4 $\Gamma_O(F) \cong \mathbb{D}_3$

Nach Kapitel 4.6.3 liegt jetzt ein Hexagonal-Gitter
vor. Beim Hexagonal-Gitter ist die Gitter-Fixgruppe

$$\Gamma_O(G) \cong \mathbb{D}_6,$$

erzeugt von der Drehung ρ um O mit Winkel 60°
und der Achsenspiegelung σ an der Geraden durch
O parallel zu $\vec{a}_1$ (Bild 4.95). Es gibt genau 2 Untergruppen von $\Gamma_O(G)$ vom Typ $\mathbb{D}_3$, nämlich folgende
Gruppen:

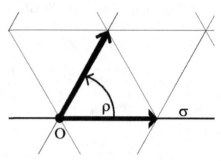

Fall a: $<\rho^2, \sigma>$ mit den 3 Spiegelachsen parallel zu
den Seiten des von $\vec{a}_1$ und $\vec{a}_2$ aufgespann-
ten „Grunddreiecks".

Bild 4.95 Hexagonalgitter

Fall b: $<\rho^2, \sigma\rho>$ mit den 3 Spiegelachsen parallel zu den Höhen des „Grunddreiecks".

Will man eine der Spiegelachsen wie in Kapitel 4.6.5.3, Fall a), als „Diagonale der Grundraute" verstehen, so muss man geeignete Paare erzeugender Translationen wählen.

Diese Symmetrien des Gitters rühren her von Symmetrien des Flächenornaments, so dass es
analog die folgenden zwei Möglichkeiten für die Symmetriegruppe des Ornaments gibt:

Fall a: $\Gamma(F) = <\gamma_1, \delta_3, T(F)>$, wobei γ_1 eine Gleit- oder Achsenspiegelung des Ornaments mit
Achse parallel zu $\vec{a}_1$ ist.

Fall b: $\Gamma(F) = <\gamma_2, \delta_3, T(F)>$, wobei γ_2 eine Gleit- oder Achsenspiegelung des Ornaments mit
Achse parallel zu $\vec{a}_1 + \vec{a}_2$ ist.

δ_3 ist in jedem Fall die Drehung um O mit Winkel 120°. Wie schon im Falle des Rauten-
Gitters in Kapitel 4.6.5.2, Fall a), gezeigt, führen jedoch Achsen- und Gleitspiegelung zum
selben Symmetrietyp. Damit haben wir zwei weitere neue Symmetrietypen gefunden, deren
Existenz durch die folgenden Ornamente (Bild 4.96 und 4.97) gesichert ist.

TYP 13	Hexagonal-Gitter	
*p*31*m*	$\Gamma(F) = <\delta_3, \gamma, T(F)>$ γ Achsenspiegelung an Achse durch O und paral-lel zu $\vec{a}_1$	
	Bild 4.96	

TYP 14 $p3m1$	**Hexagonal-Gitter** $\Gamma(F) = \langle\delta_3,\, \gamma,\, T(F)\rangle$ γ Achsenspiegelung an Achse durch O und parallel zu $\vec{a}_1 + \vec{a}_2$ **Bild 4.97**	

4.6.5.5 $\Gamma_O(F) \cong \mathbb{D}_4$

Nach Kapitel 4.6.3 liegt ein Quadrat-Gitter vor. In jedem Fall gibt es die Drehung δ_4 um O mit Winkel $90°$ in $\Gamma(F)$. Die vier Achsen (von Achsenspiegelungen bei den Gittersymmetrien, von Gleit- oder Achsenspiegelungen beim Flächenornament) sind parallel zu den Vektoren $\vec{a}_1$, $\vec{a}_2$, $\vec{a}_1 + \vec{a}_2$ bzw. $\vec{a}_1 - \vec{a}_2$.

Man kann das Quadrat-Gitter einmal als Rauten-Gitter (mit $\Gamma_O \cong \mathbb{D}_2$) auffassen und die Ergebnisse von Kapitel 4.6.5.3, Fall a), anwenden und einmal als Rechteck-Gitter (mit $\Gamma_O \cong \mathbb{D}_2$) mit den Ergebnissen von Kapitel 4.6.5.3, Fall b).

Fall a: Wenn es *eine* Achsenspiegelung γ aus $\Gamma(F)$ mit Achse durch den Viererdrehpunkt O gibt, dann sind *alle* Achsen solche von Achsenspiegelungen $\gamma\delta_4^n$, $n \in \{1, 2, 3, 4\}$. Als Rauten-Gitter liegt Typ 9, als Rechteck-Gitter Typ 10 vor, was zusammen den folgenden Typ 15 ergibt.

Fall b: Es gibt *keine* Achsenspiegelung aus $\Gamma(F)$ mit Achse durch O. Als Rauten-Gitter gesehen liegt wieder Typ 9 vor, nur schneiden sich die Paare orthogonaler und diagonaler Achsen der Achsenspiegelungen aus $\Gamma(F)$ nicht in Viererdrehpunkten wie O, sondern in Zweierdrehpunkten in der Mitte zwischen zwei Viererdrehpunkten. Läge als Rechteck-Gitter Typ 11 vor, so gäbe es eine weitere Spiegelachse. Diese würde die Spiegelachsen vom Rautentyp 9 unter $45°$ schneiden, was zu Schnittpunkten führen würde, die ihrerseits Viererdrehpunkte sind. Dann hätte man aber Fall a. Also gehört das Quadrat-Gitter als Rechteck-Gitter gesehen zum Typ 12, was zusammen den folgenden Typ 16 ergibt.

Die beiden angegebenen Flächenornamente (Bild 3.98 und 3.99) zeigen die Existenz von Typ 15 und 16.

Typ 15	Quadrat-Gitter	
p4m	$\Gamma(F) = \langle\delta_4,\ \gamma,\ T(F)\rangle$ γ Achsenspiegelung an Achse durch O und parallel zu $\vec{a}_1$	
	Bild 4.98	
Typ 16	Quadrat-Gitter	
p4g	$\Gamma(F) = \langle\delta_4,\ \gamma,\ T(F)\rangle$ γ Achsenspiegelung an Achse durch einen Zweierdrehpunkt und parallel zu $\vec{a}_1 + \vec{a}_2$	
	Bild 4.99	

4.6.5.6 $\Gamma_0(F) \cong \mathbb{D}_6$

Die Ergebnisse von Kapitel 4.6.5.4 lassen sich jetzt anwenden: Beide Fälle a. und b. von dort sind gleichzeitig enthalten, es gibt also nur einen weiteren Typ, dessen Existenz durch das angegebene Flächenornament (Bild 4.100) gesichert ist.

Typ 17	Hexagonal-Gitter	
p6m	$\Gamma(F) = \langle\delta_6,\ \gamma,\ T(F)\rangle$ γ Achsenspiegelung an einer Achse durch O und parallel zu $\vec{a}_1$	
	Bild 4.100	

4.6.6 Übersicht über die Symmetrietypen

Bild 4.101 zeigt eine Übersicht über alle 17 Symmetrietypen (nach *Schattschneider*, 1978). Die Bezeichnung „**TYP** *n*" für *n* = 1, ..., 17 verweist auf die in den Kapiteln 4.6.4 und 4.6.5 verwendete Aufzählung. In übersichtlicher Art sind jeweils für ein von $\vec{a}_1$, $\vec{a}_2$ aufgespanntes

Grund-Parallelogramm Spiegelachsen, Gleitspiegelachsen und Drehpunkte (unterschieden nach ihrer Ordnung) eingezeichnet. Diese Symmetrien setzen sich dann durch die Translationen auf die gesamte Ebene fort.

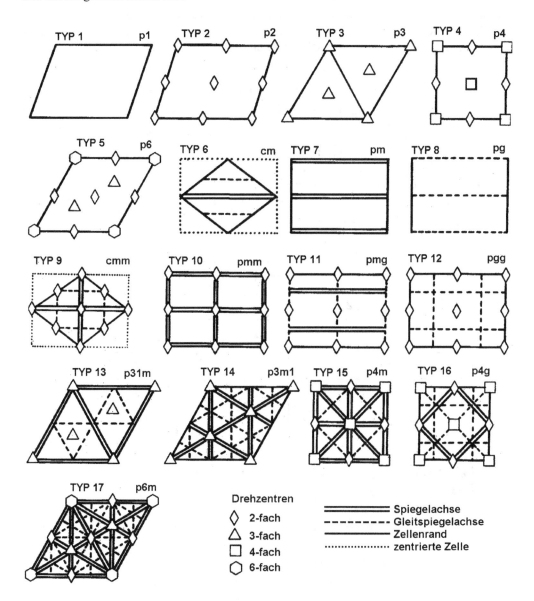

Bild 4.101 Die 17 Symmetrietypen von Flächenornamenten

Die angegebenen, international üblichen kristallographischen Bezeichnungen bestehen in vollständiger Form aus 4 Symbolen $\boxed{A|B|C|D}$, z. B. $p31m$. Zunächst wird eine charakterisierende „Zelle" gewählt, die bis auf die beiden Typen 6 und 9 unser Grund-Parallelogramm als „primitiver Zelle" ($A = p$) ist. Auf dem Rand und im Innern der Zelle sind die Drehpunkte eingezeichnet. In den Ecken der Zelle sind Drehpunkte der höchsten vorkommenden Ordnung *m*. In den beiden Ausnahmen (Typ 6 und Typ 9) ist eine „zentrierte Zelle" (*A* = *c* für centered) so gewählt, dass die Spiegelachsen senkrecht zu einer Seite der Zelle sind.

Das Symbol *B* ∈ {1, 2, 3, 4, 6} gibt die höchste vorkommende Ordnung einer Drehung an. Die dritte Stelle mit dem Symbol *C* betrifft die Existenz von Spiegel- oder Gleitspiegelachsen parallel zur („normal liegenden") x-Achse der Zelle, genau bedeutet

$$C = \begin{cases} 1 & \text{es gibt keine solchen Achsen,} \\ m & \text{es gibt Spiegelachsen (} m \text{ für mirror),} \\ g & \text{es gibt Gleitspiegelachsen.} \end{cases}$$

Analog bezeichnet der Buchstabe *D* ∈ {1, *m*, *g*} die Existenz solcher Achsen, die um den minimal vorkommenden Drehwinkel gegen die *x*-Achse gedreht sind. Diese Bezeichnungen werden meistens noch verkürzt, wenn es möglich ist, z. B. *p*1 anstelle von *p*111, *pmm* an Stelle von *p*2*mm* und *p*6*m* anstelle von *p*6*mm*.

Das folgende Bild 4.102 (nach *Quaisser*, 1995, S. 87) gibt eine Anleitung, um bei einem konkret gegebenen Flächenornament den Symmetrietyp zu finden.

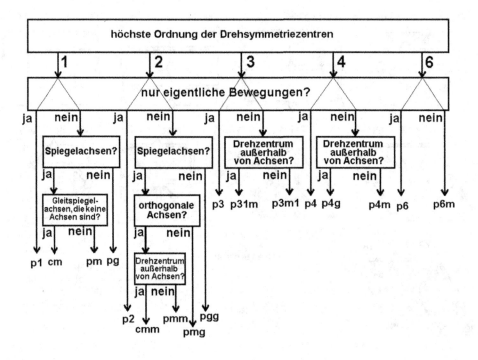

Bild 4.102 Bestimme den Symmetrietyp!

Die nötigen Fallunterscheidungen sind bei einem konkreten Flächenornament einfach zu treffen. Man stellt zuerst die höchste mögliche Drehsymmetrieordnung *m* und dann die Existenz bzw. Nichtexistenz von Gleit- oder Achsenspiegelungen fest. Im Falle von $m = 1$ oder 2 muss man dann allerdings genauer hinschauen.

Vergessen Sie diese Anleitung nicht, wenn Sie das nächste Mal die Alhambra in Granada besuchen!

4.6.7 Untersuchung von Flächenornamenten

In diesem Teilkapitel sollen Sie die Symmetriegruppen aus gruppentheoretischer Sicht untersuchen, eigene Flächenornamente entwerfen und an verschiedenen Beispielen den Symmetrietyp von Flächenornamenten bestimmen.

Empfehlenswert ist auch ein Ausflug ins Internet: Wenn Sie in einer Suchmaschine wie *Google* die Begriffe „Flächenornament", „Escher", „Tessellation" o. Ä. eingeben, werden Ihnen viele Internetseiten angeboten, die ganz unterschiedliche Aspekte ansprechen. Viele Beispiele zu den 17 Symmetriegruppen findet man in Wikipedia unter „Ebene kristallografische Gruppen". Es gibt auch schöne Java-Programme, mit denen man interaktiv am Computer alle 17 verschiedenen Symmetrietypen erzeugen kann. Ein überzeugendes Beispiel ist der *Escher Web Sketch* der Autoren *Wes Hardakert, Nicolas Schoeni* und *Gervais Chapuis*, Universität Lausanne, der unter

```
http://escher.epfl.ch/escher/
```

verfügbar ist. Sie wählen einen der siebzehn Symmetrietypen und die Größe der Grundkachel und können dann mit verschiedenen Zeichenwerkzeugen und Farben einen großen Bildschirmausschnitt kacheln. Das Programm kann frei aus dem Internet geladen werden, sogar der Source Code ist frei verfügbar.

Aufgabe 4.16:

Untersuchen Sie, welche Symmetriegruppen der 17 Typen aus gruppentheoretischer Sicht isomorph sind.

Aufgabe 4.17:

Entwerfen Sie 17 Muster zu den 17 Symmetrietypen, die nur aus Quadrat- bzw. Hexagonalgittern bestehen. Es gibt hierzu auch schöne Symmetriebausteine (z. B. Kinderspielzeug aus farbigen Bausteinen mit quadratischer oder gleichseitig-dreieckiger Grundseite).

Aufgabe 4.18:

Bestimmen Sie den Symmetrietyp der in den Bildern 4.64 – 4.72 dargestellten Flächenornamente.

Aufgabe 4.19:

Bild 4.103 enthält Flächenornamente aus Kirchen in Norditalien. Bestimmen Sie jeweils den Symmetrietyp des Ornaments.

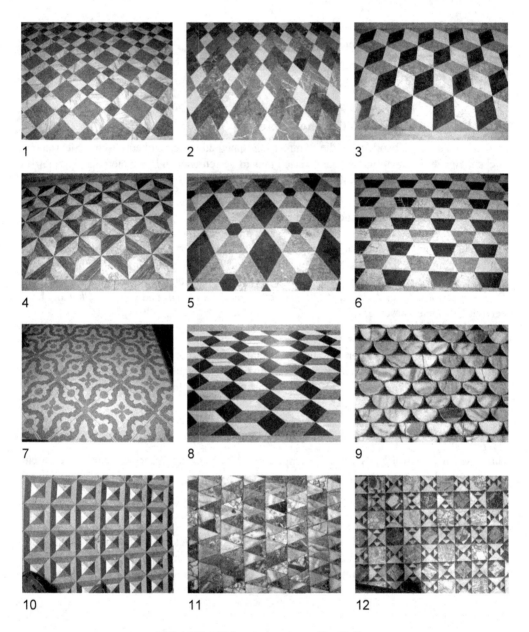

Bild 4.103 Flächenornamente aus Norditalien

Aufgabe 4.20:

Bild 4.104 enthält Flächenornamente aus der Alhambra in Granada, die *Edith Müller* (1944) für ihre Dissertation gesammelt hat. Bestimmen Sie jeweils den Symmetrietyp des Ornaments.

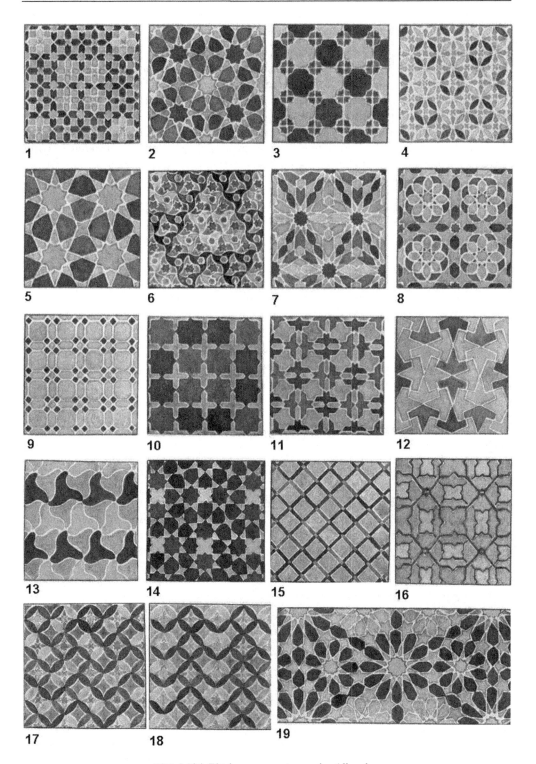

Bild 4.104 Flächenornamente aus der Alhambra

4.6.8 Die fünfeckigen Kacheln von *Rosemary Grazebrook*

Die Künstlerin *Rosemary Grazebrook* hat Kacheln entworfen, mit deren Hilfe sich 16 der 17 Symmetrietypen von Flächenornamenten realisieren lassen (vgl. *Stewart*, 2000; *Schatz*, 2001). Diese Kacheln werden auch tatsächlich hergestellt, woran Sie beim nächsten Umbau Ihres Bades denken sollten. Genauer verwendet Frau *Grazebrook* kongruente fünfeckige Kacheln, die in fünf verschiedenen Arten gefärbt sind, und regelmäßige Sechseck-Kacheln. Nach den bisherigen Ergebnissen kann man mit regelmäßigen Fünfecken die Ebene nicht auslegen, so dass es nicht wundert, dass die fünfeckigen Kacheln nicht regelmäßig sein können (Bild 4.105).

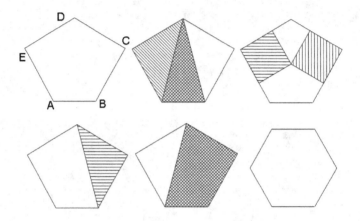

Bild 4.105 Die sechs Kacheltypen von *Rosemary Grazebrook*

Die Fünfeck-Kachel hat bei *A*, *B* und *D* jeweils einen Innenwinkel von 120°, bei *C* und *E* einen rechten Winkel. Die Seiten *BC*, *CD*, *DE* und *EA* sind gleich lang, die Seite *AB* ist etwas kürzer. Die Kachel rechts oben ist dadurch gekennzeichnet, dass die beiden Quadrate einen Eckpunkt gemeinsam haben. Das Sechseck hat die gleiche Seitenlänge wie *AB*. Damit sind die Kachel-Typen eindeutig festgelegt.

Aufgabe 4.21:

a. Die Seitenlänge sei auf $\overline{BC}$ = 1 festgelegt. Konstruieren Sie die verschiedenen Kacheln und bestimmen Sie die Längen der anderen Seiten und der Diagonalen.

b. Bestimmen Sie alle Möglichkeiten, um mit den beiden Grundkacheln (Fünfeck und Sechseck) die Ebene zu pflastern.

c. Versuchen Sie jetzt, mit Hilfe der gefärbten Fünfeck-Kacheln möglichst viele der siebzehn Symmetrietypen zu legen.

4.6.9 Die nichtperiodischen Flächenornamente von *Roger Penrose*

Nachdem wir uns ausführlich mit den periodischen Pflasterungen der Ebene beschäftigt haben, soll in diesem abschließenden
Teilkapitel ein kleiner Einblick in die faszinierende Welt der
nichtperiodischen Pflasterungen gegeben werden. Ein besonders
einfaches Muster von subtiler Formschönheit hat im Jahr 1973
der in Oxford lehrende Mathematiker *Roger Penrose* (geb.
1931) erfunden (*Penrose*, 1979). Er kommt mit nur zwei Flie-
sen-Typen aus, einem *Drachen* D und einer *Schwalbe* S, die
durch geeignete Zerlegung einer speziellen Raute entstehen
(Bild 4.107). *Penrose* spricht von „kites" und „darts".

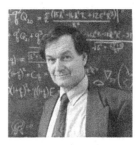

Bild 4.106 *Penrose*

Aufgabe 4.22: Drachen und Schwalben nach *Penrose*

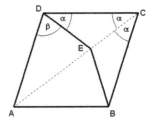

Die *Penrose*-Raute *ABCD* und der Punkt *E* auf der Diagonalen *AC* in Bild 4.107 sind definiert durch die Win-
kel $\alpha = 36^0$ und $\beta = 72^0$. Der Punkt *E* definiert den *Dra-*
chen ABED und die *Schwalbe BCDE*. Es gilt $\overline{BE} =$
$\overline{CE} = \overline{DE}$. Die Streckenlänge sei wieder auf $\overline{BE} = 1$
normiert. Zeigen Sie, dass dann

$$\overline{AB} = \overline{AE} = \Phi = \frac{1}{2}(\sqrt{5}+1) = 1{,}6180...$$

Bild 4.107 Drachen und Schwalbe

die Zahl des goldenen Schnitts ist (vgl. auch Kapitel 3.7.3.1). Der Punkt *E* teilt also die Diagonale *AC* im Verhältnis des Goldenen Schnitts.

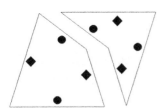

Bild 4.108 Anlegeregel

Am besten basteln Sie sich mehrere Dutzend Schwalben und
Drachen, um das Aneinanderlegen zu probieren. Man kann
natürlich mit Drachen und Schwalben auch periodische Muster

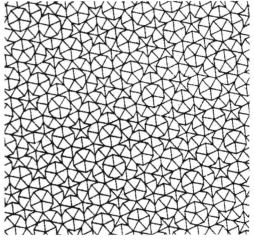

legen, indem man sie z. B. zur Grundraute
in Bild 4.107 zusammenlegt und mit dieser
dann die Ebene periodisch überdeckt. Damit
nichtperiodische Pflasterungen entstehen
können, müssen Sie auf die **Anlegeregel** in
Bild 4.108 achten, dass nur Seiten mit verschiedenen Symbolen, wie in Bild 4.108
durch Rauten und Kreise dargestellt, beim
Zusammenlegen aneinanderstoßen dürfen.
Bild 4.109 zeigt einen Ausschnitt aus einem
solchen nichtperiodischen Parkett.

Bild 4.109: *Penrose*-Parkett

Sie können auch die Seiten farblich unterscheiden oder kleine „Nasen" und „Kerben" anbringen, so dass man die Fliesen gar nicht anders zusammenlegen kann. Dies hat *Albrecht Beutelspacher* für das *Penrose*-Puzzle seiner Wanderausstellung *Mathematik zum Anfassen* gemacht: Es gibt dort gelbe Schwalben und rote Drachen (Bild 4.110). Diese Ausstellung hat übrigens seit November 2002 ein endgültiges Heim im *Mathematikum* in Gießen gefunden; nähere Informationen und Hinweise finden Sie auf der Homepage

http://www.mathematikum.de.

Bild 4.110 *Penrose*-Puzzle von *Albrecht Beutelspacher*

Roger Penrose hat für seine Fliesen den folgenden Satz bewiesen:

Satz 4.13: Nichtperiodische *Penrose*-Parkettierung

- Es ist möglich, die Ebene mit Schwalben und Drachen unter Beachtung der Anlegeregel vollständig zu pflastern.

- Es ist *nicht* möglich, unter Beachtung der Anlegeregel eine periodische Pflasterung zu finden, d. h., alle solchen Parkettierungen sind nichtperiodisch.

Der **Beweis** verläuft in mehreren Schritten (vgl. *Wolfgang Trinks*, 1988):

a. In Bild 4.109 erkennt man verschiedene Strukturen, bei denen Drachen und Schwalben einen 360^0-Winkel bzw. eine vollständige Ecke bilden. Wenn Sie mit Ihren Drachen D und Schwalben S etwas spielen und die D- und S-Winkel in Bild 4.107 beachten, so erkennen Sie, dass es genau sieben Möglichkeiten gibt, wie Sie Drachen und Schwalben zu einer vollständigen Ecke zusammenlegen können. Ich habe diese sieben für Bild 4.111 aus Pappe-Fliesen zusammengestellt. Interessanterweise weisen zwei davon eine fünfzählige Symmetrie auf.

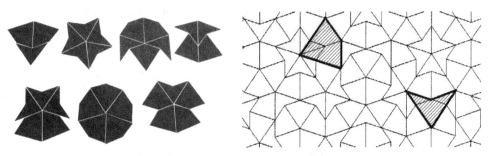

Bild 4.111 Die möglichen Ecken   **Bild 4.112** Vergröbern

Wie auch immer man also die Ebene unter Beachtung der Anlegeregel überdeckt – so es überhaupt geht – an den Ecken kommen ausschließlich diese sieben Strukturen vor.

b. Die wesentliche Idee, um die Existenz von nichtperiodischen Parkettierungen zu zeigen, ist das Konzept von *Vergröberung* („inflation") und *Verfeinerung* („deflation"). Wir gehen von einer (Teil-)Parkettierung Drachen und Schwalben unter Berücksichtigung der Anlegeregel aus, etwa von einer der sieben Teilparkette aus Bild 4.111. Bei der Vergröberung werden die Schwalben durch ihre Symmetrieachse in jeweils zwei Teilschwalben zerlegt; jetzt kann man wie in Bild 4.112 aus den Drachen und Halb-Schwalben neue, um den Faktor Φ größere Drachen und Schwalben zusammensetzen. Bei der Verfeinerung macht man es gerade umgekehrt und zerlegt die vorhandenen Drachen und Schwalben in um den Faktor Φ kleinere Drachen und Schwalben. Bei der Vergröberung entstehen aus zwei kleineren Drachen und 2 halben kleineren Schwalben ein größerer Drache und aus einem kleineren Drachen und zwei halben kleineren Schwalben eine größere Schwalbe. Die Verfeinerung funktioniert gerade umgekehrt. Dass sich die kleineren bzw. größeren Figuren wieder zu einer Pflasterung nach den festgelegten Regeln zusammenfinden, muss man sich an jeder der sieben Möglichkeiten für die Bildung einer Ecke in Bild 4.111 klarmachen. Jetzt kann man begründen, dass es tatsächlich Pflasterungen der Ebene aus Drachen und Schwalben unter Berücksichtigung der Anlegeregel gibt. Man beginnt mit einem Teilparkett gemäß der Anlegeregel. Dieses Teilparkett wird nun zuerst verfeinert. Dann wird es um den Faktor Φ vergrößert. Das neue Parkett besteht jetzt aus Drachen und Schwalben, die kongruent zu denen des Ausgangs-Parketts sind. Wenn man diesen Vorgang immer wieder fortsetzt, so wird irgendwann jeder vorgegebene Punkt der Ebene überdeckt, und damit wird also die ganze Ebene parkettiert. Je nach Ausgangs-Parkett wird es verschiedene Pflasterungen aus Drachen und Schwalben unter Berücksichtigung der Anlegeregel geben. Damit man bei dieser Folge des Verfeinerns mit anschließendem Vergrößern um Φ allerdings tatsächlich von einem Grenzwertprozess sprechen kann, der im Grenzwert die ganze Ebene bedeckt, muss man noch Folgendes beachten. Der Prozess des Verfeinerns und Vergrößerns um den Faktor Φ besitzt eine gewisse Regelmäßigkeit: Nach zwei Schritten liegt auf einem zu Beginn schon bedeckten Punkt der Ebene wieder derselbe Stein, Drachen oder Schwalbe; das alte, kleinere Teilparkett ist also eine Teilstruktur des größeren neuen Teilparketts. Damit gibt es wirklich einen eindeutig bestimmten Grenzwertprozess zu einem Parkett, das die gesamte Ebene pflastert. Wir beweisen dies hier nicht allgemein; in der folgenden Aufgabe 4.23 sollen Sie das an einem einfachen Beispiel nachvollziehen.

c. Wir betrachten den in b. beschriebenen Prozess der Verfeinerung und anschließender Streckung mit dem Faktor Φ etwas genauer: Wir starten mit einem der Anlegeregel genügenden Teil-Parkett P_0, das aus x_0 Drachen und y_0 Schwalben besteht. Nach dem Verfeinern und anschließenden Strecken erhält man

$$\text{aus einem Drachen 2 neue Drachen und } \frac{2}{2} \text{ neue Schwalben,}$$

$$\text{insgesamt also } 2x_0 \text{ neue Drachen und } x_0 \text{ neue Schwalben;}$$

$$\text{aus einer Schwalbe 1 neuen Drachen und } \frac{2}{2} \text{ neue Schwalben,}$$

$$\text{insgesamt also } y_0 \text{ neue Drachen und } y_0 \text{ neue Schwalben.}$$

Insgesamt erhält man also bei dem Verfeinerungsprozess ein Parkett P_1 mit $x_1 = 2x_0 + y_0$ neuen Drachen und $y_1 = x_0 + y_0$ neuen Schwalben. Wenn man den Verfeinerungsprozess n-Mal durchführt und mit x_0 Drachen und y_0 Schwalben startet, so bekommt man schließlich x_n Drachen und y_n Schwalben nach folgenden Rekursionsformeln

$$x_{i+1} = 2x_i + y_i \text{ und } y_{i+1} = x_i + y_i \text{ für } i = 0, 1, 2, ..., n-1.$$

Nun wird gezeigt, dass die Quotienten von x_i und y_i den Grenzwert Φ haben:

$$q_i = \frac{x_i}{y_i} \rightarrow \Phi \text{ für } i \rightarrow \infty.$$

Diese Aussage ist in d. wesentlich dafür, dass alle Parkettierungen der Ebene, die die Anlegeregel befolgen, nichtperiodisch sind. Sie ist unabhängig von den Startwerten x_0 und y_0, sie dürfen nur nicht beide gleich null sein. Diese Grenzwertaussage gilt also für jede Parkettierung mit Drachen und Schwalben, die der Anlegeregel folgt. Zum Beweis der Grenzwert-Aussage wird angesetzt

$$q_i = \Phi + f_i \text{ mit einem „Fehler" } f_i \text{ für } i \geq 0.$$

Unter Verwendung der obigen Rekursionsformel erhält man für $i \geq 0$

$$f_{i+1} = -\Phi + q_{i+1} = -\Phi + \frac{x_{i+1}}{y_{i+1}} = -\Phi + \frac{2x_i + y_i}{x_i + y_i} = 1 - \Phi + \frac{x_i}{x_i + y_i} \geq 1 - \Phi \ (\approx -0{,}4).$$

und weiter

$$f_{i+1} = 1 - \Phi + \frac{x_i}{x_i + y_i} = 1 - \Phi + \frac{1}{1 + \frac{y_i}{x_i}} = 1 - \Phi + \frac{1}{1 + \frac{1}{q_i}} = 1 - \Phi + \frac{1}{1 + \frac{1}{\Phi + f_i}} =$$

$$= 1 - \Phi + \frac{\Phi + f_i}{1 + \Phi + f_i} = \frac{1 + \Phi - \Phi^2 + (2 - \Phi) \cdot f_i}{1 + \Phi + f_i} = \frac{2 - \Phi}{1 + \Phi + f_i} \cdot f_i,$$

wobei das letzte Gleichheitszeichen aus der „goldenen Gleichung" $1 + \Phi - \Phi^2 = 0$ folgt (vgl. Kapitel 3.7.3.1). Damit gilt für den Bruch für $i \geq 1$

$$0 < \frac{2 - \Phi}{1 + \Phi + f_i} \leq \frac{2 - \Phi}{1 + \Phi - \Phi + 1} = \frac{2 - \Phi}{2} < 0,2,$$

wobei das zweite $\leq$-Zeichen wegen $f_i \geq 1 - \Phi$ gilt. Der Betrag der Fehler f_i wird folglich bei jedem Schritt um mehr als den Faktor 0,2 kleiner, konvergiert also wie behauptet gegen null.

d. Es bleibt zu zeigen, dass alle diese Pflasterungen, die unter Berücksichtigung der Anlegeregel entstanden sind, nichtperiodisch sind. Wir wissen nach c., dass für jede Pflasterung, die der Anlegeregel genügt und aus einer Folge $P_0, P_1, P_2, \ldots$ durch Verfeinern mit nachfolgender Streckung entsteht, die Quotienten $\frac{x_i}{y_i}$ gegen die irrationale goldene Zahl Φ konvergieren. Wäre die entstehende Pflasterung der Ebene periodisch, so wäre sie eines der 17 in Kapitel 4.6 bestimmten Flächenornamente, insbesondere gäbe es eine „Grundkachel" G aus u Drachen und v Schwalben, die durch die beiden erzeugenden Translationen über die gesamte Ebene abgebildet wird. Bei unserem Prozess Verfeinerung und anschließende Streckung mit dem Faktor Φ, beginnend mit einem Start-Parkett P_0, wären dann in den Folgeparketten P_i immer mehr vollständige Grundkacheln enthalten, gilt also

$$\frac{x_i}{y_i} \to \frac{u}{v} \quad \text{für } i \to \infty.$$

Der Grenzwert wäre also eine rationale Zahl. Nun wurde aber in c. bewiesen, dass der Quotient dieser Anzahlen gegen die goldene Zahl Φ konvergiert, von der bekannt ist, dass sie irrational ist. Daher kann es keine periodische Pflasterung mit Drachen und Schwalben geben.

∎

Aufgabe 4.23:

Im Teil b. des Beweises von Satz 4.13 wurde behauptet, dass beim Prozess des Verfeinerns und anschließenden Vergrößerns um den Faktor Φ das alte Teilparkett nach zwei solchen Schritten im neuen Teilparkett enthalten ist. Verifizieren Sie das an einem Beispiel. Gehen Sie etwa von einem der Strukturen in Bild 4.111 aus. Was sind die Startwerte x_0 und y_0 bei Ihrem Beispiel? Nun führen Sie den Prozess des Verfeinerns und anschließenden Vergrößerns um $\Phi \approx 142\,\%$ zweimal durch. Jetzt müsste das Startparkett Teilfigur des zweiten „Rekursions-Parketts" sein. Berechnen Sie bei der konkreten Durchführung zuerst die Anzahlen x_1, y_1, x_2 und y_2 der nötigen Drachen und Schwalben. Beim Zeichnen und Konstruieren können geeignete Computerprogramme, aber auch Schere und Leim hilfreich sein.

Mein Dortmunder Kollege *Franz Hering*, emeritierter Professor für Statistik, hat beim Neubau des Mathematik-Hochhauses der TU Dortmund durchgesetzt, dass das Foyer des Auditorium Maximum mit einem nichtperiodischen *Penrose*-Pflaster ausgelegt wurde (Bild 4.113 und 114). Er konnte auch einen Produzenten für die keramischen *Penrose*-Rauten gewinnen. Aus herstellungstechnischen Gründen sind Kacheln in Schwalben-Form ungeeignet. Daher wurden zwei modifizierte Grundkacheln verwendet. Die konkrete Ausführung der Kachelung war keine einfache Aufgabe für die Fliesenleger und den sie beratenden Professor!

Bild 4.113 AudiMax-Foyer TU Dortmund   **Bild 4.114** *Penrose*-Pflaster

Eine weitere mir bekannte *Penrose*-Pflasterung findet man in dem Bahnhof Essen-Altenessen der U- und S-Bahn.

Aufgabe 4.24:

Untersuchen Sie genauer, wie die beiden Grundkacheln für die Dortmunder Pflasterung modifiziert werden müssen.

In einer abschließenden Bemerkung soll im Rückblick über „periodisch" versus „nichtperiodisch" reflektiert werden. In Definition 4.4 wurde genau definiert, was ein Flächenornament sein soll. Inhaltlich bedeutete diese Definition, dass es eine periodische Plasterung der Ebene gibt, die durch eine „erzeugende Kachel" und zwei minimale, linear unabhängige Translationen erzeugt wird. Es wurde gezeigt, dass es genau 17 verschiedene Symmetrietypen solcher periodischer Pflasterungen gibt. Im vorliegenden Teilkapitel wurden die sehr ansprechenden, nichtperiodischen Pflasterungen von *Roger Penrose* vorgestellt. Es wurde bisher nirgends definiert, was eine nichtperiodische Pflasterung sein soll, was auch nicht nötig ist, da „nichtperiodisch" als logisches Gegenteil von „periodisch" gesehen werden kann und damit wohldefiniert ist. Denkt man ein bisschen nach, so findet man schnell viel einfachere Beispiele nichtperiodischer Pflasterungen. Man nehme zum Beispiel einen quadratischen Stein der Kantenlänge 2 und überdecke den Rest der Ebene mit Steinen der Kantenlänge 1. Diese Pflasterung (und viele weitere, die Ihnen einfallen werden) ist trivialerweise nichtperiodisch. Die „reine" Nichtperiodizität kann es also nicht sein, was die *Penrose*-Pflasterung so interessant macht. In der Tat ist das Spannende an ihr, dass die *Penrose*-Pflasterung zwar nichtperiodisch ist, aber doch eine gewisse Art von Periodizität vorliegt; hier stößt man auf Begriffe wie „aperiodisch" und „quasiperiodisch". Die periodischen Pflasterungen hatten einen physikalisch-chemischen

Hintergrund, die Theorie der Kristallstrukturen. Die *Penrose*-Pflasterungen erwiesen sich als erste theoretische Modelle für neuartige Strukturen, die *Quasikristalle*, die im April 1982 von dem israelischen Chemiker Dan Shechtman entdeckt wurden. Es handelt sich hierbei um Festkörper, die weder Kristalle noch Gläser sind. Für diese Entdeckung wurde Shechtman am 5. Oktober 2011 mit dem Chemie-Nobelpreis ausgezeichnet. Quasikristalle besitzen eine besondere Struktur, die sehr regelmäßig erscheint, sich aber niemals wiederholt. Mathematische Modelle für Quasikristalle sind wiederum Pflasterungen, aber nun nichtperiodische, die spezielle Eigenschaften wie aperiodisch oder quasiperiodisch haben. Hierin liegt hauptsächlich der Grund, dass diese Pflasterungen für Chemiker und Physiker und natürlich auch für Mathematiker interessant geworden sind. Die Definitionen für diese neuen nichtperiodischen Pflasterungen sind noch nicht einheitlich und allgemein anerkannt. Der Theorieaufbau, der mit Definitionen beginnt, ist eben in der Regel erst der Endpunkt in der Genese einer neuen Theorie und nicht der Start. Die *Penrose*-Pflasterung ist das bekannteste Beispiel einer quasiperiodischen Pflasterung und fällt bisher unter jede der vorgeschlagenen Definitionen. Für eine weitergehende Beschäftigung mit dem Thema sei das Buch von *Grünbaum & Shepard* (1987) empfohlen.

4.7 „Beweise, die erklären" oder „Beweise, die nur beweisen"?

Rückblickend auf den Inhalt dieses umfangreichen Kapitels 4 wird kurz über unterschiedliche Beweisniveaus reflektiert. Es wurde viel geleistet: Symmetriegruppen von Polygonen und Polyedern wurden bestimmt, Band- und Flächenornamente wurden vollständig klassifiziert. Alle Erkenntnisse wurden durch Beweise abgesichert, wodurch eine unverzichtbare und spezifische Eigenschaft der Mathematik deutlich wurde: Im Gegensatz etwa zu den Naturwissenschaften kann man in der Mathematik – ausgehend von bestimmten Grundannahmen und zugelassenen Schlussfolgerungen – nicht nur zu vorläufig bewährten, sondern zu wahren Aussagen gelangen.

Die mathematischen Resultate des Kapitels 4 bauen, wie in Kapitel 4.1 dargestellt wurde, dem Spiralprinzip folgend auf Fragestellungen aus der Schule auf, kommen aber normalerweise selbst in der Schule nicht vor; sie sind – je nach Zuschnitt der Lehrveranstaltungen – Inhalt einer Algebra-Vorlesung oder einer speziellen Geometrievorlesung an der Universität. Dort werden die entsprechenden Aussagen in gewisser Hinsicht „eleganter", dafür aber unter Zuhilfenahme noch tieferer mathematischer Theorie bewiesen. In diesem Buch wurden zunächst in Kapitel 4.2 die aus der Schule bekannten Kongruenzabbildungen anschauungsnah, aber aus (etwas) höherer Sicht betrachtet. Für die folgenden Beweise wurde dann nur auf diese Ergebnisse zurückgegriffen.

Was ist nun der bessere Beweis, der fachlich elegante, der aber tiefere Mathematik benötigt, oder der weniger elegante, der aber zumindest im Prinzip mit (elementaren) Methoden auskommt, die aus der Schule stammen? Aus meiner Sicht ist die Antwort klar: Bei einem Beweis kommt es nicht primär auf die Eleganz, sondern auf die Zugänglichkeit an. Was dabei „zugänglich" ist, hängt natürlich von der Kompetenz derjenigen ab, die in der jeweiligen Situation Mathematik betreiben. So kann für Spezialistinnen und Spezialisten im Bereich der Geometrie und Algebra auch der elegantere Beweis durchaus zugänglich und mit inhaltlichen Vorstellungen verbunden sein. Für die Zielgruppe dieses Buchs dürften die gewählten elementaren Methoden angemessen sein. Wenn man noch an die Aufgaben denkt, die in diesem Buch eingestreut sind, dann kann man diese Betrachtungen noch ergänzen um den Satz „der beste Beweis ist der, den du selbst gefunden hast".

Hat man mehr Algebra zu Verfügung, so lassen sich die Beweise deutlich weniger aufwendig führen, was aber auf Kosten der Verständlichkeit gehen kann. Dann besteht die Gefahr, die die kanadische Mathematikdidaktikerin *Gila Hanna* (1989) sehr schön beschrieben hat: Sie spricht von „Beweisen, die nur beweisen" und „Beweisen, die auch erklären". Bei Beweisen der ersten Art versteht man vielleicht jeden der vielen kleinen Beweisschrittchen – oder aber noch weniger –, hat aber am Ende immer noch keine Einsicht, warum das eigentlich gilt, was man gerade bewiesen hat, „man sieht den Wald vor lauter Bäumen nicht". Die erstrebenswerten Beweise der zweiten Art vermitteln dagegen auch Verständnis und Einsicht. Ich hoffe, dass das Argumentationsniveau in Kapitel 4 und sonst in diesem Buch solchen Beweisen entspricht, die auch erklären.

5 Algebraische Gleichungen mit einer Variablen

Das Lösen von Gleichungen ist von Alters her eine wichtige Aufgabe der Mathematik. So war der berühmte, aus dem 16. Jahrhundert v. Chr. stammende *Papyrus Rhind* der alten Ägypter ein Lehrbuch, in dem einfache lineare Gleichungen, nach wachsender Schwierigkeit geordnet, behandelt wurden. In den frühen Kulturen wurden auch schon quadratische und kubische Probleme behandelt. Die vollständige Lösungstheorie für algebraische Gleichungen mit einer Variablen vom Grad 2, 3 und 4 samt zugehöriger Lösungsformeln stammt aus der Renaissance (vgl. Kapitel 5.2.3). In der Schule wird der Spezialfall der quadratischen Gleichungen meistens sehr ausführlich – mit Blick auf die zumeist fehlende Einbettung in eine übergreifende Idee des Gleichungslösens zu ausführlich – behandelt und als „Mitternachtswissen" überbewertet: Auch um Mitternacht aus tiefstem Schlaf geweckt, müssen jede Schülerin und jeder Schüler diese Formel sofort aufsagen können. Die Theorie der algebraischen Gleichungen höheren Grades (vgl. Kapitel 5.4) ist ein tiefes Ergebnis aus dem Anfang des 19. Jahrhunderts.

5.1 Vernetzung mit dem mathematischen Schulstoff

Eines der zentralen Ergebnisse der internationalen Schuluntersuchungen TIMSS[1] und PISA[2] war, dass der deutsche Mathematikunterricht bei insgesamt mäßigen Leistungen stark kalkülorientiert ist. Der unterrichtliche Schwerpunkt liegt zu einseitig auf Methoden und Verfahren, die zu exakten, formelmäßig darstellbaren Lösungen führen und zu wenig auf der Durchdringung der zugrunde liegenden mathematischen Ideen.

Gleichungen zu lösen ist eine der wichtigsten Aufgaben der Mathematik, viele inner- und außermathematische Aufgaben ab der Grundschule bis zur aktuellen mathematischen Forschung führen auf eine Gleichung und die Bestimmung der Lösungsmenge dieser Gleichung. Häufig vorkommende Gleichungen sind die *algebraischen Gleichungen*, das sind Gleichungen vom Typ $f(x) = 0$, wobei $f(x)$ ein Polynom $f(x) = a_n x^n + a_{n-1} x^{n-1} + \ldots + a_1 x + a_0$ vom Grad n mit reellen Koeffizienten a_i, auch *Parameter* genannt, und x die *Lösungsvariable* sind. Algebraische Gleichungen vom Grad $n = 1$, die *linearen Gleichungen* wurden schon in den alten Hochkulturen behandelt; *quadratische Gleichungen* für $n = 2$ traten zuerst im alten Griechenland als Gleichungen von Kurven auf, die ebene Schnitte von einem Kegel sind und mit Namen wie *Menaichmos* (ca. 380 v. Chr. – 320 v. Chr.) und *Apollonius von Perge* (ca. 262 v. Chr. – 190 v. Chr.) verknüpft sind.

In der Grundschule kommen lineare Gleichungen in der anschaulichen Form $3 + \square = 7$ oder $3 \cdot \square = 12$ vor. Die Kinder suchen nach den Zahlen, die man in den „Platzhalter" $\square$ einsetzen darf, so dass eine wahre Aussage entsteht. Hierfür stehen in der Grundschule nur die natürlichen Zahlen zur Verfügung. Die Kinder entdecken selbst, dass diese Gleichungen so nicht immer lösbar sind. Dieser „Mangel" führt in der frühen Sekundarstufe I aus mathematischer Sicht zur Suche nach neuen Zahlen und damit zu Brüchen, negativen Zahlen und (zunächst) abschließend zu $\mathbb{Q}$ – im Unterricht werden hierfür geeignete realitätsbezogene Fragestellun-

---

[1] Third International Mathematics and Science Study
(vgl. `http://de.wikipedia.org/wiki/TIMSS`)
[2] Programme for International Student Assessment
(vgl. `http://de.wikipedia.org/wiki/PISA-Studien`)

gen thematisiert, damit die „neuen Zahlen" anschauliche Grundlagen haben. Mit Blick auf das Lösen von Gleichungen wird in der Sekundarstufe I gemäß dem Spiralprinzip die Mathematisierung zu der allgemeinen linearen Gleichung $a \cdot x = b$, $a, b \in \mathbb{Q}$ vollzogen. Die für die Bestimmung der Lösungsmenge notwendigen Fallunterscheidungen sind durchaus abstrakt und anspruchsvoll.

Weitere inner- und außermathematische Probleme führen auf *konkrete* quadratische Gleichungen, für die mit dem Hilfsmittel der quadratischen Ergänzung immer, falls vorhanden, Lösungen gefunden werden können. Nicht lösbare quadratische Gleichungen wie $x^2 = 2$ führen später zu den reellen Zahlen und im Falle von $x^2 + 1 = 0$ eventuell zu den komplexen Zahlen. Die Anwendung der Methode der quadratischen Ergänzung auf die allgemeine quadratische Gleichung $ax^2 + bx + c = 0$ mit einem Polynom vom Grad 2 und drei Parametern a, b und c führt auf die bekannte Lösungsformel und drei Fälle für Lösungsmengen. Dass gerade diese *Formel* dem „Mitternachtswissen" der Lernenden zugerechnet und wochenlang schematisch geübt wird, erscheint aus der Perspektive eines allgemeinbildenden Mathematikunterrichts fragwürdig. Wichtiger wäre es, den Lösungskalkül immer wieder semantisch zu untermauern und Lösungen auch per quadratischer Ergänzung suchen zu lassen.

Algebraische Gleichungen kommen in konkreten Anwendungen immer wieder vor. So führen viele Aufgaben der Analysis, insbesondere bei der sogenannten Kurvendiskussion, zu der Bestimmung von Nullstellen einer Funktion und ihrer Ableitungen. Oft ist die Funktion eine *Polynomfunktion* oder eine *rationale Funktion*. Polynomfunktionen sind vom Typ

$$f : \mathbb{R} \to \mathbb{R}, x \mapsto f(x),$$

wobei $f(x)$ ein Polynom ist. Gebrochen rationale Funktion sind vom Typ

$$f : \mathbb{R} \setminus \{\text{Nullstellen des Nenners}\} \to \mathbb{R}, x \mapsto \frac{g(x)}{h(x)},$$

wobei $f(x)$ Quotient zweier Polynome $g(x)$ und $h(x)$ ist. Die algebraische Gleichung $f(x) = 0$ im ersten Fall bzw. $g(x) = 0$ im zweiten Fall liefert die Nullstellen, $h(x) = 0$ die Polstellen der zweiten Funktion. Jedoch werden (aus Sicht der Schülerinnen und Schüler hoffentlich) keine neuen Lösungsformeln für Polynome vom Grad $n > 2$ entwickelt, nur in Spezialfällen kann man die zu lösende algebraische Gleichung auf lineare und quadratische Gleichungen zurückführen. In jedem anderen Fall muss man etwa durch das Zeichnen des Graphen auf die Existenz von Lösungen schließen und kann Näherungswerte der Lösungen am Graphen ablesen oder mit einem Näherungsverfahren (Intervallhalbierungsverfahren oder *Newton*-Verfahren) bestimmen.

Die Überbetonung der Lösungsformel für quadratische Gleichungen ist eine Verfälschung und keine Vereinfachung, also keine legitime Elementarisierung der fachwissenschaftlichen Sicht: Der Übergang von linearen zu quadratischen Gleichungen hat zwei Aspekte:

- Es gibt erstmals mehr als eine Lösung.
- Es gibt eine aus Wurzelausdrücken bestehende Lösungsformel.

In der Schule ist in den letzten 2000 Jahren hauptsächlich der zweite Aspekt mit der „Mitternachtsformel" betont worden. Lösungsformeln existieren bei Gleichungen, welcher Art auch immer, jedoch nur extrem selten. Dagegen lässt sich der erste Aspekt verallgemeinern – auch in der schulischen Vereinfachung: Algebraische Gleichungen vom Grad n haben „im Allgemeinen" auch n Lösungen. Natürlich haben die Mathematiker durch die Jahrtausende auch für $n > 2$ nach Lösungsformeln gesucht. Bis auf die in der Renaissance gefundenen *Cardano'schen Formeln* für $n = 3$ und $n = 4$ (vgl. Kapitel 5.2.3) blieben sie aber erfolglos. Bis zur

Erkenntnis, dass es für $n > 4$ keine solchen Lösungsformeln gibt, war allerdings noch ein weiter Weg zurückzulegen; erst im ersten Drittel des 19. Jahrhunderts konnte die Nichtexistenz abschließend von *Abel* und *Galois* bewiesen werden. Der Beweis mit Hilfe der „Galoistheorie" stellt immer noch den Höhepunkt einer Vorlesung zu Algebra und Zahlentheorie dar; in Kapitel 5.4 wird die Beweisidee entwickelt. Mit der Nichtexistenz von Lösungsformeln bei den allermeisten Gleichungen werden numerische Verfahren, mit denen Näherungslösungen gewonnen werden können, höchst wichtig und sollten auch in der Schule angemessen berücksichtigt werden (*Henn*, 2004).

Es ist mathematikhistorisch höchst spannend, die Geschichte der Lösungsformeln für algebraische Gleichungen von der Renaissance bis heute zu verfolgen. Die *Cardano'schen* Formeln sind als Lösungsformeln für die algebraischen Gleichungen bis zum Grad 4 aus innermathematischen Gründen in der Geschichte der algebraischen Gleichungen höchst bedeutsam. Zum „konkreten Rechnen" sind diese Formeln aber weder bisher noch in Zukunft, weder mit noch ohne CAS interessant und wichtig. Man könnte sie im Prinzip in der Schule herleiten, sollte die Zeit aber auf jeden Fall für Gegenstände verwenden, die mehr zur mathematischen Bildung beitragen. Jedes CAS „kann" diese Formeln, sie sind aber extrem unhandlich. Mathematiklehrkräfte sollten diese Formeln allerdings adäquat – in ihrer Existenz als seltenen Glücksfall, in ihrer Handhabbarkeit als „komplizierte Monster" – einordnen können.

Heute werden in der gymnasialen Oberstufe erfreulicherweise zunehmend CAS eingesetzt. Ihre Verwendung erfordert jedoch mathematische Kompetenz von den Lehrern, sonst kann der CAS-Einsatz kontraproduktiv sein, wie folgendes Beispiel zeigt: In einem großen MAPLE-Schulprojekt in Baden-Württemberg (*Henn*, 2001) stellte ein beteiligter Lehrer seinen Schülern auch die *Cardano*'schen Formeln vor. Für eine allgemeine Gleichung dritten Grades gab MAPLE die ganze komplizierte Lösung aus (vgl. Kapitel 5.2.3.3). Kommentar des Lehrers: „Tja, da sieht man, weshalb man bis heute von Schülern die allgemeine Lösung einer Gleichung dritten Grades nicht verlangt hat. Das wird nun wohl anders werden." Als Antwort der allgemeinen Gleichung viertes Grades gab MAPLE nur zurück

$$\text{RootOf}(\_Z^4 + a\_Z^3 + \_Z^2 b + \_Z a + d).$$

MAPLE gibt sinnvollerweise nicht die noch umfänglicheren Wurzelausdrücke für den Grad 4 zurück, sondern sagt einfach „RootOf(..)", also „Wurzel der Gleichung ...". Der Kommentar des Lehrer war jedoch sehr verfälschend: „Bei einer Gleichung vierten Grades scheint selbst MAPLE ratlos zu sein." Solche Kommentare *müssen* falsche Bilder von Mathematik aufbauen, etwa nach dem Muster, diese Version von MAPLE schafft gerade noch Grad 3, die nächste dann sogar Grad 4 und so weiter... Tatsächlich ist RootOf(..) ein MAPLE-Unterprogramm, das erst beim Befehl „Allvalues" alle Lösungen der Gleichung, wenn möglich algebraisch, sonst (also fast immer) numerisch zurückgibt. Natürlich kennt MAPLE auch die *Cardano'schen* Formeln für Grad 4 und gibt sie auf Wunsch aus. Das Ergebnis füllt allerdings einige Bildschirmseiten und ist völlig unübersichtlich und undurchschaubar. Interessanter ist, dass MAPLE bei *jeder* algebraischen Gleichung höheren Grades mit konkreten Zahl-Koeffizienten *alle* Lösungen mit vorgebbarer Genauigkeit numerisch zurückgibt.

Es gibt keine Lösungsformeln für algebraische Gleichungen vom Grad $n > 4$; damit wird aus mathematischer Sicht die folgende Frage wesentlich: Gibt es überhaupt (reelle) Lösungen? Wie kann man sicher sein, alle Lösungen (wenigstens näherungsweise) zu bekommen? Die wesentliche Antwort für algebraische Gleichungen gibt der in Kapitel 5.5 behandelte Fundamentalsatz der Algebra, nämlich dass *jede* algebraische Gleichung vom Grad n genau n Lösungen hat, die allerdings in der Menge der komplexen Zahlen liegen. Dabei muss man die Lösungen in ihrer Vielfachheit abzählen: Das Polynom $f(x) = x^3$ hat eine Lösung, die aber dreifach zu zählen ist, während das Polynom $f(x) = x \cdot (x^2 - 1)$ drei verschiedene, jeweils einfach zu zählende Nullstellen hat. In der Schule interessiert man sich im Allgemeinen nur für die reellen Nullstellen. Hier stellt die Analysis einige Methoden zum Bestimmen der reellen Lösungen zur Verfügung. Oberflächlich betrachtet könnte man ganz einfach den Graphen zeichnen lassen und so die reellen Nullstellen „einsammeln", aber so einfach geht das nicht. Wenn man irgendeine beliebige (und nicht eine für schulische Zwecke sorgfältig „gebastelte") Polynom-Funktion einem Funktionenplotter übergibt, so wird man oft einen enttäuschenden Graphen, nämlich gar nichts oder nur eine paar „vertikale Striche" sehen. Einen „guten" Graphen zu erzeugen erfordert von den Schülerinnen und Schülern eine gehörige „Kompetenz mit Funktionen" (*Büchter & Henn*, 2010, Kap. 2).

Ein letzter Aspekt, der Schule und Hochschule verbindet und der im Zusammenhang mit algebraischen Gleichungen deutlich werden kann, ist die Frage der Darstellung eines Ergebnisses. Oft will man bei Termen eine möglichst einfache Endform erzielen, was aus vielerlei Gründen eine sinnvolle Aufgabe sein kann. Nur, was ist „möglich einfach"? Bei rationalen Zahlen ist eine normierte Endform etwa als gekürzter Bruch sinnvoll, bei dem der Zähler eine ganze, der Nenner eine natürliche Zahl ist. Fraglich bleibt, ob $3\frac{1}{7}$ oder $\frac{22}{7}$ die „bessere" Endform ist. Hier ist es „Geschmackssache"; die gemischte Zahl zeigt schneller die Größenordnung der rationalen Zahl, mit dem Bruch kann man besser rechnen. Beide Zahlendarstellungen sind gleichwertig. Jedoch ist es ausschließlich eine schulische Konvention, bei den beiden algebraisch äquivalenten Darstellungen

$$\frac{1}{\sqrt{2}} = \frac{\sqrt{2}}{2}$$

die rechte als die „bessere" anzusehen und eventuell sogar die linke mit Punkteabzug zu bestrafen. Das Rationalmachen von Nennern artet so zu einem weiteren unsinnigen Ritual aus.

Wieso zum Beispiel darf man dann $\frac{1}{\pi}$ stehen lassen? Die beiden obigen Darstellungen sind zunächst gleichwertig und als Endergebnis akzeptabel. Wenn man im Kopf Näherungswerte ausrechnen will, ist natürlich die rechte Darstellung besser. Wenn man dagegen mit einem Computer Näherungswerte ausrechnen will, ist die linke Darstellung oft deutlich überlegen. Ein überzeugendes Beispiel hierfür beschreiben *Hans Humenberger* und *Hans-Christian Reichel* (*Humenberger & Reichel*, 1995, S. 107). Ein weiteres Beispiel wird im Zusammenhang der Approximation des Kreises durch regelmäßige n-Ecke in Aufgabe 3.14 besprochen.

Besonders delikat wird die Sache, wenn man mit dem „simplify-Befehl", über den jedes CAS verfügt, Terme vereinfachen lässt. Was von einem CAS als besonders einfach angesehen wird, ist oft überraschend. Betrachten Sie hierzu die drei Darstellungen der Lösungen der algebraischen Gleichung $x^3 + px + q = 0$ durch die CAS MAPLE, MAXIMA und DERIVE in Kapitel 5.2.3.3. Wie sollte man da, ohne Kenntnis, wo die Ausdrücke herkommen, die algebraische Äquivalenz prüfen? Das Problem liegt sogar sehr tief: Es gibt grundsätzlich keinen Algorithmus, der entscheiden kann, ob zwei beliebige vorgelegte Terme algebraisch äquivalent sind – mit diesem „Mangel" der CAS werden wir also immer leben müssen. Umso wichtiger ist es, die Schülerinnen und Schüler mit dieser Problematik vertraut zu machen.

5.2 Auflösung durch Radikale

Aus Anwendersicht sind Algorithmen und Formeln wünschenswert, mit deren Hilfe man die Lösungen von Gleichungen bestimmen kann. Beispiele sind der *Gauß*-Algorithmus für das Lösen linearer Gleichungssysteme oder die „Mitternachtsformel" für quadratische Gleichungen. Ziel dieses Teilkapitels sind die für algebraische Gleichungen einer Variablen existierenden Lösungsformeln, die aus Radikalen, d. h. gewissen Wurzelausdrücken, gebildet sind.

5.2.1 Lösungen und Lösungsformeln

Viele mathematische Problemstellungen laufen darauf hinaus, Gleichungen zu lösen. Gleichungen, das können lineare Gleichungen einer Variablen, lineare Gleichungssysteme, algebraische Gleichungen einer oder mehrerer Variablen, trigonometrische Gleichungen bis hin zu Differential- und Integralgleichungen sein. In jedem Fall muss man streng unterscheiden zwischen der

- Existenz von „Lösungsformeln" und der
- Existenz von Lösungen.

Nur in den wenigsten Fällen gibt es „Lösungsformeln". Zu den wenigen Ausnahmen gehören lineare Gleichungssysteme, bei denen der *Gauß*-Algorithmus die Lösungsmenge liefert. Dieser ist allerdings „nur" eine theoretische Lösung und hilft bei großen Gleichungssystemen mit z. B. einer Million Unbekannten nicht viel weiter. Ein weiteres Beispiel sind quadratische Gleichungen einer Variablen. Dagegen gibt es meistens genaue Aussagen über Existenz und Anzahl von Lösungen, die dann oft mit numerischen Methoden beliebig genau approximiert werden können. Wie schon *Gauß* bewiesen hat, haben algebraische Gleichungen einer Variablen von beliebigem Grad stets Lösungen (zumindest im Komplexen, vgl. Kapitel 5.4); jedoch gibt es im Allgemeinen keine Lösungsformeln, die aus Wurzelausdrücken aus den Koeffizienten der Gleichung gebildet sind. Dies ist nur bis zum Grad 4 einer algebraischen Gleichung möglich (vgl. Kapitel 5.2.2). Die einfache Differentialgleichung

$$F(x) = \int_a^x f(t)\,dt$$

hat für stetige, es reichen sogar monotone, Funktionen f stets eine eindeutige Lösung. Jedoch hat beispielsweise

$$\phi(x) = \int_{-\infty}^x e^{-t^2}\,dt$$

keine Lösungsfunktion, die aus elementaren Funktionen gebildet wird; das ist allerdings nicht ganz einfach zu beweisen. Die Lösungsfunktion dieser Differentialgleichung ist bis auf Konstante die z. B. in der Stochastik extrem wichtige *Gauß'sche* Integralfunktion, deren Funktionswerte seit Langem sehr genau tabelliert bzw. heute leicht mittels Computer approximierbar sind.

Der in Bild 5.1 abgebildete alte deutsche 10-DM-Schein erinnert an *Carl Friedrich Gauß*, den Erforscher dieser Funktion.

Bild 5.1 Die *Gauß'sche* Integralfunktion

Nicht nur aus dem Blickwinkel der Schule ist der Zusammenhang zwischen der algebraischen Sichtweise „Wurzel (Lösung) einer Gleichung", der analytischen Sichtweise „Nullstelle einer Funktion" und der geometrischen Sichtweise „Schnitt des Graphen der Funktion mit der x-Achse" bei Gleichungen einer Variablen sehr hilfreich: Zunächst lässt sich jede Gleichung der Form $g(x) = h(x)$ in der speziellen Darstellung $f(x) = g(x) - h(x) = 0$ schreiben. Um eine Übersicht über die Lösungen der Gleichung $f(x) = 0$ zu bekommen, zeichnet man den Graphen der Funktion f mit $y = f(x)$ und untersucht deren Nullstellen. Ist die Funktion „vernünftig genug", so hat man sofort einen qualitativen Überblick über Anzahl und Größenordnung der Wurzeln der Gleichung. Ist die Funktion z. B. differenzierbar, so können diese Aussagen quantitativ erhärtet werden. Von einer „Lösungsformel" ist hierbei jedoch keine Rede!

Diese geometrische Sichtweise kann man auch auf den Fall von Gleichungen $f(x, y) = 0$ zweier Variablen übertragen. Der Graph der Funktion f mit $z = f(x, y)$ lässt sich als Fläche im $\mathbb{R}^3$ auffassen. Der Schnitt dieser Fläche mit der x-y-Ebene liefert die Lösungen der Gleichung. Dies ist (bei „vernünftiger" Funktion f) eine Kurve in der Ebene, vergleichbar den Höhenlinien auf einer Landkarte. Auch bei (kleinen) linearen Gleichungssystemen ist die geometrische Sicht hilfreich: Die Lösungen einer linearen Gleichung mit 2 Unbekannten entsprechen den Punkten einer Geraden, die Lösungsmenge eines Systems solcher Gleichungen also der Schnittmenge von Geraden, woraus sofort alle Lösungsfälle resultieren. Im Falle von 3 Variablen muss man den Schnitt von Ebenen im $\mathbb{R}^3$ studieren. Im allgemeinen Fall sind Schnitte von Hyperebenen im $\mathbb{R}^n$ zu betrachten.

Die Lösungsmenge einer Gleichung hängt natürlich stark von der Definitionsmenge der Gleichung ab. Aus algebraischer Sicht wird man Gleichungen über einem Ring oder einem Körper betrachten, im einfachsten Fall etwa über $\mathbb{Z}$, $\mathbb{Q}$, $\mathbb{R}$ oder $\mathbb{C}$. Beispielsweise ist die einfache Gleichung $x^2 - 2 = 0$ über $\mathbb{Q}$ unlösbar, aber über $\mathbb{R}$ lösbar. Die Gleichung $x^2 + 1 = 0$ ist sogar über $\mathbb{R}$ unlösbar, hat aber in $\mathbb{C}$ die Lösungen i und $-i$.

5.2.2 Algebraische Gleichungen von Grad $n \leq 4$

Wurzeln als Lösungen von Gleichungen treten in der Schule erstmals bei quadratischen Gleichungen auf. Man versteht in Verallgemeinerung als „Wurzel einer Gleichung" eine Lösung dieser Gleichung. Unter „Auflösung durch Radikale" versteht man eine durch geeignete m-te Wurzeln dargestellte Lösungsformel (nach dem lateinischen Wort radix für Wurzel). Dies soll später genauer dargestellt werden.

Die Lösungsformeln für quadratische Gleichungen werden in der Schule oft als ständig verfügbares „Mitternachts-Wissen" überbewertet. Es gibt zwei äquivalente Versionen (in meinem Heimatland Baden-Württemberg bevorzugt man je nach Landesteil die eine oder die andere Version):

- $ax^2 + bx + c = 0$ mit $a, b, c \in \mathbb{R}$ und mit $a \neq 0$ hat die beiden Lösungen $\dfrac{-b \pm \sqrt{b^2 - 4ac}}{2a}$,

- $x^2 + px + q = 0$ mit $p, q \in \mathbb{R}$ hat die beiden Lösungen $-\dfrac{p}{2} \pm \sqrt{\dfrac{p^2}{4} - q}$.

Diese Gleichungen sind für die quadratischen Körpererweiterungen von $\mathbb{Q}$ sehr wichtig, dort sind die Koeffizienten a, b, c, p und q aus $\mathbb{Q}$.

Betrachtet man, wie in der Schule, reelle Lösungen, so ist zuerst die sogenannte „Diskriminante" (vom lateinischen Wort discriminare für unterscheiden)

$$D = b^2 - 4ac \text{ (bzw. } D = \frac{p^2}{4} - q \text{)}$$

zu untersuchen und nach den Fällen $D > 0$, $D < 0$ und $D = 0$ zu unterscheiden. Die Herleitung dieser Formeln geschieht üblicherweise durch quadratische Ergänzung. Quadratische Gleichungen sind der erste Typ von Gleichungen, der mehr als eine Lösung hat. Dieser Aspekt ist wichtiger als die eher singuläre Eigenschaft, eine Lösungsformel zu haben.

Die Koeffizienten a, b, c bzw. p, q in diesen quadratischen Gleichungen können (in der Schule) natürlich aus $\mathbb{R}$ sein. Nur handelt es sich dann im Sinne der Algebra nicht mehr um algebraische Gleichungen, die beim Aufbau des Zahlensystems eine Rolle spielen: Eine Zahl heißt **algebraisch** (über $\mathbb{Q}$), wenn sie Nullstelle einer algebraischen Gleichung (also einer Polynomgleichung) mit Koeffizienten aus $\mathbb{Q}$ ist. Alle diese Zahlen bilden einen Körper $\overline{\mathbb{Q}}$ mit $\mathbb{Q} < \overline{\mathbb{Q}} < \mathbb{C}$, den algebraischen Abschluss von $\mathbb{Q}$ (der übrigens auch abzählbar ist, vgl. Satz 6.2). Die Zahlen aus $\mathbb{C} \setminus \overline{\mathbb{Q}}$ heißen **transzendent**, ihre „berühmtesten" Vertreter sind π und e.

Bild 5.2 *Cardano*

Bild 5.3 *Tartaglia*

Manche Gleichungen lassen sich auf quadratische Gleichungen zurückführen, z. B.

- biquadratische Gleichungen $ax^4 + bx^2 + c = 0$ durch Substitution $z = x^2$,

- $ax^5 + bx^4 + cx^3 = 0$ durch Ausklammern von x^3, also $x^3 \cdot (ax^2 + bx + c) = 0$.

Während quadratische Gleichungen schon vor mehr als zweitausend Jahren allgemein gelöst wurden (vgl. *Cantor*, 1907; *Tropfke*, 1979; *Wussing*, 2009), wurden die Fälle $n = 3$ und $n = 4$ erst in der ersten Hälfte des 16. Jahrhunderts gelöst. Allerdings war die Darstellung viel komplizierter als heute; es gab noch keine negativen Zahlen, was viele Fallunterscheidungen nötig machte. Auch war unsere heutige kurze Schreibweise für Rechenzeichen und Symbole noch nicht erfunden worden. Diese Formeln für $n = 3$ und $n = 4$ werden im Folgenden hergeleitet. Sie werden für den einfachsten Fall $n = 3$ *Cardano'sche* Formeln genannt. Dies liegt daran, dass diese Formeln erstmals im Jahr 1545 von *Girolamo Cardano* (1501 – 1576) in seiner in Nürnberg gedruckten „Ars magna de Regulis Algebraicis" veröffentlicht wurden. *Cardano* hat die Formeln nicht entdeckt. Diesen Ruhm teilen sich die Mathematiker *Scipione del Ferro* (1465 – 1526) und *Niccolo Fontana Tartaglia* (1499 – 1557). *Tartaglia* hatte seine Formeln *Cardano* unter dem Siegel der Verschwiegenheit mitgeteilt und war über die Veröffentlichung sehr erbost. Es setzte sofort nach dieser Veröffentlichung ein überaus heftiger Streit über den Ruhm der Entdeckung ein. *Cardanos* Schüler *Lodovico Ferrari* (1522 – 1565) schaffte die Auflösung der Gleichungen 4. Grades durch Wurzelzeichen.

Die äußerst spannende Geschichte des Umfeldes dieser Geschichte zu einer Zeit, als gerade die Buchdruckkunst entdeckt wurde, kann man in einem Buch zur Mathematikgeschichte nachlesen (z. B. *Cantor*, 1907; *Tropfke*, 1979; *Wussing*, 2009). In jüngster Zeit hat auch *Dieter Jörgensen* (1999) einen Roman über *Tartaglia* veröffentlicht.

Natürlich versuchte man auch schon in der Renaissance, analoge Formeln für den Fall $n = 5$ und so weiter zu finden. Noch der berühmte *Leonard Euler* glaubte Mitte des 18. Jahrhunderts, dass man das Problem der Auflösung durch Wurzelzeichen für beliebiges n lösen werde. *Carl Friedrich Gauß* allerdings war ein Jahrhundert später von der Unmöglichkeit dieser Aufgabe überzeugt, jedoch ohne dies beweisen zu können. Der erste, noch etwas lückenhafte Beweis für den Fall $n = 5$ stammt aus dem Jahr 1799 von *Paolo Ruffini* (1765 – 1822), Professor für Mathematik und Medizin. Allerdings wurden *Ruffinis* Arbeiten nicht beachtet. Erst die Arbeiten aus dem ersten Viertel des 19. Jahrhunderts der beiden sehr früh verstorbenen Genies *Niels Henrik Abel* (1802 – 1829) und *Évariste Galois* (1811 – 1832) fanden die verdiente Beachtung. *Abel*, der im Alter von 26 an Schwindsucht verstorben ist, veröffent-

Bild 5.4 *Paolo Ruffini*

lichte 1826 in *Crelles Journal* seinen Beweis der Unmöglichkeit, allgemein die Gleichungen vom Grad 5 durch Radikale (also durch Wurzelziehungen) aufzulösen (vgl. zu dieser spannenden Geschichte von „*Abels* Beweis" das gleichnamige Buch von *Peter Pesic* (2007).

Bild 5.5 *Niels Henrik Abel*

Bild 5.6 *Évariste Galois*

Galois, der nach einem Duell gerade 20 Jahre alt gestorben ist, verfasste in der Nacht vor dem für ihn tödlich ausgehenden Duell sein mathematisches Testament, das eine tiefe Theorie der algebraischen Gleichungen, eben die *Galoistheorie*, enthielt. Auf die Unmöglichkeit der Radikalauflösung wird in Kapitel 5.4 eingegangen. *Abel* und *Galois* wurden von ihren Heimatländern auf Briefmarken geehrt (Bild 5.5 und 5.6).

5.2.3 Die *Cardano'schen* Formeln

Die Herleitung der *Cardano'schen* Formeln ist mit dem heute zur Verfügung stehenden algebraischen Kalkül zwar kompliziert, aber relativ einfach. Grundbausteine der Formeln sind die übersichtlichen Lösungen der Gleichungen vom Typ $w^n - A = 0$.

5.2.3.1 Algebraische Gleichungen vom Grad 3

Unter „Radikalen" versteht man im engeren Sinn die Lösungen von Gleichungen der Form

$$w^n - A = 0 \text{ mit } n \in \mathbb{N} \text{ und } A \in k,$$

wobei $k = \mathbb{Q}$ oder k eine endliche Körpererweiterung von $\mathbb{Q}$ ist. Hat man *eine* Lösung w_1 gefunden, so sind

$$w_i = \zeta_n^{i-1} w_1, \text{ i} = 1, ..., n, \text{ wobei } \zeta_n = e^{\frac{2\pi i}{n}} \text{ die}$$

ausgezeichnete *primitive* n-te Einheitswurzel ist,

die anderen Lösungen. Der Name „Einheitswurzel" erklärt sich aus der *Euler'schen* Formel (vgl. Satz 6.4), nach der diese komplexe Zahl auf dem Einheitskreis liegt und ihre n-te Potenz gerade 1 ergibt. „Primitiv" bedeutet, dass keine kleinere Potenz von ζ_n zu 1 führt. Die Einheitswurzeln hängen eng mit den regelmäßigen n-Ecken zusammen (vgl. Kapitel 3.7.2). Bild 5.7 zeigt für die Radikalgleichung $x^5 - 32 = 0$ die Lösungen

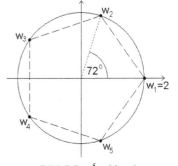

$$w_1 = 2, w_2 = \zeta_5 \cdot 2, w_3 = \zeta_5^2 \cdot 2, w_4 = \zeta_5^3 \cdot 2, w_5 = \zeta_5^4 \cdot 2$$

$$\text{mit } \zeta_5 = e^{\frac{2\pi i}{5}} = \cos(72^\circ) + i \cdot \sin(72^\circ).$$

Eine allgemeine algebraische Gleichung vom Grad 3 lässt sich schreiben als

Bild 5.7 $x^5 - 32 = 0$

(1) $$ax^3 + bx^2 + cx + d = 0 \text{ mit } a, b, c, d \in \mathbb{Q} \text{ und } a \neq 0.$$

O. B. d. A. wird diese Gleichung vereinfacht: Zunächst dividiert man durch a und erhält

$$x^3 + Bx^2 + Cx + D = 0 \text{ mit } B, C, D \in \mathbb{Q}.$$

Die Substitution $x = z - \dfrac{B}{3}$ ergibt dann die äquivalente, aber einfachere Gleichung

(2) $$z^3 + pz + q = 0 \text{ mit } p, q \in \mathbb{Q}.$$

Nach einer Idee von *Francois Vieta* (1540 – 1603) substituiert man weiter $z = w - \dfrac{p}{3w}$:

$$\left(w - \frac{p}{3w}\right)^3 + p\left(w - \frac{p}{3w}\right) + q =$$

$$= w^3 - 3w^2 \cdot \frac{p}{3w} + 3w\frac{p^2}{9w^2} - \frac{p^3}{27w^3} + pw - \frac{p^2}{3w} + q =$$

$$= w^3 - pw + \frac{p^2}{3w} - \frac{p^3}{27w^3} + pw - \frac{p^2}{3w} + q =$$

$$= w^3 - \frac{p^3}{27w^3} + q = 0 .$$

Bild 5.8 *Vieta*

Nach Multiplikation mit w^3 ergibt sich folgende quadratische Gleichung für w^3:

$$\left(w^3\right)^2 + qw^3 - \frac{p^3}{27} = 0 .$$

Sie hat nach der Lösungsformel für quadratische Gleichungen die Lösungen

$$w^3 = -\frac{q}{2} \pm \sqrt{\frac{q^2}{4} + \frac{p^3}{27}} =: A^\pm ,$$

wobei A^+ die Lösung mit „+", A^- die Lösung mit „–" bedeuten möge. Die beiden rein kubischen Radikalgleichungen für w haben die sechs Lösungen:

$$w_1 = \sqrt[3]{A^+}, \quad w_2 = \rho\sqrt[3]{A^+}, \quad w_3 = \rho^2\sqrt[3]{A^+}$$

$$w_4 = \sqrt[3]{A^-}, \quad w_5 = \rho\sqrt[3]{A^-}, \quad w_6 = \rho^2\sqrt[3]{A^-}$$

Hierbei ist $\sqrt[3]{A^{+/-}}$ eine spezielle Lösung; $\rho = \zeta_3 = e^{\frac{2\pi i}{3}}$ ist die ausgezeichnete Einheitswurzel.

Aufgabe 5.1:

a. Zeigen Sie, dass sich die beiden nichttrivialen (d. h. $\neq 1$) dritten Einheitswurzeln schreiben lassen als

$$\rho = -\frac{1}{2} + \frac{\sqrt{3}}{2}i \quad \text{und} \quad \rho^2 = \frac{1}{\rho} = -\frac{1}{2} - \frac{\sqrt{3}}{2}i .$$

b. Zeigen Sie, dass ρ^2 die konjugiert komplexe Zahl zu ρ ist, d. h. dass $\rho^2 = \bar{\rho}$ gilt. Gibt es andere Zahlen $z \in \mathbb{C}$ mit $z^2 = \bar{z}$?

Um die gesuchten Lösungen der Gleichung (2) zu erhalten, muss man jetzt rückwärts die sechs w-Lösungen in die Substitutionsgleichung $z = w - \dfrac{p}{3w}$ einsetzen. Nach der Nebenrechnung

$$\frac{p}{3\sqrt[3]{A^+}} = \sqrt[3]{\frac{p^3}{27\left(-\dfrac{q}{2}+\sqrt{\dfrac{q^2}{4}+\dfrac{p^3}{27}}\right)}} = \sqrt[3]{\frac{p^3 \cdot A^-}{27\left(\dfrac{q^2}{4}-\left(\dfrac{q^2}{4}+\dfrac{p^3}{27}\right)\right)}} = \sqrt[3]{-A^-} = -\sqrt[3]{A^-}$$

ergeben sich sechs Werte für die z-Lösungen (Sie sollten die Einzelheiten nachrechnen!):

$$z_1 = \sqrt[3]{A^+} - \frac{p}{3\sqrt[3]{A^+}} = \sqrt[3]{A^+} + \sqrt[3]{A^-} \, ,$$

$$z_2 = \rho\sqrt[3]{A^+} - \frac{p}{3\rho\sqrt[3]{A^+}} = \rho\sqrt[3]{A^+} + \frac{1}{\rho}\sqrt[3]{A^-} = \rho\sqrt[3]{A^+} + \rho^2\sqrt[3]{A^-} \, ,$$

$$z_3 = \ldots \qquad\qquad = \rho^2\sqrt[3]{A^+} + \rho\sqrt[3]{A^-} \, ,$$

$$z_4 = \sqrt[3]{A^-} - \frac{p}{3\sqrt[3]{A^-}} = \sqrt[3]{A^-} + \sqrt[3]{A^+} = z_1 \, ,$$

$$z_5 = \rho\sqrt[3]{A^-} + \rho^2\sqrt[3]{A^+} = z_3 \, ,$$

$$z_6 = \ldots \qquad\qquad = z_2 \, .$$

Insgesamt ist folgendes Ergebnis bewiesen:

Satz 5.1: *Cardano'sche* Formeln

Die Gleichung $z^3 + pz + q = 0$ mit $p, q \in \mathbb{Q}$ hat die drei Lösungen

$$z_1 = \sqrt[3]{-\frac{q}{2}+\sqrt{d}} + \sqrt[3]{-\frac{q}{2}-\sqrt{d}} \quad \text{mit } d = \frac{q^2}{4} + \frac{p^3}{27} \, ,$$

$$z_2 = \rho\sqrt[3]{-\frac{q}{2}+\sqrt{d}} + \rho^2\sqrt[3]{-\frac{q}{2}-\sqrt{d}} \, ,$$

$$z_3 = \rho^2\sqrt[3]{-\frac{q}{2}+\sqrt{d}} + \rho\sqrt[3]{-\frac{q}{2}-\sqrt{d}} \, .$$

Dabei ist $\rho = -\dfrac{1}{2} + \dfrac{\sqrt{3}}{2}i$ dritte Einheitswurzel.

In der ursprünglichen Veröffentlichung von *Cardano* war dies etwas komplizierter ausgedrückt:

DE CUBO ET REBUS AEQUALIBUS NUMERO :

DEDUCTIO TERTIAM PARTEM NUMERI RERUM AD CUBUM, CUI ADDES
QUADRATUM DIMIDII NUMERI AEQUATIONIS, ET TOTIUS ACCIPE RADICEM,
SCILICET QUADRATAM, QUAM SEMINABIS, UNIQUE DIMIDIUM NUMERI QUOD IAM
IN SE DUXERAS, ADJICIES, AB ALTERA DIMIDIUM IDEM MINUES, HABEBISQUE
BINOMIUM CUM SUA APOTOME, INDE DETRACTA RADICE CUBICA APOTOMAE
EX RADICE CUBICA SUI BINOMII, RESIDUUM QUOD EX HOC RELINQUITUR EST
REI AESTIMATIO.

Die Kraft von Syntax und Kalkül hat doch etwas für sich, wenn sie nicht als Selbstzweck
betrieben werden!

Betracht man die zur kubischen Gleichung gehörige Funktion und ihren Graphen, so ist klar,
dass es stets mindestens eine reelle Nullstelle gibt. Man überlegt sich, dass mit einer komplexen Nullstelle z_1 auch die konjugiert komplexe Zahl $z_2 = \overline{z}_1$ Nullstelle ist. Daher ergeben sich
genau die beiden Lösungsmöglichkeiten, die man wieder am Vorzeichen der Diskriminante

$$d = \frac{q^2}{4} + \frac{p^3}{27}$$

ablesen kann:

- Drei reelle Lösungen (die zusammenfallen können, so dass es nur eine oder zwei verschiedene Lösungen gibt). Jetzt ist $d \le 0$. Genauer gibt es 3 verschiedene Lösungen für
  $d < 0$, es gibt 2 verschiedene Lösungen für $d = 0$ und $p, q \ne 0$ und genau eine Lösung für
  $d = p = q = 0$. Die Lösungen z_i sind jetzt reell, da sie gleich ihren konjugiert komplexen
  Zahlen sind: Wegen $d \le 0$ gilt

  $$\sqrt{d} = \pm i \sqrt{|d|} \text{ und daher } \overline{\sqrt{d}} = -\sqrt{d} \,;$$

  außerdem gilt

  $$\overline{\rho^2} = \rho, \; \overline{\rho} = \rho^2,$$

  woraus sofort $\overline{z}_j = z_j$ für $j = 1, 2, 3$ folgt.
- Drei verschiedene Lösungen, eine davon ist reell, die beiden anderen konjugiert komplex.
  Dies ist der Fall für $d > 0$. Dann ist nämlich $\sqrt{d}$ reell, also sind auch alle dritten Wurzeln
  reell, so dass $z_1 \in \mathbb{R}$ und $z_2 = \overline{z}_3 \in \mathbb{C} \setminus \mathbb{R}$ gefolgert werden kann.

Aufgabe 5.2:

a. Beweisen Sie: Ist $z \in \mathbb{C}$ Lösung einer algebraischen Gleichung vom Grad n über $\mathbb{Q}$, so ist
    auch die konjugierte Zahl $\overline{z} \in \mathbb{C}$ Lösung derselben Gleichung.

b. Begründen Sie obenstehende Fallunterscheidung für die Lösungsfälle einer algebraischen
    Gleichung vom Grad 3 genauer nach den Fällen $d = 0$, $d > 0$ und $d < 0$.

c. Geben Sie Beispiele von Gleichungen dritten Grades für alle möglichen Fälle (Nullstellentypen) an und zeichnen Sie die zugehörigen Graphen.

d. Untersuchen Sie die Gleichung $x^3 - 3x + 1 = 0$.

Das historisch Spannende an der Analyse der *Cardano'schen* Formeln ist, dass im Falle dreier reeller Lösungen, dem „Casus irreducibilis", diese Lösungen sich in scheinbar imaginärer Gestalt ergeben (vgl. auch *Führer*, 2001; *Humenberger*, 2011). Ist nämlich $d < 0$, so treten imaginäre Teil-Terme auf, obwohl alle drei Zahlen z_1, z_2, z_3 reell sind. Man bedenke, dass die komplexen Zahlen „offiziell" erst durch *Gauß* (vgl. Kapitel 6.7) eingeführt wurden! Betrachten Sie hierzu als Beispiele die Gleichungen $x^3 - x = 0$ mit den Lösungen –1, 0, 1 und $x^3 - 7x + 6 = 0$ mit den Lösungen 1, 2 und –3.

5.6.3.2 Algebraische Gleichungen vom Grad 4

Die Lösungen einer algebraischen Gleichung vierten Grades werden nach *Ferraris* Idee auf Lösungen kubischer Gleichungen zurückgeführt:

Zunächst wird die allgemeine Gleichung

(3) $ax^4 + bx^3 + cx^2 + dx + e = 0$ mit $a, b, c, d, e \in \mathbb{Q}$ und $a \neq 0$

mittels Division durch a zu

$$x^4 + Bx^3 + Cx^2 + Dx + E = 0$$

und dann durch die Substitution $x = z - \dfrac{B}{4}$ zu

(4) $z^4 + pz^2 + qz + r = 0$ mit $p, q, r \in \mathbb{Q}$

vereinfacht.

Die Idee ist nun, dieses Polynom vom Grad 4 als Produkt zweier Polynome vom Grad 2 zu schreiben. Hierzu macht man mit den Parametern P, Q und R den folgenden Ansatz:

$$z^4 + pz^2 + qz + r = (z^2 + Pz + Q)\cdot(z^2 - Pz + R) =$$
$$= z^4 + (Q + R - P^2)\cdot z^2 + P\cdot(R - Q)\cdot z + Q\cdot R.$$

Koeffizientenvergleich liefert die drei Bestimmungsgleichungen

$$Q + R - P^2 = p, \quad P\cdot(R - Q) = q \quad \text{und} \quad Q\cdot R = r,$$

aus denen im Folgenden P, Q und R bestimmt werden. Zunächst kann man $P \neq 0$ voraussetzen, sonst wäre nach der zweiten Gleichung $q = 0$, und (4) wäre eine biquadratische Gleichung, deren Lösung bekannt ist. Also folgt

$$R + Q = p + P^2 \quad \text{und} \quad R - Q = \frac{q}{P} \cdot$$

und weiter

(5)
$$R = \frac{1}{2}\left(p + P^2 + \frac{q}{P}\right) \quad \text{und} \quad Q = \frac{1}{2}\left(p + P^2 - \frac{q}{P}\right).$$

Damit lässt sich das Produkt $Q \cdot R$ auf zwei Arten darstellen:

$$r = Q \cdot R = \frac{1}{4}\left(p + P^2 + \frac{q}{P}\right) \cdot \left(p + P^2 - \frac{q}{P}\right).$$

Ausmultiplizieren und Multiplizieren mit dem Hauptnenner P^2 führen zu folgender Gleichung sechsten Grades für P:

(6)
$$P^6 + 2\,p \cdot P^4 + (p^2 - 4r) \cdot P^2 - q^2 = 0.$$

Für die Variable $y := P^2$ ergibt sich eine kubische Gleichung 3. Grades, welche die zugehörige „kubische Resolvente" der Gleichung (4) heißt:

$$y^3 + 2\,p \cdot y^2 + (p^2 - 4r) \cdot y - q^2 = 0.$$

Die kubische Resolvente hat nach den *Cardano'schen* Formeln drei Lösungen, die zu sechs Lösungen $\pm P_1$, $\pm P_2$ und $\pm P_3$ der Gleichung (6) führen. Aus einer P-Lösung ergeben sich mit Gleichung (5) die zugehörige R- und Q-Lösung, und man hat das Polynom 4. Grades von Gleichung (4) in ein Produkt zweier quadratischer Polynome zerlegt:

$$z^4 + pz^2 + qz + r = (z^2 + Pz + Q) \cdot (z^2 - Pz + R).$$

Die je zwei bekannten Lösungen der beiden quadratischen Gleichungen ergeben die vier Lösungen der Gleichung (4). Nimmt man eine andere P-Lösung, so erhält man eventuell eine andere Zerlegung der Gleichung (4) in quadratische Faktoren, aber natürlich dieselben vier Lösungen. Auf weitere Details wird hier nicht eingegangen.

Die Formeln für den Fall $n = 4$ sind für den praktischen Gebrauch noch untauglicher als die *Cardano'schen* Formeln für den Fall $n = 3$. Prüfen Sie zur Übung die Lösungsmethode für $n = 4$ für Spezialfälle nach (z. B. für Zahlentripel wie $p = q = 0$, $r = 1$ oder $p = r = 0$, $q = 1$ oder $p = 1$, $q = r = 0$).

Aufgabe 5.3:

Geben Sie möglichst einfache Beispiele für alle „Lösungstypen" von algebraischen Gleichungen vom Grad 4 mit rationalen Koeffizienten an und zeichnen Sie die zugehörigen Graphen. Unterscheiden Sie nach der Anzahl und der Vielfachheit reeller und „echt" komplexer Lösungen.

5.2.3.3 Computeralgebrasysteme und algebraische Gleichungen vom Grad 3

Die meisten Computeralgebrasysteme haben Lösungsformeln für algebraische Gleichungen vom Grad $n = 2$, 3 und 4 implementiert. Allerdings ist die Darstellung oft unübersichtlich. Als Beispiel sollen die Systeme MAPLE, MAXIMA und DERIVE dienen, die jeweils die Gleichung $x^3 + px + q = 0$ mit der Lösungsvariabeln x lösen. Die komplizierten Lösungen für $n = 4$ sind ebenfalls implementiert, und es können auch die „allgemeinen Gleichungen" vom Grad 3 mit

4 Parametern und vom Grad 4 mit 5 Parametern gelöst werden, nur wird der Output dann sehr unübersichtlich.

MAPLE (Version 13) gibt die folgende Lösung an, wobei „I" die komplexe Einheit i ist:

```
> solve(x^3+p*x+q=0,x);
```

$$\frac{1}{6}(-108\,q + 12\,\sqrt{12\,p^3 + 81\,q^2})^{(1/3)} - 2\,\frac{p}{(-108\,q + 12\,\sqrt{12\,p^3 + 81\,q^2})^{(1/3)}},$$

$$-\frac{1}{12}(-108\,q + 12\,\sqrt{12\,p^3 + 81\,q^2})^{(1/3)} + \frac{p}{(-108\,q + 12\,\sqrt{12\,p^3 + 81\,q^2})^{(1/3)}}$$

$$+\frac{1}{2}I\sqrt{3}\left(\frac{1}{6}(-108\,q + 12\,\sqrt{12\,p^3 + 81\,q^2})^{(1/3)} + 2\,\frac{p}{(-108\,q + 12\,\sqrt{12\,p^3 + 81\,q^2})^{(1/3)}}\right),$$

$$-\frac{1}{12}(-108\,q + 12\,\sqrt{12\,p^3 + 81\,q^2})^{(1/3)} + \frac{p}{(-108\,q + 12\,\sqrt{12\,p^3 + 81\,q^2})^{(1/3)}}$$

$$-\frac{1}{2}I\sqrt{3}\left(\frac{1}{6}(-108\,q + 12\,\sqrt{12\,p^3 + 81\,q^2})^{(1/3)} + 2\,\frac{p}{(-108\,q + 12\,\sqrt{12\,p^3 + 81\,q^2})^{(1/3)}}\right)$$

Man erkennt im Prinzip die in Satz 5.1 hergeleitete Form der *Cardano'schen* Gleichungen.

MAXIMA löst die Gleichung ebenfalls mit Wurzelausdrücken, aber in einer anderen Darstellung als MAPLE. „% i" ist für MAXIMA die komplexe Einheit i.

```
(%i1)  solve([x^3+p*x+q=0], [x]);
```

$$(\%o1)\quad \left[x = \left(-\frac{\sqrt{3}\,\%i}{2} - \frac{1}{2}\right)\left(\frac{\sqrt{27\,q^2 + 4\,p^3}}{2\cdot 3^{3/2}} - \frac{q}{2}\right)^{1/3} - \frac{\left(\frac{\sqrt{3}\,\%i}{2} - \frac{1}{2}\right)p}{3\left(\frac{\sqrt{27\,q^2 + 4\,p^3}}{2\cdot 3^{3/2}} - \frac{q}{2}\right)^{1/3}},\right.$$

$$x = \left(\frac{\sqrt{3}\,\%i}{2} - \frac{1}{2}\right)\left(\frac{\sqrt{27\,q^2 + 4\,p^3}}{2\cdot 3^{3/2}} - \frac{q}{2}\right)^{1/3} - \frac{\left(-\frac{\sqrt{3}\,\%i}{2} - \frac{1}{2}\right)p}{3\left(\frac{\sqrt{27\,q^2 + 4\,p^3}}{2\cdot 3^{3/2}} - \frac{q}{2}\right)^{1/3}},$$

$$\left.x = \left(\frac{\sqrt{27\,q^2 + 4\,p^3}}{2\cdot 3^{3/2}} - \frac{q}{2}\right)^{1/3} - \frac{p}{3\left(\frac{\sqrt{27\,q^2 + 4\,p^3}}{2\cdot 3^{3/2}} - \frac{q}{2}\right)^{1/3}}\right]$$

Das leider nicht mehr vertriebene CAS DERIVE (Version 5) gibt die Lösungen in einer unge-
wohnten trigonometrischen Form (wobei ASIN der Arcussinus ist) an:

$$
\texttt{\#1:}\quad \texttt{SOLVE}(x^3 + p \cdot x + q = 0,\ x)
$$

$$
\texttt{\#2:}\quad x = \frac{2 \cdot \sqrt{3} \cdot \sqrt{(-p)} \cdot \cos\left(\dfrac{\mathrm{ASIN}\left(\dfrac{3 \cdot \sqrt{3} \cdot q}{2 \cdot (-p)^{3/2}}\right)}{3} + \dfrac{\pi}{6}\right)}{3} \quad \vee
$$

$$
x = -\frac{2 \cdot \sqrt{3} \cdot \sqrt{(-p)} \cdot \sin\left(\dfrac{\mathrm{ASIN}\left(\dfrac{3 \cdot \sqrt{3} \cdot q}{2 \cdot (-p)^{3/2}}\right)}{3} + \dfrac{\pi}{3}\right)}{3} \quad \vee
$$

$$
x = \frac{2 \cdot \sqrt{3} \cdot \sqrt{(-p)} \cdot \sin\left(\dfrac{\mathrm{ASIN}\left(\dfrac{3 \cdot \sqrt{3} \cdot q}{2 \cdot (-p)^{3/2}}\right)}{3}\right)}{3}
$$

Die trigonometrische Darstellung von DERIVE beruht auf folgendem Lösungsansatz: Aus den
Additionstheoremen für Sinus und Cosinus ergibt sich (vgl. auch Kapitel 3.6.1)

$$
\begin{aligned}
\cos(3\alpha) = \cos(\alpha + 2\alpha) &= \cos(\alpha) \cdot \cos(2\alpha) - \sin(\alpha) \cdot \sin(2\alpha) = \\
&= \cos(\alpha) \cdot [\cos^2(\alpha) - \sin^2(\alpha)] - \sin(\alpha) \cdot [2 \cdot \sin(\alpha) \cdot \cos(\alpha)] = \\
&= \cos(\alpha) \cdot [2 \cdot \cos^2(\alpha) - 1] - 2 \cdot [1 - \cos^2(\alpha)] \cdot \cos(\alpha) = \\
&= 4 \cdot \cos^3(\alpha) - 3 \cdot \cos(\alpha).
\end{aligned}
$$

Hieraus folgt die für alle $\alpha \in \mathbb{R}$ gültige Gleichung

$$
\cos^3(\alpha) - \frac{3}{4} \cdot \cos(\alpha) = \frac{1}{4} \cdot \cos(3\alpha).
$$

Nun setzt man in die letzte Gleichung für α der Reihe nach die Zahlen $\dfrac{\alpha}{3}$, $\dfrac{\pi - \alpha}{3}$, $\dfrac{\pi + \alpha}{3}$ ein.
Dies ergibt unter Berücksichtigung der Eigenschaften des Cosinus die drei wieder für alle
Zahlen $\alpha \in \mathbb{R}$ gültigen Gleichungen

$$
\left(\cos\left(\frac{\alpha}{3}\right)\right)^3 - \frac{3}{4}\left(\cos\left(\frac{\alpha}{3}\right)\right) = \frac{1}{4} \cdot \cos(\alpha),
$$

$$
\left(-\cos\left(\frac{\pi - \alpha}{3}\right)\right)^3 - \frac{3}{4}\left(-\cos\left(\frac{\pi - \alpha}{3}\right)\right) = \frac{1}{4} \cdot \cos(\alpha),
$$

$$\left(-\cos(\frac{\pi+\alpha}{3})\right)^3 - \frac{3}{4}\left(-\cos(\frac{\pi+\alpha}{3})\right) = \frac{1}{4}\cdot\cos(\alpha).$$

Setzt man also in die *spezielle* kubische Gleichung

$$y^3 - \frac{3}{4}\cdot y = \frac{1}{4}\cdot d$$

für d die Zahl $d = \cos(\alpha)$ ein, so hat diese Gleichung die drei Lösungen

$$y_1 = \cos(\frac{\alpha}{3}), \quad y_2 = -\cos(\frac{\pi-\alpha}{3}) \quad \text{und} \quad y_3 = -\cos(\frac{\pi+\alpha}{3}).$$

Im Reellen macht dies nur Sinn für $-1 \le d \le 1$. Jede beliebige Gleichung dritten Grades lässt sich, wie oben gezeigt wurde, auf die Form der Gleichung (2) bringen:

$$z^3 + pz + q = 0 \text{ mit } p, q \in \mathbb{Q}.$$

Diese Gleichung wird durch die Substitution

$$z = \sqrt{\frac{-4p}{3}}\cdot y$$

weiter umgeformt:

$$\left(\sqrt{\frac{-4p}{3}}\right)^3 y^3 + p\sqrt{\frac{-4p}{3}}\, y = -q,$$

$$y^3 - \frac{3}{4}\cdot y = \frac{3\sqrt{3}q}{8p\sqrt{-p}}.$$

Nun ist wieder die Form der obigen speziellen Gleichung vom Grad 3 gefunden worden, für die drei Lösungen in trigonometrischer Form angegeben werden konnten. Auf die weiteren Umformungen, um genau die Lösungsform von DERIVE zu erhalten, soll hier verzichtet werden. Die obigen Umformungen sind bisher nur sinnvoll, wenn p nicht positiv ist und die Zahl rechts vom Gleichheitszeichen zwischen -1 und 1 liegt. Es bleibt noch nachzuweisen, dass auch für *alle* Zahlen p und q die Formeln sinnvoll sind, wozu die Fortsetzung der trigonometrischen Funktionen ins Komplexe nötig ist. Auch dies soll hier nicht weiter vertieft werden.

Aufgabe 5.4: Zurück zum 7-Eck

In Kapitel 3.8.4.2 wurde eine Origami-Konstruktion des regelmäßigen 7-Ecks vorgestellt. Das Minimalpolynom der zu faltenden Zahl $\cos(2\pi/7)$ war $g(y) = 8\cdot y^3 + 4\cdot y^2 - 4\cdot y - 1$. Untersuchen Sie die Nullstellen von $g(y)$ mit Hilfe eines CAS. Vergleichen Sie mit der Darstellung in *Pesic* (2007), S. 49.

5.3 Elementare Methoden

Die hier behandelten „elementaren Methoden" sind einerseits die Grundlage der wenigen Methoden, die in der Schule bei der Suche nach Lösungen von algebraischen Gleichungen höheren Grades verwendet werden, und andererseits mathematikhistorisch interessante Entwicklungen. Die Verwendung analytischer Methoden bei der Suche nach Lösungen algebraischer Gleichungen verbindet verschiedene Gebiete der Mathematik.

5.3.1 Hilfsmittel aus Algebra und Analysis

5.3.1.1 Schranke für die Lösungen

Wir gehen aus von der algebraischen Gleichung n-ten Grades

(7) $f(x) = a_n x^n + a_{n-1} x^{n-1} + \ldots + a_1 x + a_0 = 0$

mit Koeffizienten aus $\mathbb{Q}$ (der Koeffizientenkörper könnte auch ein anderer Körper, in der Schule etwa $\mathbb{R}$ sein). Das asymptotische Verhalten von $f(x)$ für $|x| \to \infty$ wird durch den führenden Term $a_n x^n$ bestimmt, was zu einer Abschätzung über die Größe der Nullstellen führt: Es gilt

$$f(x) = 0 \iff a_n x^n = -(a_{n-1} x^{n-1} + \ldots + a_0).$$

Dann gilt insbesondere

$$\left| a_n x^n \right| = \left| a_{n-1} x^{n-1} + \ldots + a_0 \right| \le \left| a_{n-1} x^{n-1} \right| + \ldots + \left| a_0 \right|.$$

Wenn jedoch die folgenden n Ungleichungen

$$1: \quad \frac{1}{n} \left| a_n x^n \right| > \left| a_{n-1} x^{n-1} \right|,$$

$$2: \quad \frac{1}{n} \left| a_n x^n \right| > \left| a_{n-2} x^{n-2} \right|,$$

$$\vdots$$

$$n: \quad \frac{1}{n} \left| a_n x^n \right| > \left| a_0 \right|$$

simultan erfüllt sind, so ist

$$\left| a_n x^n \right| = n \cdot \frac{1}{n} \left| a_n x^n \right| > \left| a_{n-1} x^{n-1} \right| + \ldots + \left| a_0 \right|,$$

und es folgt also notwendig $|f(x)| > 0$.

Obiges System ist äquivalent zu den Ungleichungen

$$1': \quad |x| > n \left| \frac{a_{n-1}}{a_n} \right|$$

$$2': \quad |x| > \left(n \left| \frac{a_{n-2}}{a_n} \right| \right)^{1/2}$$

$$\vdots$$

$$n': \quad |x| > \left(n \left| \frac{a_0}{a_n} \right| \right)^{1/n}.$$

Ist also N das Maximum der n Zahlen auf den rechten Seiten, so gilt für *alle* reellen Lösungen α der Ausgangsgleichung (7)

$$|\alpha| \leq N \quad \text{bzw.} \quad -N \leq \alpha \leq N.$$

Untersuchen Sie ein paar Beispiele, um die Güte dieser Abschätzung zu testen.

Das asymptotische Verhalten der durch die Gleichung (7) definierten reellen Funktion f, dass nämlich für nichttrivialen Grad $n \geq 1$

$$|f(x)| \to \infty \quad \text{für} \quad |x| \to \infty$$

gilt, sichert auch die Existenz von Lösungen der Gleichung (7) in Spezialfällen: Ist der Grad n von f ungerade, so hat (7) mindestens eine reelle Lösung. Denn dann unterscheidet sich das Vorzeichen von $f(x)$ für $x \to -\infty$ bzw. $x \to +\infty$, wenn nur $|x|$ groß genug ist. Wegen der Vollständigkeit von $\mathbb{R}$ und der Stetigkeit von f in $\mathbb{R}$ muss der Graph die x-Achse schneiden. Das Beispiel $f(x) = x^3 - 2$ zeigt, dass diese Eigenschaft über $\mathbb{Q}$ nicht gilt. Die Serie der Polynome $f(x) = x^{2n} + 1$ zeigt, dass es bei geradzahligem Grad keine reellen Nullstellen geben muss.

5.3.1.2 Rationale Lösungen

Sehr einfach findet man die rationalen Lösungen algebraischer Gleichungen (mit Koeffizienten aus $\mathbb{Q}$): Es sei $f(x) \in \mathbb{Q}[x]$ das Polynom, dessen Nullstellen durch die Gleichung

$$f(x) = 0$$

gefunden werden sollen. Nach Multiplikation mit dem Hauptnenner kann stets erreicht werden, dass die Koeffizienten ganzzahlig und teilerfremd sind, also

$$f(x) = a_n x^n + a_{n-1} x^{n-1} + \dots + a_1 x + a_0 \quad \text{mit } a_i \in \mathbb{Z}, \ a_n \cdot a_0 \neq 0 \text{ und } \text{ggT}(a_0, \dots, a_n) = 1.$$

Dabei kann $a_0 \neq 0$ stets durch Ausklammern geeigneter Potenzen von x erreicht werden. Dann gilt:

Ist $x_1 = \dfrac{p}{q} \in \mathbb{Q}$ mit $\text{ggT}(p, q) = 1$ eine rationale Lösung von $f(x) = 0$,

so gilt $p \mid a_0$ und $q \mid a_n$.

Die endlich vielen Teiler von a_0 und a_n liefern also endlich viele Kandidaten für Zähler bzw. Nenner rationaler Nullstellen, die durchprobiert werden können. Da jedes CAS ganze Zahlen primzerlegen kann, ist diese Methode einprogrammiert, so dass jedes CAS die rationalen Nullstellen algebraischer Gleichungen findet.

Aufgabe 5.5:

a.   Beweisen Sie die Aussage über rationale Nullstellen von $f(x)$ ausführlich.

b.   Untersuchen Sie mit obigem Verfahren die Nullstellen der Polynome (Schranke für die Nullstellen, rationale Nullstellen)

$$x^3 + 6x^2 + 8x + 3, \quad 2x^3 + 7x^2 - 13x - 3, \quad x^4 - 5x^3 + 5x^2 + 5x - 6.$$

5.3.2   Division mit Rest im Polynomring

Schon in der Grundschule lernt man an einfachen Zahlbeispielen die Division mit Rest für natürliche Zahlen:

$$\text{Zu } n, m \in \mathbb{N} \text{ gibt es } q, r \in \mathbb{N} \text{ mit } n = q \cdot m + r \text{ und } 0 \le r < m.$$

Genau für $r = 0$ ist m ein Teiler von n. Die fortgesetzte Anwendung des Verfahrens führt nach endlich vielen Schritten zum größten gemeinsamen Teiler ggT(n, m), es ist der von *Euklid* vor ca. 2.300 Jahren beschriebene *Euklidische* Algorithmus der „Wechselwegnahme" (vgl. auch Kapitel 6.6.1). Als Beispiel seien die beiden Zahlen 186 und 138 gewählt: Wegen

$$186 = 1 \cdot 138 + 48, \quad 138 = 2 \cdot 48 + 42$$

$$48 = 42 + 6, \qquad\qquad 42 = 7 \cdot 6$$

gilt ggT$(186, 138) = 6$. Durch „Rückwärtsrechnen" folgt die Linearkombination des größten gemeinsamen Teilers ggT$(186, 138) = 6 = 3 \cdot 186 - 4 \cdot 138$.

Aufgabe 5.6:

Formulieren und begründen Sie diesen Algorithmus für Zahlen aus $\mathbb{Z}$ allgemein und führen Sie einige Beispiele durch. Vergessen Sie nicht die lineare Kombinierbarkeit

$$\text{ggT}(n, m) = A \cdot n + B \cdot m \text{ mit } A, B \in \mathbb{Z}.$$

Division mit Rest und *Euklidischer* Algorithmus lassen sich auf Polynomringe über einem Körper k übertragen:

Satz 5.2: Division mit Rest im Polynomring und *Euklidischer* Algorithmus

k sei ein Körper. Zu $f(x)$, $g(x) \in k[x]$ mit $g(x) \ne 0$ gibt es eindeutig bestimmte Polynome $q(x)$, $r(x) \in k[x]$ mit

$$f(x) = q(x) \cdot g(x) + r(x) \text{ und } r(x) = 0 \text{ oder Grad } r(x) < \text{Grad } g(x).$$

Wieder ist genau für $r(x) = 0$ das Polynom $g(x)$ ein Teiler von $f(x)$ und führt der *Euklidische* Algorithmus als die wiederholte Anwendung der Polynomdivision mit Rest zu dem (bis auf Faktoren aus $k\backslash\{0\}$) eindeutig bestimmten größten gemeinsamen Teiler $t(x)$ von $f(x)$ und $g(x)$ und dessen Linearkombination durch $f(x)$ und $g(x)$.

Beweis von Satz 5.2:

Zuerst wird die **Existenz** der Division mit Rest bewiesen. Es seien

$$f(x) = a_n x^n + \dots + a_0 \text{ mit } a_n \neq 0 \text{ und } g(x) = b_m x^m + \dots + b_0 \text{ mit } b_m \neq 0,$$

wobei o. B. d. A. $m > 0$ sein möge (sonst ist gar nichts zu beweisen).

Jetzt wird vollständige Induktion nach dem Grad n von $f(x)$ angewandt. Für $n < m$ ist die Aussage trivialerweise wegen der Darstellung $f(x) = 0 \cdot g(x) + f(x)$ richtig. Der Satz sei richtig für alle natürlichen Zahlen $n \leq N$, und $f(x)$ habe den Grad $N+1$. Dann hat das Polynom

$$F(x) = f(x) - g(x) \cdot a_{N+1} \cdot b_m^{-1} \cdot x^{N+1-m}$$

einen Grad $\leq N$, lässt sich also als

$$F(x) = q(x) \cdot g(x) + r(x)$$

mit $r(x) = 0$ oder Grad $r(x) <$ Grad $g(x) = m$ schreiben. Zusammen erhält man die gewünschte Darstellung

$$f(x) = \left(q(x) + a_{N+1} \cdot b_m^{-1} \cdot x^{N+1-m} \right) \cdot g(x) + r(x).$$

Die **Eindeutigkeit** der Darstellung lässt sich leicht zeigen: Seien

$$f(x) = q(x) \cdot g(x) + r(x) \text{ und } f(x) = Q(x) \cdot g(x) + R(x)$$

zwei solche Darstellungen, dann ist

$$0 = f(x) - f(x) = [q(x) - Q(x)] \cdot g(x) + [r(x) - R(x)]$$

eine Darstellung des Nullpolynoms, aus der sofort $q(x) = Q(x)$ und $r(x) = R(x)$ folgt.

Der *Euklidische* **Algorithmus** ist definiert durch die Polynomkette

$$h_1(x), h_2(x), \dots, h_s(x)$$

mit $h_1(x) = f(x)$ und $h_2(x) = g(x)$. Für $i \geq 3$ ist dann $h_i(x)$ das Restpolynom bei der Division von $h_{i-2}(x)$ durch $h_{i-1}(x)$. Da der Grad von $h_i(x)$ immer kleiner wird, muss irgendwann der Rest Null auftauchen, $h_s(x)$ ist dann das letzte Restpolynom ungleich null. Man erhält also eine Darstellung

$$f(x) = q_1(x) \cdot g(x) + h_3(x),$$
$$g(x) = q_2(x) \cdot h_3(x) + h_4(x),$$
$$h_3(x) = q_3(x) \cdot h_4(x) + h_5(x),$$
$$\vdots$$
$$h_{s-2}(x) = q_{s-2}(x) \cdot h_{s-1}(x) + h_s(x),$$
$$h_{s-1}(x) = q_{s-1}(x) \cdot h_s(x).$$

Dieser Darstellung entnimmt man einerseits, dass jeder gemeinsame Teiler von $f(x)$ und $g(x)$ auch alle Polynome $h_i(x)$ teilt. Andererseits teilt $h_s(x)$ das Polynom $h_{s-1}(x)$, wegen der vorletzten Zeile also auch $h_{s-2}(x)$ usw., bis man am Schluss $h_s \mid g(x)$ und $h_s \mid f(x)$ erhält. Zusammen folgt, dass $h_s(x)$ der ggT von $g(x)$ und $f(x)$ ist.

Schließlich führt das sukzessive Auflösen

$$h_s(x) = h_{s-2}(x) - q_{s-2}(x)h_{s-1}(x)$$

$$= h_{s-2}(x) + q_{s-2}(x)\big[h_{s-3}(x) - q_{s-3}(x)h_{s-2}(x)\big]$$

$$= A_{s-3}(x)h_{s-3}(x) + B_{s-3}(x)h_{s-2}(x)$$

$$= \text{usw.}$$

mit Polynomen $A_i(x)$ und $B_i(x)$ schließlich zur gewünschten Linearkombination

$$h_s(x) = A_1(x){\cdot}f(x) + B_1(x){\cdot}g(x).$$

∎

Aufgabe 5.7:

Führen Sie die Division mit Rest, den *Euklidischen* Algorithmus und die Linearkombination des ggT für ein paar Polynome konkret durch, z. B. für die beiden Polynome

$$f(x) = 3x^4 - 2x^2 - x, \;\; g(x) = x^3 - 2x - 3.$$

Randbemerkung:

Die lineare Kombinierbarkeit des ggT zweier Polynome folgt auch direkt aus der Tatsache, dass der Polynomring $k[x]$ über einem Körper k ein Hauptidealring ist. Für die konkrete Durchführung muss man allerdings wieder auf den *Euklidischen* Algorithmus zurückgreifen!

Die Division mit Rest für Polynome hat einige wichtige Anwendungen für das Problem, Lösungen algebraischer Gleichungen zu finden. Zuerst wird eine spezielle Eigenschaft eines Polynoms definiert, die später noch gebraucht wird:

Definition 5.1:

a.   Ein Polynom heißt *irreduzibel* über $k[x]$, wenn es sich in $k[x]$ nicht in ein Produkt zweier nichttrivialer Polynome zerlegen lässt.

b.   Ein Polynom heißt *separabel*, wenn es in $\mathbb{C}$ nur einfache Nullstellen hat.

Satz 5.3: Einfache Aussagen über Nullstellen von Polynomen $f(x) \in \mathbb{Q}[x]$

a.   Ist $\alpha \in \mathbb{C}$ Lösung von $f(x) = 0$, so ist das Polynom $(x-\alpha)$ Teiler von $f(x)$.

b.   Eine algebraische Gleichung vom Grad n hat höchstens n verschiedene Lösungen.

c.   Mehrfache Nullstellen eines Polynoms f sind genau die gemeinsamen Nullstellen von $f(x)$ und seiner Ableitungsfunktion $f'(x)$. Das Polynom

$$\frac{f(x)}{\text{ggT}(f(x), f'(x))}$$

ist separabel.

d. Ist $f(x)$ irreduzibel, so ist $f(x)$ auch separabel.

Beweis:

a. Nach Satz 5.2 über die Polynomdivision kann man schreiben

$$f(x) = q(x)\cdot(x-\alpha) + r(x)$$

mit $r(x) = 0$ oder Grad $r(x) < 1$. Also ist in jedem Fall $r(x) = r_0 \in \mathbb{Q}$. Einsetzen von α ergibt

$$0 = f(\alpha) = q(\alpha)\cdot(\alpha-\alpha) + r_0,$$

woraus $r_0 = 0$ und somit die Behauptung folgt.

b. Die Aussage folgt durch sukzessives Anwenden der Aussage a.

c. Die Nullstelle α von $f(x)$ habe die Vielfachheit m, d. h., es gilt

$$f(x) = (x - \alpha)^m \cdot g(x), \quad g(\alpha) \neq 0.$$

Wegen

$$f'(x) = m\cdot(x - \alpha)^{m-1}\cdot g(x) + (x - \alpha)^m \cdot g'(x)$$

folgt sofort, dass α genau für $m > 1$ gemeinsame Nullstelle von $f(x)$ und $f'(x)$ ist. Die Anwendung des *Euklidischen* Algorithmus auf $f(x)$ und $f'(x)$ zeigt dann, dass die mehrfachen Nullstellen genau die Nullstellen des ggT von $f(x)$ und $f'(x)$ sind. Für $f(x) \in \mathbb{Q}[x]$ sind sowohl $f'(x)$ als auch der größte gemeinsame Teiler ggT$(f(x), f'(x))$ aus $\mathbb{Q}[x]$, so dass man auch bei unbekannten, nicht rationalen Nullstellen die Frage „gibt es mehrfache Nullstellen?" stets einfach beantworten kann. Außerdem kann man aus $f(x)$ durch Abspalten des Faktors ggT$(f(x), f'(x))$ stets ein separables Polynom erhalten.

d. Ist das Polynom f(x) irreduzibel, so hat es über $\mathbb{Q}[x]$ nur triviale Teiler. Insbesondere ist der ggT$(f(x), f'(x)) = 1$, woraus nach Aussage c. die Separabilität von $f(x)$ folgt. ∎

Aufgabe 5.8:

Geben Sie für $n = 1, \ldots, 6$ und für alle möglichen Fälle einfacher bzw. mehrfacher reeller Nullstellen Beispiele von Polynomen aus $\mathbb{Q}[x]$ von Grad n an.

5.3.3   Die Methode von *Sturm*

Als Anwendung der bisher entwickelten einfachen Theorie wird ein Algorithmus vorgestellt, den *Jaques Charles François Sturm* (1803 – 1855) im Jahr 1829 veröffentlicht hat. Dieser Algorithmus erlaubt es, die Anzahl der reellen Nullstellen eines Polynoms zwischen zwei vorgegebenen Schranken a und b zu bestimmen.

Satz 5.4: Methode von *Sturm*

Es sei $f(x)$ ein separables Polynom aus $\mathbb{R}[x]$, also ein Polynom mit nur einfachen Nullstellen. Man berechnet zunächst die sogenannte „*Sturmsche* Kette" des Polynoms, die aus den Polynomen

Bild 5.9 *Sturm*

$$f(x), f'(x), f_1(x), f_2(x), \ldots, f_m(x)$$

besteht. Dabei ist $f_i(x)$ das durch eine modifizierte Division mit Rest (also im Prinzip durch den *Euklidischen* Algorithmus zu $f(x)$ und $f'(x)$) aus $f_{i-2}(x)$ und $f_{i-1}(x)$, $i = 1, \ldots, m$, gebildete Polynom. Genauer ist $f_{-1}(x) = f(x)$ und $f_0(x) = f'(x)$. Die Modifikation besteht jetzt darin, dass der jeweilige nächste Rest $f_i(x)$ mit einem Minuszeichen versehen wird, also

$$f_{i-2}(x) = q_{i-2}(x) f_{i-1}(x) - f_i(x) \text{ für } i \geq 1.$$

$f_m(x)$ ist das letzte, wegen der Seperabilität konstante Glied der Kette. Weiter seien $a, b \in \mathbb{R}$ mit $a < b$. Man bestimme die Anzahlen n_1 bzw. n_2 von Vorzeichenwechseln in den beiden Zahlenfolgen

$$f(a), f'(a), f_1(a), \ldots, f_m(a) \text{ bzw. } f(b), f'(b), f_1(b), \ldots, f_m(b)$$

(Zahlen, die null sind, ignoriere man dabei). Nun kommt die Aussage des Satzes: Die Anzahl der reellen Nullstellen von f zwischen den Schranken a und b ist gerade die Differenz $n_1 - n_2$.

Zusammen mit der Abschätzung in Kapitel 5.3.1 kann man also (im Prinzip) mühelos die Anzahl aller reellen Nullstellen eines Polynoms bestimmen, ohne diese Nullstellen zu kennen. Diese konkreten Schranken, zwischen denen die Nullstellen von $f(x)$ liegen müssen, muss man eigentlich gar nicht berechnen, wenn man nur die Anzahl der reellen Nullstellen kennen will. Man denkt sich eine Zahl $M \in \mathbb{R}$, die so groß ist, dass für alle Polynome $f_i(x)$ der *Sturmschen* Kette der führende Summand von $f_i(x)$ über das Vorzeichen von $f_i(x)$ für $|x| \geq M$ entscheidet. Es ist gerade das Vorzeichen des asymptotischen Verhaltens von $f_i(x)$ für $x \to \pm\infty$. Folglich kann man sofort die Vorzeichen von $f_i(-M)$ und $f_i(M)$ ablesen, ohne diese Zahl M kennen zu müssen.

Der **Beweis** *des Sturmschen* Satzes ist elementar, aber etwas umfangreich, so dass hier darauf verzichtet wird. Eine ausführliche Darstellung findet man in *Schafarewitsch*, 1956.

Ein **Beispiel**, das Polynom $f(x) = x^4 - 5x^2 + 8x - 8$, zeigt die Anwendung der *Sturmschen* Methode:

$$f(x) = x^4 - 5x^2 + 8x - 8,$$

$$f'(x) = 4x^3 - 10x + 8,$$

$$f(x) = \frac{1}{4}x \cdot f'(x) - \frac{1}{2}(5x^2 - 12x + 16),$$

also setzt man o. B. d. A., da es ja nur auf das Vorzeichen ankommt, $f_1(x) = 5x^2 - 12x + 16$. Nun geht es weiter:

$$f'(x) = \left(\frac{4}{5}x + \frac{48}{25}\right) \cdot f_1(x) - \frac{2}{25}(-3x + 284),$$

also setzt man o. B. d. A. $f_2(x) = -3x + 284$.

$$f_1(x) = \left(-\frac{5}{3}x - \frac{1384}{9}\right) \cdot f_2(x) - \left(-\frac{393200}{9}\right),$$

und man erhält wieder o. B. d. A. als letztes Polynom der *Sturmschen* Kette $f_3(x) = -1$.

Durch Einsetzen in die *Sturmsche* Kette für die Grenzen $a = 0$ und $b = 2$ erhält man die beiden Zahlenfolgen

$$-8, +8, +16, +284, -1$$

für $a = 0$ mit zwei Vorzeichenwechseln und

$$+4, +20, +12, +278, -1$$

für $b = 2$ mit einem Vorzeichenwechsel. Es gibt also $n_1 - n_2 = 2 - 1 = 1$ Nullstelle im Intervall $(0; 2)$.

Die Bestimmung der Grenzen N und $-N$ für die globale Abschätzung in Kapitel 5.3.1 ergibt in diesem Beispiel

$$N = \max\left\{4 \cdot \frac{0}{1}, \left(4 \cdot \frac{5}{1}\right)^{1/2}, \left(4 \cdot \frac{8}{1}\right)^{1/3}, \left(4 \cdot \frac{8}{1}\right)^{1/4}\right\} = \sqrt{20} = 2\sqrt{5} \approx 4,47.$$

Also sind die beiden Zahlenfolgen der *Sturmschen* Kette für $a = -N$ und $b = N$ zu berechnen. Es ergeben sich gerundet für $a = -N$ die Zahlen

$$+256, -305, +170, +297, -1$$

mit drei Vorzeichenwechseln, für $b = N$ die Zahlen

$$+328, +321, +62, +271, -1$$

mit einem Vorzeichenwechsel. Die Funktion f hat also insgesamt 2 reelle Nullstellen!

Einfacher ist es, das asymptotische Verhalten der *Sturmschen* Kette für $|x| \to \pm\infty$ zu betrachten:

i	-1	0	1	2	3
für $x \to +\infty$ gilt $f_i(x) \to$	$+\infty$	$-\infty$	$+\infty$	$+\infty$	$-\infty$
für $x \to -\infty$ gilt $f_i(x) \to$	$+\infty$	$+\infty$	$+\infty$	$-\infty$	$-\infty$

In der zweiten Zeile stehen 3, in der dritten Zeile 1 Vorzeichenwechsel, so dass man wieder als Ergebnis $3 - 1 = 2$ Nullstellen in $\mathbb{R}$ erhält. Bild 5.10 zeigt den mit MAPLE erstellten Graphen von f.

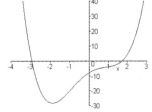

Bild 5.10 Graph von f

5.4   Die Nichtauflösbarkeit für $n \geq 5$

In Kapitel 5.2 wurden für die Lösungen der algebraischen Gleichungen 2., 3. und 4. Grades Lösungsformeln angegeben, d. h. genauer, diese Gleichungen wurden durch Radikale gelöst. Nach dem berühmten *Abel'schen* Satz ist die allgemeine Gleichung n-ten Grades für $n \geq 5$ nicht durch Radikale lösbar. Den tieferen Grund dieser Tatsache liefert die *Galoistheorie*, die eine Beziehung herstellt zwischen den Zwischenkörpern algebraischer Körpererweiterungen K eines Körpers k und den Untergruppen der Automorphismengruppe $G = \mathrm{Aut}(K/k)$, d. h. den Körperautomorphismen von K, die k elementweise festlassen. Die zugrunde liegende Idee dieses „*Hauptsatzes der Galoistheorie*" und seiner Folgerungen wird daher in diesem Teilkapitel näher erläutert. Für die ausführlichen Beweise der angeführten Sätze ziehe man ein einschlägiges Lehrbuch der Algebra zu Rate, etwa den „Klassiker" von *Bartel Leendert van der Waerden* (1930) (seitdem noch in vielen Auflagen erschienen), das faszinierende kleine Buch über *Galois'sche Theorie* von *Emil Artin* (1965), das Algebra-Werk seines Sohnes *Michael Artin* (1998) oder das *Lehrbuch der Algebra* von *Gerd Fischer* (2008). Ein besonderer Leckerbissen ist *Die Gleichung 5. Grades: Ist Mathematik erzählbar?* von *Lisa Hefendehl-Hebeker* und *Jost-Hinrich Eschenburg* (2000). Die Verbindung von Geometrie und Algebra wird besonders gut in dem Beitrag *Das Ikosaeder und die Gleichungen fünften Grades* von *Peter Slodowy* (1986) gezeigt.

Alle im Folgenden betrachteten Körper mögen Teilkörper von $\mathbb{C}$ sein. Damit befindet man sich auf dem „sicheren Boden" der komplexen Zahlen.

An sich würde es ausreichen, dass die Körper die Charakteristik Null haben: Zur Erinnerung, um die *Charakteristik* eines Körpers zu bestimmen, muss man das Einselement e des Körpers betrachten. Die Zahl „$n \cdot e$" für $n \in \mathbb{N}$ wird induktiv durch $2 \cdot e = e + e$ und $(n+1) \cdot e = n \cdot e + e$ definiert. Sind alle diese Körperelemente $n \cdot e$ ungleich dem Nullelement 0 des Körpers (wie z. B. in $\mathbb{Q}$, $\mathbb{R}$ und $\mathbb{C}$), so spricht man von Charakteristik Null, in jedem anderen Fall ist die Charakteristik die erste Zahl p, für die $p \cdot e = 0$ gilt. Wegen der Nullteilerfreiheit eines Körpers muss dann p eine Primzahl sein. Einfachste Beispiele sind die Körper $\mathbb{F}_p$ aus p Elementen. Bei polynomialen Gleichungen über Körpern einer Charakteristik ungleich Null kommen zusätzliche Probleme hinzu, und die Analyse wird komplizierter.

Wir betrachten Körpererweiterungen K/k. Dabei ist im einfachsten Fall k der kleinste Körper, der die Koeffizienten einer polynomialen Gleichung $f(x) = 0$ enthält, und K der Körper, der eine Lösung oder alle Lösungen dieser Gleichung enthält. Diese Lösungen sind definitionsgemäß algebraisch über k. Wenn man $k \leq \mathbb{C}$ voraussetzt, ist die Existenz solcher Lösungen und damit von $K \leq \mathbb{C}$ über den Fundamentalsatz der Algebra (vgl. Kapitel 5.5) gesichert.

Bemerkung: Auch ohne diese Voraussetzung kann auf die Existenz eines solchen Körpers K geschlossen werden, da sich nach dem Satz von *Kronecker-Steinitz* zu jedem beliebigen Körper k ein algebraischer Abschluss $\bar{k}$, d. h. ein Erweiterungskörper, in dem jedes Polynom mit Koeffizienten aus k eine Nullstelle hat, konstruieren lässt.

Es sei also $f(x) \in k[x]$ vom Grad $n > 1$ ein irreduzibles Polynom. Nach Satz 5.4.d ist $f(x)$ dann sogar separabel, hat also nur einfache Nullstellen.

Zu k gibt es einen echten Erweiterungskörper L, in dem $f(x)$ eine Nullstelle hat. Dies kann man auf verschiedene Art einsehen:

- Ist $k \leq \mathbb{C}$, so hat nach dem Fundamentalsatz der Algebra jedes Polynom, also auch $f(x)$ (mindestens) eine Nullstelle α, und $L = k(\alpha)$ ist der kleinste Erweiterungskörper von k, der α enthält. Betrachten wir L (nur) als k-Vektorraum, so sind wegen der Irreduzibilität von $f(x)$ die Elemente 1, α, α^2, ..., α^{n-1} linear unabhängig über k, das letzte Element α^n hängt von ihnen durch den Term $f(x)$ linear ab, so dass sie sogar eine Vektorraumbasis bilden. Es gilt also für den Körpergrad $(L : k) = n$.

- L lässt sich auch ohne Rückgriff auf $\mathbb{C}$ nach einer Idee von *Kronecker* konstruieren: Sei hierzu L ein n-dimensionaler Vektorraum über k mit Basis β_0, β_1, ..., β_{n-1}. Das fragliche Polynom wird als $f(x) = a_n x^n + ... + a_1 x + a_0$ geschrieben. Mit der linear fortgesetzten Multiplikationsvorschrift

$$\beta_i \cdot \beta_j := \begin{cases} \beta_{i+j} & \text{für } i+j < n \\ -\dfrac{1}{a_n}(a_{n-1}\beta_{n-1} + ... + a_1\beta_1 + a_0\beta_0) \cdot \beta_k & \text{für } i+j = n+k \geq n \end{cases}$$

wird L zum Körper, in den k via $k \cdot \beta_0$ eingebettet wird. Beachten Sie, dass diese Multiplikationsvorschrift eine „Definition durch vollständige Induktion" ist: Zuerst wird $\beta_i \cdot \beta_j$ für $i+j = n$, dann für $i+j = n+1$, ... definiert. Definiert man abschließend $\alpha := \beta_1$, so gilt nach Konstruktion $\alpha^j = \beta_j$, $j = 0$, ..., $n-1$. Weiter ist $1 = \alpha^0 = \beta_0$ das Einselement, und es gilt $f(\alpha) = 0$ (führen Sie die Einzelheiten als Übung durch).

- Der letzte Weg kann einfacher, aber abstrakter als die Bildung des Quotientenkörpers des Hauptidealrings $k[x]$ nach dem Primideal $(f(x))$ beschrieben werden.

In jedem Fall kann man $L = k(\alpha)$ mit $f(\alpha) = 0$ schreiben. Nach Satz 5.4.a lässt sich im Polynomring $L[x]$ der Linearfaktor $(x-\alpha)$ ausklammern, gilt also $f(x) = (x-\alpha) \cdot f_1(x)$.

Wendet man dieses Verfahren mehrfach an, so erhält man eine Körperkette

$$L = L_1 = k(\alpha_1) \text{ mit } f(x) = (x-\alpha_1) \cdot f_1(x) \text{ in } L_1[x],$$

$$L_2 = L_1(\alpha_2) \text{ mit } f(x) = (x-\alpha_1) \cdot (x-\alpha_2) \cdot f_2(x) \text{ in } L_2[x],$$

$$\vdots$$

$$L_n = L_{n-1}(\alpha_n) \text{ mit } f(x) = a_n \cdot (x-\alpha_1) \cdot ... \cdot (x-\alpha_n) \text{ in } L_n[x].$$

Man beachte, dass die Körper L_i nicht verschieden sein müssen, denn in einem der Körper L_i könnten mehrere Nullstellen von $f(x)$ hinzukommen, nur der erste Schritt L_1 über k hat wegen der Irreduzibilität von $f(x)$ den Körpergrad $(L_1 : k) = n$. In jedem Fall gibt es aber einen *Zerfällungskörper* $K = L_n$, in dem $f(x)$ in Linearfaktoren zerfällt. Er ist als kleinste Körpererweiterung von k, die alle Nullstellen von f enthält, bis auf Isomorphie eindeutig, was hier aber nicht näher begründet werden kann.

Bisher lässt sich der Zerfällungskörper von $f(x)$ schreiben als

$$K = k(\alpha_1, \alpha_2, ..., \alpha_n),$$

wobei α_1, ..., α_n die n verschiedenen Nullstellen des irreduziblen Polynoms f sind. Für das Folgende wird der *Satz vom primitiven Element* benötigt, der hier nur verwendet, aber nicht begründet wird. Seine Kernaussage ist, dass sich K sogar von einem einzigen Element erzeugen lässt, also

$$K = k(\beta) \text{ mit } g(\beta) = 0,$$

$g(x) \in k[x]$ irreduzibel von Grad $m \geq n$ und

$$(K : k) = \text{Grad } g(x) = m.$$

Wegen $K \geq L_1 \geq k$ und der „Körpergradformel" ist n Teiler von m. Die Elemente

$$\beta^0, \beta^1, \beta^2, ..., \beta^{m-1}$$

sind eine (Vektorraum-)Basis von K/k, d. h., jedes Element $z \in K$ lässt sich auch schreiben als

$$z = \sum_{i=0}^{m-1} b_i \beta^i, \ b_i \in k.$$

Interessanterweise (und wieder ohne Beweis) ist der Zerfällungskörper K des *einen* Polynoms $f(x)$ sogar **normal**, d. h., *jedes* Polynom aus $k[x]$, das in K mindestens eine Nullstelle hat, zerfällt über K vollständig in Linearfaktoren.

Nun werden **relative Automorphismen** von K über k betrachtet, d. h. Körperautomorphismen von K, die jedes Element von k fest lassen, kurz gesagt „Automorphismen von K über k".

Aufgabe 5.9:

Zeigen Sie, dass der „Primkörper" eines beliebigen Körpers K, d. h. der kleinste in K enthaltenen Teilkörper, im Falle der Charakteristik Null der Körper $\mathbb{Q}$ und sonst einer der Körper $\mathbb{F}_p$ ist. Beweisen Sie weiter, dass *jeder* Automorphismus eines Körpers K (beliebiger Charakteristik) den Primkörper elementweise fest lässt, also relativer Automorphismus über dem Primkörper ist.

K sei jetzt wieder der Zerfällungskörper $K = k(\beta)$ zu dem irreduziblen Polynom $g(x)$ mit der Eigenschaft $g(\beta) = 0$ von oben. Es gilt, dass für jedes $j = 1, ..., m$ durch

$$K \to K, \ z = \sum_{i=0}^{m-1} b_i \beta^i \mapsto \sum_{i=0}^{m-1} b_i \beta_j^i, \text{ wobei } \beta_j \text{ eine der } m \text{ Nullstellen von } g(x) \text{ ist,}$$

ein Automorphismus von K über k definiert wird. Es gibt also mindestens m verschiedene solche Automorphismen. Die Automorphismen von K über k bilden eine Gruppe bezüglich der Verkettung, die **Automorphismengruppe Aut(K/k)** heißt. Ist jetzt umgekehrt $\sigma \in \text{Aut}(K/k)$, so lässt σ das Polynom $g(x)$ fest. Also muss σ die Zahl $\beta = \beta_1$ auf eine andere Nullstelle β_j von $g(x)$ abbilden und ist damit ein Automorphismus der gerade beschriebenen Art. Daraus folgt erstens, dass schon alle Automorphismen gefunden sind, und zweitens, dass

$$|\text{Aut}(K/k)| = (K : k) = m$$

gilt. Jeder Automorphismus $\sigma \in \text{Aut}(K/k)$ lässt auch das Ausgangspolynom $f(x)$, als dessen Zerfällungskörper wir K gewonnen hatten, fest, führt also die Nullstellen $\alpha_1, ..., \alpha_n$ von $f(x)$ ineinander über. Lässt σ alle n Nullstellen fest, so ist σ notwendig die identische Abbildung auf K. Folglich operiert $\text{Aut}(K/k)$ treu auf der Menge $\{\alpha_1, ..., \alpha_n\}$, und jedes σ ist eindeutig als Permutation der Nullstellen $\alpha_1, ..., \alpha_n$ bestimmt. Dies bedeutet aber wieder, dass sich

$$G = \text{Aut}\,(K/k) \leq \mathbb{S}_n$$

als Untergruppe der symmetrischen Gruppe von n Elementen darstellen lässt. Diese Automorphismengruppe G heißt *Galois'sche Gruppe* des Zerfällungskörpers K von $f(x)$ oder einfacher des irreduziblen Polynoms $f(x)$ bzw. der Gleichung $f(x) = 0$. Die Körpererweiterung K über k heißt *galois'sch*. Jetzt lässt sich der „Hauptsatz" formulieren; auf einen Beweis wird verzichtet.

Satz 5.5: Hauptsatz der *Galoistheorie*

K/k sei normale Körpererweiterung, genauer sei K Zerfällungskörper des irreduziblen Polynoms $f(x) \in k[x]$. Weiter sei $G = \text{Aut}(K/k)$ die zugehörige *Galoisgruppe*. Dann entsprechen die Zwischenkörper Z mit $K \geq Z \geq k$ umkehrbar eindeutig den Untergruppen von G. Genauer gelten die folgenden, in Bild 5.11 veranschaulichten Beziehungen:

- Für jeden Zwischenkörper Z ist

$$\text{Aut}(K/Z) = \{\sigma \in G \mid \sigma(a) = a \text{ für alle } a \in Z\}$$

eine Untergruppe von G mit $|\text{Aut}(K/Z)| = (K : Z)$.

- Für jede Untergruppe $U \leq G$ ist

$$\text{Fix}(U) := \{a \in K \mid \sigma(a) = a \text{ für alle } \sigma \in U\}$$

ein Zwischenkörper mit $k \leq \text{Fix}(U) \leq K$ und $|U| = (K : \text{Fix}(U))$.

- Die Abbildungen

$$\text{Aut}(*): \{\text{Zwischenkörper}\} \rightarrow \{\text{Untergruppen}\}$$

und

$$\text{Fix}(*) : \{\text{Untergruppen}\} \rightarrow \{\text{Zwischenkörper}\}$$

sind bijektiv und zueinander invers, d. h., es gilt

$$\text{Fix}(\text{Aut}(K/Z)) = Z \quad \text{für alle } Z \text{ mit } k \leq Z \leq K,$$

$$\text{Aut}(K/\text{Fix}(U)) = U \quad \text{für alle } U \leq G.$$

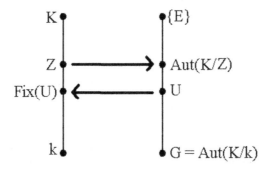

Bild 5.11 Hauptsatz der *Galoistheorie*

- Die Inklusionsbeziehungen werden umgedreht:

  Aus $k \leq Z_1 \leq Z_2 \leq K$ folgt $\mathrm{Aut}(K/Z_1) \geq \mathrm{Aut}(K/Z_2)$,

  aus $\{E\} \leq U_1 \leq U_2 \leq G$ folgt $\mathrm{Fix}(U_1) \geq \mathrm{Fix}(U_2)$.

- Schließlich entsprechen die Normalteiler von G umkehrbar eindeutig den Zwischenkörpern Z, die selbst über k *galois'sch* sind:

  Ist $N \triangleleft G$ Normalteiler, so ist $\mathrm{Fix}(N)$ *galois'sch* über k mit der Faktorgruppe G/N als *Galoisgruppe*,

  Ist Z über k *galois'sch*, so ist $\mathrm{Aut}(K/Z) \triangleleft G$ mit $G/\mathrm{Aut}(K/Z) \cong \mathrm{Aut}\,(Z/k)$.

Durch den Hauptsatz wird das komplizierte Problem, Zwischenkörper von K und k zu finden, auf die u. U. einfachere Aufgabe zurückgeführt, Untergruppen einer endlichen Gruppe zu bestimmen.

Mit Hilfe der *Galoistheorie* lässt sich die Nichtauflösbarkeit (durch Radikale) der allgemeinen Gleichung n-ten Grades für $n \geq 5$ beweisen. Zunächst wird präzisiert, was genauer unter einer „Lösungsformel aus Wurzelausdrücken" zu verstehen ist.

Definition 5.2: Radikalerweiterungen und Radikale

K heißt **Radikalerweiterung** von k, wenn es Elemente $\alpha_1, ..., \alpha_r \in K$ mit Exponenten $n_1, ..., n_r \in \mathbb{N}$ gibt, so dass gilt

$$K = k(\alpha_1, ...\alpha_r) \text{ mit } \alpha_1^{n_1} \in k,\ \alpha_i^{n_i} \in k(\alpha_1, ..., \alpha_{i-1}) \text{ für } i = 2, ..., r.$$

Eine Gleichung $f(x) = 0$ mit $f(x) \in k[x]$ heißt **durch Radikale auflösbar**, wenn der Zerfällungskörper K von $f(x)$ eine Radikalerweiterung ist.

Diese rein körpertheoretischen Eigenschaften von K über k hängen nun via *Galoistheorie* von der rein gruppentheoretischen Eigenschaft „Auflösbarkeit" ab:

Definition 5.3: Auflösbare Gruppen und Kompositionsreihen

Eine endliche Gruppe G heißt **auflösbar**, wenn es eine Reihe von Normalteilern

$$G = N_1 \triangleright N_2 \triangleright ... \triangleright N_s = \{E\}$$

derart gibt, dass die Faktorgruppen N_i/N_{i+1}, $i = 1, ..., s-1$, kommutativ sind. Wenn G auflösbar ist, so lässt sich jede solche Reihe verfeinern zu der bis auf die Reihenfolge eindeutig bestimmten **Kompositionsreihe**, bei der alle Faktorgruppen sogar zyklisch vom Primzahlgrad sind.

Der folgende Satz liefert den gesuchten Zusammenhang:

Satz 5.6:

Die Gleichung $f(x) = 0$ mit irreduziblem Polynom $f(x) \in k[x]$ ist genau dann durch Radikale lösbar, wenn die *Galoisgruppe* G des Zerfällungskörpers von $f(x)$ auflösbar ist.

Um die **Beweisidee von Satz 5.6** zu erläutern, wird zur technischen Erleichterung vorausgesetzt, dass k die $|G|$-ten Einheitswurzeln enthält. Es sei nun K über k eine Radikalerweiterung, deren erste beiden Schritte betrachtet werden:

$$k(\alpha_1) \text{ mit } \alpha_1^n = a_1 \in k.$$

Das Polynom

$$f_1(x) = x^n - a_1 = (x - \alpha_1) \cdot (x - \zeta\alpha_1) \cdot \ldots \cdot (x - \zeta^{n-1}\alpha_1)$$

mit einer primitiven n-ten Einheitswurzel ζ zerfällt über $k(\alpha_1)$, somit ist $k(\alpha_1)$ über k *galois'sch* mit einer zyklischen *Galoisgruppe* $<\sigma>$. Also ist die Untergruppe Fix$(k(\alpha_1))$ der *Galoisgruppe* von K Normalteiler von G mit zyklischer Faktorgruppe G/Fix$(k(\alpha_1))$. Die Fortsetzung des Verfahrens liefert eine Normalteilerreihe mit zyklischen Faktorgruppen.

Umgekehrt sei jetzt $G = \text{Aut}(K/k)$ auflösbar mit Kompositionsreihe

$$G = G_1 \triangleright G_2 \triangleright \ldots \triangleright G_s = \{E\}.$$

Nach dem Hauptsatz der *Galoistheorie* gehört hierzu eine Zwischenkörperkette

$$k = Z_1 < Z_2 < \ldots < Z_s = K$$

mit Z_i über Z_{i-1} *galois'sch* mit *Galoisgruppe*

$$\text{Aut}(Z_i/Z_{i-1}) \cong G_{i-1}/G_i \cong \mathbb{Z}_{p_i} \text{ für } i = 2, \ldots, s \text{ und mit Primzahlen } p_i.$$

Es fehlt noch der Nachweis, dass sich die Erweiterung Z_i über Z_{i-1} als

$$Z_i = Z_{i-1}(\alpha_i), \ \alpha_i^{p_i} = a_i \text{ und } a_i \in Z_{i-1},$$

erzeugen lässt! Dies folgt aus folgendem Hilfssatz:

Satz 5.7:

Ist K über k zyklisch, d. h. *galois'sch* mit $G = \text{Aut}(K/k) \cong <\sigma> \cong \mathbb{Z}_n$, so existiert ein erzeugendes Element β mit

$$K = k(\beta), \ \beta^n = b \in k.$$

Beweis von Satz 5.7:

Sei α irgendein erzeugendes Element mit $K = k(\alpha)$. Wegen der vereinfachenden Voraussetzung enthält k die n-ten Einheitswurzeln; ζ sei eine primitive n-te Einheitswurzel. Zunächst wird für $i = 0, \ldots, n-1$ die Zahl $\alpha_i := \sigma^i(\alpha)$ definiert. Nach einer Idee von *Lagrange* setzt man

$$\beta := \alpha_0 + \zeta\alpha_1 + \zeta^2\alpha_2 + \ldots + \zeta^{n-1}\alpha_{n-1}.$$

an. Man rechnet sofort nach, dass gilt

$$\sigma(\beta) = \alpha_1 + \zeta\alpha_2 + \ldots + \zeta^2\alpha_3 + \ldots + \zeta^{n-1}\alpha_0$$
$$= \zeta^{-1}(\alpha_0 + \zeta\alpha_1 + \zeta^2\alpha_2 + \ldots + \zeta^{n-1}\alpha_{n-1})$$
$$= \zeta^{-1}\beta,$$

also auch

$$\sigma^i(\beta) = \zeta^{-i}\beta \neq \beta \text{ für } i = 1, \ldots, n\text{-}1$$

und erstmals

$$\sigma^n(\beta) = \zeta^{-n}\beta = \beta.$$

Also erzeugt die Zahl β den Körper K. Wegen

$$\sigma(\beta^n) = (\sigma(\beta))^n = \zeta^{-n}\beta^n = \beta^n$$

muss $\beta^n \in k$ sein, und β erfüllt die behauptete Gleichung $\beta^n = b \in k$. Damit sind sowohl Satz 5.7 als auch Satz 5.6 bewiesen.

■

Für das Folgende sei zunächst an die *elementarsymmetrischen Funktionen* erinnert: Zerfällt das (o. B. d. A.) normierte Polynom

$$f(x) = \sum_{i=0}^{n} a_i x^i \text{ mit } a_n = 1$$

in seinem Zerfällungskörper in

$$f(x) = (x - \alpha_1)\cdot(x - \alpha_2)\cdot \ldots \cdot(x - \alpha_n),$$

so erhält man durch Ausmultiplizieren

$$a_{n-1} = -(\alpha_1 + \alpha_2 + \ldots + \alpha_n)$$
$$a_{n-2} = +(\alpha_1\cdot\alpha_2 + \alpha_1\cdot\alpha_3 + \ldots + \alpha_{n-1}\cdot\alpha_n)$$

.

.

.

$$a_0 = (-1)^n \alpha_1\cdot\alpha_2\cdot \ldots \cdot\alpha_n.$$

Das heißt, dass die Koeffizienten der Gleichung bis auf das Vorzeichen gerade die elementarsymmetrischen Funktionen

$$s_k := \sum_{1 \leq i_1 < i_2 < \ldots < i_k \leq n} \alpha_{i_1}\alpha_{i_2}\ldots\alpha_{i_k} \text{ für } k = 1, \ldots, n$$

sind. Für $n = 2$ steht hier übrigens der oft in der Schule behandelte Satz von *Vieta*! Ist $f(x)$ irreduzibel und K sein Zerfällungskörper, so permutieren die Automorphismen der *Galoisgruppe* die Nullstellen $\alpha_1, \ldots, \alpha_n$ und lassen daher die elementarsymmetrischen Funktionen dieser Nullstellen elementweise fest. Dies nutzt man aus, um zu zeigen, dass die sogenannte „allgemeine" Gleichung n-ten Grades, $n \geq 1$, die volle $\mathbb{S}_n$ als *Galoisgruppe* hat:

Es seien hierzu $y_1, ..., y_n$ genau n über k algebraisch unabhängige transzendente Elemente und

$$f(x) := (x - y_1) \cdot (x - y_2) \cdot ... \cdot (x - y_n) \in k(y_1, ..., y_n) \, [x]$$

das (auf höchsten Koeffizienten 1 normierte) „allgemeine Polynom n-ten Grades". Stellen Sie sich konkret $k = \mathbb{Q}$ und $y_1, ..., y_n$ transzendente Zahlen aus $\mathbb{C}$ vor, die über $\mathbb{Q}$ unabhängig sind. Analog werden die „elementarsymmetrischen Funktionen"

$$s_k = \sum_{1 \leq i_1 < i_2 < ... < i_k \leq n} y_{i_1} y_{i_2} ... y_{i_k} \quad \text{für } 1 \leq k \leq n$$

gebildet. Damit kann man wieder schreiben

$$f(x) = x^n - s_1 \cdot x^{n-1} + s_2 \cdot x^{n-2} \pm ... + (-1)^n s_n \, .$$

Dieses Polynom ist nach Konstruktion separabel. Mit den Definitionen

$$\tilde{k} := k(s_1, s_2, ..., s_n) \quad \text{und} \quad K := k(y_1, y_2, ..., y_n)$$

gilt weiter, dass K der Zerfällungskörper von $f(x)$ über $\tilde{k}$ ist und dass K über $\tilde{k}$ *galois'sch* mit der vollen $\mathbb{S}_n$ als *Galoisgruppe* ist. Jede Permutation der Elemente $y_1, ..., y_n$ definiert nämlich einen Automorphismus von K. Da hierbei die elementarsymmetrischen Funktionen $s_1, ..., s_n$ alle unverändert bleiben, bleibt sogar $\tilde{k}$ elementweise unverändert. Damit ist gezeigt, dass es für jedes n Polynome gibt, deren *Galoisgruppe* die $\mathbb{S}_n$ ist.

Die Nichtauflösbarkeit der $\mathbb{S}_n$ für $n \geq 5$ folgt aus der Tatsache, dass ihr einziger nichttrivialer Normalteiler die alternierende Gruppe $\mathbb{A}_n$ ist (vgl. z. B. *van der Waerden*, 1930, § 50). Die Kompositionsreihen der symmetrischen Gruppen $\mathbb{S}_n$ für $n = 2, 3$ und 4 sind die folgenden:

$$\mathbb{S}_2 \cong \mathbb{Z}_2 \underset{2}{\vartriangleright} \{E\}$$

$$\mathbb{S}_3 \underset{2}{\vartriangleright} \mathbb{A}_3 \cong \mathbb{Z}_3 \underset{3}{\vartriangleright} \{E\},$$

$$\mathbb{S}_4 \underset{2}{\vartriangleright} \mathbb{A}_4 \underset{3}{\vartriangleright} \mathbb{V}_4 \underset{2}{\vartriangleright} \mathbb{Z}_2 \underset{2}{\vartriangleright} \{E\},$$

Dabei ist $\mathbb{V}_4$ die *Kleinsche* Vierergruppe (oder die Diedergruppe $\mathbb{D}_2$). Daher sind die algebraischen Gleichungen vom Grad 2, 3 und 4 durch Radikale auflösbar. Dagegen ist für $n \geq 5$ wegen der Einfachheit der alternierenden Gruppe $\mathbb{A}_n$

$$\mathbb{S}_n \underset{2}{\vartriangleright} \mathbb{A}_n \underset{m}{\vartriangleright} \{E\} \quad \text{mit Index } m := \frac{1}{2} n!$$

die einzige Kompositionsreihe. Da dieser Index m für $n \geq 5$ keine Primzahl ist, sind die algebraischen Gleichungen vom Grad $n \geq 5$ nicht mehr durch Radikale auflösbar.

5.5 Der Fundamentalsatz der Algebra

Der Fundamentalsatz der Algebra (FSA) sollte eigentlich besser „Fundamentalsatz der komplexen Zahlen" heißen. Er garantiert für alle algebraischen Gleichungen die Existenz von

Lösungen in der Menge der komplexen Zahlen und hat so die allgemeine Anerkennung der komplexen Zahlen stark gefördert. Seine Bedeutung strahlt weit über die Theorie der komplexen Zahlen hinaus. Dies zeigen die vielen Beweise für den FSA, die ihn mit fast allen Gebieten der Mathematik verbinden.

5.5.1 Der Fundamentalsatz

Für den Fundamentalsatz der Algebra (FSA) existieren verschiedene äquivalente Formulierungen, darunter die folgenden:

- Jedes nichttriviale Polynom aus $\mathbb{C}[x]$ hat mindestens eine Nullstelle in $\mathbb{C}$.

- Über $\mathbb{C}$ zerfällt jedes Polynom aus $\mathbb{C}[x]$ in Linearfaktoren.

- $\mathbb{C}$ hat keinen echten algebraischen Erweiterungskörper.

- $\mathbb{C}$ ist algebraisch abgeschlossen.

Aus dem FSA ergeben sich leicht einige wichtige Folgerungen:

- Jede algebraische Gleichung vom Grad n hat n Lösungen aus $\mathbb{C}$. Diese müssen nicht notwendig verschieden sein.

- Jedes Polynom $f(x)$ aus $\mathbb{R}[x]$ kann über $\mathbb{R}$ in quadratische und lineare Faktoren zerlegt werden.

Die letzte Aussage ergibt sich wie folgt: Da die Konjugation in $\mathbb{C}$ sowohl bezüglich der Addition als auch bezüglich der Multiplikation linear ist (vgl. Aufgabe 6.11), ist mit $\alpha \in \mathbb{C}\backslash\mathbb{R}$ auch die konjugierte Zahl $\bar{\alpha}$ Nullstelle des reellen Polynoms $f(x)$. Damit ist

$$(x-\alpha)(x-\bar{\alpha}) = x^2 - \underbrace{(\alpha+\bar{\alpha})}_{\in\mathbb{R}}x + \underbrace{\alpha\bar{\alpha}}_{\in\mathbb{R}}$$

ein quadratisches Polynom aus $\mathbb{R}[x]$, das Teiler von $f(x)$ ist.

In gewisser Hinsicht ist der FSA ein Spezialfall des Satzes von *Steinitz* (1910), dass jeder Körper k (mindestens) einen algebraisch abgeschlossenen Oberkörper $\bar{k}$ hat. Beispiele dafür sind

k	$\mathbb{Q}$	$\mathbb{R}$	$\mathbb{C}$
$\bar{k}$	$\bar{\mathbb{Q}}, \mathbb{C}$	$\mathbb{C}$	$\mathbb{C}$

Der *Steinitz'sche* Satz ist eine algebraische Aussage für beliebige Körper, während der FSA eine Aussage über den speziellen Körper $\mathbb{C}$ ist, der eher durch topologische Eigenschaften (Vollständigkeit) definiert ist, so dass der FSA eher ein Satz aus der Analysis ist.

Leonard Euler formulierte den FSA im Jahr 1742 als Erster, konnte aber keinen befriedigenden Beweis dafür finden. *Carl Friedrich Gauß* fand vier verschiedene Beweise für den FSA. Den ersten Beweis führte er im Jahr 1799 in seiner Dissertation. *Gauß* zeigte, dass jedes Polynom sich in reelle Polynome ersten und zweiten Grades zerlegen lässt. Obwohl bereits *Descartes* die Ausdrücke „reelle Lösung" und „imaginäre Lösung" verwendet hatte, vermied *Gauß* noch die imaginären Lösungen, weil sich damals viele Mathematiker sträubten, Ausdrücke wie $\sqrt{-5}$ als richtige Zahlen anzuerkennen. Es war *Gauß*, der den imaginären Zahlen in der *Gauß'schen Zahlenebene* endgültig zum Lebensrecht verhalf (vgl. Kapitel 6.7). Weil sein Konzept so anschaulich war, wurde es schnell von den Mathematikern seiner Zeit akzeptiert. Auch für Fachmathematiker, nicht nur für Lernende, ist eben Anschaulichkeit wichtig! In einem zweiten Beweis zeigte er 1815, dass jedes Polynom ungeraden Grades eine Nullstelle hat. Den Fall eines Polynoms geraden Grades führte er auf den Fall ungeraden Grades zurück. Eine Beweislücke wurde erst später von *Bolzano* erkannt. Der dritte Beweis aus dem Jahr 1816 ist topologisch-funktionentheoretisch und zählt für das fragliche Polynom $f(x)$ die Umläufe des Bildpunkts $f(z)$ um den Nullpunkt, wenn z eine geschlossene Kurve durchläuft. Den vierten Beweis veröffentlichte *Gauß* zum 50. Jahrestag seiner Dissertation.

Bis heute sind über 200 Beweise mit den verschiedensten Methoden bekannt. Eine gute Einführung über die Vielfalt der Beweise findet man in dem Buch *The Fundamental Theorem of Algebra* von *Benjamin Fine* und *Gerhard Rosenberger* (1997) oder im Kapitel 4 des schönen Buchs *Zahlen* von *Heinz-Dieter Ebbinghaus u. a.* (1988). Einen historischen Überblick über die algebraischen Gleichungen bis hin zum Fundamentalsatz der Algebra bietet das Kapitel *Magie der Formel* in dem Buch *Eingefangenes Unendlich* von *Franz von Krbek* (1962).

Wieso sucht man nach verschiedenen Beweisen? Reicht nicht einer? Wird der Satz glaubhafter, wenn man zwei Beweise hat? Sicher nicht! Jedoch können andersartige Beweise Wissen vermehren, Verallgemeinerungen erlauben, überhaupt zur Frage, wieso etwas gilt, nicht nur, dass etwas gilt, beitragen. *„Proofs as answer to the question why"*, wie *Tommy Dreyfus* und *Nurit Hadas* (1996) in ihrem gleichnamigen ZDM-Artikel schreiben. *Gila Hanna* (1989) spricht in diesem Zusammenhang von *„proofs that explain"* im Gegensatz zu *„proofs that only prove"*. Die Vielfalt der Beweise des FSA zeigt, wie wichtig dieser Satz für viele Gebiete der Mathematik ist.

Im Folgenden werden vier Beweisideen skizziert.

Der in Kapitel 5.5.2 dargestellte Beweis geht auf den von *Jean Robert Argand* (1768 – 1822) im Jahr 1814 veröffentlichten Beweis zurück. Er verwendet die Existenz eines kleinsten Wertes einer positiven stetigen Funktion.

In Kapitel 5.5.3 wird die kürzeste Begründung als Corollar des Satzes von *Liouville* betrachtet.

In Kapitel 5.5.4 wird der Beweis mit Hilfe der in Kapitel 5.4 besprochenen *Galoistheorie* skizziert.

Schließlich wird in Kapitel 5.5.5 der wunderbar visualisierbare, auf den dritten Beweis von *Gauß* zurückgehende, topologisch-funktionentheoretische Beweis mit Hilfe der Windungszahl einer geschlossenen Kurve um einen Punkt betrachtet.

5.5.2 Der elementare Beweis nach *Argand*

Dies ist der einfachste mir bekannte, aber etwas technische Beweis für den

Satz 5.8: FSA nach *Argand*

Jedes nichttriviale Polynom aus $\mathbb{C}[x]$ hat mindestens eine Nullstelle in $\mathbb{C}$.

Beweis:

Hier und im Folgenden benötigt man die beiden Darstellungsmöglichkeiten für komplexe Zahlen (Bild 5.12, vgl. auch Kapitel 6.7):

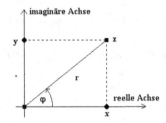

Bild 5.12 Darstellung komplexer Zahlen

- Kartesische Darstellung mit Real- und Imaginärteil: $z = x + iy$ mit $x = \text{Re}(z)$, $y = \text{Im}(z)$,

- Polarkoordinatendarstellung: $z = r \cdot (\cos(\varphi) + i \cdot \sin(\varphi)) = r \cdot e^{i\varphi}$ mit $r = |z| = \sqrt{x^2 + y^2}$.

Es seien $f(x) = a_n x^n + \ldots + a_1 x + a_0$ mit $a_n \neq 0$ und $n \geq 1$ ein beliebiges nichttriviales Polynom aus $\mathbb{C}[x]$ und $f\colon \mathbb{C} \to \mathbb{C}$, $z \mapsto f(z)$ die zugehörige Polynomfunktion. Wegen des Grenzwerts $|f(z)| \to \infty$ für $|z| \to \infty$, der Vollständigkeit von $\mathbb{R}$ und $\mathbb{C}$ und der Stetigkeit von f gilt

$$\{|f(z)| \mid z \in \mathbb{C}\} = [a, \infty) \text{ mit } 0 \leq a \in \mathbb{R}.$$

Das Ziel ist es, $a = 0$ zu beweisen. Es sei $z_0 \in \mathbb{C}$ ein Urbild von a unter $|f(z)|$, d. h. $f(z_0) = A = e^{i\varphi} \cdot a$. Die durch

$$g\colon \mathbb{C} \to \mathbb{C}, z \mapsto g(z) := e^{-i\varphi} \cdot f(z + z_0)$$

definierte Polynomfunktion g nimmt ihren minimalen Betragswert bei 0 an, es gilt sogar $g(0) = a$. Daher kann man o. B. d. A. $z_0 = 0$ annehmen und $f(x)$ schreiben als

$$f(x) = a + bx^m + x^{m+1} \cdot h(x)$$

mit $0 \leq a \in \mathbb{R}$, $0 \neq b \in \mathbb{C}$ und einem Polynom $h(x) \in \mathbb{C}[x]$ vom Grad $n - m - 1$ (bzw. $h(x) = 0$ für $n = m$). Der Koeffizient a sei positiv, also $a > 0$. Dann sei weiter

$$w := \sqrt[m]{-\frac{a}{b}}$$

eine der m-ten Wurzeln aus $\mathbb{C}$. Weiter sei die reelle Zahl $t \in (0; 1)$ so gewählt, dass

$$t \cdot |w^{m+1} \cdot h(tw)| < a$$

gilt. Ein solches t existiert immer, da

$$\{h(tw) \mid t \in (0; 1)\}$$

eine beschränkte Teilmenge von $\mathbb{R}$ ist. Damit gilt zunächst

$$f(tw) = a + b(tw)^m + (tw)^{m+1} h(tw) = a + bt^m \left(-\frac{a}{b} \right) + (tw)^{m+1} h(tw) = a(1 - t^m) + (tw)^{m+1} h(tw)$$

und weiter unter Beachtung der Dreiecksungleichung

$$|f(tw)| \leq a(1 - t^m) + t^{m+1} |w^{m+1} h(tw)| < a(1 - t^m) + t^m a = a = |f(0)|,$$

was ein Widerspruch ist. Also gilt $a = 0$ und somit, wie behauptet, $f(0) = 0$.

5.5.3 Beweis mit dem Satz von *Liouville*

Der folgende Beweis zeigt die Schlüsselstellung des *Gauß'schen* Fundamentalsatzes zwischen Algebra und Analysis. Diese sehr kurze Beweisvariante verwendet den **Satz von *Liouville***, den man in jedem Lehrbuch der Funktionentheorie findet. Für seine Formulierung werden folgende Begriffe aus der Theorie der komplexen Funktionen benötigt: Eine komplexe Funktion f heißt *beschränkt* auf ihrem Definitionsbereich A, wenn es eine reelle Konstante r derart gibt, dass für alle $z \in A$ gilt $|f(z)| < r$. Die Funktion f heißt *ganz*, wenn f in ganz $\mathbb{C}$ *holomorph*, d. h. in jedem Punkt $z_0 \in \mathbb{C}$ differenzierbar ist. Der Satz von *Liouville* lautet damit:

Jede beschränkte, ganze Funktion $f: \mathbb{C} \to \mathbb{C}$ ist konstant.

Man nimmt nun an, dass die Polynomfunktion f mit $f(x) \in \mathbb{C}[x]$ mit Grad $f(x) \geq 1$ keine Nullstellen hat. Dann hat zunächst wie eben $\{|f(z)| \mid z \in \mathbb{C}\}$ wegen der Stetigkeit von $|f|$ ein Minimum $0 < m \in \mathbb{R}^+$. Die Funktion

$$g : \mathbb{C} \to \mathbb{C}, \, z \mapsto \frac{1}{f(z)}$$

ist daher in ganz $\mathbb{C}$ definiert und durch m^{-1} beschränkt und sie ist natürlich in ganz $\mathbb{C}$ holomorph, also ganz.

Nach dem *Liouvillschen* Satz folgt damit, dass g und somit auch f konstant ist, was ein Widerspruch zur Voraussetzung Grad $f(x) \geq 1$ und zur Annahme, dass f keine Nullstellen hat, ist.

5.5.4 Galoistheoretischer Beweis

Diese Beweisidee geht auf *Emil Artin* zurück. Bewiesen wird dabei der FSA in der Formulierung

„$\mathbb{C}$ hat keinen echten algebraischen Erweiterungskörper".

Zunächst werden die folgenden beiden Vorbemerkungen begründet:

- Es gibt keine quadratischen Erweiterungen von $\mathbb{C}$.

- Es gibt keine Erweiterungen K von $\mathbb{R}$ ungeraden Grades.

Die erste Bemerkung ist klar, da nach der „Mitternachtsformel" jede quadratische Gleichung in $\mathbb{C}$ Lösungen hat. Die zweite folgt aus der Vollständigkeit von $\mathbb{R}$: Jedes Polynom ungeraden Grades hat mindestens eine Nullstelle in $\mathbb{R}$, es gibt also für ungerades n keine über $\mathbb{R}$ irreduziblen Polynome von Grad $n > 1$.

Es sei nun K der Zerfällungskörper eines irreduziblen Polynoms über $\mathbb{C}$. Daher ist K über $\mathbb{C}$ *galois'sch*. Wegen $(\mathbb{C} : \mathbb{R}) = 2$ ist auch $\mathbb{C}$ über $\mathbb{R}$ *galois'sch*, nach dem Hauptsatz der *Galoistheorie* also auch K über $\mathbb{R}$. Es sei $(K : \mathbb{R}) = |\text{Aut}(K/\mathbb{R})| = 2^m \cdot q$ und $2 \nmid q$. Nach der zweiten Vorbemerkung ist $m > 0$. Nun benötigt man eine Aussage des Satzes von *Sylow*. Dieser Satz beschäftigt sich mit den *p-Sylowgruppen*. Das sind Untergruppen der Ordnung p^m einer endlichen Gruppe der Ordnung $p^m \cdot n$, wobei $p \nmid n$ gilt, d. h. Untergruppen der höchsten möglichen Primpotenzordnung. Eine der Aussagen ist, dass es für jeden Primteiler p der Gruppenordnung (mindestens) eine *p-Sylowgruppe* gibt (vgl. z. B. *Huppert*, 1967, S. 33). Im hier behandelten Fall gibt es also eine Untergruppe $U \leq \text{Aut}(K/\mathbb{R})$ mit $|U| = 2^m$. Dann gibt es aber auch einen Zwischenkörper Z mit $\text{Aut}(K/Z) = U$, also mit $(Z : \mathbb{R}) = q$, was für $q > 1$ ein Widerspruch zur zweiten Vorbemerkung ist. Folglich ist $q = 1$ und $(K : \mathbb{R}) = 2^m$. Jetzt ist aber K über $\mathbb{C}$ *galois'sch* mit dem Körpergrad $(K : \mathbb{C}) = 2^{m-1}$.

Jede Gruppe der Primpotenz-Ordnung p^s, also mit p Primzahl und $s \in \mathbb{N}$, hat (mindestens) eine Untergruppe der Ordnung p^{s-1} (vgl. *van der Waerden*, 1930). Auf unseren Fall angewandt gibt es für $m - 1 \geq 2$ eine Untergruppe der Ordnung 2^{m-2}, was zu einem weiteren Zwischenkörper F mit $(K : F) = 2^{m-2}$ und somit $(F : \mathbb{C}) = 2$ führen würde. Dies ist aber nach der ersten Vorbemerkung nicht möglich. Nach der ersten Vorbemerkung ist der Fall $m - 1 = 1$ unmöglich. Also ist $m - 1 = 0$, und K ist, wie behauptet, gleich $\mathbb{C}$. Insgesamt folgt, wie behauptet, dass es überhaupt keinen endlich-algebraischen Erweiterungskörper von $\mathbb{C}$ gibt.

5.5.5 Topologische Beweisvariante nach *Gauß*

Die Punke der *Euklidischen* Ebene werden mit den komplexen Zahlen der *Gauß'schen* Zahlenebene identifiziert. Damit kann man den Kreis k um den Nullpunkt O mit Radius $r \in \mathbb{R}^+$ schreiben als

$$k: \text{Re}(z)^2 + \text{Im}(z)^2 = r^2 \text{ in kartesischen Koordinaten,}$$

$$k: z(t) = r \cdot e^{it} \text{ mit } 0 \leq t < 2\pi \text{ in Polarkoordinaten.}$$

Analog wird der Kreis k mit Mittelpunkt $z_0 = \text{Re}(z_0) + i \cdot \text{Im}(z_0) \in \mathbb{C}$ und Radius $r \in \mathbb{R}^+$ beschrieben durch

$$k: (\text{Re}(z) - \text{Re}(z_0))^2 + (\text{Im}(z) - \text{Im}(z_0))^2 = r^2 \text{ in kartesischen Koordinaten,}$$

$$k: z(t) = z_0 + r \cdot e^{it} \text{ mit } 0 \leq t < 2\pi \text{ in Polarkoordinaten.}$$

Wählt man in der Polarkoordinatendarstellung als Parameterbereich

$$0 \leq t < 2n\pi, \, n \in \mathbb{N},$$

so wird der jeweilige Kreis n-mal durchlaufen, hat also, wie man sagt, die *Windungszahl* n in Bezug auf den Mittelpunkt.

Diese Windungszahl kann man im Falle des Kreises auch als bestimmtes Integral schreiben. Wegen $z = z_0 + r \cdot e^{it}$ gilt $dz = i \cdot r \cdot e^{it} \cdot dt$, also

$$\frac{1}{2\pi i}\int_{\gamma}\frac{1}{z-z_0}\,dz = \frac{1}{2\pi i}\int_{0}^{2n\pi}\frac{i\cdot re^{it}}{re^{it}}\,dt = \frac{i}{2\pi i}\int_{0}^{2\pi n}dt = \frac{i}{2\pi i}\left[t\right]_{0}^{2\pi n} = n.$$

Integrale dieses Typs wurden von *Augustin Louis Cauchy* (1789 – 1857) studiert; Bild 5.13 zeigt eine entsprechende Briefmarke Frankreichs aus Anlass seines 200. Geburtstags.

Die obige, im Fall des Kreises *hergeleitete* Beziehung verwendet man, um im allgemeinen Fall einer beliebigen geschlossenen Kurve γ (die „vernünftig" sein muss, also mindestens stetig differenzierbar) die **Windungszahl** $n(\gamma, z_0)$ von γ um einen nicht auf γ liegenden Punkt $z_0 \in \mathbb{C}$ zu **definieren:**

Bild 5.13 *Cauchy*

$$n(\gamma, z_0) := \frac{1}{2\pi i}\int_{\gamma}\frac{1}{z-z_0}\,dz.$$

Man kann zeigen, dass dadurch stets eine natürliche Zahl ≥ 0 definiert wird, was jedoch einige funktionentheoretische Arbeit bedeutet. Die Windungszahl ist die anschaulich erwartete Zahl, etwa gilt in dem folgenden Bild 5.14 $n(\gamma, z_1) = 0$, $n(\gamma, z_2) = 1$, $n(\gamma, z_3) = 3$. Wo wäre ein Punkt z_4 mit $n(\gamma, z_4) = 2$?

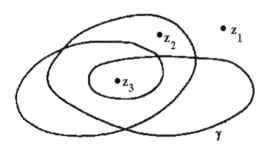

Bild 5.14 Windungszahl

Die vierte **Beweisidee** des Fundamentalsatzes, die anschließend mit dem CAS MAPLE und dem DGS DYNAGEO visualisiert wird, ist die folgende: Zunächst ist anschaulich klar, dass ein Kreis, der sich n-Mal um den Nullpunkt windet, und eine geschlossene „vernünftige" Kurve γ, die dem Kreis genügend benachbart ist, dieselbe Windungszahl bezüglich des Nullpunktes haben (γ möge zur Präzisierung in einem „ε-Kreisring" um den Kreis liegen). Ist f eine stetige Funktion von $\mathbb{C}$ nach $\mathbb{C}$, so ist mit γ auch $f(\gamma)$ eine „vernünftige" Kurve. Es sei nun

$$f(x) = x^n + a_{n-1}x^{n-1} + \dots + a_1 x + a_0 = 0$$

eine Polynomgleichung mit Koeffizienten $a_i \in \mathbb{C}$ (dies schließt die über $\mathbb{Q}$ algebraischen Gleichungen mit ein). Der höchste Koeffizient wurde o. B. d. A. auf 1 normiert. Der Koeffizient a_0 ist ebenfalls o. B. d. A. ungleich null, sonst könnte man ja den Linearfaktor x ausklammern. Die zugehörige Funktion $f: \mathbb{C} \to \mathbb{C}$, $z \mapsto f(z)$ ist stetig in $\mathbb{C}$.

$$k: z(t) = r \cdot e^{it} \text{ mit } r \in \mathbb{R}_0^+ \text{ und } 0 \leq t < 2\pi$$

sei ein (einfach durchlaufener) Nullpunktkreis. Dann ist

$$\gamma = f(k):\ z^n + a_{n-1}z^{n-1} + \ldots + a_1 z + a_0 \text{ mit } z = re^{it} \text{ und } 0 \le t < 2\pi,$$

das Bild von k unter f.

Für $r = 0$ entartet γ zum Punkt a_0. Für sehr kleine r kann man wie üblich in erster Näherung die höheren Potenzen z^2, z^3, ..., z^n vernachlässigen, es gilt also

$$\gamma \approx k:\ a_1 z + a_0 = a_1 re^{it} + a_0 \text{ mit } 0 \le t < 2\pi.$$

Wegen $a_1 re^{it} = |a_1| e^{i\varphi} \cdot re^{it} = |a_1| re^{i(\varphi+t)}$ ist k der Kreis um a_0 mit Radius $|a_1| \cdot r$. Natürlich kann r so klein gewählt werden, dass $|a_1| \cdot r < |a_0|$ ist, d. h. dass für die Umlaufzahlen der beiden Kurven $n(\gamma, O) = n(k, O) = 0$ gilt.

Im anderen Extrem, wenn r sehr groß ist, hat nur noch die höchste Potenz z^n des Polynoms Bedeutung, d. h., dann gilt

$$\gamma \approx k:\ z^n = r^n e^{i \cdot n \cdot t} \text{ mit } 0 \le t < 2\pi.$$

k ist der n-fach durchlaufene Nullpunktkreis mit

$$n(\gamma, O) = n(k, O) = n.$$

Beim stetigen Übergang von „sehr kleinen" zu „sehr großen" r muss sich γ folglich ausgehend von einem winzigen Kreis um a_0 verformen zu einem n-fach durchlaufenen Nullpunktkreis. Dazu muss γ den Nullpunkt n-mal überqueren. Jede Überquerung heißt aber, dass es auf dem zugehörigen Urbildkreis k einen Punkt z_i gibt, $i = 1, ..., n$, der auf $O \in \gamma$ abgebildet wird, also eine Nullstelle von $f(x)$ ist. Dies schließt den Beweis!

∎

Das folgende MAPLE-Programm erzeugt für $f(x) = x^3 + (2 + i) \cdot x^2 + i \cdot x + 3 + 2i$ durch den Befehl *animate* eine Folge von 20 Bildern von γ für $0 \le r \le 3$ in äquidistanten Schritten, die dann nacheinander am Bildschirm dargestellt werden, so dass der Eindruck des stetigen Wachsens von γ von $a_0 = 3 + 2i$ aus bis zum dreimal durchlaufenen Kreis um O entsteht. γ verbiegt sich dabei wie eine Spiralfeder, jede Überquerung des Nullpunkts liefert eine weitere Lösung von $f(x) = 0$. Das Polynom $f(x)$ kann in der entsprechenden MAPLE-Programmzeile leicht verändert werden. Es folgen die wesentlichen Befehlszeilen:

```
> f:=x->x^3+(2+I)*x^2+I*x+3+2*I;
> animate([Re(f(r*cos(t)+I*r*sin(t))),Im(f(r*cos(t)+I*r*sin(t))),
  t=0..2*Pi], r=0..3, scaling=constrained,
  frames=20, numpoints=100, color=black);
```

Mit dem ersten Befehl wird die Funktion f definiert. Dann kommt die Animation mit dem *animate*-Befehl, der aus folgenden Parametern besteht: In den eckigen Klammern steht die zu zeichnende Kurve γ in Parameterform

$$[a(t), b(t), t = 0..2\pi].$$

Dabei ist $a(t)$ der Realteil, $b(t)$ der Imaginärteil der komplexen Zahl $f(z) = a(t) + i \cdot b(t)$ mit

$$z = r \cdot e^{it} = r \cdot \cos(t) + i \cdot r \cdot \sin(t) \in k.$$

I ist für MAPLE die komplexe Einheit. Der Zeichenbereich für den Parameter *t* ist das Intervall $[0; 2\pi]$. Berechnet werden nun 20 Bilder (*frames* = 20), wobei *r* äquidistant von 0 bis 3 wächst. Für jedes Bild werden 100 Punkte (*numpoints* = 100) berechnet, die interpoliert werden. Die Achsen haben auf dem Bildschirm unverzerrte Einheiten (*scaling* = *constrained*), die Zeichenfarbe für die Kurven ist schwarz (*color* = *black*).

Die acht Figuren von Bild 5.15 zeigen im Prinzip acht Szenen einer solchen Animation. Aus Gründen der besseren Darstellbarkeit sind die acht Figuren einzeln berechnet worden. Der Maßstab auf den Achsen wurde für jedes Bild geeignet gewählt. Es sind jeweils der dick gezeichnete Urbild-Nullpunktkreis *k* mit angegebenem Radius *r* und die Bildkurve $\gamma(k)$ gezeichnet. Leicht kann man sich die dynamische Entwicklung vorstellen: Für $r = 0{,}1$ ist $\gamma(k)$ praktisch ein kleiner Kreis, für $r = 50$ ist $\gamma(k)$ fast der dreifach durchlaufene Nullpunktkreis mit Radius $50^3 = 125.000$. Bei der Momentaufnahme für $r = 1$ überquert $\gamma(k)$ zum ersten Mal den Nullpunkt. Irgendein Punkt des Urbildkreises wird also auf Null abgebildet und liefert damit die erste Nullstelle des Polynoms.

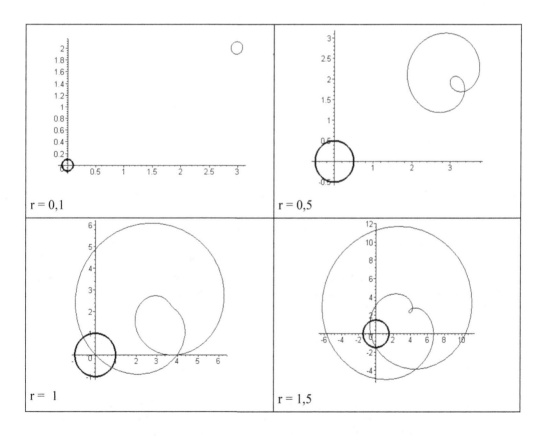

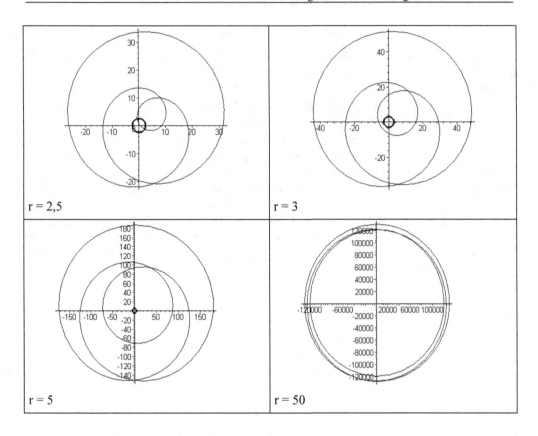

Bild 5.15 Das Kreisbild für wachsenden Radius r des Urbildkreises

Eine ähnliche Animation lässt sich auch mit einem Dynamischen Geometrieprogamm (DGS), hier mit dem DGS DYNAGEO, durchführen. Ein komplexe Zahl z wird mit DYNAGEO (nach Wahl zweier orthogonaler Geraden und Einheitspunkten auf den Achsen als Koordinatensystem) als Punkt der Ebene definiert. Die Addition und die Multiplikation komplexer Zahlen werden geometrisch gedeutet (vgl. Kapitel 6.7). Man kann auch das bei DYNAGEO vorhandene, einblendbare Koordinatensystem verwenden. Jetzt kann der Punkt $f(z)$ für ein reelles Polynom $f(x)$ relativ einfach elementargeometrisch konstruiert werden (zumindest, wenn $f(x)$ nicht allzu kompliziert ist). Man benötigt hierzu zwei Grundkonstruktionen:

- Konstruktion von $a \cdot z^n$ mit $a \in \mathbb{R}$, $n \in \mathbb{N}$.

   Es sei $z = r \cdot e^{i\alpha}$. Die Zahlenwerte in Bild 5.16 sind die von DYNAGEO mit Hilfe der Option „Messen" konkret gemessenen Werte für r und α, die für weitere DYNAGEO-Konstruktionen verwendet werden können. Die Konstruktion in der Abbildung entsteht wie folgt: Zuerst wird der Basispunkt z gezeichnet und sein Abstand r zum Nullpunkt und der Winkel α gemessen. (Im Bild $r = 1,7$ cm und $\alpha = 42°$.) Nun kann man mit DYNAGEO die Halbgerade h im Nullpunkt mit $\beta = n \cdot \alpha$ (im Bild $n = 3$) gegen die x-Achse antragen. Diese Halbgerade ändert sich beim Ziehen an z mit der Maus („Zugmodus") dynamisch mit. Der

Kreis um O mit Radius $|a| \cdot r^n$ (im Bild $a = 1$), der sich ebenfalls konstruieren lässt, schneidet dann für jedes $a > 0$ die Halbgerade h im gesuchten Punkt $z' = a \cdot z^n$.

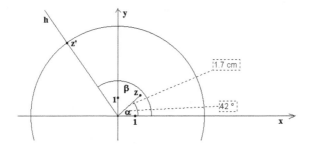

Bild 5.16 Konstruktion von $a \cdot z^n$

Für $a < 0$ muss der Schnittpunkt zuerst noch am Nullpunkt gespiegelt werden, was ebenfalls mit DYNAGEO möglich ist.

- Konstruktion von $z_1 + z_2$:

Dies ist sehr einfach mit Hilfe des Vektorparallelogramms (Bild 5.17) zu realisieren. Die Parallele durch z_1 zu Oz_2 und die Parallele durch z_2 durch Oz_1 schneiden sich in $z_1 + z_2$.

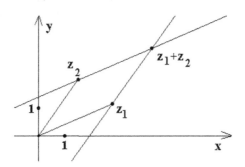

Bild 5.17 Konstruktion von $z_1 + z_2$

Durch Kombination der beiden Konstruktionen lässt sich nun für jedes reelle Polynom $f(x)$ und jede komplexe Zahl z die Zahl $f(z)$ konstruieren. Zur Konstruktion der Bildkurve $\gamma(k)$ des Nullpunktkreises k wird zuerst ein Punkt im Abstand r vom Nullpunkt auf der x-Achse konstruiert (vgl. Bild 5.18), dann der Kreis k um den Nullpunkt durch diesen Punkt. Durch „Ziehen" an diesem Punkt kann der Radius dieses Urbildkreises k beliebig verändert werden. Dann wird ein Punkt z an den Kreis k gebunden (d. h. dass z nur noch auf diesem Kreis verschoben werden kann). Jetzt wird zum gewünschten Polynom $f(x)$ der Bildpunkt $z' = f(z)$ konstruiert. In Bild 5.18 ist $f(x) = x^3 + 0{,}5\,x + 2 + i$.

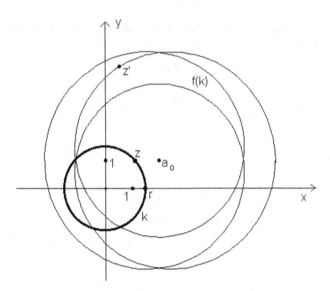

Bild 5.18 Das Kreisbild mit DYNAGEO

Alle nicht mehr benötigten Hilfslinien und -punkte werden dann „verborgen" (d. h. unsichtbar gemacht, aber nicht gelöscht). Nun wird der „Ortslinienmodus" gewählt und die Ortslinie von z' gezeichnet, wenn sich z einmal auf dem Urbildkreis k herum bewegt. Diese Ortslinie ist gerade die Bildkurve $\gamma(k)$. Wird jetzt der Radius des Urbildkreises verändert, so ändert sich die Bildkurve γ dynamisch mit, und man hat wieder eine Visualisierung des topologischen Beweises des FSA gewonnen!

Für die hier angesprochenen MAPLE- und DYNAGEO-Visualisierungen zum FSA stehen auf der in Kapitel 1 angegebenen Internetseite dieses Buchs entsprechende Files zur Verfügung, um selbst experimentieren zu können.

Der topologische Beweis des FSA schließt den Streifzug durch die Theorie der algebraischen Gleichungen einer Variablen ab. Der Einsatz von MAPLE und DYNAGEO zeigt, wie gut der Computer durch dynamische Visualisierungen den Aufbau adäquater Grundvorstellungen mathematischer Ideen positiv beeinflussen kann.

6 Der Aufbau des Zahlensystems: Von den natürlichen zu den komplexen Zahlen

Ein wichtiger Themenbereich der Sekundarstufe I ist der Aufbau des Zahlensystems. Die Kinder können nach der Grundschule mit den auf der Zahlengerade eingebetteten natürlichen Zahlen umgehen. Üblicherweise wird in der Sekundarstufe I die Zahlengerade bis zu den reellen Zahlen erweitert. In diesem Kapitel werden die fachmathematischen Grundlagen dieser Zahlbereichserweiterungen skizziert. Kapitel 6.2 gibt einen Überblick über das Zahlensystem und erläutert *Cantors* Idee, verschiedene Arten von Unendlich zu messen. Dann werden die natürlichen Zahlen und weiter die ganzen, die rationalen, die reellen und die komplexen Zahlen konstruiert. Dabei geht es mehr um die jeweilige Idee als um die genaue Ausführung. Im letzten Kapitel 6.8 werden einige der verblüffenden und unanschaulichen Eigenschaften der reellen Zahlen studiert. Ein besonderer Leckerbissen ist das fremdartige *Cantor'sche* Diskontinuum, eine Menge, die auch in der fraktalen Geometrie eine herausragende Rolle spielt.

6.1 Vernetzung mit dem mathematischen Schulstoff

Der Aufbau des Zahlensystems ist eine wichtige Aufgabe des Mathematikunterrichts in der Schule. *Leopold Kronecker* (1823 – 1891) hat 1886 in einem Vortrag bei der Berliner Naturforscher-Versammlung gesagt:

Bild 6.1 *Kronecker*

> „Die ganzen Zahlen hat der liebe Gott gemacht,
> alles andere ist Menschenwerk."

Die Mathematiker nach *Kronecker* waren damit aber nicht zufrieden, sondern wollten auch die natürlichen und die ganzen Zahlen selbst schaffen (vgl. Kapitel 6.3 und 6.4). Der Inhalt des *Kronecker'schen* Ausspruchs gehört sicher nicht zur Allgemeinbildung eines Nichtmathematikers, jedoch sollte auch dieser wissen, was ganze Zahlen sind – hat er sich doch schon in der Schule ausführlich mit ihnen beschäftigt. Dass dies jedoch nicht vorausgesetzt werden kann, zeigt folgende kleine Geschichte: Die bekannte englische Krimi-Autorin *Dorothy Sayers* lässt in ihrem 1935 erschienenen Roman *Gaudy Night*, der in einem Oxforder College spielt, an einer Stelle den Satz „God made the integers; all else is the work of man" sagen. Die Übersetzerin der 1974 erschienenen deutschen Ausgabe *Aufruhr in Oxford* konnte mit den integers nichts anfangen und kam zu der wenig sinnvollen Übersetzung „Gott hat die Integralen erschaffen. Alles andere ist Menschenwerk."

In der Schule geht man im Prinzip noch einen Schritt weiter, als es *Kronecker* tat: Man geht dort davon aus, dass „alle" Zahlen schon da sind; sie sind auf der Zahlengerade „versteckt". Die Kinder müssen sie entdecken, sich konstruktiv erschließen und mit ihnen rechnen lernen. In der ersten Klasse der Grundschule gehen die Kinder mit den natürlichen Zahlen im Zahlenraum etwa bis 20 um. Kommen die Kinder in die 5. Klassen der weiterführenden Schulen, so sind ihnen die natürlichen Zahlen und ihre Rechenregeln bekannt. Dann beginnt der Aufbau des Zahlensystems durch verschiedene Zahlbereichserweiterungen. Die ontologische Bindung der alten und der neuen Zahlen als Punkte auf der Zahlengerade garantiert ihre Existenz.

Üblich ist die Einführung des Konzepts

- der positiven Bruchzahlen $\mathbb{Q}^+$ in der 6. Klasse,

- der negativen Zahlen und damit der ganzen Zahlen $\mathbb{Z}$ und der rationalen Zahlen $\mathbb{Q}$ in der 7. Klasse und schließlich

- der reellen Zahlen $\mathbb{R}$ in der 9. Klasse.

Diese Reihenfolge entspricht auch der historischen Entwicklung. In diesem Buch wird aus systematischen Gründen der Zahlbereichserweiterungen der Weg $\mathbb{N} \to \mathbb{Z} \to \mathbb{Q} \to \mathbb{R}$ bevorzugt (dem auch manche Lehrpläne folgen). Das Konzept der komplexen Zahlen $\mathbb{C}$ wird in Deutschland (anders als etwa in Österreich) in der Regel auch im Gymnasium nicht eingeführt.

Grundlegende, auch in der Schule (nach anwendungsbezogenen Problemstellungen) immer wieder verwendete Prinzipien bei den Zahlbereichserweiterungen sind insbesondere:

- Neue Gleichungstypen werden lösbar: Beispielsweise ist die Gleichung $2x = 3$ in $\mathbb{N}$ nicht lösbar. Nach Einführung der positiven Brüche ist nicht nur diese Gleichung, sondern *jede* Gleichung der Form $a \cdot x = b$ mit $a \in \mathbb{N}$ und $b \in \mathbb{N}_0$ lösbar. $\mathbb{N}$ sind hier und im Folgenden die natürlichen Zahlen ohne, $\mathbb{N}_0$ mit der Null. Dass man zu $\mathbb{N}$ die Null nicht hinzunimmt, ist eine normative Setzung. Sie hat ihre Begründung z. B. darin, dass man keine null Dinge hinlegen kann und dass es beim Abzählen üblicherweise keine Nr. 0 gibt. Überlegen Sie sich entsprechende Gleichungen und Gleichungstypen bei den anderen Zahlbereichserweiterungen!

- Es gibt nur 2 Verknüpfungen, die Addition „+" und die Multiplikation „·". Die Subtraktion und die Division sind als Umkehroperationen der Addition und der Multiplikation erklärt: Beispielsweise fragt die Subtraktionsaufgabe $2 - 3$ nach der Zahl x, für die $x + 3 = 2$ gilt.

- Es gibt eine Ordnungsstruktur, die sich durch die Einbettung der Zahlen als Punkte auf dem Zahlenstrahl anschaulich ergibt. Probleme, die aber eher syntaktischer Natur sind, ergeben sich höchstens beim Vergleich zweier Brüche.

- Die neuen Zahlen werden relativ einfach auf der Zahlengeraden identifiziert und mit neuen Symbolen wie

$$-4 \text{ oder } \frac{2}{3}$$

benannt. Die Definition der Rechenoperationen und die Übertragung der Ordnungsstruktur erfolgen nach dem 1867 von *Hermann Hankel* (1839 – 1873) formulierten **Permanenzprinzip:** Die Verknüpfungen „+" und „·" für die neuen Zahlen müssen so erklärt werden, dass die „alten" Rechenregeln (Kommutativ-, Assoziativ- und Distributivgesetze und die Gesetze der Anordnung) gültig bleiben. Beispielsweise kann die bekannte Regel *„minus mal minus gibt plus"*, die in algebraischer Darstellung zur allgemein gültigen Gleichung $(-a) \cdot (-b) = a \cdot b$ wird, aus dem Permanenzprinzip hergeleitet werden. Es gilt:

Bild 6.2 *Hankel*

$$(-a) \cdot b + a \cdot b = [(-a) + a] \cdot b = 0 \cdot b = 0,$$

also gilt wegen der Eindeutigkeit der additiven Inversen $(-a) \cdot b = -(a \cdot b)$. Weiter gilt

$$(-a) \cdot (-b) + (-a) \cdot b = (-a) \cdot [(-b) + b] = (-a) \cdot 0 = 0,$$

und aus demselben Grund wie eben erhält man $(-a) \cdot (-b) = -(-a) \cdot b$. Zusammen folgt, wie behauptet,

$$(-a) \cdot (-b) = -(-a) \cdot b = -[-(a \cdot b)] = a \cdot b.$$

Begründen Sie bei diesem Beweis an jeder Stelle die Gültigkeit des Gleichheitszeichens!

Der eben gezeigte Beweis für die Regel „*minus mal minus gibt plus*" durch algebraische Umformungen mit Hilfe von Variablen ist so für die Schule nicht geeignet. Hier wäre die Gefahr des unverstandenen Hantierens nach syntaktischen Regeln sehr groß. Kein Kind würde jetzt verstehen, wieso die Regel gilt. Man könnte das Problem „entschärfen", indem man anstelle der Buchstaben a und b die konkrete Zahlen 3 und 4 verwenden, die damit als paradigmatische Beispiele zu „Zahlvariablen" werden würden. Doch auch jetzt dürfte sich bei Kindern kaum das gewünschte Verständnis einstellen.

Schulgemäße Zugänge zu diesem und zu anderen Problemen bei Zahlbereichserweiterungen können nach dem *operativen Prinzip* (*Wittmann*, 1985) über strukturierte Rechenpäckchen erreicht werden. Dies soll an zwei Beispielen gezeigt werden. Das erste ist unser „*minus mal minus gibt plus*"-Problem. Das zweite gehört zur Subtraktion negativer Zahlen: Bei der Einführung der negativen Zahlen kann zwar $3 - 7 = -4$ durch das Bild von Guthaben und Schulden verstanden werden, die analoge Rechnung $3 - (-7) = +10$ bleibt jedoch unverstanden. Die beiden folgenden Rechenpäckchen können helfen, die beiden Regeln zu verinnerlichen.

minus mal minus gibt plus	*Zahl minus negative Zahl*
$3 \cdot (-4) = -12$	$3 - 4 = -1$
$2 \cdot (-4) = -8$	$3 - 3 = 0$
$1 \cdot (-4) = -4$	$3 - 2 = 1$
$0 \cdot (-4) = 0$	$3 - 1 = 2$
$(-1) \cdot (-4) = 4$	$3 - 0 = 3$
$(-2) \cdot (-4) = 8$	$3 - (-1) = 4$

Die Einführung der negativen Zahlen wird oft durch Temperaturen, Schulden oder Meereshöhen motiviert. Diese Modelle sind insbesondere für die Addition brauchbar, allerdings fehlt die für die Multiplikation nötige Deutung von „Temperatur mal Temperatur" oder „Schulden mal Schulden". Wäre das so einfach sinnvoll möglich, so hätten schon die Kaufleute der Renaissance, die gut mit positiven Brüchen umgehen konnten, die negativen Zahlen entdeckt. Die negativen Zahlen sind meiner Einschätzung nach von vornherein abstrakter als die positiven Bruchzahlen, die als Größen gedeutet werden können.

Die Darstellung der negativen Zahlen geschieht über die Erweiterung des Zahlenstrahls zur Zahlengeraden und Symmetrisierung; die negative Zahl -3 ist der Spiegelpunkt der Zahl 3 am Nullpunkt. Dieser Zugang trägt weiter: Die Zahlen a und $-a$ sind Spiegelzahlen, die eine positiv, die andere negativ. Also ist klar, dass $-(-a) = a$ gilt. Bei der Einführung des Absolutbetrags ist zwar $|-3| = 3$ richtig, aber $|-a| = a$ falsch, ein Missverständnis, dem man auch in Abiturklassen und bei Studierenden immer wieder begegnet. Richtig ist die Auflösung

$$|-a| = |a| = \begin{cases} a & \text{falls } a \geq 0 \\ -a & \text{falls } a < 0 \end{cases}.$$

Eine weitere Fehlerquelle kann aus Grundvorstellungen erwachsen, die die Kinder in der Grundschule beim Umgang mit natürlichen Zahlen aufbauen. Beispielsweise ist das Dividieren mit der Grundvorstellung „kleiner machen" verbunden. Wenn die Lehrerin der weiterführenden Schule dies nicht beachtet, werden die Kinder nie verstehen, wieso

$$\frac{1}{2} : \frac{1}{4} = 2$$

gelten soll.

Bei den ab Kapitel 6.4 behandelten Zahlbereichserweiterungen werden jeweils gewisse Äquivalenzklassen als neue Zahlen konstruiert. In der Schule ist das zumindest bei den negativen Zahlen unnötig. Jede Zahl ist negativ oder positiv oder die Null, damit kommt man mit der Darstellung durch Betrag und Vorzeichen aus. Die Einführung der Brüche als neue Zahlen ist mit Hilfe von Schokoladentafeln und Zahlenstrahl nicht schwer. Wenn drei Pizzen unter vier Personen geteilt werden sollen, so bestimmt man einfach den $^3/_4$ entsprechenden Punkt auf der Zahlengeraden. Will man jedoch das Rechnen mit den neuen Zahlen einführen und begründen, so kommt man auch in der Schule zumindest implizit nicht um die Betrachtung von Äquivalenzklassen herum. Ein (positiver) *Bruch* ist eine Schreibfigur aus zwei natürlichen Zahlen und einem Strich. Damit kann man aber nicht rechnen. Erst die Einführung von *Bruchzahlen* als die Äquivalenzklasse aller Brüche, die denselben Punkt auf dem Zahlenstrahl darstellen, ermöglicht das. Es gibt aber wenigstens in jeder Äquivalenzklasse einen eindeutig bestimmten Vertreter-Bruch, es ist der eindeutig bestimmte gekürzte Bruch der Klasse, dessen Nenner eine natürliche Zahl ist.

In jedem Schulbuch wird die Existenz nichtrationaler Punkte auf dem Zahlenstrahl problematisiert, in der Regel durch die Konstruktion eines Quadrats mit Inhalt 2 (vgl. Kapitel 6.6.1), was zur $\sqrt{2}$ führt. Die singuläre Behandlung dieses Beispiel birgt die Gefahr, dass Quadratwurzeln als einzige irrationale Zahlen empfunden werden.

Die reellen Zahlen werden in der Schule manchmal über das Konzept der Intervallschachtelungen, manchmal als nichtperiodische Dezimalzahlen eingeführt. Das Rechnen mit diesen Zahlen wird oft nicht thematisiert; für konkrete Rechnungen reichen die Näherungswerte des Taschenrechners, was natürlich die Gefahr der Entwicklung von Fehlvorstellungen birgt. Manchmal werden Addition und Multiplikation zweier reeller Zahlen a und b durch die Konstruktion neuer Intervallschachtelungen für $a+b$ und $a \cdot b$ aus den Intervallschachtelungen für a und b angedeutet (*Bücher & Henn*, 2010, S. 117). Manchmal wird die geometrische Interpretation von Addition und Multiplikation reeller Zahlen verwendet (vgl. Kapitel 2.1, Bild 2.1).

Den Zahlenmengen $\mathbb{N}$, $\mathbb{Z}$, $\mathbb{Q}$ und $\mathbb{R}$ ist zunächst gemein, dass sie unendlich sind. *Georg Cantor* konnte jedoch eindrucksvoll zeigen, dass sich diese Mengen bezüglich ihrer „Unendlichkeit", genauer bezüglich ihrer „Mächtigkeit" unterscheiden (vgl. Kapitel 6.2.2). Erste Erfahrungen zum gleichermaßen grundlegenden wie tiefen mathematischen Konzept „unendlich" können die Kinder schon in der Grundschule machen: Wie lange kann man weiterzählen? Gibt es eine größte Zahl? Interessanterweise geht *Cantors* Definition von der Mächtigkeit einer Menge und Gleichmächtigkeit zweier Mengen (Bild 6.3) im Prinzip auf die Mathematik in der

Grundschule zurück: Wenn die Menge endlich ist, wird Mächtigkeit (Kardinalzahl-Aspekt) einfach durch Abzählen (Ordinalzahl-Aspekt) bestimmt. *Cantor* hatte die „richtige" Idee, den Begriff der Gleichmächtigkeit endlicher Mengen auf unendliche zu übertragen und so eine Arithmetik des Unendlichen zu schaffen.

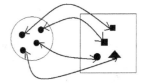

Bild 6.3 Gleichmächtige Mengen

6.2 Überblick über unser Zahlensystem

Beim Aufbau des Zahlensystems werden zwei Typen von Relationen eine besonders wichtige Rolle spielen, es sind die Äquivalenzrelationen und die Ordnungsrelationen, die jeweils auf einer Menge M definiert sind. Sie sind genauer wie folgt definiert:

- Eine **Relation** **R** auf einer Menge M ist eine Teilmenge von $M \times M$, wobei für $(a, b) \in$ **R** meistens die Schreibweise a**R**b verwendet wird.

- Eine *Äquivalenzrelation* **R** ist reflexiv (für alle a gilt a**R**a), symmetrisch (aus a**R**b folgt b**R**a) und transitiv (aus a**R**b und b**R**c folgt a**R**c). Bekannte Äquivalenzrelationen auf der Menge $\mathbb{N}$ sind die Gleichheit „$a = b$" und die Kongruenz „$a \equiv b \bmod m$".

- Eine **Ordnungsrelation** **R** ist ebenfalls reflexiv und transitiv, die Symmetrie wird ersetzt durch die Antisymmetrie (aus a**R**b und b**R**a folgt $a = b$). Bekannte Ordnungsrelationen auf der Menge $\mathbb{N}$ sind die Größerbeziehung „$a \geq b$" und die Teilbarkeit „$a \mid b$".

6.2.1 Der Aufbau des Zahlensystems

Wir werden hier weniger als *Kronecker* voraussetzen und schon mit der Konstruktion der natürlichen Zahlen beginnen. Damit sollen die Ideen skizziert werden, die dem mathematischen Aufbau des Zahlensystems zugrunde liegen.

Das Diagramm in Bild 6.4 gibt einen Überblick über einen möglichen Aufbau des Zahlensystems, der in den folgenden Kapiteln 6.3 – 6.7 näher betrachtet wird:

- $\mathbb{N}$ ist ein geordnetes Verknüpfungsgebilde mit 2 Verknüpfungen „+" und „·" und einer Ordnungsrelation „$\geq$", das alle Körperaxiome bis auf die Existenz von Inversen erfüllt (als neutrales Element der Addition muss man die Null hinzunehmen). Für die Ordnungsrelation gelten neben den definierenden Axiomen noch weitere Aussagen wie

    aus $a \geq b$ folgen $a + c \geq b + c$ und $a \cdot c \geq b \cdot c$,

- Bei $\mathbb{Q}^+$ kommen die Inversen bezüglich der Multiplikation hinzu, d. h., $(\mathbb{Q}^+, \cdot)$ ist eine kommutative Gruppe bezüglich der Multiplikation. Bei $\mathbb{Z}$ kommen die Inversen bezüglich der Addition hinzu, d. h., $(\mathbb{Z}, +)$ ist eine kommutative Gruppe bezüglich der Addition. $\mathbb{Z}$ ist sogar ein kommutativer Ring mit Eins, der geordnet und wegen der Existenz des *Euklidischen* Algorithmus (vgl. Kapitel 5.3.2) ein sogenannter *Euklidischer* Ring ist. Es gilt des Weiteren $\mathbb{Q}^+ \cap \mathbb{Z} = \mathbb{N}$. Zwar ist $\mathbb{Q}^+$ bezüglich der Multiplikation eine Gruppe, aber

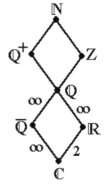

Bild 6.4 Das Zahlensystem

kein Ring (bezüglich der Multiplikation als erster, der Addition als zweiter Verknüpfung). Wieso?

- $\mathbb{Q}$ ist der kleinste Erweiterungskörper von $\mathbb{N}$. Die auf $\mathbb{Q}$ übertragene Ordnungsrelation macht jetzt $\mathbb{Q}$ zu einem *archimedisch angeordneten Körper* (vgl. Definitionen 6.3 und 6.4). Es gilt, dass *jeder* Körper der Charakteristik Null einen Teilkörper enthält, der isomorph zu $\mathbb{Q}$ ist. $\overline{\mathbb{Q}}$ ist die algebraisch abgeschlossene Hülle von $\mathbb{Q}$, d. h., jedes Polynom aus $\mathbb{Q}[x]$ zerfällt über $\overline{\mathbb{Q}}$ in Linearfaktoren. Als Vektorraum hat $\overline{\mathbb{Q}}$ die Dimension ∞ über $\mathbb{Q}$. Zwischen $\mathbb{Q}$ und $\overline{\mathbb{Q}}$ liegt das Reich der algebraischen Zahlkörper, die in der algebraischen Zahlentheorie erforscht werden. $\mathbb{R}$ ist die Vervollständigung von $\mathbb{Q}$ bezüglich des Absolutbetrags, d. h., jede *Intervallschachtelung* enthält genau eine reelle Zahl oder jede *Cauchyfolge* konvergiert. Um $\mathbb{R}$ algebraisch abzuschließen, muss man nur noch einen Zweierschritt als Vektorraum von $\mathbb{R}$ nach $\mathbb{C}$ machen. Während $\mathbb{R}$ noch ein angeordneter Körper ist, geht diese Eigenschaft in $\mathbb{C}$ verloren (vgl. Kapitel 6.7). Jetzt gilt

$$\overline{\mathbb{Q}} \cap \mathbb{R} = \overline{\mathbb{Q}}_{Reell} < \overline{\mathbb{Q}} \,,$$

wobei $\overline{\mathbb{Q}}_{Reell}$ der „reell-abgeschlossene Erweiterungskörper" von $\mathbb{Q}$ ist. Das Komplement $\mathbb{C} \backslash \overline{\mathbb{Q}}$ enthält die transzendenten Zahlen, der Vektorraumgrad ist wieder unendlich, was zu der folgenden merkwürdigen Verallgemeinerung der Körpergradformel führt:

$$\infty \cdot \infty = (\mathbb{C} : \overline{\mathbb{Q}}) \cdot (\overline{\mathbb{Q}} : \mathbb{Q}) = (\mathbb{C} : \mathbb{R}) \cdot (\mathbb{R} : \mathbb{Q}) = 2 \cdot \infty.$$

6.2.2 Die Messung des Unendlichen

Die merkwürdige Körpergradformel zeigt, dass beim „Rechnen mit ∞" Vorsicht zu walten hat. Obwohl sich schon die alten Griechen mit Problemen des Unendlichen beschäftigt hatten, man denke an das „Paradoxon von *Achilles* und der Schildkröte" (*Büchter & Henn*, 2010, S. 143), wurde „die liegende Acht", das Symbol „∞" erst von dem englischen Mathematiker *John Wallis* (1616 – 1703) eingeführt (*Reményi*, 2001).

Wie *Georg Cantor* (1845 – 1918) gezeigt hat, gelten beim Umgang mit dem Unendlichen etwas diffizilere Rechenregeln. Hierzu muss zuerst präzisiert werden, was eine endliche bzw. unendliche Menge M sein soll. *Cantor* definierte die *Mächtigkeit* von Mengen wie folgt:

Definition 6.1:

Zwei Mengen heißen *gleichmächtig*, wenn es eine bijektive Abbildung der einen Menge in die andere gibt.

Eine Menge M heißt *unendlich*, wenn es eine bijektive Abbildung zwischen M und einer *echten* Teilmenge $N \subset M$, $N \neq M$, gibt, sonst heißt M *endlich*.

Das Erste ist leicht zu verstehen, entspricht es doch dem anschaulichen Kardinalzahlbegriff der Grundschule. Das Zweite scheint unmöglich zu sein – und ist es in der Tat auch bei den Mengen, die wir schon in naiver Weise als „endlich" bezeichnen! Testen wir es bei der

Bild 6.5 *Cantor*

Menge $\mathbb{N}$ der natürlichen Zahlen, die ja die „einfachste" unendliche Menge ist, der man in der Schule begegnet. Die umkehrbar eindeutige Abbildung

$$\mathbb{N} \rightarrow \{\text{Quadratzahlen}\}, \, n \mapsto n^2$$

von $\mathbb{N}$ auf die echte Teilmenge der Quadratzahlen beweist, dass $\mathbb{N}$ auch im Sinne der *Cantor'schen* Definition unendlich ist! Übrigens hat sich schon *Galileo Galilei* (1564 – 1642) in seiner berühmten Abhandlung „Discorsi e dimostrazioni matematiche" („Unterredungen und mathematische Demonstrationen" aus dem Jahr 1638 über diesen scheinbaren Widerspruch gewundert, dass es einerseits mehr natürliche Zahlen als Quadratzahlen, andererseits aber auch die obige eineindeutige gegenseitige Zuordnung gibt. Man könnte auch die bijektiven Abbildung

$$\mathbb{N} \rightarrow \{\text{gerade natürliche Zahlen}\}, \, n \mapsto 2n,$$

oder, da es nach *Euklid* unendlich viele Primzahlen gibt, die Abbildung

$$\mathbb{N} \rightarrow \mathbb{P}, \, n \mapsto n\text{-te Primzahl}$$

nehmen.

Da die Verkettung zweier Bijektionen wieder bijektiv ist, ist „gleichmächtig" eine Äquivalenzrelation zwischen Mengen. Mengen, die gleichmächtig zu $\mathbb{N}$ sind, erhalten nach *Cantor* die „kleinste Unendlichkeit" $\aleph_0$ (aleph Null nach dem hebräischen Buchstaben aleph) und heißen **abzählbar** (**unendlich**). Die Bijektionen

1	2	3	4	5	6	...		1	2	3	4	5	6	...
↓	↓	↓	↓	↓	↓		und	↓	↓	↓	↓	↓	↓	
0	1	2	3	4	5	...		0	−1	1	−2	2	−3	...

zeigen, dass $\mathbb{N}$, $\mathbb{N}_0$ und $\mathbb{Z}$ gleichmächtig sind. Viel weniger anschaulich klar ist der

Satz 6.1:

$\mathbb{Q}^+$ ist abzählbar.

Beweis:

Zum Beweis werden die positiven Bruchzahlen gemäß dem berühmten Diagonalverfahren von *Cauchy* (oder „erstem Diagonalverfahren") in Bild 6.6 dargestellten, nach 2 Richtungen unendlichen Matrixform hingeschrieben. Jetzt können Sie die Bruchzahlen sofort abzählen! ∎

Aufgabe 6.1:

a. Wieso ist es für die Konstruktion der Bijektion egal, dass manche Bruchzahlen in der rechts stehenden Matrix mehrfach hingeschrieben sind?

b. Wie können Sie ganz $\mathbb{Q}$ abzählen, um zu zeigen, dass auch $\mathbb{Q}$ gleichmächtig zu $\mathbb{N}$ ist?

$$\frac{1}{1} \;\rightarrow\; \frac{2}{1} \qquad \frac{3}{1} \;\rightarrow\; \frac{4}{1} \;\cdots$$

$$\frac{1}{2} \qquad \frac{2}{2} \qquad \frac{3}{2} \qquad \frac{4}{2} \;\cdots$$

$$\frac{1}{3} \qquad \frac{2}{3} \qquad \frac{3}{3} \qquad \frac{4}{3} \;\cdots$$

$$\frac{1}{4} \qquad \frac{2}{4} \qquad \vdots \qquad \vdots$$

$$\frac{1}{5}$$

$$\vdots$$

Bild 6.6 *Cauchys* Diagonalverfahren

Es kommt noch toller: Im nächsten Satz wird gezeigt, dass nicht nur $\mathbb{Q}$, sondern sogar *alle* algebraischen Zahlen, d. h. die algebraisch abgeschlossene Hülle $\overline{\mathbb{Q}}$ von $\mathbb{Q}$ abzählbar ist und das, obwohl $(\overline{\mathbb{Q}} : \mathbb{Q}) = \infty$ gilt! Auch dies ist nicht allzu schwer zu beweisen:

Satz 6.2:

$\overline{\mathbb{Q}}$ ist abzählbar.

Beweis:

Die über $\mathbb{Q}$ algebraischen Zahlen sind die Nullstellen der Polynome aus $\mathbb{Q}[x]$. Jedes Polynom hat genau so viele (nicht notwendig verschiedene) Nullstellen, wie sein Grad angibt. Dies nutzt man zum Abzählen der Nullstellen der Polynome aus. Zunächst kann man sich auf Polynome aus $\mathbb{Z}[x]$ mit ganzzahligen Koeffizienten beschränken: Ein Polynom aus $\mathbb{Q}[x]$ multipliziere man mit dem Hauptnenner der rationalen Koeffizienten und erhält ein Polynom aus $\mathbb{Z}[x]$ mit denselben Nullstellen! Für

$$f(x) := a_n x^n + a_{n-1} x^{n-1} + \ldots + a_0 \in \mathbb{Z}[x]$$

definiert man die „Höhe" $h(f)$ als

$$h(f) := n + |a_n| + |a_{n-1}| + \ldots + |a_0| \in \mathbb{N}.$$

Die Höhe h ist also eine Funktion

$$h: \mathbb{Z}[x] \to \mathbb{N}.$$

Die Urbildmenge $h^{-1}(k)$ für $k \in \mathbb{N}$ enthält nur endlich viele Polynome, es seien etwa genau $w(k) = |h^{-1}(k)|$ Stück. Nach Konstruktion der Höhe h ist der Grad jedes Polynoms in $h^{-1}(k)$ höchstens gleich k, jedes der $w(k)$ verschiedenen Polynome hat also höchstens k Nullstellen. Nun kann man alle Nullstellen und damit alle über $\mathbb{Q}$ algebraischen Zahlen abzählen, indem man alle Höhen $k = 1, 2, 3, \ldots$ der Reihe nach durchgeht.

■

Satz 6.3:

$\mathbb{R}$ ist nicht abzählbar. Man nennt diese „größere Unendlichkeit" *überabzählbar* und bezeichnet sie als Mächtigkeit $\aleph_1$ (aleph eins).

Beweis:

Dieser Satz folgt aus der genialen, weil verblüffend einfachen Idee des *Cantor'schen* Diagonalverfahrens (oder „zweiten Diagonalverfahrens"): Man führt einen Widerspruchsbeweis, indem man annimmt, die reellen Zahlen seien abzählbar. Sie lassen sich dann der Reihe nach als unendliche Dezimalzahlen aufschreiben:

$$r_1 = a_1, b_{11}\, b_{21}\, b_{31} \ldots$$
$$r_2 = a_2, b_{12}\, b_{22}\, b_{32} \ldots$$
$$\vdots$$
$$r_n = a_n, b_{1n}\, b_{2n}\, b_{3n} \ldots$$
$$\vdots$$

Dabei ist $a_n \in \mathbb{Z}$ der Vorkommaanteil von r_n und $b_{mn} \in \{0, 1, \ldots, 9\}$ die m-te Dezimalstelle von r_n. Nun definiert man eine Zahl $s \in \mathbb{R}$ durch

$$s := 0, c_1\, c_2\, c_3 \ldots \text{ mit } c_i = \begin{cases} 1 & \text{falls } b_{ii} \neq 1 \\ 0 & \text{falls } b_{ii} = 1 \end{cases}.$$

Leicht überlegt man sich, dass s *nicht* in der Aufzählung $r_1, r_2, r_3, \ldots$ enthalten sein kann, da sich c von *jeder* Zahl r_n nach Konstruktion an mindestens einer Dezimalstelle unterscheidet. Die Dezimaldarstellung ist aber „fast" eindeutig; die einzige Ausnahme sind die Neunerperioden vom Typ $1 = 0,\overline{9}$). Dies kann man leicht „verbieten", indem man nur unendliche Dezimalbrüche in der Aufzählung zulässt, die Zahl $34,57$ muss also als $34,5699999\ldots = 34,56\overline{9}$ geschrieben werden. Damit ist die Dezimaldarstellung eindeutig, und die Annahme der Abzählbarkeit von $\mathbb{R}$ hat zu einem Widerspruch geführt.

■

„Oberhalb und innerhalb von $\mathbb{R}$" findet man wieder gleichmächtige Mengen:

Aufgabe 6.2:

a. $\mathbb{R}$ und $\mathbb{C}$ sind gleichmächtig.

b. $\mathbb{R}$ und $\mathbb{R}^n$ sind für jedes $n \in \mathbb{N}$ gleichmächtig.

c. $\mathbb{R}$ ist gleichmächtig zu den Intervallen $[0, 1]$, $(0, 1)$, $[0, 1)$ und $(0, 1]$ (bzw. a und b anstelle von 0 und 1 für alle reellen Zahlen $a < b$).

Wenn man noch dazu bedenkt, dass $\mathbb{Q}$ *dicht* in $\mathbb{R}$ liegt, das heißt, dass zwischen 2 beliebigen (verschiedenen) reellen Zahlen stets mindestens eine und damit sogar unendlich viele rationale liegen, dann erkennt man, wie komplex unsere „alltäglichen" Zahlen sind. Weitere überraschende Eigenschaften der reellen Zahlen werden in Kapitel 6.8 untersucht.

Aufgabe 6.3:
Beweisen Sie, dass $\mathbb{Q}$ dicht in $\mathbb{R}$ liegt. Beweisen Sie weiter, dass man zwischen zwei beliebigen, verschiedenen reellen Zahlen stets sogar unendlich viele rationale Zahlen finden kann!

Cantor konnte beweisen, dass für jede Menge M ihre Potenzmenge $\mathcal{P}(M)$ eine größere Mächtigkeit als M hat. Die Wiederholung dieser Potenzmengenbildung zeigt, dass es Mengen beliebig großer Mächtigkeit gibt.

Aufgabe 6.4:
a. Beweisen Sie *Cantors* Satz für endliche und für unendliche Mengen M. Verallgemeinern Sie hierfür *Cantors* Diagonalverfahren aus dem Beweis von Satz 6.3.
b. Beweisen Sie, dass die Potenzmenge von $\mathbb{N}$ gleichmächtig zu $\mathbb{R}$ ist.

Bei seinem berühmten Vortrag im Jahr 1900 aus Anlass des *International Congress of Mathematicians* in Paris hat *David Hilbert* 23 Probleme aufgezählt, deren Lösung er als die herausragende Aufgabe der Mathematiker für das 20. Jahrhundert gesehen hat. Das erste dieser Probleme war die *Cantor'sche Kontinuumshypothese* aus dem Jahr 1878, dass es keine Mächtigkeiten zwischen $\aleph_0$ von $\mathbb{N}$ bzw. $\mathbb{Q}$ und $\aleph_1$ von $\mathbb{R}$ gibt. Lange nach *Cantors* Tod erschütterte *Kurt Gödel* (1906 – 1978) mit seinen Unvollständigkeitssätzen die Grundfesten des *Hilbert'schen* Denkens, dass jeder vernünftig formulierte mathematische Satz oder sein logisches

Bild 6.7 *Gödel*

Gegenteil bewiesen werden kann. *Gödel* beschäftigte sich auch mit der Kontinuumshypothese. Im Jahr 1963 konnte *Paul Cohen* (1934 – 2007), ein junger Assistent von *Gödel*, beweisen, dass die Kontinuumshypothese *unentscheidbar* ist, d. h. dass innerhalb des Axiomensystems der Mengenlehre weder die Gültigkeit noch die Falschheit dieser Hypothese bewiesen werden kann. Ohne zu Widersprüchen zu kommen, kann man sie als *Axiom* hinzunehmen oder auch nicht! Dieses Ergebnis

Bild 6.8 *Cohen*

ist in seiner Aussage und seiner Auswirkung mit der Problematik des Parallelenaxioms vergleichbar. Von Unentscheidbarkeit zu unterscheiden sind noch unbewesene Ergebnisse, von denen man noch nicht weiß, ob sie richtig oder falsch sind; ein prominentes Beispiel ist die *Riemann'sche* Vermutung.

Alle bisherigen Körper sind *kategorisch*, d. h. bis auf Isomorphie eindeutig: Zuerst $\mathbb{Q}$ als „Primkörper" der Charakteristik Null und $\bar{\mathbb{Q}}$ als algebraischer Abschluss von $\mathbb{Q}$, dann (z. B. mit Hilfe von *Cauchy*-Folgen, vgl. Kapitel 6.6.2) $\mathbb{R}$ als Vervollständigung von $\mathbb{Q}$ bezüglich des „normalen" Absolutbetrags, der aus der von $\mathbb{N}$ stammenden Ordnungsrelation abgeleitet wurde, und $\mathbb{C}$ als algebraischer Abschluss von $\mathbb{R}$. Bei $\mathbb{C}$ ist man am Ende angekommen, nach dem Fundamentalsatz der Algebra (vgl. Kapitel 5.5) gibt es keine endlich-algebraische Erweiterung von $\mathbb{C}$. Die Quaternionen, eine Erweiterung vom Grad 2 von $\mathbb{C}$, bilden nur noch einen Schiefkörper! Will man echte Erweiterungskörper von $\mathbb{C}$ studieren, so muss man zu transzendenten Erweiterungen wie den algebraischen Funktionenkörpern einer oder mehrerer Variablen übergehen. Ein einfaches Beispiel ist die Menge

$$\mathbb{C}(x) := \left\{ \frac{f(x)}{g(x)} \,\middle|\, f(x),\ g(x) \in \mathbb{C}[x] \text{ und } g(x) \neq 0 \right\}$$

der gebrochenrationalen Funktionen. Zusammen mit der normalen Addition und Multiplikation von Termen wird $\mathbb{C}(x)$ ein Körper, genauer ein *algebraischer Funktionenkörper einer Variablen vom Transzendenzgrad 1* (über $\mathbb{C}$). Übrigens ist auch die analog gebildete Menge $\mathbb{Q}(e)$, wobei e die *Euler'sche* Zahl ist, ein algebraischer Funktionenkörper einer Variablen vom Transzendenzgrad 1 (über $\mathbb{Q}$), der ein Teilkörper von $\mathbb{R}$ ist.

6.3 Die natürlichen Zahlen

Im Folgenden werden 3 verschiedene Mengen konstruiert, die als *Menge der natürlichen Zahlen* bezeichnet werden:

- Als Erstes ist es der mengentheoretische, den Kardinalzahlbegriff betonende Ansatz, der auf *Gottlob Frege* (1848 – 1925) zurückgeht und von *Felix Haussdorf* (1868 – 1942) und *Bertrand Russell* (1872 – 1970) fortgesetzt wurde.

Bild 6.9 *Frege*   **Bild 6.10** *Haussdorf*   **Bild 6.11** *Russell*

- Der zweite Ansatz, der die Zählzahl, also den Ordinalzahlaspekt betont, geht auf *Richard Dedekind* (1831 – 1916) zurück und wurde von *Ernst Zermelo* (1871 – 1956) und *John von Neumann* (1903 – 1957) weiterentwickelt.

Bild 6.12 *Dedekind*   **Bild 6.13** *Zermelo*   **Bild 6.14** v. *Neumann*

- Der dritte (im Prinzip mit dem zweiten verwandte) Ansatz stammt von dem Konstruktivisten *Paul Lorenzen* (1905 – 1994). Die Konstruktivisten verlangen, dass alle betrachte-

ten mathematischen Gegenstände und alle Aussagen über diese Gegenstände konstruierbar sind, d. h., dass sie nach genau angebbaren Regeln in endlich vielen Schritten erreicht werden können. Reine Existenzbeweise werden von ihnen nicht anerkannt! Auch die Menge der reellen Zahlen in ihrer üblichen Auffassung entspricht nicht der konstruktivistischen Auffassung.

Bild 6.15 *Lorenzen*   **Bild 6.16** *Peano*

Dass alle drei auf unterschiedliche Weise gewonnenen Mengen dieselbe Menge ℕ beschreiben, d. h. sich umkehrbar eindeutig aufeinander abbilden lassen, wird durch die auf *Richard Dedekind* und *Guiseppe Peano* (1858 – 1932) zurückgehende axiomatische Charakterisierung der natürlichen Zahlen begründet („*Peano*-Axiome").

6.3.1 Konstruktion von ℕ als „Kardinalzahlen"

Es wurde schon erklärt, wann Mengen gleichmächtig und wann sie endlich heißen. Gleichmächtigkeit ist eine Äquivalenzrelation, allen gleichmächtigen Mengen ordnet man ein und dasselbe Symbol a zu, ihre **Mächtigkeit** oder ihre **Kardinalzahl**. Eine Kardinalzahl heißt endlich, wenn ihre zugehörigen Mengen endlich sind. Die „natürlichen Zahlen ℕ" sind dann nach Definition gerade alle endlichen Kardinalzahlen.

Bezeichnet man die Kardinalzahl der endlichen Menge A mit card(A), so lassen sich jetzt „Addition", „Multiplikation" und „Anordnung" definieren:

Addition: $a + b := $ card($A \cup B$) mit $A \cap B = \emptyset$, card(A) = a und card(B) = b,

Multiplikation: $a \cdot b := $ card($A \times B$) mit card(A) = a und card(B) = b,

Anordnung: $a \geq b :\Leftrightarrow A \supseteq B$ und mit $a =$ card(A), $b =$ card(B).

Als neutrale Elemente bezüglich Addition und Multiplikation erweisen sich $0 := $ card($\emptyset$) und $1 := $ card({ $\emptyset$ }).

Nun beginnt die Arbeit: Zuerst muss die Repräsentanten-Unabhängigkeit dieser Definition gezeigt werden. Dann müssen die „üblichen" Gesetze für Addition und Multiplikation und für die Ordnungsrelation nachgewiesen werden. Auf diese sehr mühsame Arbeit soll hier verzichtet werden!

6.3.2 Konstruktion von $\mathbb{N}$ als „Ordinalzahlen"

Die Eigenschaft, dass jede natürliche Zahl einen eindeutig bestimmten Nachfolger hat, kann man bei Mengen nachbilden. Hierzu wird eine ***Nachfolgerfunktion*** σ definiert, die jeder Menge eine Nachfolgermenge zuordnet: Zur Menge A sei $\sigma(A) := A \cup \{A\}$ der „Nachfolger" von A. Eine Menge aus Mengen heißt ***Nachfolgermenge***, wenn sie die leere Menge enthält und mit einer Menge A auch $\sigma(A)$. Beachten Sie, unsere „Menge aus Mengen" ist logisch einwandfrei, nur die „Menge aller Mengen" führt zu den bekannten Antinomien: Wäre M die Menge aller Mengen, so wäre ihre Potenzmenge in ihr enthalten, was augenscheinlich unsinnig ist. Klar ist, dass der Durchschnitt von Nachfolger-mengen wieder eine Nachfolgermenge ist. $\mathbb{N}$ wird jetzt als Durchschnitt *aller* Nachfolgermengen definiert. Das Problem, bei dem die Konstruktivisten einhaken, ist, ob es überhaupt *eine* Nachfolgermenge gibt. Diese Exis-tenz fordert man im „Unendlichkeitsaxiom". Die ersten Elemente jeder Nachfolgermenge lassen sich leicht in der Schreibweise von *John v. Neumann* angeben. Er geht hierbei von der leeren Menge aus, einem nicht leicht zu verstehenden mathematischen Konstrukt. Vor dem Mathematik-Hochhaus der TU Dortmund steht übrigens ein Kunstwerk, dass die leere Menge aus der Sicht eines Künstlers darstellt (Bild 6.17). *John v. Neumann* definiert seine Nachfolgermenge nun wie folgt:

Bild 6.17 Leere Menge

$$0 = \emptyset,$$
$$1 = \emptyset \cup \{\emptyset\} = \{\emptyset\} = \{0\},$$
$$2 = 1 \cup \{1\} = \{0\} \cup \{1\} = \{0, 1\},$$
$$3 = 2 \cup \{2\} = \{0, 1\} \cup \{2\} = \{0, 1, 2\},$$
$$4 = 3 \cup \{3\} = \{0, 1, 2\} \cup \{3\} = \{0, 1, 2, 3\},$$
$$\vdots$$
$$n = \{0, 1, ..., n{-}1\}.$$

Anordnung und Rechenoperationen „+" und „·" in $\mathbb{N}$ sind wie folgt definiert. Dabei werden die Addition und die Multiplikation induktiv erklärt. Das bedeutet, dass zuerst mit Hilfe der Nachfolgerfunktion definiert wird, was $n+1$ bzw. $n·1$ sein soll. Dann wird die Addition $n+r$ und die Multiplikation $n·r$ für ein beliebiges anderes Element $r \neq 1$ definiert. Dafür wird verwendet, dass r ein Nachfolger ist, sich also als $r = \sigma(m)$ schreiben lässt, und dass die Operationen $n+m$ bzw. $n·m$ schon definiert sind.

> **Anordnung:** $m \geq n :\Leftrightarrow m = n$ oder $n \in m$,
>
> **Addition:** $n + 1 := \sigma(n)$ und $n + \sigma(m) := \sigma(n + m)$,
>
> **Multiplikation:** $n·1 := n$ und $n·\sigma(m) := (n·m)+n$.

Dies wird einige Schritte weit zunächst für die Addition durchgeführt:

$$n + 2 = n + \sigma(1) = \sigma(n + 1) = \sigma(\sigma(n)),$$
$$n + 3 = n + \sigma(2) = \sigma(n + 2) = \sigma(\sigma(\sigma(n))), \dots .$$

Für die Multiplikation folgt analog unter Verwendung der schon definierten Addition:

$$n·2 = n·\sigma(1) = (n·1)+n = n + n,$$
$$n·3 = n·\sigma(2) = (n·2)+n = (n + n) + n, \dots .$$

Wieder soll auf die langwierige Aufgabe verzichtet werden, den Nachweis der verlangten Eigenschaften von Anordnung, Addition und Multiplikation zu führen!

6.3.3 Der konstruktivistische Ansatz

Der neue Ansatz von *Lorenzen* definiert die natürlichen Zahlen in konstruktivistischer Weise schrittweise mit Hilfe des **Strichsymbols**:

> | ist eine natürliche Zahl, Eins genannt.
>
> Ist n eine natürliche Zahl, dann auch $n|$. Diese Zahl wird Nachfolger von n genannt und auch mit $n + 1$ bezeichnet.

Beispielsweise gilt $2 = ||$, $3 = |||$ usw. Diese Festlegung entspricht einem sehr frühen Schritt im Abstraktionsprozess. Zu jedem n (außer zu 1) gibt es einen Vorgänger n^*, so dass $n = n^*|$ gilt. n^* entsteht also aus n durch Abbau des Strichsymbols. Wiederholter Abbau führt dann in endlich vielen Schritten zurück bis 1. Damit ist die Anordnung wieder einfach zu erklären: Es gilt $m \geq n$, wenn grob gesprochen n aus weniger Strichen aufgebaut ist als m, also kürzer als m ist. Addition und Multiplikation sind wieder analog zu Kapitel 6.3.2 erklärt.

6.3.4 Die axiomatische Charakterisierung

Bisher wurden auf drei unterschiedliche Arten Mengen eingeführt, die als „Menge der natürlichen Zahlen" bezeichnet wurden. Alle diese Mengen liefern isomorphe Modelle der natürlichen Zahlen, die durch die Axiome von *Dedekind* und *Peano* definiert sind, was wir allerdings nicht beweisen werden. Beachten Sie: Ein Axiomensystem muss vollständig und widerspruchsfrei sein, und – damit es sinnvoll ist – es muss Modelle für das System geben, d. h., seine Realisierbarkeit muss gewährleistet sein. Das System der *Peano*-Axiome ist wieder kategorisch, d. h., es gibt bis auf Isomorphie genau ein Modell, unsere natürlichen Zahlen!

Definition 6.2: *Peano*-**Axiome**

Eine nichtleere Menge N, eine Abbildung $\sigma: N \to N$ und ein ausgezeichnetes Element $1 \in N$ heißen ein *Peano-Tripel* $(N, \sigma, 1)$, wenn folgende drei Axiome gelten:

    (1) σ ist injektiv,

    (2) für alle $n \in N$ ist $\sigma(n) \neq 1$,

    (3) ist $M \subseteq N$ so, dass $1 \in M$ und dass mit $n \in M$ auch $\sigma(n) \in M$ gilt, dann ist $M = N$.

Betrachten Sie zur Abgrenzung das folgende Beispiel: N sei die Menge der natürlichen Zahlen (die jetzt schon gegeben sein soll), und σ sei definiert durch $\sigma(n) = $ n+2. Dann gelten für das Tripel $(N, \sigma, 1)$ mit der „normalen" 1 der natürlichen Zahlen die Axiome (1) und (2), nicht aber das Axiom (3). Beispielsweise erfüllt die Menge $M = \{1, 3, 4, 5, 6, ...\}$ die Voraussetzungen von Axiom (3), nicht aber die im Axiom verlangte Folgerung.

Das dritte Axiom ist gerade das Axiom der vollständigen Induktion! Die Verknüpfungen und die Anordnung werden wie folgt definiert, Addition und Multiplikation wieder induktiv:

    Addition: $n + 1 := \sigma(n)$ und $n + \sigma(m) := \sigma(n + m)$,

    Multiplikation: $n \cdot 1 := n$ und $n \cdot \sigma(m) := n \cdot m + n$,

    Anordnung: $n \geq m :\Leftrightarrow$ es gilt $n = m$ oder es existiert $x \in N$ mit $n = m + x$.

Dedekind und *Peano* haben gezeigt, dass dieses Axiomensystem vollständig und widerspruchsfrei ist und mit den Definitionen der Verknüpfungen und Anordnung alle „normalen" Eigenschaften der natürlichen Zahlen folgen. Weiter haben sie die Kategorizität gezeigt, d. h. dass alle *Peano*-Tripel isomorph sind. Die Modelle in den Kapiteln 6.3.1. – 6.3.3 erweisen sich somit alle als *Peano*-Tripel!

6.3.5 Die *g*-adische Zahldarstellung

Wir sind „von Kind an" daran gewöhnt, im Zehnersystem zu rechnen. Die „normale", in der Grundschule gelehrte Dezimaldarstellung

$$8.306 = 8 \cdot 10^3 + 3 \cdot 10^2 + 0 \cdot 10^1 + 6 \cdot 10^0$$

ist als fortgesetzte Zehnerbündelung zu verstehen. Man kann eine analoge Darstellung auch mit einer anderen Basiszahl $g > 1$ und Ziffern $z \in \{0, 1, 2, ..., g{-}1\}$ machen und spricht dann von der *g-adischen* Zahldarstellung. Beispielsweise bedeutet

$$231_{(5)} = 2 \cdot 5^2 + 3 \cdot 5^1 + 1 \cdot 5^0 = 66_{(10)}.$$

Der Index „(g)" bezeichnet also die verwendete Basiszahl. Das Kunstwort „*g*-adisch" wurde von *Helmut Hasse* (1898 – 1979) vom Wort „dekadisch" für das Zehnersystem abgeleitet. Für technische Anwendungen hat sich das Dualsystem als besonders praktisch erwiesen, da man dort mit zwei Ziffern 0 und 1 auskommt. Diese lassen sich z. B. durch zwei Zustände eines elektrischen Stromkreises darstellen. Übrigens zeigen alte Kochbücher mit ihren Mengen-

Bild 5.18 *Hasse*

angaben wie 1 Pfund, ½ Pfund, ¼ Pfund usw., dass die einfachste Art der Teilung die fortgesetzte Halbierung ist, was auch zu den Potenzen von 2, also dem Zweiersystem führen könnte. Auch die Teilung der Windrose in die vier Himmelsrichtungen N, O, S, W, die vier Hauptzwischenrichtungen NO, SO, ..., die acht Nebenzwischenrichtungen NNO, ONO, ... beruht auf einem Zweiersystem. Beim Kompass wird der Kreis in 360° eingeteilt, ein Grad in 60 Winkelminuten, diese weiter in 60 Winkelsekunden, was ein Relikt des schon von den Babyloniern verwendeten 60er-Systems ist.

Eine kleine Anekdote am Rande: Der Jenaer Mathematikprofessor *Erhard Weigel* schlug im Jahr 1673 vor, die Zahl 4 als Basiszahl zu verwenden, weil die Vierteilung etwas Natürliches und Naheliegendes, die Zehnteilung dagegen etwas Künstliches sei. Er schlug für die Stufenzahlen die Namen Erff = 4, Secht = 16 und Schock = 64 vor. Besondere Namen erfand *Erhard Weigel* auch für die häufig benötigten Zahlen 8 = 2·4 = $20_{(4)}$ = Zwerff und 12 = 3·4 = $30_{(4)}$ = Drerff (nach *Schneider*, 1968).

Genauere Grundlage für die *g*-adische Zahldarstellung ist der

Satz 6.4: *g*-adische Zahldarstellung

Zu jeder Basiszahl $g \in \mathbb{N} \backslash \{1\}$ existiert für alle natürlichen Zahlen *n* eine eindeutige *g*-adische Darstellung

$$n = a_r \cdot g^r + a_{r-1} \cdot g^{r-1} + ... + a_1 \cdot g + a_0 = a_r a_{r-1} ... a_1 a_{0\,(g)} \text{ mit Ziffern } a_i \in \{0, 1, ..., g{-}1\}, \ a_r \neq 0.$$

Beweis:

Die Existenz der Darstellung wird durch vollständige Induktion nach *n* gezeigt. Für *n* = 1 ist die Aussage ohne Zweifel richtig. Sie sei nun richtig für alle *m* < *n*. Zu *n* gibt es eine Potenz *r* von *g* mit $g^r \leq n < g^{r+1}$. Nach Anwendung des Satzes von der Division mit Rest (vgl. Satz 5.2) kann man schreiben

$$n = a_r \cdot g^r + m \text{ mit } m < g^r.$$

Wegen $n < g^{r+1}$ gilt auch $0 < a_r \leq g - 1$, also ist a_r schon eine „*g*-Ziffer". Nun wendet man die Induktionsvoraussetzung auf *m* an und hat eine gewünschte Darstellung von *n*.

Zum Beweis der Eindeutigkeit geht man von zwei Darstellungen

$$n = a_r \cdot g^r + a_{r-1} \cdot g^{r-1} + ... + a_1 \cdot g + a_0 = b_r \cdot g^r + b_{r-1} \cdot g^{r-1} + ... + b_1 \cdot g + b_0$$

aus. Hieraus bekommt man eine Darstellung der Null:

$$0 = (a_r - b_r) \cdot g^r + (a_{r-1} - b_{r-1}) \cdot g^{r-1} + ... + (a_1 - b_1) \cdot g + (a_0 - b_0).$$

Aus dieser Darstellung folgt der Reihe nach

für $i = 0$: $g \mid (a_0 - b_0)$, also $a_0 = b_0$, daraus folgt weiter

für $i = 1$: $g^2 \mid (a_1 - b_1) \cdot g$, also $a_1 = b_1$, ...,

und es ist bewiesen, dass die beiden Darstellungen identisch sind.

∎

Vom Prinzip her ist es also egal, in welchem *g*-adischen System wir rechnen. Die Algorithmen für die vier Grundrechenarten, die wir in der Grundschule für das dekadische System gelernt haben, bleiben wörtlich richtig, wenn man den Zehnerübertrag durch den *g*-Übertrag ersetzt. Wenn Sie das allerdings konkret im Dreiersystem oder im Siebenersystem probieren, so werden Sie schnell feststellen, dass dann unsere geläufige Rechnung sehr schnell ins Stocken kommt! Wir haben im Zehnersystem das kleine und (zum Teil) das große Einmaleins so verinnerlicht, dass die Rechnungen fast automatisch ablaufen. Wenn wir aber 352 : 34 im Siebenersystem rechnen wollen, müssen wir mühsam jeden einzelnen Zwischenschritt überlegen. Der vorschnelle Verzicht auf das Üben von Rechenfertigkeit im Zehnersystem könnte schnell einen Zustand wie beim Rechnen im Siebenersystem bewirken! Syntax und Semantik müssen allerdings (nicht nur) in der Schule in einer ausgewogenen Balance stehen. Rechendrill um seiner selbst willen ist sinnlos, „Syntax auf Vorrat" ebenfalls. Wer aber in kreativer Suche beispielsweise nach neuen Eigenschaften der natürlichen Zahlen fahndet, sollte sicher rechnen können.

Aufgabe 6.5:

a. Berechnen Sie im 2er-, 3er-, ... -System einige Summen, Differenzen, Produkte und Quotienten.

b. Untersuchen Sie, wie die bekannten Teilbarkeitsregeln (für das Zehnersystem) in anderen *g*-adischen Systemen aussehen könnten.

6.4 Die Erweiterung von den natürlichen zu den ganzen Zahlen

In der Schule werden die negativen Zahlen ganz anschaulich auf der Zahlengeraden durch Spiegelung am Nullpunkt des Zahlenstrahls gewonnen. Im abstrakten, nicht ontologisch an eine konkrete Zahlengerade gebundenen Aufbau des Zahlensystems betrachtet man die Menge

$$\mathbb{N} \times \mathbb{N} = \{(a, b) \mid a, b \in \mathbb{N}\}$$

und definiert auf dieser Menge die Relation

$$(a, r) \sim (b, s) :\Leftrightarrow a + s = b + r.$$

Diese Definition fällt natürlich nicht vom Himmel: Die negativen Zahlen sind bekannt, und man weiß, dass z. B. $3 - 5$ und $7 - 9$ ein und dieselbe negative Zahl sind. Dies drückt sich in $\mathbb{N}$ durch die Gleichheit $3 + 9 = 7 + 5$ aus! Die neue Relation ist natürlich reflexiv und symmetrisch, und auch die Transitivität ergibt sich sofort: Es gelte

$$(a, r) \sim (b, s) \text{ und } (b, s) \sim (c, t), \text{ also } a + s = b + r \text{ und } b + t = c + s.$$

Weiter erhält man

$$(a + s) + (b + t) = (b + r) + (c + s) \text{ und somit auch } a + t = c + r, \text{ also } (a, r) \sim (c, t).$$

Folglich ist $\sim$ eine Äquivalenzrelation. Die Äquivalenzklassen bezeichnet man als

$$\overline{(a,r)} := \big\{ (b,s) \in \mathbb{N} \times \mathbb{N} \mid (b,s) \sim (a,r) \big\},$$

denkt dabei aber eigentlich an „$a - r$". Die Menge aller Äquivalenzklassen wird dann $\mathbb{Z}$, Menge der ganzen Zahlen, genannt. Auf $\mathbb{Z}$ werden 2 Verknüpfungen definiert, die die entsprechenden Verknüpfungen in $\mathbb{N}$ dem Permanenzprinzip entsprechend fortsetzen:

$$\overline{(a,r)} + \overline{(b,s)} := \overline{(a+b,\ r+s)},$$

$$\overline{(a,r)} \cdot \overline{(b,s)} := \overline{(a\cdot b + r\cdot s,\ a\cdot s + r\cdot b)}.$$

Machen Sie sich klar, wie intuitiv, aber auch wie komplex diese Schreibweise ist. Das Plus- und Mal-Symbol links von „ $:=$ " bezeichnen die neu zu definierende Verknüpfung, die Plus- und Mal-Symbole rechts von „ $:=$ " bezeichnen die schon erklärten Verknüpfungen in $\mathbb{N}$.

Durch $\mathbb{N} \to \mathbb{Z}$, $n \mapsto \overline{(n+1,1)}$ wird $\mathbb{N}$ in $\mathbb{Z}$ eingebettet, d. h., man kann $\mathbb{N} \subseteq \mathbb{Z}$ annehmen.

Aufgabe 6.6:

a. Wie kommt man gerade auf diese Definition?

b. Zeigen Sie, dass die Definition der Verknüpfungen vertreterunabhängig ist, also wirklich Verknüpfungen in $\mathbb{Z}$ sind.

c. Zeigen Sie durch Nachweis der entsprechenden Rechengesetze, dass das so definierte Verknüpfungsgebilde $(\mathbb{Z}, +, \cdot)$ ein Integritätsbereich, d. h. ein nullteilerfreier Ring ist.

d. Zeigen Sie, dass sich die Ordnungsstruktur von $\mathbb{N}$ eindeutig auf $\mathbb{Z}$ fortsetzen lässt.

6.5 Die Erweiterung von den ganzen zu den rationalen Zahlen

In der Schule findet man die Brüche, dargestellt durch das Symbol „Zählerzahl, Bruchstrich, Nennerzahl", wieder ontologisch gebunden auf dem Zahlenstrahl. Um den Punkt zu finden, der dem Bruch mit Zähler m und Nenner n entspricht, wird die Einheitsstrecke in n gleiche Teile geteilt und dann von Null aus m mal nach rechts für positives, nach links für negatives m abgetragen. Man kann den Bruch auch als Ergebnis der Divisionsaufgabe „m geteilt durch n" verstehen. Didaktische Probleme entstehen bei der Erarbeitung der Rechenregeln für die Grundrechenarten, was je nach verwendetem Modell zu unterschiedlichen Schwierigkeiten führen kann. Insbesondere ist darauf zu achten, dass die Lernenden adäquate Grundvorstellungen mit den Regeln verbinden, die sie anwenden. Aus Sicht der abstrakten Algebra ist $\mathbb{Q}$ der Quotientenkörper des Integritätsbereichs $\mathbb{Z}$. Unsere anschauliche Vorstellung von Brüchen als Paaren aus einer ganzen und einer natürlichen Zahl und die Erkenntnis, dass Brüche gleich sind, wenn Zähler und Nenner sich durch denselben Zahlfaktor ungleich Null unterscheiden, lässt sich zu einer mathematisch befriedigenden Definition der rationalen Zahlen $\mathbb{Q}$ präzisieren: Ähnlich wie in Kapitel 6.4 führt man in der Paarmenge

$$\mathbb{Z} \times \mathbb{Z}^{\times} = \left\{ (a,b) \,\middle|\, a \in \mathbb{Z},\ b \in \mathbb{Z}^{\times} = \mathbb{Z} \setminus \{0\} \right\}$$

eine Relation $\sim$ durch

$$(a,\, b) \sim (c,\, d) :\Leftrightarrow a \cdot d = b \cdot c$$

ein. Auch diese Relation $\sim$ ist eine Äquivalenzrelation. Dabei sind die Reflexivität und Symmetrie trivial, die Transitivität folgt aus

$$(a, b) \sim (c, d) \text{ und } (c, d) \sim (e, f), \text{ also } a \cdot d = b \cdot c \text{ und } c \cdot f = d \cdot e$$

und weiter

$$(a \cdot d) \cdot (c \cdot f) = (b \cdot c) \cdot (d \cdot e) \text{ und somit } a \cdot f = b \cdot e,$$

was auch für $c = 0$ gilt. Also ist, wie behauptet, $(a, b) \sim (e, f)$. Die Menge

$$\mathbb{Q} := \mathbb{Z} \times \mathbb{Z}^{\times} / \sim$$

der Äquivalenzklassen heißt die „Menge der rationalen Zahlen". Die Äquivalenzklassen bezeichnet man als

$$\overline{(a, b)} := \{(c, d) \in \mathbb{Z} \times \mathbb{Z}^{\times} \mid (c, d) \sim (a, b)\}$$

und denkt dabei an $\dfrac{a}{b}$. In der Menge der Äquivalenzklassen ergeben sich dann in natürlicher Weise die Definitionen von Addition und Multiplikation:

$$\overline{(a, b)} + \overline{(c, d)} := \overline{(a \cdot d + b \cdot c, \, b \cdot d)} \quad und \quad \overline{(a, b)} \cdot \overline{(c, d)} := \overline{(a \cdot c, \, b \cdot d)}.$$

Beachten Sie hierbei, dass jeweils auf der linken Seite, die neu zu definierenden Operationen $+$ bzw. $\cdot$ stehen, die auf der rechten Seite auf die schon bekannten Operationen $+$ und $\cdot$ in $\mathbb{Z}$ zurückgeführt werden.

Wieder ist zunächst die Vertreter-Unabhängigkeit (oder Wohldefiniertheit) der Definitionen zu beweisen, was hier für die Addition durchgeführt wird. Es seien

$$\overline{(a, b)} = \overline{(A, B)}, \text{ d. h. } a \cdot B = b \cdot A \text{ und } \overline{(c, d)} = \overline{(C, D)}, \text{ d. h. } c \cdot D = d \cdot C.$$

Es ist zu zeigen, dass beide Male die „Bruchadditionsdefinition" zur selben Äquivalenzklasse führt:

$$(a \cdot d + b \cdot c, \, b \cdot d) \sim (A \cdot D + B \cdot C, \, B \cdot D)$$

$$\Leftrightarrow (a \cdot d + b \cdot c) \cdot (B \cdot D) = (A \cdot D + B \cdot C) \cdot (b \cdot d)$$

$$\Leftrightarrow \underline{a \cdot d} \cdot B \cdot D + b \cdot c \cdot B \cdot D = \underline{A} \cdot D \cdot \underline{b} \cdot d + B \cdot C \cdot b \cdot d$$

Der erste Äquivalenzpfeil ist die Definition der Relation $\sim$, der zweite Äquivalenzpfeil verwendet die Rechengesetze in $\mathbb{Z}$. Nun sind die unterstrichenen bzw. unterschlängelten Produkte nach Voraussetzung gleich, und somit ergibt sich wieder unter Verwendung der Rechengesetze in $\mathbb{Z}$ die Wohldefiniertheit der Addition zwischen zwei beliebigen Äquivalenzklassen.

Es bleibt der Nachweis, dass die so erklärte Verknüpfungsstruktur $(\mathbb{Q}, +, \cdot)$ ein (kommutativer) Körper ist. Die neutralen Elemente bezüglich der Addition und der Multiplikation sind

$$\overline{(0, 1)} \text{ und } \overline{(1, 1)}.$$

Weiter sind für alle ganzen Zahlen $a, b \neq 0$

$$\overline{(-a, b)} \text{ additiv invers zu } \overline{(a, b)} \text{ und } \overline{(b, a)} \text{ multiplikativ invers zu } \overline{(a, b)}.$$

Die injektive Abbildung

$$\mathbb{Z} \to \mathbb{Q}, \, a \mapsto \overline{(a, 1)}$$

bettet $\mathbb{Z}$ in $\mathbb{Q}$ ein, so dass man $\mathbb{Z} \subset \mathbb{Q}$ als Teilmenge auffassen kann. Schließlich überträgt sich die Ordnungsstruktur von $\mathbb{Z}$ auf $\mathbb{Q}$ durch

$$\overline{(a,b)} \geq \overline{(c,d)} \Leftrightarrow a \cdot d \geq c \cdot b.$$

Aufgabe 6.7:

a. Zeigen Sie die Vertreter-Unabhängigkeit für die Multiplikation.

b. Zeigen Sie die Gültigkeit der noch fehlenden Körperaxiome.

Mit dieser von den ganzen Zahlen her übertragenen Verknüpfungen und der Anordnung ist $\mathbb{Q}$ ein *archimedisch geordneter Körper* geworden, wobei sich anschaulich die Anordnung durch die Lage auf dem Zahlenstrahl bestimmt wird. Die genaue algebraische Definition von „geordneter Körper" und „archimedisch" lautet:

Definition 6.3: Angeordneter Körper

Ein Körper heißt **angeordnet** (oder **total geordnet**), wenn es in ihm eine Relation „>" gibt mit den beiden Eigenschaften

*   für jedes Körperelement a gilt genau eine der Aussagen $a > 0$, $-a > 0$ oder $a = 0$,

*   aus $a > 0$ und $b > 0$ folgen $a + b > 0$ und $a \cdot b > 0$.

Die Zahlen mit $a > 0$ bzw. mit $-a > 0$ heißen die positiven bzw. die negativen Zahlen des Körpers. Sofort lassen sich einige Folgerungen ziehen, die Sie beweisen sollen:

Aufgabe 6.8:

Zeigen Sie, dass folgende Eigenschaften in einem angeordneten Körper k gelten:

a. Durch $a \geq b :\Leftrightarrow a - b > 0$ oder $a = b$ wird in k eine Ordnungsrelation definiert.

b. Aus $a > b$ folgt $a + c > b + c$; ist sogar $c > 0$, so folgt $a \cdot c > b \cdot c$.

c. Durch $|a| :=$ das nichtnegative der beiden Elemente a und $-a$ wird in k ein Betrag definiert, d. h., dieser Betrag ist *multiplikativ* ($|a \cdot b| = |a| \cdot |b|$), und es gilt die *Dreiecksungleichung* ($|a + b| \leq |a| + |b|$).

d. Es gilt $1 = 1 \cdot 1 = 1^2 > 0$ und weiter $\underbrace{1 \cdot 1 \cdot \ldots \cdot 1}_{n-mal} = n \cdot 1 > 0$.

e. Der Körper k hat die Charakteristik Null.

Definition 6.4: *Archimedisch* geordneter Körper

Ein angeordneter Körper k heißt *archimedisch*, wenn für alle a, $b > 0$ ein $n \in \mathbb{N}$ existiert mit $n \cdot a > b$ (das Körperelement $n \cdot a$ ist durch $1 \cdot a = a$ und $(n+1) \cdot a = n \cdot a + a$ „per vollständiger Induktion" definiert; beachten Sie wieder die unterschiedliche Bedeutung der Plus-Zeichen!). Man sagt auch, in k gilt das *Archimedische Axiom* (vgl. Kapitel 2.2 mit *Hilberts Archimedischem* Axiom V1 für seinem axiomatischen Aufbau der Geometrie).

Aufgabe 6.9: *Archimedisches* Axiom

Zeigen Sie, dass die folgenden beiden Formulierungen äquivalent zum *Archimedischen* Axiom sind:

a. Zu jeder positiven rationalen Zahl r gibt es eine natürliche Zahl n mit $n > r$.

b. Zu jeder positiven rationalen Zahl r gibt es eine natürliche Zahl n mit $r > {}^1/_n$.

Es gibt in $\mathbb{Q}$ noch andere Beträge, die sogenannten *p-adischen Beträge*, die für alle Primzahlen $p \in \mathbb{P}$ definiert sind. Es sei hierzu

$$0 \neq a = \frac{z}{n} \in \mathbb{Q} \text{ mit } z \in \mathbb{Z} \backslash \{0\} \text{ und } n \in \mathbb{N}:$$

Nach dem Hauptsatz der elementaren Zahlentheorie gibt es eine eindeutige Primfaktorzerlegung, insbesondere gibt es Zahlen α, $\beta \in \mathbb{N}_0$ mit

$$z = p^\alpha z' \text{ und } n = p^\beta n' \text{ mit } p \nmid z', n'.$$

Dann heißt $|a|_p := p^{-\alpha+\beta}$ der *p-adische Betrag* von a. Wenn man $\mathbb{Q}$ bezüglich dieser Beträge vervollständigt (der Begriff der *Cauchy*-Folge lässt sich wortwörtlich übertragen), erhält man die sogenannten *p-adischen Körper* $\mathbb{Q}_p$. Die neuartigen Beträge haben eigentümliche Eigenschaften, so gilt z. B. für alle natürliche Zahlen n die Ungleichung $|n|_p \leq 1$. Insbesondere sind die *p*-adischen Körper geordnete Körper, aber nicht *archimedisch*. Dies zeigt, dass in Aufgabe 6.8 ein angeordneter Körper zwar die Charakteristik Null hat, aber nicht notwendig auch *archimedisch* sein muss.

Zurück zu den rationalen Zahlen! Bearbeiten Sie die folgenden Aufgaben:

Aufgabe 6.10: Brüche und Dezimalzahlen

a. Begründen Sie: Jede rationale Zahl r lässt sich eindeutig als gekürzter Bruch $r = {}^m/_n$ darstellen, d. h. mit Zähler $m \in \mathbb{Z}$, Nenner $n \in \mathbb{N}$ und $\mathrm{ggT}(m, n) = 1$. Jede Bruchzahl lässt sich in (bis auf eine Ausnahme) eindeutiger Weise in einen abbrechenden oder unendlich periodischen Dezimalbruch (der eventuell eine Vorperiode hat) umwandeln. Wann erhält man einen abbrechenden Dezimalbruch? Wie lang kann die Periode höchstens werden? Die Ausnahme sind die Neunerperioden vom Typ $0, \overline{9} = 1$. Beweisen Sie diese Gleichheit!

b.   Wie kann man die Dezimaldarstellung einer rationalen Zahl in die Bruchdarstellung umwandeln?

In Kapitel 6.3.5 wurde die g-adische Darstellung der natürlichen Zahlen diskutiert. Genauso, wie man die rationalen Zahlen im Dezimalsystem durch endliche bzw. unendlich periodische Dezimalbrüche darstellen kann, kann man dieselben Zahlen mit endlichen bzw. unendlichen periodischen g-adischen „Brüchen" darstellen. Das folgende Beispiel zeigt eine „Trial-Bruch"-Darstellung

$$5\frac{19}{27} = 1\cdot 3^1 + 2\cdot 3^0 + 2\cdot 3^{-1} + 0\cdot 3^{-2} + 1\cdot 3^{-3} = 12,201_{(3)}.$$

Ordnungsstruktur anhand des Ziffernvergleichs und Beweise bleiben wörtlich richtig, wenn man die gewohnte Basiszahl 10 durch eine andere natürliche Zahl $g \neq 1$ in der g-adischen Zahldarstellung ersetzt.

Aufgabe 6.11: Brüche und g-adische Darstellung

Führen Sie die Übertragung der Darstellung der rationalen Zahlen in Dezimalzahlen auf die Darstellung in eine Entwicklung in der g-adischen Darstellung genauer aus. Wann gibt es endliche Darstellungen? Was entspricht dem Fall der Neunerperioden? Rechnen Sie einige Beispiele für die Umwandlung der verschiedenen Darstellungen!

6.6   Die Erweiterung von den rationalen zu den reellen Zahlen

6.6.1   Die Entdeckung der Irrationalität

Pythagoras von Samos (570 – 497) und seine Schüler glaubten in ihrer rationalen Auffassung der Natur, dass die natürlichen Zahlen das Maß aller Dinge sind und dass sich alles auf Verhältnisse natürlicher Zahlen zurückführen lässt. Aus der philosophischen Lehre des *Pythagoras* ergab sich zwingend, dass zwei beliebige Strecken a und b immer kommensurabel sein müssten, d. h. sich als ganzzahlige Vielfache einer kleineren Strecke e darstellen lassen: $a = n\cdot e$ und $b = m\cdot e$ mit natürlichen Zahle n und m. Anders ausgedrückt müssen die Längen von a und b in einem rationalen Verhältnis stehen. Entscheidend für die Weltanschauung der *Pythagoreer* war eine Beziehung zwischen Mathematik und Musik, deren Aufdeckung wohl ihre größte Leistung darstellt. So untersuchten die *Pythagoreer* z. B. gespannte Saiten. Werden

Bild 6.19 *Pythagoras*

zwei Saiten gleichzeitig zum Tönen gebracht, so empfindet man den Zusammenklang der beiden Töne als harmonisch, wenn die Längen der Saiten bestimmte einfache Zahlenverhältnisse haben.

Die Entdeckung inkommensurabler Strecken wurde von dem *Pythagoreer Hippasos von Metapont* im 5. Jh. v. Chr. gemacht, der damit die Grundlage der *pythagoreischen* Philosophie erschütterte. Seine „Sektenbrüder" warfen ihn der Sage nach zum Dank dafür ins Meer. Damit war kurz nach ihrer Geburt die Mathematik in ihrer ersten Grundlagenkrise: Alle Beweise, die auf der Grundlage kommensurabler Strecken geführt worden waren, brachen auf einmal zusammen. Erst *Eudoxos von Knidos* (um 395 – um 340) begründete eine allgemeine Proprotionenlehre, die auch auf inkommensurable Größen anwendbar war und durch die *Eudoxos* zu einem „Pionier" der reellen Zahlen wurde.

Die übliche Methode, das gemeinsame Maß zweier Strecken zu finden, war die „Wechselwegnahme" (vgl. auch Kapitel 5.3.2): Man beginnt mit den beiden Strecken a_1 und a_2 mit $a_1 > a_2$, geht dann über zu a_2 und $a_1 - a_2$ und so weiter, bis irgendwann einmal die kleinere Strecke in der größeren ganzzahlig enthalten ist.

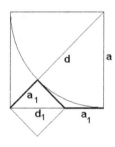

Dieses Verfahren der Wechselwegnahme wird auf die beiden Strecken a, die Seite eines Quadrats, und d, die Diagonale des Quadrats in Bild 6.20 angewendet. Damit wird als erster Beweis der Unvollständigkeit von $\mathbb{Q}$ ohne Rückgriff auf den Flächeninhalt gezeigt, dass a und d inkommensurabel sind. Es sei hierzu die Gegenannahme gemacht, sie hätten ein gemeinsames Maß e. Dann gilt für geeignete natürliche Zahlen n und m also $a = n \cdot e$ und $d = m \cdot e$. Im ersten Schritt wird das kleine Quadrat der Seitenlänge $a_1 = d - a$ konstruiert. a_1 lässt sich wegen

Bild 6.20 Wechselwegnahme

$$a_1 = d - a = m \cdot e - n \cdot e = (m - n) \cdot e$$

auch durch e messen. Die 3 dick gezeichneten Seiten sind alle gleichlang, da rechts ein Drachenviereck entstanden ist. Also gilt für die Diagonale des kleinen Quadrats

$$d_1 = a - a_1 = n \cdot e - (m - n) \cdot e = (2n - m) \cdot e,$$

sie lässt sich folglich auch durch e messen. Die Fortsetzung des Verfahrens liefert eine Folge von immer kleiner werdenden Quadraten mit beliebig kleinen Strecken a_i und d_i, die alle das gemeinsame Maß e haben, was der gewünschte Widerspruch ist.

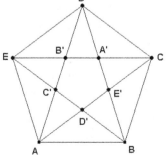

Bild 6.21 Reguläres Fünfeck

Vermutlich wurde die Inkommensurabilität am regulären Fünfeck entdeckt; das Pentagramm (Bild 3.33) war das geheime Erkennungszeichen der Pythagoreer. Jedoch ist die Quellenlage nicht ganz eindeutig. Bei *Euklid* wird erklärt, wie man das regelmäßige Fünfeck konstruieren kann. Das Verfahren der Wechselwegnahme wird wieder auf die Seite und die Diagonale des Fünfecks in Bild 6.21 angewandt.

Aufgabe 6.12:

Führen Sie die Einzelheiten dieses Widerspruchsbeweises analog zum zuvor besprochenen Quadratbeispiel durch.

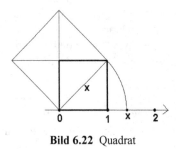

Bild 6.22 Quadrat

In der Schule haben Sie wahrscheinlich den folgenden Weg kennengelernt, der schon bei *Euklid* steht und bei dem gezeigt wird, dass $\sqrt{2}$ eine irrationale Zahl ist: Gesucht wird ein Quadrat, dessen Flächeninhalt doppelt so groß wie der des Einheitsquadrats ist. Die Konstruktion gelingt leicht. In Bild 6.22 wird mit einem Quadrat der Seitenlänge 1 (in einer beliebigen Einheit gemessen) gestartet. Dann wird mit Hilfe der Diagonalen ein Quadrat mit doppeltem Inhalt und Seitenlänge x konstruiert. Diesem x kann man sofort umkehrbar eindeutig einen Punkt auf dem Zahlenstrahl zwischen 1 und 2 zuordnen. Nun wird bewiesen, dass x keine rationale Zahl sein kann. Man nimmt hierzu das Gegenteil an, also dass sich x darstellen lässt als

$$x = \frac{a}{b} \text{ mit } a, b \in \mathbb{N} \text{ und } ggT(a, b) = 1.$$

Quadrieren liefert

$$2 = x^2 = \frac{a^2}{b^2}, \text{ also } 2 \cdot b^2 = a^2.$$

Nun wendet *Euklid* die Eigenschaft an, dass 2 eine Primzahl ist. Eine ***Primzahl*** wird in der Hochschulmathematik ***definiert*** als eine natürliche Zahl $p > 1$ mit der Eigenschaft, dass aus $p \mid a \cdot b$ mit $a, b \in \mathbb{N}$ folgt $p \mid a$ oder $p \mid b$. Aus der obigen Gleichung folgt für unsere Zahl a sofort $2 \mid a$, also $a = 2 \cdot A$ mit $A \in \mathbb{N}$. Setzt man dies ein, so erhält man weiter

$$2 \cdot b^2 = a^2 = (2 \cdot A)^2 = 4 \cdot A^2, \text{ also auch } b^2 = 2 \cdot A^2,$$

woraus dann wie eben $b = 2 \cdot B$ mit $B \in \mathbb{N}$ folgt. Dies steht im Widerspruch zur Voraussetzung $ggT(a, b) = 1$.

In der Schule wird die obige Definition einer Primzahl als Eigenschaft der Primzahlen verwendet und eine Primzahl p als Zahl mit genau zwei Teilern definiert. Damit gilt $p > 1$, und p hat genau die Teiler 1 und p. Anders ausgedrückt, man kann p nicht in ein Produkt mit Faktoren > 1 zerlegen, p ist also ***unzerlegbar***. Damit wird im Falle unserer obigen Zahl x mit $x^2 = 2$ in der Schule argumentiert: In der Darstellung $2 \cdot b^2 = a^2$ wird links und rechts vom Gleichheitszeichen so lange in Faktoren zerlegt, bis man beidseitig eine Zerlegung in unzerlegbare Elemente gefunden hat. Dass dies immer geht, sagt der Hauptsatz der elementaren Zahlentheorie, der auch in der Schule einfach zu begründen ist. Nun betrachtet man das unzerlegbare Element 2. Dieses taucht links vom Gleichheitszeichen ungeradzahlig oft auf, rechts vom Gleichheitszeichen geradzahlig oft. Wieder ist ein Widerspruch zur angenommenen Rationalität von x aufgetreten.

In $\mathbb{Z}$ sind die Begriffe *prim* und *unzerlegbar* äquivalent. Man kann also die eine zur Definition verwenden und dann die andere als Eigenschaft herleiten. In allen algebraischen Erweierungen K von $\mathbb{Q}$ gibt es als Analogon zu $\mathbb{Z}$ den Ring I der ganzen Zahlen von K. Für diesen Ring gilt $I \cap \mathbb{Q} = \mathbb{Z}$. In I ist der Begriff der Teilbarkeit genauso wie in $\mathbb{Z}$ definiert. Eine **Einheit** von I ist eine Zahl aus I, die Teiler der 1 ist. In $\mathbb{Z}$ sind die Einheiten gerade die Zahlen -1 und 1. Beispielsweise hat der quadratische Zahlkörper $\mathbb{Q}(i)$ die Menge der Gitterpunkte

$$\mathbb{Z}(i) = \{a + b{\cdot}i \mid a, b \in \mathbb{Z}\}$$

als **Ring der ganzen Gauß'schen Zahlen** mit den vier Einheiten -1, 1, i und $-i$.

Auch die Begriffe prim und unzerlegbar übertragen sich wortwörtlich auf den Ring I der ganzen Zahlen. Die elementare Zahlentheorie studiert die Arithmetik von $\mathbb{Z}$, die algebraische Zahlentheorie die Arithmetik der ganzen Zahlen algebraischer Körper. Das Wort „elementar" hat also überhaupt nichts mit „einfach" zu tun, sondern beschreibt nur den Basisbereich der „normalen" ganzen Zahlen.

Schon bei quadratischen Erweiterungen von $\mathbb{Q}$ fallen in der Regel die Begriffe *prim* und *unzerlegbar* nicht mehr zusammen. Dies soll am Beispiel des quadratischen Zahlkörpers $\mathbb{Q}(\sqrt{-6})$ erläutert werden, der besonders „einfache Verhältnisse" hat. Bei beliebigen quadratischen Zahlkörpern sind die Übertragung der Begriffe „ganze Zahlen" und „Einheiten" etwas komplizierter (vgl. z. B. den vierten Abschnitt von *Hasse*, 1964). Im Zahlkörper $\mathbb{Q}(\sqrt{-6})$ ist die Zahlenmenge

$$\mathbb{Z}(\sqrt{-6}) = \{a + b\sqrt{-6} \mid a, b \in \mathbb{Z}\}$$

das Analogon zu den ganzen Zahlen im Körper der rationalen Zahlen. Die Teilbarkeit ist in $\mathbb{Z}(\sqrt{-6})$ genauso wie in $\mathbb{Z}$ definiert. Die Einheiten von $\mathbb{Z}(\sqrt{-6})$, d. h., die Zahlen aus $\mathbb{Z}(\sqrt{-6})$, die Teiler von 1 sind, sind wie in $\mathbb{Z}$ die Zahlen -1 und 1. In $\mathbb{Z}(\sqrt{-6})$ gibt es wegen

$$6 = 2{\cdot}3 = \sqrt{-6} \cdot \sqrt{-6}$$

verschiedene Zerlegungen der Zahl 6 in unzerlegbare Elemente. Diese sind aber keine Primelemente mehr. Aus der Eigenschaft „prim" folgt zwar stets auch die Eigenschaft „unzerlegbar", aber nicht umgekehrt.

Aufgabe 6.13:

Rechnen Sie nach, dass die Zahlen 2, 3 und $\sqrt{-6}$ im Ring $\mathbb{Z}(\sqrt{-6})$ unzerlegbar, aber nicht prim sind.

Die beiden Begriffe fallen also nicht mehr zusammen. Man misst dieses Abweichen von dem „in $\mathbb{Z}$ Üblichen" mit der sogenannten *Klassenzahl*, einer natürlichen Zahl, die Invariante des jeweiligen Zahlkörpers ist. Hat der Zahlkörper die Klassenzahl 1, so fallen die Begriffe prim und unzerlegbar wie in $\mathbb{Z}$ zusammen.

Aufgabe 6.14:

a. Wieso wird bei der Definition der n-ten Wurzel $\sqrt[n]{a}$ mit $n \in \mathbb{N}$ normalerweise verlangt, dass $a \geq 0$ sein muss, obwohl doch für ungerade n die Potenzfunktion $\mathbb{R} \to \mathbb{R}$, $x \mapsto x^n$ in ganz $\mathbb{R}$ umkehrbar ist?

b.   Zeigen Sie für beliebige natürliche Zahlen k und n, dass aus $\sqrt[n]{k} \in \mathbb{Q}$ stets $\sqrt[n]{k} \in \mathbb{N}$ folgt.

6.6.2 Die Konstruktion von $\mathbb{R}$

Es gibt verschiedene mathematische Wege, wie man die reellen Zahlen, ausgehend von den rationalen Zahlen, konstruieren kann. Drei wichtige, auf die wir kurz eingehen werden, sind:

    a. $\mathbb{R}$ als die Menge aller *Dedekind*-Schnitte von $\mathbb{Q}$.

    b. $\mathbb{R}$ als die Menge der Klassen aller rationalen Intervallschachtelungen.

    c. $\mathbb{R}$ als die Menge der Klassen aller rationalen *Cauchy*-Folgen.

In jedem Fall wird eine Menge $\mathbb{R}$ neuer Objekte definiert, werden die „alten" rationalen Zahlen eingebettet und werden zwei Verknüpfungen „+" und „·" definiert, die dem Permanenzprinzip folgend die entsprechenden Verknüpfungen bei den rationalen Zahlen fortsetzen. Damit wird diese neue Menge $\mathbb{R}$ zu einem Körper, der $\mathbb{Q}$ als Teilkörper umfasst. Nun muss die *archimedische* Anordnung von $\mathbb{Q}$ auf den neuen Körper $\mathbb{R}$ übertragen werden. Der Höhepunkt ist dann der Nachweis, dass der neue Körper in einem von der Konstruktion abhängigen Sinne „vollständig" ist. Gehen wir etwas näher auf die drei Methoden ein:

a. $\mathbb{R}$ wird definiert als die Menge aller rationalen *Dedekind*-Schnitte. Dabei ist ein *Dedekind*-Schnitt ganz anschaulich eine Zerlegung von $\mathbb{Q}$ in zwei disjunkte, nichtleere Teilmengen $A \cup B$ mit der Eigenschaft, dass für alle $a \in A$ und $b \in B$ stets $a < b$ gilt. *Richard Dedekind* hat seinen Weg in dem Werk „Stetigkeit und irrationale Zahlen" dargestellt. Diese 1872 erschienene Arbeit hat grundlegende Bedeutung für die Theorie der reellen Zahlen und ist bis in unsere Zeit immer wieder neu aufgelegt worden (*Dedekind*, 1965). Der Begriff des *Dedekind*-Schnitts ist natürlich nicht nur für $\mathbb{Q}$, sondern auch für den aus rationalen *Dedekind*-Schnitten konstruierten Körper $\mathbb{R}$ definiert. Die Vollständigkeit drückt sich bei diesem Zugang dadurch aus, dass es zu jedem reellen *Dedekind*-Schnitt genau eine reelle Zahl gibt, die A und B voneinander trennt. Für rationale *Dedekind*-Schnitte gilt die entsprechende Aussage nicht, was das Beispiel $A = \{a \in \mathbb{Q}^+ \mid a^2 > 2\}$ und $B = \mathbb{Q} \setminus A$ zeigt. Erst im zugehörigen reellen *Dedekind*-Schnitt existiert die trennende Zahl $\sqrt{2}$.

b. $\mathbb{R}$ wird definiert als die Menge der Klassen aller rationalen Intervallschachtelungen. In der Schule wird dieser Zugang zu $\mathbb{R}$ mit Intervallschachtelungen teilweise (anschaulich) gegangen. Eine rationale Intervallschachtelung ist eine Folge von Intervallen $[a_n, b_n]$ mit $a_n, b_n \in \mathbb{Q}$, die jeweils ineinander liegen und deren Längen eine Nullfolge bilden. Zwei solche Intervallschachtelungen $[a_n, b_n]$ und $[A_n, B_n]$ gehören derselben Klasse an, wenn $a_n \leq B_m$ und $A_n \leq b_m$ für alle $n, m \in \mathbb{N}$ gilt. Diese Klasseneinteilung ist eine Äquivalenzrelation, und $\mathbb{R}$ wird die Menge der Äquivalenzklassen. Wieder lässt sich der Begriff auf reelle Intervallschachtelungen übertragen. Der Durchschnitt über alle Intervalle einer Intervallschachtelung enthält höchstens ein Element. Bei reellen Intervallschachtelungen liegt *stets* genau ein Element in diesem Durchschnitt, was bei diesem Zugang die Vollständigkeit beschreibt. Ganz anschaulich wird durch die Intervallschachtelung genau ein Punkt auf der Zahlengeraden eingefangen. Dieser Weg wird in *Büchter & Henn* (2010, Kap. 4.1.3) genauer dargestellt.

c. $\mathbb{R}$ ist jetzt die Menge der Klassen aller *Cauchy*-Folgen aus rationalen Zahlen. Diese nach *Augustus Louis Cauchy* (1789 – 1857) benannten Folgen mit Elementen aus $\mathbb{Q}$ haben die Eigenschaft, „dass sich die Glieder der Folge mit wachsender Folgennummer immer mehr gleichen". Diese präformale „Definition" lässt sich leicht präzisieren: Eine *Cauchy*-Folge ist eine Folge (a_n) mit $a_n \in \mathbb{Q}$ für alle n mit folgender Eigenschaft: Zu jeder vorgegebenen Schranke $\varepsilon > 0$ existiert ein Index n_0, so dass sich die Folgenglieder ab n_0 höchstens um ε unterscheiden, d. h.

$$|a_n - a_m| < \varepsilon \text{ für alle } n, m \geq n_0.$$

Durch geeignete Klassenbildung bezüglich einer Äquivalenzrelation entsteht wieder der Körper $\mathbb{R}$. Eine rationale *Cauchy*-Folge konvergiert (in $\mathbb{Q}$) in der Regel nicht. Es ist hier Aussage der Vollständigkeit, dass jede reelle *Cauchy*-Folge konvergiert.

Dieser dritte Weg über die *Cauchy*-Folgen wird im Folgenden etwas näher beleuchtet. Die schulische Vereinfachung dieses Weges sind unendliche periodische und nichtperiodische Dezimalbrüche als spezielle *Cauchy*-Folgen. Allerdings kann man damit in der Schule die Addition und Multiplikation kaum befriedigend einführen.

Es lässt sich leicht zeigen, dass jede *Cauchy*-Folge beschränkt ist. Sei hierzu in obiger Definition ein $\varepsilon > 0$ mit zugehörigem n_0 gewählt. Dann ist das Maximum der Zahlen

$$|a_1|, |a_2|, ..., |a_{n_0-1}|, |a_{n_0}| + \varepsilon$$

sicherlich eine Schranke für alle Folgenglieder.

Bild 6.23 *Cauchy*

In der Menge aller *Cauchy*-Folgen über $\mathbb{Q}$ führt man durch

$$(a_n) \sim (b_n) :\Leftrightarrow (a_n - b_n) \text{ ist Nullfolge}$$

eine Relation ein. Diese Relation ist eine Äquivalenzrelation. Die Reflexivität und Symmetrie sind klar. Die Transitivität folgt sofort aus den Eigenschaften von Nullfolgen:

$$(a_n) \sim (b_n) \text{ und } (b_n) \sim (c_n) \Rightarrow (a_n - b_n) \text{ und } (b_n - c_n) \text{ sind Nullfolgen.}$$

Die Summe von Nullfolgen ist aber wieder eine Nullfolge, so dass auch $(a_n) \sim (c_n)$ gilt. Die Äquivalenzklassen werden mit $\overline{(a_n)}$ bezeichnet. Die Menge aller dieser Äquivalenzklassen wird dann als Menge $\mathbb{R}$ der reellen Zahlen definiert. Zunächst werden mit

$$\mathbb{Q} \to \mathbb{R}, a \mapsto \overline{(a)},$$

wobei $(a) = (a, a, a, ...)$ die konstante Folge ist, die rationalen Zahlen $\mathbb{Q}$ in $\mathbb{R}$ eingebettet. Nun definiert man Addition und Multiplikation in $\mathbb{R}$ „elementweise" durch

$$\overline{(a_n)} + \overline{(b_n)} := \overline{(a_n + b_n)} \text{ und } \overline{(a_n)} \cdot \overline{(b_n)} := \overline{(a_n \cdot b_n)},$$

wobei links vom Gleichheitszeichen die neu zu definierende Verknüpfung, rechts dagegen die bekannte Verknüpfung in $\mathbb{Q}$ steht. Jetzt muss man zeigen:

a. $(a_n + b_n)$ und $(a_n \cdot b_n)$ sind jeweils wieder *Cauchy*-Folgen,

b.   die Definition ist vertreterunabhängig, also wohldefiniert.

Zum **Beweis von a.** wird zuerst gezeigt, dass $(a_n + b_n)$ *Cauchy*-Folge ist. Sei $\varepsilon > 0$ gewählt und weiter n_o bzw. m_o so, dass

$$|a_n - a_m| < \frac{\varepsilon}{2} \text{ „ab } n_0\text{“ und } |b_n - b_m| < \frac{\varepsilon}{2} \text{ „ab } m_0\text{“.}$$

Dann gilt auch für die Summenfolge die *Cauchy*-Bedingung

$$|(a_n + b_n) - (a_m + b_m)| \leq |a_n - a_m| + |b_n - b_m| < \varepsilon \text{ „ab dem Maximum von } n_0 \text{ und } m_0\text{“.}$$

Die Abschätzung dafür, dass auch $(a_n \cdot b_n)$ *Cauchy*-Folge ist, ist etwas komplizierter. Sei wieder $\varepsilon > 0$ gewählt, und seien alle $|a_n| < A$ und alle $|b_n| < B$. Solche Zahlen $A, B \in \mathbb{R}$ gibt es wegen der Beschränktheit der *Cauchy*-Folgen. Wir schätzen ab

$$
\begin{aligned}
| a_n b_n - a_m b_m | &= | a_n b_n - a_n b_m + a_n b_m - a_m b_m | \\
&\leq | a_n | \cdot | b_n - b_m | + | a_n - a_m | \cdot | b_m | \\
&< A \cdot | b_n - b_m | + B \cdot | a_n - a_m |
\end{aligned}
$$

Man muss also n_0 nur groß genug wählen, so dass sowohl

$$|a_n - a_m| < \frac{\varepsilon}{2B} \text{ als auch } |b_n - b_m| < \frac{\varepsilon}{2A}$$

„ab n_0“ ist, dann gilt auch wie verlangt „ab n_0“

$$| a_n b_n - a_m b_m | < A \cdot \frac{\varepsilon}{2A} + B \cdot \frac{\varepsilon}{2B} = \varepsilon.$$

Also liefern Summe und Produkt wieder *Cauchy*-Folgen, und a. ist bewiesen.

Zum **Beweis von b.** seien $(a_n) \sim (A_n)$ und $(b_n) \sim (B_n)$ äquivalente *Cauchy*-Folgen. Dann gilt für die Differenz der Summenfolgen

$$((a_n + b_n) - (A_n + B_n)) = (a_n - A_n) + (b_n - B_n).$$

Da die Summe von Nullfolgen wieder Nullfolge ist, folgt $(a_n + b_n) \sim (A_n + B_n)$ und damit wie behauptet

$$\overline{(a_n + b_n)} = \overline{(A_n + B_n)}.$$

Bei der Produktfolge rechnet man

$$|a_n b_n - A_n B_n| = |a_n b_n - A_n b_n + A_n b_n - A_n B_n| \leq |a_n - A_n| \cdot |b_n| + |A_n| \cdot |b_n - B_n|.$$

Da (b_n) und (A_n) beschränkt sind, ist $(a_n b_n - A_n B_n)$ wieder Nullfolge. Wie behauptet folgt auch hier

$$\overline{(a_n b_n)} = \overline{(A_n B_n)}.$$

Damit ist b. bewiesen, und Summe und Produkt der Klassen sind wohldefiniert.

Um die *archimedische* Anordnung von $\mathbb{Q}$ auf $\mathbb{R}$ zu übertragen, wird zunächst definiert, wann eine Klasse $\overline{(a_n)} > 0$ bzw. < 0 sein soll, wobei $0 = \overline{(0)}$ die Nullklasse ist. Es sei hierzu $\overline{(a_n)} \neq 0$. Das bedeutet, dass ein $\varepsilon > 0$ existiert, so dass für unendlich viele n gilt $|a_n| > \varepsilon$. Diese Zahl ε wird jetzt festgehalten. Da (a_n) eine *Cauchy*-Folge ist, existiert eine natürliche Zahl n_0 derart, dass für dieses $\varepsilon > 0$ gilt $|a_n - a_m| < \varepsilon$ für alle $n, m \geq n_0$. Es sei nun eine Zahl a_n mit $|a_n| > \varepsilon$ und $n \geq n_0$ gewählt. Wegen $|a_n| > \varepsilon$ ist $a_n > \varepsilon$ oder $a_n < -\varepsilon$. Wegen $|a_n - a_m| < \varepsilon$ müssen ab der Nummer n_0 alle weiteren Folgenglieder a_m dasselbe Vorzeichen wie a_n haben. Dieses entscheidet dann die Festlegung $\overline{(a_n)} > 0$ bzw. < 0.

Es bleibt noch vieles zu tun: Die Körperaxiome und die Eigenschaften der Anordnung müssen nachgeprüft werden, und die Vollständigkeit von $\mathbb{R}$, d. h. dass jede *Cauchy*-Folge mit reellen Folgengliedern in $\mathbb{R}$ konvergiert, ist zu zeigen.

In Kapitel 6.2 wurde nachgewiesen, dass es überabzählbar viele irrationale Zahlen und nur abzählbar viele rationale Zahlen gibt. Es ist aber schwierig, einer Zahl anzusehen, ob sie rational oder irrational ist. „Irrationale Dezimalbrüche – nicht nur Wurzeln" untersuchen *Hans Humenberger* und *Berthold Schuppar* (2006), eine reizvolle und nicht triviale Aufgabe. Es ist dagegen einfach, durch eine Regel für die Ziffern nicht periodische Dezimalzahlen, also irrationale Zahlen, hinzuschreiben, z. B. die Zahl

$$1{,}010010001000010000001\ldots\,.$$

Besonders schwierig ist es zu entscheiden, ob eine Zahl algebraisch, also Nullstelle eines Polynoms mit ganzzahligen Koeffizienten, oder transzendent ist. Denken Sie an die wichtigen Zahlen π und e, deren Transzendenz erst in der zweiten Hälfte des 19. Jahrhunderts bewiesen werden konnte (vgl. Kapitel 3.2 und 3.6).

Die g-adische Zahldarstellung, die wir für natürliche Zahlen in Kapitel 6.3.5 und für rationale Zahlen in Aufgabe 6.8 studiert haben, lässt sich auch auf die reellen Zahlen übertragen. Irrational sind gerade wieder die Zahlen mit nichtperiodischer unendlicher g-adischer Darstellung.

6.6.3 Konstruktiver versus axiomatischer Aufbau der reellen Zahlen

Wir haben in Kapitel 6.6.2 die Konstruktion der reellen Zahlen skizziert. Ausgehend von anschaulichen Überlegungen auf der Grundlage der Anordnung und des *Archimedischen* Axioms wurde mit verschiedenen Verfahren, z. B. Intervallschachtelungen oder *Cauchy*-Folgen, eine neue Menge, genannt „Reelle Zahlen", konstruiert und anschließend Verknüpfungen und Anordnung in naheliegender Weise von den rationalen Zahlen übertragen. Die rationalen Zahlen wurden in die neue Zahlenmenge eingebettet. Dann wurde gezeigt, dass unsere neue Menge „vollständig" ist, wobei die konkrete Formulierung dieser Vollständigkeit von der gewählten Konstruktionsmethode abhängt. Damit haben wir dann „die reellen Zahlen $\mathbb{R}_x$ im Aufbau x" gewonnen. Jetzt ist allerdings noch nicht klar, ob ein anderer Aufbau y zu anderen reellen Zahlen $\mathbb{R}_y$ führen würde.

In vielen Vorlesungen und Lehrwerken wird beim formalen Aufbau der reellen Zahlen anders vorgegangen, nämlich axiomatisch: Man definiert die reellen Zahlen als eine nichtleere Menge $\mathbb{R}$ mit einer Addition, einer Multiplikation und einer Anordnung sowie mit den üblichen Rechengesetzen, d. h., man definiert $\mathbb{R}$ als angeordneten Körper. Dazu verlangt man die Gültigkeit des *Archimedischen* Axioms und eines „Vollständigkeitsaxioms", das die reellen Zahlen von den rationalen Zahlen unterscheidet. Dieses Vollständigkeitsaxiom kann auf unterschiedliche Weise definiert werden, z. B. durch die Forderung, dass jede Intervallschachtelung genau eine reelle Zahl darstellt oder dass jede *Cauchy*-Folge konvergiert. Beim axiomatischen Vorgehen werden manchmal andere Formulierungen des Vollständigkeitsaxioms bevorzugt, was zu anderen Wegen des weiteren Theorieaufbaus führt. Im wesentlichen Unterschied zum konstruktiven Aufbau ist beim axiomatischen Aufbau der reellen Zahlen zunächst nicht klar, ob es überhaupt „Modelle" für das gibt, was man definiert hat, d. h. ob man Mengen angeben kann, die alle Axiome erfüllen. Betrachten Sie als kontrastierende Beispiele die Definition einer *Gruppe*, für die es sehr viele völlig verschiedene Modelle gibt, und die Definition einer *Henn-Gruppe*: Eine *Henn-Gruppe* ist eine nicht zyklische, einfache Gruppe der Ordnung m, wobei m eine ungerade Zahl ist. Die Definition ist korrekt, jedoch wenig sinnvoll, da es keine einzige Gruppe gibt, die diese *Henn-Gruppen*-Definition erfüllt! Die hier benötigten Eigenschaften der einfachen Gruppen sind ein relativ neues und sehr kompliziertes Ergebnis der Gruppentheorie.

Man kann nun zeigen, dass alle konstruktiv gewonnenen „reelle Zahlen " $\mathbb{R}_x$, $\mathbb{R}_y$, ... isomorph sind und dass es zu jedem Axiomensystem Modelle, d. h. Konkretisierungen gibt, die wiederum isomorph sind. In diesem Sinne sind die reellen Zahlen „einmalig", d. h. dass es (bis auf Isomorphie) nur ein einziges Modell gibt, das alle Axiome der reellen Zahlen erfüllt. Man sagt hierfür, dass das Axiomensystem für die reellen Zahlen „kategorisch" ist. Allerdings wird diese Kategorizität der reellen Zahlen auch in Analysis-Vorlesungen normalerweise nicht bewiesen.

Der Theorieaufbau, der mit einem Axiomensystem beginnt, geschieht letztlich immer *ex post*: Axiomensysteme sind in der Regel vorläufige Endpunkte in der Genese einer Theorie, die zuvor konstruktiv entwickelt wurde (*Euklids* und *Hilberts* Axiomensysteme für die Geometrie sind andere Beispiele). Niemand würde den Aufwand betreiben und ein größeres Axiomensystem aufstellen, ohne davon überzeugt zu sein, dass tatsächlich auch Modelle hierfür existieren. Für Lernprozesse ist es in der Regel förderlich, den konstruktiven Weg einzuschlagen, da er in der Regel von der Anschauung zur Theorie führt und das Axiomensystem an seinem Ende geradezu natürlich erscheint, während Axiomensysteme als Ausgangspunkt häufig künstlich wirken.

6.7 Die Erweiterung von den reellen zu den komplexen Zahlen

Noch zur Zeit von *Gauß* waren die imaginären Zahlen für die meisten Mathematiker keine richtigen Zahlen, sondern Kunstkniffe, die z. B. bei den *Cardano'schen* Formeln (Kapitel 5.2.3) nützlich waren. Erst *Gauß* hat ihnen zum vollen Lebensrecht und zur Gleichberechtigung mit den reellen Zahlen verholfen. Es war seine Idee, in Verallgemeinerung der reellen Zahlen als Punkte auf der Zahlengeraden die Punkte der ganzen Ebene als neue Zahlenmenge $\mathbb{C}$ aufzufassen. Auf der am 14. April 1977 erschienenen deutschen Briefmarke aus Anlass des 200. Geburtstages von *Gauß* (Bild 6.24) ist die „*Gauß'sche* Zahlenebene" abgebildet.

Etwas *abstrakter* als *Gauß* hat der irische Mathematiker *William Rowan Hamilton* (1805 – 1865) im Jahr 1833 die komplexen Zahlen als Zahlenpaare

Bild 6.24 Zahlenebene

$$\mathbb{C} = \mathbb{R} \times \mathbb{R} = \left\{ (a \mid b) \mid a, b \in \mathbb{R} \right\}$$

definiert. $\mathbb{C}$ ist zunächst $\mathbb{R}$-Vektorraum der Dimension 2 über $\mathbb{R}$. Durch $x \mapsto (x \mid 0)$ ist $\mathbb{R}$ in natürlicher Weise in $\mathbb{C}$ eingebettet. Mit der Multiplikationsvorschrift

$$(a \mid b) \cdot (c \mid d) := (ac - bd \mid ad + bc)$$

wird $\mathbb{C}$ zu einem Körper, wie man leicht nachrechnet. Bezeichnet man die ausgezeichneten Elemente als

$$1 := (1 \mid 0) \text{ und } i := (0 \mid 1),$$

so lässt sich zunächst jedes Element aus $\mathbb{C}$ als

$$z = a \cdot 1 + b \cdot i = a + b \cdot i \text{ mit } a, b \in \mathbb{R}$$

Bild 6.25 *Hamilton*

schreiben, und es gilt $i^2 = (-1 \mid 0) = -1$. Die reellen Zahlen a bzw. b heißen *Real-* bzw. *Imaginärteil* von z. *Hamilton* ist bekannt als der Erfinder der **Quaternionen**: Er suchte nach weiteren endlichen Erweiterungen von $\mathbb{R}$. In Analogie zu seiner Definition von $\mathbb{C}$ als $\mathbb{R}$-Vektorraum fand er im Jahr 1843 seine heute *Hamiltonsche* Quaternionen genannte Erweiterung, definiert als $\mathbb{R}$-Vektorraum der Dimension 4 über $\mathbb{R}$ mit $\mathbb{R}$-Basis 1, i, k und j, also

$$\mathbb{H} := \mathbb{R} + \mathbb{R} \cdot i + \mathbb{R} \cdot j + \mathbb{R} \cdot k,$$

und folgender, gemäß dem *Hankel'schen* Permanenzprinzip fortgesetzter Multiplikationsvorschrift

$$i^2 = j^2 = k^2 = -1, \ i \cdot j = k, \ j \cdot i = -k, j \cdot k = i, \ k \cdot j = -i, k \cdot i = j, \ i \cdot k = -j.$$

Wie man der Multiplikationsvorschrift ansieht, ist die Multiplikation nicht mehr kommutativ, die Quaternionen sind „nur" ein Schiefkörper; es gibt, wie in Kapitel 5.5.4 bewiesen wurde, keine endlichen Körpererweiterungen von $\mathbb{C}$. Über die Quaternionen hinaus gibt es auch keine weiteren endlichen Schiefkörpererweiterungen! Zum „100. Geburtstag" der Quaternionen erschien in *Hamiltons* Heimatland Irland die in Bild 6.25 dargestellte Briefmarke.

Die bisher „aus dem Himmel gefallene" Multiplikationsvorschrift für die Zahlenpaare ergibt sich „fast von selbst", wenn man einen zweidimensionalen Vektorraum über $\mathbb{R}$ ansetzt, in den später $\mathbb{R}$ eingebettet wird, die Vektoraddition die neue Körperaddition wird und die Skalarmultiplikation des Vektorraums unter Beachtung des Permanenzprinzips zu einer Körpermultiplikation des ganzen Vektorraums fortgesetzt werden soll.

Man startet hierzu mit einem beliebigen zweidimensionalen Vektorraum $\mathbb{V}$ über $\mathbb{R}$ mit Basis $\{a_1, a_2\}$. Der erste Basisvektor wird als zukünftiges Einselement der Multiplikation definiert, also $1 := a_1$. Dann wird $\mathbb{R}$ via

$$\mathbb{R} \to \mathbb{V}, \ x \mapsto x \cdot a_1 = x \cdot 1$$

in $\mathbb{V}$ eingebettet. Nun wird mit der noch unbekannten Multiplikationsvorschrift gerechnet. Als Einselement muss $a_1 \cdot a_1 = 1 \cdot 1 = 1$ gelten. Was auch immer das Produkt $a_2 \cdot a_2$ ist, in jedem Fall lässt sich diese Zahl durch die Basis darstellen, gilt also

$$a_2 \cdot a_2 = a_2{}^2 = A a_1 + B a_2 = A + B a_2$$

mit noch unbekannten Zahlen A, $B \in \mathbb{R}$. Jedes andere Produkt in $\mathbb{V}$ ist jetzt nach den durch das Permanenzprinzip geforderten Rechengesetzen ebenfalls festgelegt. Man wählt nun als neues zweites Basiselement

$$a_2' := a_2 - \frac{B}{2}.$$

Damit und mit der geforderten Permanenz *muss* gelten

$$\left(a_2'\right)^2 = \left(a_2 - \frac{B}{2}\right)^2 = a_2 \cdot a_2 - Ba_2 + \frac{B^2}{4} = A + Ba_2 - Ba_2 + \frac{B^2}{4} = A + \frac{B^2}{4} \in \mathbb{R}.$$

Eventuell nach einem Basiswechsel kann also vorausgesetzt werden, dass

$$a_2^2 = A \in \mathbb{R}\backslash\{0\}$$

gilt. Wäre jetzt $A > 0$, so hätte das Polynom $x^2 - A$ in $\mathbb{V}$ vier verschiedene Nullstellen, nämlich die reellen Zahlen $\sqrt{A}$ *und* $-\sqrt{A}$ und die neuen Zahlen a_2 und $-a_2$ aus $\mathbb{V}\backslash\mathbb{R}$. Dies ist ein Widerspruch dazu, dass ein Polynom von Grad 2 höchstens zwei Nullstellen hat. Also *muss* $A < 0$ gelten. Dann liefert aber die neue Substitution

$$i := \frac{1}{\sqrt{-A}} \cdot a_2$$

ein neues Basiselement i, für das $i^2 = -1$ gilt.

Damit ist gezeigt, dass sich $\mathbb{R}$ nur in einer bis auf Isomorphie einzigen Weise zu einem Körper $\mathbb{C}$ mit Grad 2 über $\mathbb{R}$ fortsetzen lässt.

$\mathbb{C}$ ist wie $\mathbb{R}$ vollständig und ist algebraisch abgeschlossen, nicht nur die Gleichung $x^2 + 1 = 0$, sondern sogar *jede* polynomiale Gleichung ist lösbar (vgl. Kapitel 5.5), der Absolutbetrag wird fortgesetzt durch die geometrische Sichtweise der Einbettung der komplexen Zahlen in die *Gauß'sche* Zahlenebene (Bild 6.26)

$$|z| := \overline{Oz},$$

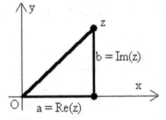

wobei z als Punkt der *euklidischen* Ebene betrachtet wird. Mit

Bild 6.26 *Gauß'sche Zahlenebene*

$$z = a + bi, \quad a, b \in \mathbb{R},$$

folgt nach dem Satz des *Pythagoras*

$$|z| = \sqrt{a^2 + b^2}.$$

Diese Betragsdefinition ist die natürliche Fortsetzung des Betrags in $\mathbb{R}$ als Abstand zum Nullpunkt. Mit $\overline{z} = a - b \cdot i$, der durch Spiegelung an der x-Achse definierten **konjugiert komplexen Zahl**, gilt auch

$$|z| = \sqrt{z \cdot \overline{z}}.$$

Aufgabe 6.15: Konjugation als Automorphismus von $\mathbb{C}$ über $\mathbb{R}$

Zeigen Sie, dass die Konjugationsabbildung $\mathbb{C} \to \mathbb{C}$, $z \mapsto \bar{z}$ der einzige nichttriviale Automorphismus von $\mathbb{C}$ über $\mathbb{R}$ ist, d. h. dass gilt

$$\overline{z_1 + z_2} = \bar{z}_1 + \bar{z}_2, \ \overline{z_1 \cdot z_2} = \bar{z}_1 \cdot \bar{z}_2 \text{ und } \bar{x} = x \text{ für alle } z_1, z_2 \in \mathbb{C} \text{ und } x \in \mathbb{R}.$$

Dagegen lässt sich die Ordnungsstruktur von $\mathbb{R}$ *nicht* auf $\mathbb{C}$ fortsetzen. Zum **Beweis** sei angenommen, dass $\mathbb{C}$ anordenbar ist. Wegen $1 \neq i$ gilt dann $1 < i$ oder $1 > i$. Wäre $1 < i$, so wäre wegen der Transitivität der Ordnungsrelation und wegen $0 < 1$ auch $0 < i$. Dann folgt mit Aufgabe 6.8.b der Widerspruch

$$1 < i = 1 \cdot i < i \cdot i = -1.$$

Zu einem ähnlichen Widerspruch führt die Annahme $1 > i$. Die wünschenswerte Eigenschaft der Anordnung hat $\mathbb{C}$ leider nicht!

Addition und Multiplikation in $\mathbb{C}$ lassen sich auch geometrisch deuten. Hierzu verwendet man die elementargeometrischen Abbildungen der *Euklidischen* Ebene $\mathbb{R}^2$ (vgl. Kapitel 4.2):

$\tau_{\vec{a}}$ Verschiebung mit Translationsvektor $\vec{a}$,

$\delta_{M,\alpha}$ Drehung mit Drehzentrum M und Drehwinkel α,

$S_{Z,k}$ zentrische Streckung mit Streckzentrum Z und Streckfaktor k.

Jetzt wird für die Punkte $z_1, z_2 \in \mathbb{R}^2$ definiert (vgl. Bild 6.27):

$$z_1 + z_2 := \tau_{\vec{a}}(z_2) \text{ mit } \vec{a} = \overrightarrow{Oz_1}$$
$$z_1 \cdot z_2 := S_{O,k} \circ \delta_{O,\alpha_1}(z_2) \text{ mit } k = \overline{Oz_1} \text{ und } \alpha_1 = \sphericalangle(x\text{-Achse}, Oz_1)$$

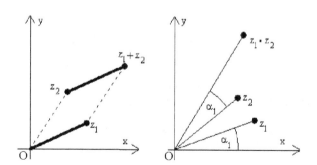

Bild 6.27 Geometrische Deutung von Addition und Multiplikation

Aufgabe 6.16:

Zeigen Sie, dass die so definierten Verknüpfungen den zuvor algebraisch definierten entsprechen.

Eine wichtige Formel ist die von *Leonhard Euler* entdeckte *Euler'sche* Formel, die auch auf einer zu *Eulers* 250. Geburtstag 1957 in der Schweiz erschienenen Briefmarke (Bild 6.28) abgebildet ist.

Satz 6.5: *Eulersche* Formel

Es gilt

$$e^{ix} = \cos(x) + i \cdot \sin(x) \text{ für alle } x \in \mathbb{R}.$$

e^{ix} ist folglich eine Zahl auf dem Einheitskreis.

Bild 6.28 *Euler*

Der **Beweis** der *Eulerschen* Formel mit Hilfe der Reihenentwicklung der drei beteiligten Funktionen sei kurz skizziert:

$$e^x = \sum_{n=0}^{\infty} \frac{x^n}{n!} = 1 + x + \frac{x^2}{2!} + \frac{x^3}{3!} + \frac{x^4}{4!} + \dots,$$

$$\cos(x) = \sum_{n=0}^{\infty} (-1)^n \frac{x^{2n}}{(2n)!} = 1 - \frac{x^2}{2!} + \frac{x^4}{4!} - \frac{x^6}{6!} + \dots,$$

$$\sin(x) = \sum_{n=0}^{\infty} (-1)^n \frac{x^{2n+1}}{(2n+1)!} = x - \frac{x^3}{3!} + \frac{x^5}{5!} - \frac{x^7}{7!} + \dots.$$

Wegen $i^2 = -1$ und, da die Reihen absolut konvergent sind, kann man umformen

$$e^{ix} = 1 + ix + \frac{i^2 x^2}{2!} + \frac{i^3 x^3}{3!} + \frac{i^4 x^4}{4!} + \dots$$

$$= \left(1 - \frac{x^2}{2!} + \frac{x^4}{4!} - \dots\right) + i \cdot \left(x - \frac{x^3}{3!} + \frac{x^5}{5!} - \dots\right)$$

$$= \cos(x) + i \cdot \sin(x).$$

Dies müsste natürlich etwas genauer begründet werden, soll aber als Beweisskizze genügen. Wegen der Koordinatendarstellung (vgl. Bild 6.25) gilt

$$|e^{ix}| = \sqrt{\sin^2(x) + \cos^2(x)} = 1,$$

also ist e^{ix} eine Zahl auf dem Einheitskreis.

■

Eine merkwürdige Folgerung aus der *Euler'schen* Formel ist die Formel

$$e^{i\pi} + 1 = 0,$$

die durch Einsetzen von $x = \pi$ entsteht. Die Formel verbindet auf wunderbare Weise die wichtigsten Konstanten 0, 1, e, π und i der Mathematik und wurde im Jahr 1990 von den Leserinnen und Lesern der Zeitschrift *The Mathematical Intelligencer* in einer Umfrage nach der schönsten Formel auf den 1. Platz gewählt (*Basieux*, 2000). Der amerikanische Mathematiker *Benjamin Peirce* (1809 – 1880) kommentierte diese Formel mit den Worten: „Dies ist gewiss wahr, es ist absolut paradox; wir können es nicht verstehen und wir wissen nicht, was es bedeutet, aber wir haben es bewiesen und darum wissen wir, dass es die Wahrheit sein muss."

Die geometrische Sicht der komplexen Zahlen und die *Euler'sche* Formel führen zur **Polarkoordinatendarstellung**

$$z = r \cdot e^{i\alpha} \text{ mit } r = |z| \text{ und } \alpha = \sphericalangle(x\text{-Achse}, Oz)$$

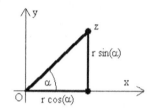

(vgl. Bild 6.29). Die Polarkoordinatendarstellung ist besonders geeignet, um Kurven in der Ebene darzustellen. Ein Beispiel wurde in Kapitel 5.5.5 beim topologischen Beweis des Fundamentalsatzes der Algebra behandelt.

Bild 6.29 Polarkoordinaten

Mit Hilfe der *Euler'schen* Formel lässt sich die reelle Exponentialfunktion auf $\mathbb{C}$ fortsetzen. Da die Potenzgesetze (wir argumentieren also wieder mit dem Permanenzprinzip) gelten sollen, muss für $z = x + i \cdot y$ gelten

$$e^z = e^{x+iy} = e^x \cdot e^{iy}.$$

Der erste Faktor e^x ist eine wohldefinierte reelle Zahl, und der zweite Faktor e^{iy} ist nach der *Euler'schen* Formel eine wohldefinierte komplexe Zahl auf dem Einheitskreis. Daher ist die rechte Seite der Gleichung eine Definition für die komplexe Exponentialfunktion e^z.

Während in $\mathbb{R}$ die e-Funktion mit der ln-Funktion eine überall definierte Umkehrfunktion hat und die Quadratfunktion zumindest in $\mathbb{R}^{\geq 0}$ und in $\mathbb{R}^{\leq 0}$ die Wurzelfunktion als Umkehrfunktion hat, geht dies in $\mathbb{C}$ nicht so einfach. Statt der e-Funktion soll hier der übersichtlichere Fall der Quadratfunktion betrachtet werden. In $\mathbb{R}$ ist für alle $a \geq 0$ die Zahl $\sqrt{a}$ als die *positive* Lösung der Gleichung $x^2 = a$ (bzw. $x = 0$ für $a = 0$) definiert, wegen der Anordnung in $\mathbb{R}$ kann man nämlich stets und eindeutig von den beiden Lösungen von $x^2 = a > 0$ die positive auswählen. Damit gibt es folgende Umkehrfunktionen:

$$\text{in } \mathbb{R}^{\geq 0} \text{ gilt } x \mapsto y = x^2 \mapsto x = \sqrt{y},$$

$$\text{in } \mathbb{R}^{\leq 0} \text{ gilt } x \mapsto y = x^2 \mapsto x = -\sqrt{y}.$$

In $\mathbb{C}$ hat die Gleichung $x^2 = a$ für $a \neq 0$ sogar stets 2 Lösungen. Wegen der in $\mathbb{C}$ fehlenden Anordnung kann man aber nicht einfach wie in $\mathbb{R}$ die positive als Wurzel auswählen. Vielleicht gibt es eine andere Funktion $\Phi : \mathbb{C} \to \mathbb{C}$, welche die Rolle der Wurzelfunktion übernehmen kann? Für diese müsste also in $\mathbb{C}$ gelten

$$x \mapsto y = x^2 \mapsto x = \Phi(y), \text{ also insbesondere } x = \Phi(x^2).$$

Diese Forderung führt aber sofort zu dem Widerspruch:

$$1 = \Phi(1)^2 = \Phi(1^2) = \Phi((-1)^2) = -1.$$

Eine solche Funktion Φ gibt es also nicht, und damit gibt es keinerlei sinnvolle Möglichkeit, aus den beiden Lösungen von $z^2 = a$, die für $a \neq 0$ *stets* existieren, eine auszuwählen.

Die Problematik der Wurzeldefinition wird noch klarer, wenn man einen Punkt auf den Einheitskreis legt und ihn mit der Quadratfunktion $f: z \mapsto z^2$ abbildet (Bild 6.30): Durchläuft z den oberen Halbkreis (mit $0 \le \alpha \le \pi$), so durchläuft das Bild z^2 einmal den ganzen Kreis. Das Bild des Urbildkreises ist also der zweimal durchlaufene Einheitskreis, was in der rechten Abbildung in Bild 6.30 wie ein locker sitzender Gummiring auf einer Papierrolle dargestellt ist. Auch der Punkt z^* wird auf denselben Bildpunkt z^2 abgebildet. Die Wurzelfunktion müsste umgekehrt beim Bildkreis (der ja nur ein einziger Kreis ist) zu jedem $\tilde{z}$ eines der beiden Urbilder auswählen, wofür es aber keine sinnvolle Möglichkeit gibt. Der „Trick" bei der reellen Quadratfunktion, jeweils das positive Urbild zu wählen, versagt wegen der in $\mathbb{C}$ fehlenden Ordnungsstruktur.

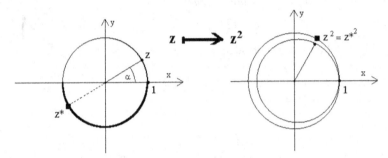

Bild 6.30 Die Quadratfunktion

Erst die algebraische Geometrie liefert mit der Einführung der **Riemann'schen Flächen** das nötige Rüstzeug: *Georg Friedrich Bernhard Riemann* (1826 – 1866) hat gezeigt, wie man zwei Exemplare der komplexen Ebene geeignet „schlitzen und zusammenkleben" kann, so dass sich das Bild des Einheitskreises auf beide Blätter der *Riemann'schen* Fläche so verteilt, dass eine umkehrbar eindeutige Korrespondenz entsteht.

Um die komplexe Exponentialfunktion umkehren zu können, müssen sogar unendlich viele Blätter „zusammengeklebt" werden, denn jeder Wert e^z hat wegen der 2π-Periodizität von Sinus und Cosinus unendlich viele Urbilder.

Bild 6.31 *Riemann*

Aufgabe 6.17:

a. Bestimmen Sie alle Lösungen $z \in \mathbb{C}$ der Gleichung $e^z = e^{3+2i}$.

b. Bestimmen Sie für $n \in \mathbb{N}_0$ alle Lösungen $z \in \mathbb{C}$ der Gleichung $z^n = \overline{z}$.

6.8 Das *Cantor'sche* Diskontinuum und andere Fraktale

Vor einigen Jahren wurden in fast allen (nichtmathematischen) Zeitschriften wunderschöne bunte Bilder von Fraktalen (Stichwort *Mandelbrotmenge*) abgebildet. Die Bedeutung der fraktalen Geometrie wurde mit der *Einstein'schen* Relativitätstheorie verglichen, und ihre Behandlung in der Schule wurde vehement gefordert. Diese Modeerscheinungen sind verschwunden. Allerdings gibt es interessante Beispiele von Fraktalen, die den Oberstufenunterricht bereichern und tiefere Einsichten in die komplexe Struktur der reellen Zahlen liefern können. Ein Beispiel, das *Cantor'sche* Diskontinuum, wird im Folgendem ausführlich untersucht.

6.8.1 Das *Cantor'sche* Diskontinuum

In den stürmischen Jahren der mathematischen Grundlagenkrise im letzten Drittel des 19. und ersten Drittel des 20. Jahrhunderts sollten, dem Beispiel der Geometrie folgend, auch Analysis, Topologie und Algebra auf einer axiomatisch einwandfreien Basis streng deduktiv begründet werden. In dieser Zeit wurden viele (damals und bis vor Kurzem) als pathologische Monster verschriene Beispiele und Gegenbeispiele für Mengenlehre, Topologie und Analysis erdacht. Eines davon ist das Diskontinuum C, das *Georg Cantor* im Jahr 1883 als extrem pathologisches Beispiel eines topologischen Raums konstruiert hat.

Die Konstruktion startet mit dem abgeschlossenen Einheitsintervall $C_0 = [0; 1]$. In Bild 6.32 ist der iterative Prozess zur Gewinnung von C angedeutet: C_1 ist die Teilmenge, die aus $[0; 1]$ durch Wegnahme des mittleren offene Intervalls $(^1/_3; {}^2/_3)$ entsteht. C_2 erhält man, wenn man aus den beiden Restintervallen von C_1 jeweils

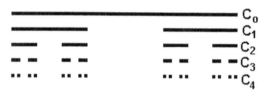

Bild 6.32 *Cantor'sches* Diskontinuum

wieder das mittlere offene Intervall wegnimmt usw. Das ***Cantor'sche Diskontinuum*** C ist das Ergebnis dieses unbeschränkt fortgesetzten Prozesses, d. h. genauer

$$C = \bigcap_{n=0}^{\infty} C_n \,.$$

Diese bizarre Teilmenge der reellen Zahlen hat merkwürdige Eigenschaften:

Satz 6.6: Eigenschaften des *Cantor'schen* Diskontinuums

a. C ist überabzählbar,

b. C ist eine abgeschlossene Menge,

c. C hat Maß Null,

d. C ist total unzusammenhängend und

e. C ist nirgends dicht.

Diese Eigenschaften werden im Folgenden bewiesen. Zur Vereinfachung schreiben wir die Zahlen des *Cantor'schen* Diskontinuums nicht im Zehnersystem, sondern im Dreiersystem. (Kapitel 6.3.5 und Aufgabe 6.5). Man überlegt sich leicht: In der ersten Approximation C_1 von C liegen genau diejenigen 3-adisch geschriebenen Zahlen aus [0; 1], die als erste Nachkommaziffer eine 0 oder eine 2 enthalten: Wegen

$$\frac{1}{3} = 0,1_{(3)} < z < \frac{2}{3} = 0,2_{(3)}$$

werden (mit einziger Ausnahme von $^1/_3 = 0,1_{(3)}$ selbst) alle Zahlen z, deren Drittel-Ziffer eine 1 ist, weggenommen. Die Ausnahmezahl

$$\frac{1}{3} = 0,1_{(3)} = 0,02222..._{(3)} = 0.0\overline{2}_{(3)}$$

lässt sich (analog zu den Neunerperioden) auch mit den Ziffern 0 und 2 als unendlich periodische Trialzahl darstellen.

Ganz analog geht's weiter: In C_2 liegen genau die Zahlen, in deren 3-adischer Darstellung die ersten beiden Nachkommaziffern nur 0 oder 2 sind usw.

Schließlich ist das *Cantor'sche* Diskontinuum genau die Menge aller Zahlen aus [0; 1], die keine Ziffer 1 in ihrer 3-adischen Darstellung haben. Zusammenfassend kann man also schreiben:

$$C_n = \left\{ x \in [0;1] \mid x = 0, x_1 x_2 x_3 x_4 \cdots_{(3)} \text{ mit } x_i \neq 1 \text{ für } 1 \leq i \leq n \right\}$$

$$C = \left\{ x \in [0;1] \mid x = 0, x_1 x_2 x_3 x_4 \cdots_{(3)} \text{ mit } x_i \neq 1 \text{ für alle } i \in \mathbb{N} \right\}$$

Beweis von Satz 6.6.a

Bei der Konstruktion von C bleiben jeweils die rationalen Ecken der Intervalle, also die Zahlen

$$0 \text{ und } 1, \ \frac{1}{3} \text{ und } \frac{2}{3}, \frac{1}{9}, \frac{2}{9}, \frac{7}{9}, \frac{8}{9}, \ldots$$

erhalten, gehören also zu C. Würde C nur aus solchen Punkten bestehen, so wäre C abzählbar. Dies ist nicht so, C ist überabzählbar, also genauso mächtig wie $\mathbb{R}$! Den Beweis führt man analog zum Beweis der Überabzählbarkeit von $\mathbb{R}$, indem man eine Zahl konstruiert, die in einer angenommenen Abzählung von C nicht vorkommt. Man verwendet hierfür die 3-adische Darstellung. Im Folgenden wird der Index „$_{(3)}$" weggelassen; alle Ziffernfolgen sind im 3-adischen System geschrieben. Sei

$$a_1 = 0, x_{11} \, x_{12} \, x_{13} \ldots$$
$$a_2 = 0, x_{21} \, x_{22} \, x_{23} \ldots$$
$$\vdots$$

eine Abzählung von C mit Ziffern $x_{ij} \in \{0; 2\}$. Dann ist

$$b := 0,y_1 y_2 \dots \text{ mit } y_i = \begin{cases} 2, \text{ falls } x_{ii} = 0 \\ 0, \text{ falls } x_{ii} = 2 \end{cases}$$

eine Zahl aus C, die in der Abzählung nicht vorkommt.

Beweis von Satz 6.6.b

In $\mathbb{R}$ bilden die offenen Intervalle (oder auch die offenen Intervalle mit rationalen Endpunkten) eine Basis der natürlichen Topologie auf $\mathbb{R}$, d. h., jede offene Teilmenge von $\mathbb{R}$ ist Vereinigung von offenen Intervallen. Bei der Konstruktion des *Cantor'schen* Diskontinuums C wurden jeweils offene Intervalle weggenommen, deren Vereinigung O_1 ist also wieder offen. Damit ist auch $O_2 = (-\infty, 0) \cup O_1 \cup (1, \infty)$ offen, und $C = \mathbb{R} \backslash O_2$ als Komplement einer offenen Menge ist abgeschlossen.

Beweis von Satz 6.6.c

Mit der natürlichen Topologie ist das Maß des offenen Intervalls $I = (a, b)$ gleich $|I| = b - a$. Ist die offene Menge

$$G = \bigcup_{i=1}^{\infty} I_i$$

die Vereinigung von paarweise disjunkten Intervallen, so gilt für das Maß von G

$$|G| = \sum_{i=1}^{\infty} |I_i|,$$

falls die Summe existiert. Bei der Konstruktion des *Cantor'schen* Diskontinuums wurden schrittweise disjunkte offene Intervalle weggenommen:

1. Schritt für C_1: ein Intervall vom Maß $\dfrac{1}{3}$,

2. Schritt für C_2: 2 Intervalle vom Maß $\dfrac{1}{9}$,

3. Schritt für C_3: 4 Intervalle vom Maß $\dfrac{1}{27}$,

$\vdots$

n. Schritt für C_n: 2^{n-1} Intervalle vom Maß $\dfrac{1}{3^n}$.

Insgesamt wurde also eine offene Menge A vom Maß

$$|A| = \sum_{i=1}^{\infty} \frac{2^{i-1}}{3^i} = \frac{1}{3} \sum_{i=1}^{\infty} \left(\frac{2}{3}\right)^{i-1} = \frac{1}{3} \frac{1}{1 - \dfrac{2}{3}} = 1$$

weggenommen. Damit hat C selbst das Maß 0.

Beweis von Satz 6.6.d

Die reellen Zahlen bilden in der natürlichen Topologie einen zusammenhängenden topologischen Raum, d. h., $\mathbb{R}$ lässt sich nicht in 2 disjunkte, nichtleere, abgeschlossene Mengen zerlegen. Statt „abgeschlossen" kann man natürlich auch „offen" verlangen. Äquivalent dazu ist, dass $\mathbb{R}$ und $\emptyset$ die beiden einzigen sowohl offenen als auch abgeschlossenen Teilmengen sind. Man kann einen topologischen Raum X in Zusammenhangskomponenten zerlegen: Zu $x \in X$ ist die Vereinigung aller zusammenhängenden und abgeschlossenen Teilmengen, die x enthalten, die Zusammenhangskomponente $K(x)$ von x. Natürlich ist $K(x)$ zusammenhängend und abgeschlossen, und X lässt sich als eine disjunkte Vereinigung solcher Komponenten darstellen. Betrachten Sie als einfaches Beispiel eine Parabel und eine Hyperbel als Teilmengen des $\mathbb{R}^2$. Als topologischer Raum (mit der induzierten Topologie) ist die Parabel zusammenhängend, während die Hyberbel in zwei Zusammenhangskomponenten verfällt. Das „Schlimmste", was passieren kann, ist ein total unzusammenhängender Raum, d. h., alle Komponenten entarten zu einelementigen Mengen $K(x) = \{x\}$ für alle $x \in X$. Die rationalen Zahlen $\mathbb{Q}$ (die abzählbar sind) und C (das überabzählbar ist) sind zwei solche extremen Beispiele (jeweils als Teilmengen von $\mathbb{R}$ mit der induzierten Topologie).

Dies wird zuerst für $\mathbb{Q}$ bewiesen: Seien $p, q \in \mathbb{Q}$ mit $p < q$ und $p \in K(q)$, d. h., man nimmt an, $\mathbb{Q}$ sei nicht total unzusammenhängend. Es gibt dann in jedem Fall eine irrationale Zahl $r \in \mathbb{R} \setminus \mathbb{Q}$ mit $p < r < q$. Mit dieser Zahl ist

$$[(-\infty, r) \cap K(q)] \cup [(r, \infty) \cap K(q)]$$

eine Überdeckung von $K(q)$ durch zwei disjunkte, nichtleere und offene Mengen, d. h., $K(q)$ wäre gar nicht zusammenhängend!

Ganz ähnlich verläuft der Beweis für C: Seien $a, b \in C$ mit $a < b$ und $a \in K(b)$. In der 3-adischen Darstellung gelte

$$a = 0, x_1\, x_2\, x_3\, ... \quad \text{mit } x_i \in \{0; 2\},$$
$$b = 0, y_1\, y_2\, y_3\, ... \quad \text{mit } y_i \in \{0; 2\}.$$

Wegen $a < b$ liefert der lexikographische Ziffernvergleich die Existenz einer natürlichen Zahl n mit $x_i = y_i$ für $i < n$ und $x_n = 0, y_n = 2$. Dann erfüllt die Zahl

$$c := 0, x_1\, x_2\, ...x_{n-1}1$$

die Ungleichung $a < c < b$ und $c \notin C$. Wieder wäre jetzt

$$[(-\infty, c) \cap K(b)] \cup [(c, \infty) \cap K(b)]$$

eine Überdeckung von $K(b)$ durch zwei disjunkte, nichtleere und offene Mengen, was im Widerspruch zum Zusammenhang von $K(b)$ steht.

Beweis von Satz 6.6.e

Es bleibt zu zeigen, dass C nirgends dicht in $\mathbb{R}$ ist. Dazu wird nachgewiesen, dass zwischen 2 beliebigen Zahlen $a < b \in C$ stets ein ganzes Intervall $[c, d]$ existiert mit $a < c < d < b$ und mit $[c, d] \cap C = \emptyset$. Wie eben seien

$$a = 0, x_1\, x_2\, x_3\, ... \quad \text{mit } x_i \in \{0; 2\},$$
$$b = 0, y_1\, y_2\, y_3\, ... \quad \text{mit } y_i \in \{0; 2\}$$

in 3-adischer Darstellung geschrieben, und es gelte $x_i = y_i$ für $i < n$, $x_n = 0$, $y_n = 2$. Dann erfüllen z. B. die Zahlen

$$c = 0, x_1 x_2 \ldots x_{n-1} 10 \quad \text{und} \quad d = 0, x_1 x_2 \ldots x_{n-1} 11$$

die Behauptung. Im Gegensatz zu diesem Ergebnis war übrigens $\mathbb{Q}$ dicht in $\mathbb{R}$, obwohl es nur abzählbar viele rationale Zahlen gibt!

■

Wie gesagt, das *Cantor'sche* Diskontinuum ist eine merkwürdige Menge, unsere von der Anschauung geprägte Vorstellung versagt!

6.8.2 Fraktale Dimension

Die merkwürdige Menge C, das *Cantor'sche* Diskontinuum, enthält überabzählbar viele Punkte, wie gerade gezeigt wurde. Kann man eine solche Menge sinnvoller „messen", als es die unbefriedigende Antwort in Satz 6.5.c hergibt? Sicher nicht so einfach! Man kann jedoch manchen Mengen eine „Ähnlichkeitsdimension" zuschreiben, die aber nicht mehr der Anschauung mit den 4 Dimensionen 0 (z. B. Punkt), 1 (z. B. Gerade), 2 (z. B. Ebene) und 3 (z. B. Raum) entspricht. Dies ist auch bei der Menge C möglich. Dieser neue, von *Benoit Mandelbrot* (1924 – 2010) eingeführte Dimensionsbegriff erlaubt es, so genannten „selbstähnlichen Objekten" eine Dimension zuzuschreiben. Bei dem Namen *Mandelbrot* erinnern Sie sich sicher an die berühmte *Mandelbrotmenge*, auf die hier leider nicht eingegangen werden kann. Ein guter Einstieg zu *Mandelbrots* Ideen ist sein Buch *Die fraktale Geometrie der Natur* (1987).

Bild 6.33 *Mandelbrot*

Im Schulunterricht werden im Wesentlichen die folgenden Eigenschaften des „normalen" Dimensionsbegriffs behandelt:

- Kongruente geometrische Objekte haben gleiches Maß.

- Wird ein geometrisches Objekt in (bis auf eventuelle Randpunkte) disjunkte Teilobjekte zerlegt, so ist das Maß des Objekts gleich der Summe der Maße der Teilobjekte.

- Wird ein geometrisches Objekt durch eine zentrische Streckung mit einem Streckfaktor $k > 0$ abgebildet, so hat das gestreckte Objekt die k-fache Länge, wenn es z. B. eine Strecke ist, den k^2-fachen Flächeninhalt, wenn es z. B. ein Quadrat ist, und das k^3-fache Volumen, wenn es z. B. ein Quader ist.

Dabei steht „geometrisches Objekt" für die aus dem Geometrieunterricht bekannten Objekte wie Strecken, ebene Figuren oder Körper mit den „Maßen" Länge, Flächeninhalt oder Volumen. Die dritte, aus dem naiven Dimensionsbegriff abgeleitete Eigenschaft erweist sich als der geeignete Ansatzpunkt, um einen neuen Dimensionsbegriff zu definieren:

Um diese Idee einzuführen, werden zunächst die einfachsten geometrischen Gebilde Strecke, Quadrat, Würfel mit Streckfaktor $k = 2$ abgebildet (Bild 6.34): Für die jeweiligen Maße s, A, V der Ausgangsobjekte und s', A', V' der vergrößerten Objekte gilt

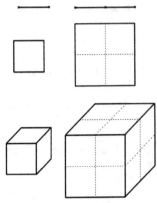

$$s' = 2 \cdot s = 2^1 \cdot s \text{ bei der Strecke,}$$

$$A' = 4 \cdot A = 2^2 \cdot A \text{ beim Quadrat,}$$

$$V' = 8 \cdot V = 2^3 \cdot V \text{ beim Würfel.}$$

Die (naive) Dimension D taucht stets im Exponenten auf! Außerdem lässt sich in den obigen drei Beispielen stets die vergrößerte Figur F' in 2^D zum Ausgangsobjekt F kongruente Komponenten zerlegen. Solche Objekte, die man bei geeigneter Vergrößerung in eine gewisse Anzahl zum Ausgangsobjekt kongruente Teilobjekte zerlegen kann, heißen **selbstähnlich**. Jetzt kann man den Spieß umdrehen und diese aus dem intuitiven Dimensionsbegriff *gefolgerte* Eigenschaft rückwärts zur **Definition** einer **(Ähnlichkeits-)Dimension** machen:

Bild 6.34 Streckfaktor $k = 2$

Angenommen, die Dimension eines Quadrats Q mit Maß A ist noch unbekannt. Man unterwirft Q einer zentrischen Streckung mit Streckfaktor 2 und erhält ein großes Quadrat Q' mit dem Maß $A' = 2^D \cdot A$. Da man Q' in 4 zu Q kongruente Komponenten zerlegen kann, muss weiter gelten $A' = 4A$. Da sinnvollerweise $0 < A < \infty$ vorausgesetzt werden kann, folgt hieraus schließlich $4 = 2^D$, und das Quadrat hat die Dimension $D = 2$.

Die Behandlung des Quadrats ergab nicht Neues, aber man kann denselben Trick bei dem *Cantor'schen* Diskontinuum C versuchen. Man denkt sich hierzu die Folge (C_n) der Teilfiguren um den Streckfaktor $k = 3$ vergrößert in die Folge (C_n') (Bild 6.35).

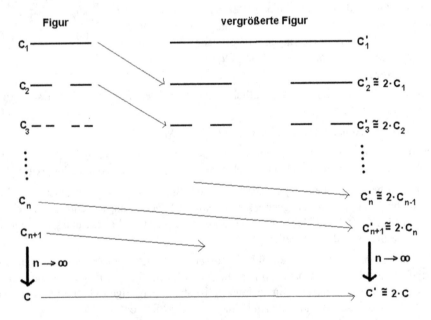

Bild 6.35 Selbstähnlichkeit des *Cantor'schen* Diskontinuums

Nur C_1 ist selbstähnlich, denn C_1' kann in 3 zu C_1 kongruente Kopien zerlegt werden. Die weiteren Folgenglieder C_n können *nicht* in zu C_n kongruente Komponenten zerlegt werden. Aber *stets* kann C_{n+1}' in 2 zu C_n kongruente Kopien zerlegt werden! In Bild 6.35 wird dies etwas ungenau mit „ $C_{n+1}' \cong 2 \cdot C_n$ " ausgedrückt. Daraus folgt sofort, dass im Limes das vergrößerte *Cantor'sche* Diskontinuum C' in 2 zu C kongruente Kopien zerlegt werden kann, dass also C selbstähnlich ist. Die Methode von eben liefert so für das Maß M' von C'

$$M' = 2 \cdot M = 3^D \cdot M.$$

Da man wieder $0 < M < \infty$ voraussetzen kann, gilt $3^D = 2$, nach Logarithmieren (bezüglich einer beliebigen Basis) folgt somit

$$D = \frac{\log(2)}{\log(3)} = 0,6309... \; .$$

Damit erhält das rätselhafte *Cantor'sche* Diskontinuum eine gebrochene (Ähnlichkeits-)Dimension $D < 1$ und ist ein Gebilde „zwischen Punkt und Linie".

Geometrische Gebilde wie das *Cantor'sche* Diskontinuum nannte *Mandelbrot* 1975 **Fraktale** (englisch *fractals* für *fractal dimension*). Kennzeichnend für sie ist eine komplexe Struktur bei jeder Ausschnittsvergrößerung. Allerdings übersteigt eine genaue Definition unsere mathematischen Mittel: *Mandelbrot* definiert Fraktale als Gebilde, deren (in der Praxis nicht einfach handhabbare) *Haussdorff-Besicovitch-Dimension* größer als ihre *topologische Dimension* ist. Die erste entspricht bei selbstähnlichen Objekten der Ähnlichkeitsdimension, die zweite unserem intuitiven Dimensionsbegriff.

Die bisherigen Überlegungen zusammenfassend kann man eine allgemeine Definition der Ähnlichkeitsdimension für selbstähnliche Objekte geben:

Definition 6.5: Ähnlichkeitsdimension

Das selbstähnliche Objekt S werde durch eine zentrische Streckung mit Streckfaktor k auf S' abgebildet. S' lasse sich in m zu S kongruente Komponenten zerlegen. Dann heißt die durch die Gleichung $m = k^D$ definierte Zahl D die ***Ähnlichkeitsdimension*** von S.

Allerdings lassen sich schon so einfache geometrische Gebilde wie Kreise, Kegel und Kugeln nicht mit dieser Methode behandeln: Es ist z. B. unmöglich, einen mit $k = 2$ vergrößerten Kreis in 4 zu dem Ausgangskreis kongruente Komponenten zu zerlegen. Es gibt aber einige klassische Fraktale, die sich mit Hilfe der Ähnlichkeitsdimension charakterisieren lassen:

Aufgabe 6.18:

Untersuchen Sie in analoger Weise die beiden folgenden klassischen Fraktale, d. h., bestimmen Sie Umfang, Flächeninhalt und Ähnlichkeitsdimension. Jedes Mal ist die Startfigur ein gleichseitiges Dreieck mit (o. B. d. A.) Kantenlänge 1. Aus den Bildern 6.36 und 6.37 ergeben sich die anschließenden Iterationen, deren Grenzfigur das jeweilige Fraktal ist.

a. Die **Schneeflockenkurve** *D* (Bild 6.36) wurde im Jahr 1906 von dem schwedischen Ma-
    thematiker *Niels Fabian Helge von Koch* (1870 – 1924) erfunden. Sein Ziel war eine
    Kurve, die überall stetig und nirgends differenzierbar ist.

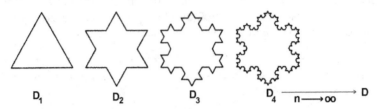

Bild 6.36 *Helge von Kochs* Schneeflockenkurve

b. Das „Schweizerkäse-Land" *S* (Bild 6.37), wie es einmal von Schülern genannt wurde,
    heißt korrekt **Sierpinski-Dreieck** nach dem polnischen Topologen *Waclaw Sierpinkski*
    (1882 – 1969), der es im Jahr 1915 erfunden hat.

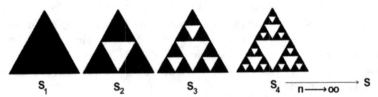

Bild 6.37 *Sierpinski*-Dreieck

Die Heimatländer der beiden Mathematiker haben entsprechende Briefmarken herausgegeben.
Das folgende Bild 6.38 zeigt zwei schwedische Briefmarken aus dem Jahr 2000 mit der
Schneeflockenkurve.

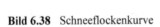

Bild 6.38 Schneeflockenkurve   **Bild 6.39** *Sierpinski*   **Bild 6.40** *Sierpinski-*
                                                                              Tetraeder

Die polnische Briefmarke auf Bild 6.39 aus dem Jahr 1982 zeigt ein bekanntes Porträt von
Sierpinski. Sie ist erschienen aus Anlass des Internationalen Mathematikerkongresses, der
1983 in Warschau stattgefunden hat. Schließlich zeigt die ungarische Briefmarke aus dem
Jahr 1996 (Bild 6.40) aus Anlass des Europäischen Mathematikerkongresses in Budapest eine

räumliche Verallgemeinerung des *Sierpinski*-Dreiecks zum *Sierpinski*-Tetraeder (vgl. auch Bild 4.44).

6.8.3 Zufallsfraktale

Der folgende einfache geometrische Algorithmus hat gar nichts mit Fraktalen zu tun: Sie wählen 3 Punkte A, B, C, die ein nicht ausgeartetes Dreieck ABC bilden. Starten Sie mit einem beliebigen Punkt P_0 (wenn Sie wollen, kann dieser Punkt auch außerhalb des Dreiecks liegen). Dann konstruieren Sie nach folgender Vorschrift weitere Punkte P_1, P_2, P_3, ... :

Sie werfen einen Würfel. Zeigt er als Ergebnis eine 1 oder eine 4, so nehmen Sie die Mitte von AP_0 als neuen Punkt P_1. Falls der Würfel eine 2 oder eine 5 zeigt, so ist P_1 die Mitte von BP_0, und bei Würfelwert 3 oder 6 ist P_1 die Mitte von CP_0. So geht's jetzt weiter: P_2 ist wieder, je nach Würfelzahl, die Mitte von AP_1, BP_1 oder CP_1 usw. In Bild 6.41 ist das Startdreieck ein gleichseitiges Dreieck, und der beschriebene Algorithmus ist sechsmal durchgeführt worden.

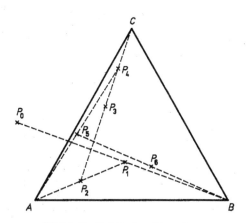

Bild 6.41 „Zufallsalgorithmus"

Wahrscheinlich werden Sie erstens sehr schnell die Lust an diesem Spiel verlieren und zweitens auch nach der Konstruktion von 20 Punkten nicht viel Interessantes sehen. Aber machen Sie sich doch einmal die kleine Mühe, ein Programm zu schreiben und Ihren Computer diese Arbeit einige Tausend Mal erledigen zu lassen. Sie können auch ein kleines Java-Applet verwenden, das Sie über die Internetseite zu diesem Buch starten können und das Ihnen erlaubt, mit dem hier beschriebenen und ähnlichen Algorithmen zu spielen und Erfahrungen zu machen.

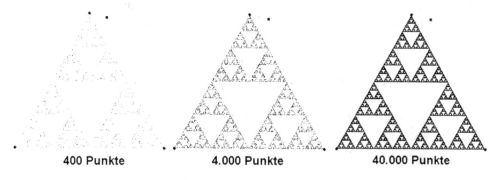

400 Punkte   4.000 Punkte   40.000 Punkte

Bild 6.42 Ein merkwürdiger Algorithmus

Wenn Sie den Rechenknecht Computer für sich arbeiten lassen, sieht die Sache schnell ganz anders aus! In den drei Teilbildern von Bild 6.42 wurde der Algorithmus 400, 4.000 und

40.000 Mal durchgeführt. Startpunkt war jeweils der oben im Bild als kleines Quadrat gezeichnete Punkt. Je mehr Punkte man erzeugt, desto deutlicher scheint das *Sierpinksi*-Dreieck zu entstehen. Zunächst scheint es an ein Wunder zu grenzen, dass der seltsame Algorithmus ein Fraktal erzeugt.

Mangels mathematischer Ideen spielte ich beim ersten Kennenlernen dieses Algorithmus mit dem Rechner herum und versuchte, eine analoge Figur bei einem Quadrat als Ausgangsfigur zu finden. Genauer wurde der Algorithmus in folgender Weise modifiziert (Bild 6.43): Der Ausgangspunkt P_0 ist wieder beliebig. Auch jetzt wird per Zufall mit einem „Würfel" mit 4 Ausgängen eine der 4 Ecken A_1, A_2, A_3, A_4 des Ausgangsquadrats gewählt und dann als P_1 derjenige Punkt der Strecke P_0A_i gewählt, für den $\overline{P_0P_1} : \overline{P_1A_i} = 2:1$ gilt usw. Das verwendete Teilverhältnis 2 : 1 zeigte beim Probieren mit dem Rechner das interessanteste Ergebnis (Bild 6.44), war aber ansonsten noch durch keine Überlegungen motiviert.

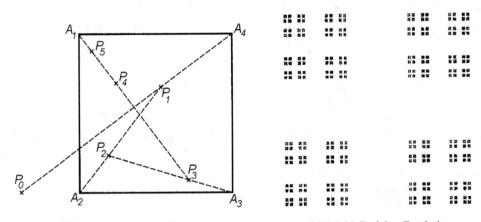

Bild 6.43 Modifikation des Algorithmus   **Bild 6.44** Erzieltes Ergebnis

Schauen Sie nur eine Randkante des computererzeugten Bildes 6.44 mit seinen 20.000 Punkten an! Fühlen Sie sich nicht an das *Cantor'sche* Diskontinuum C erinnert? Könnte die Figur in Bild 6.44 nicht das kartesische Produkt $C \times C$ sein? Diese Verwandtschaft des „Zufallsteppichs" mit dem kartesische Produkt $Q = C \times C$, das ich „*Cantor*-Quadrat" nennen will, wird im Folgenden untersucht.

Das *Cantor*-Quadrat Q entsteht, wie in Bild 6.45 dargestellt, in zweidimensionaler Analogie zum *Cantor'schen* Diskontinuum als Limes für $n \to \infty$ der Näherungen Q_n.

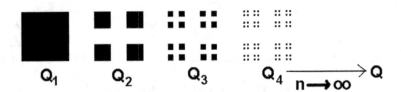

Bild 6.45 *Cantor*-Quadrat

Dabei ist Q_0 das volle Einheitsquadrat und ist für $n \geq 1$

$$Q_n = C_n \times C_n = \left\{ (x \mid y) \mid x = 0, x_1 x_2 \ldots \text{ und } y = 0, y_1 y_2 \ldots \text{ mit } x_i, y_i \neq 1 \text{ für } 1 \leq i \leq n \right\},$$

$$Q = C \times C = \left\{ (x \mid y) \mid x = 0, x_1 x_2 \ldots \text{ und } y = 0, y_1 y_2 \ldots \text{ mit } x_i, y_i \neq 1 \text{ für alle } i \in \mathbb{N} \right\}.$$

Die Zahlen x, y sind wieder 3-adisch geschrieben, wobei auch hier der Index $_{(3)}$ weglassen wurde.

Der erzeugende Algorithmus wird jetzt genauer analysiert: Die drei Punkte A_2, A_3, A_1 in Bild 6.43 definieren ein Koordinatensystem: $A_2 = (0 \mid 0)$, $A_3 = (1 \mid 0)$, $A_1 = (0 \mid 1)$. Der vierte Punkt ist dann $A_4 = (1 \mid 1)$. Der Algorithmus beschreibt ein *affines* Problem, d. h., die Ausgangsfigur könnte statt eines Quadrats auch ein Parallelogramm sein mit dem entsprechenden affinen Koordinatensystem $\{ A_2; \overrightarrow{A_2 A_3}, \overrightarrow{A_2 A_1} \}$.

Der Algorithmus erklärt, wie man einem Punkt P den Nachfolgerpunkt P' zuordnet: Es ist die *affine* Vorschrift: Wähle zufällig A als eine der Ecken des Grundquadrats (bzw. Grundparallelogramms) und nehme als P' den eindeutig bestimmten Punkt auf $[PA]$ mit Teilverhältnis

$$TV(P, P', A) = \frac{2}{3}.$$

Zunächst wird bewiesen: Ist $P \in Q_n$, so ist $P' \in Q_{n+1}$. Sei zum **Beweis** die zufällig gewählte Ecke $A = (a \mid b)$ und sei $P = (x \mid y)$. Dann gilt für die Koordinaten x' und y' von P'

$$x' = \frac{x + 2a}{3}, \quad y' = \frac{y + 2b}{3}.$$

Ist wieder in 3-adischer Darstellung $x = 0, x_1 x_2 \ldots$ und $y = 0, y_1 y_2 \ldots$, so haben die Koordinaten von P' je nach Wahl von A eine der Darstellungen

$$x' = \frac{x}{3} = 0, 0 x_1 x_2 \ldots, \text{ falls } a = 0,$$

$$x' = \frac{x + 2}{3} = \frac{x}{3} + \frac{2}{3} = 0, 0 x_1 x_2 \ldots + 0, 2 = 0, 2 x_1 x_2 \ldots, \text{ falls } a = 1,$$

$$y' = \frac{y}{3} = 0, 0 y_1 y_2 \ldots, \text{ falls } b = 0,$$

$$y' = \frac{y + 2}{3} = \ldots = 0, 2 y_1 y_2 \ldots, \text{ falls } b = 1.$$

Lag P in Q_n, so liegt P' in jedem der 4 Fälle in Q_{n+1}. Insbesondere folgt, dass das *Cantor-Quadrat* Q in sich abgebildet wird, d. h. $Q' \subseteq Q$ (genauer ist sogar $Q' = Q$).

Weiter wird gezeigt, dass jeder Punkt $P \in Q_n$ einen Abstand

$$d(P, Q) < \left(\frac{1}{3} \right)^{n-1}$$

vom *Cantor-Quadrat* Q hat: Zu $P(x \mid y) \in Q_n$ mit $x = 0, x_1 x_2 \ldots$ und $y = 0, y_1 y_2 \ldots$ ist $P^*(x^* \mid y^*)$ mit $x^* = 0, x_1 \ldots x_n$ und $y^* = 0, y_1 \ldots y_n$ ein Element von Q, und es gilt wie behauptet

$$d(P,Q) \leq \overline{PP^*} = \sqrt{\left(x - x^*\right)^2 + \left(y - y^*\right)^2} < \sqrt{\left(\frac{1}{3}\right)^{2n} + \left(\frac{1}{3}\right)^{2n}} < \left(\frac{1}{3}\right)^{n-1}.$$

Der Startpunkt P_0 der Punktfolge war beliebig. Aufgrund der zufälligen Wahl der Ecke A wandert nach einigen Schritten die Punktfolge ins Grundquadrat (mit sehr geringer Wahrscheinlichkeit kann das Wandern ins Grundquadrat lange dauern!). Ab Erreichen des Grundquadrats nähert sich die Folge mit jedem Schritt um den Faktor $^1/_3$ dem *Cantor*-Quadrat. Aufgrund der Bildschirmauflösung kann man für größeres n die Approximationen Q_n und das *Cantor*-Quadrat Q nicht mehr unterscheiden. Daher scheint die Punktfolge stets nach genügend vielen Schritten im *Cantor*-Quadrat zu liegen.

Es bleibt nur noch zu zeigen, dass die Punkte-Folge des Algorithmus das *Cantor*-Quadrat dicht ausfüllt. Insbesondere bedeutet das, dass bei jeder Wiederholung nach einiger Zeit auf dem Bildschirm aufgrund seiner endlichen Auflösung (scheinbar) das volle *Cantor*-Quadrat dargestellt wird:

Es sei P ein beliebiger Punkt der Folge und $S(x|y) \in Q$ mit $x = 0,x_1x_2 \ldots$ und $y = 0,y_1y_2 \ldots$ mit $x_i, y_i \neq 1$ ein beliebiger Punkt des *Cantor*-Quadrats. Die Folge $r_1, r_2, \ldots, r_m \in \{1, 2, 3, 4\}$ sei definiert durch

$$r_i := \begin{cases} 2 \\ 1 \\ 3 \\ 4 \end{cases} \text{ falls } \left(x_i \,|\, y_i\right) = \begin{cases} (0\,|\,0) \\ (0\,|\,2) \\ (2\,|\,0) \\ (2\,|\,2) \end{cases}.$$

Werden jetzt zufälligerweise beim „Würfeln" für die nächsten m Punkte $P^{(1)}$, $P^{(2)}$, ..., $P^{(m)}$ nacheinander die Ecken

$$A_{r_m}, \ldots, A_{r_2}, A_{r_1}$$

gewählt, so haben x- und y-Koordinate des letzten Punktes $P^{(m)}$ gerade die ersten m Nachkommastellen $x_1, \ldots, x_m$ bzw. $y_1, \ldots, y_m$ von S. Denn nach dem „Würfeln" der ersten Eckennummer r_m bekommen die Koordinaten des Nachfolgepunkts $P^{(1)}$ von P als erste Nachkommastelle gerade die Ziffern x_m und y_m. Dann wird die Eckennummer r_{m-1} gewürfelt, und die Koordinaten von $P^{(2)}$ bekommen als erste Nachkommastelle die Ziffern x_{m-1} und y_{m-1}; die Ziffern x_m und y_m werden die zweiten Nachkommastellen der Koordinaten vom $P^{(2)}$. So geht das weiter, bis die Koordinaten des m-ten Nachfolgerpunkts $P^{(m)}$ als erste Nachkommastellen die Ziffern x_1 und y_1, als zweite Nachkommastelle die Ziffern x_2 und y_2 usw. und als m-te Nachkommastellen die Ziffern x_m und y_m bekommen. Damit hat $P^{(m)}$ von S einen Abstand, der kleiner als 3^{-m+1} ist. Wenn m groß genug ist, ist in der Bildschirmauflösung dieser letzte Punkt $P^{(m)}$ nicht vom Punkt S zu unterscheiden. Da *jede* solche Zahlenfolge $r_1, \ldots, r_m$ bei diesem Algorithmus gleichwahrscheinlich ist, ist die Konvergenz gegen jeden Q-Punkt gleichwahrscheinlich, und das Computerbild zeigt stets und bei beliebiger Vergrößerung nach genügend vielen Wiederholungen des Algorithmus das (mehr oder weniger) vollständige *Cantor*-Quadrat.

In der Sprache der Chaostheorie gesprochen ist das Fraktal *Cantor*-Quadrat Q ein *Attraktor* der Zufallsfolge P_0, P_1, P_2, ... Anschaulich kann man sich also das *Cantor*-Quadrat als die Grenzfigur vorstellen, die die Punkte der Folge schließlich einfängt.

Die Analyse des Ausgangsalgorithmus von Bild 6.41, der zum *Sierpinski*-Dreieck zu führen scheint, gelingt jetzt ganz analog: Auch dieser Algorithmus ist eine affine Vorschrift, man kann sich also im Folgenden ein beliebiges nichtentartetes Dreieck A, B, C als Ausgangsfigur vorstellen. Zur Beschreibung wird wieder ein situationsgemäßes affines Koordinatensystem $\{A; \overrightarrow{AB}, \overrightarrow{AC}\}$ gewählt (vgl. Bild 6.46). Zunächst muss die Punktmenge *Sierpinski*-Dreieck S beschrieben werden. Auch das Fraktal S ist rekursiv definiert (vgl. Bild 6.37) über die Iterationen

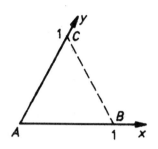

Bild 6.46 Affines Koordinatensystem

$$S_1, S_2, \ldots \xrightarrow[n \to \infty]{} S.$$

Die Tatsache, dass die Seiten jeweils halbiert werden (wieder eine affine Eigenschaft!) legt nahe, jetzt die Punktkoordinaten 2-adisch zu schreiben. Im Folgenden ist also bei Kommazahlen stets die Dualentwicklung mit Ziffern 0 und 1 gemeint. Zunächst werden S_1 und S_2 diskutiert.

Die Ausgangsfigur S_1 besteht genau aus allen Punkten $P(x/y)$, für die folgende drei Bedingungen $0 \le x \le 1$, $0 \le y \le 1$ und $0 \le x + y \le 1$ gelten (Bild 6.47, linke Figur).

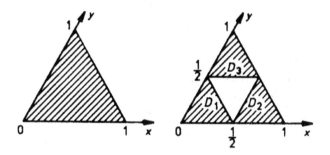

Bild 6.47 Die ersten beiden Iterationen S_1 und S_2

Für

$$x = 0{,}x_1 x_2 \ldots \text{ und } y = 0{,}y_1 y_2 \ldots \text{ mit } x_i \text{ und } y_i \in \{0; 1\}$$

muss also

$$y \le 1 - x = 0{,}\overline{1} - x = 0{,}\hat{x}_1 \hat{x}_2 \ldots \text{ mit } \hat{x}_i = \begin{cases} 1, \text{ falls } x_i = 0 \\ 0, \text{ falls } x_i = 1 \end{cases}$$

gelten. Folglich ist

$$S_1 = \left\{ (x \mid y) \mid x = 0{,}x_1 x_2 \ldots \text{ und } y = 0{,}y_1 y_2 \ldots \text{ mit } y \le 0{,}\hat{x}_1 \hat{x}_2 \ldots \right\}.$$

Die zweite Figur S_2 besteht aus 3 Dreiecken der halben Kantenlänge (Bild 6.47, rechte Figur). Analog zu der obigen Überlegung gilt für das linke untere Dreieck in Dezimaldarstellung

$$D_1 = \left\{ (x \mid y) \mid 0 \le x \le \frac{1}{2}, \ 0 \le y \le \frac{1}{2} \text{ und } 0 \le x + y \le \frac{1}{2} \right\}$$

oder in Dualdarstellung

$$D_1 = \left\{ (x \mid y) \mid x = 0,0x_2... \text{ und } y = 0,0y_2... \text{ mit } y \le 0,0\hat{x}_1\hat{x}_2... \right\}.$$

Das Dreieck D_2 rechts unten entsteht aus D_1, indem man zu den x-Werten der Punkte jeweils

$$\frac{1}{2} = 0,1$$

addiert, das Dreieck D_3 oben, indem man analog zu den y-Werten jeweils $0,1$ addiert, also

$$D_2 = \left\{ (x \mid y) \mid x = 0,1x_2x_3... \text{ und } y = 0,0y_2y_3... \text{ mit } y \le 0,0\hat{x}_1\hat{x}_2... \right\},$$
$$D_3 = \left\{ (x \mid y) \mid x = 0,0x_2x_3... \text{ und } y = 0,1y_2y_3... \text{ mit } y \le 0,1\hat{x}_1\hat{x}_2... \right\}.$$

Zusammenfassend ist damit

$$S_2 = \left\{ (x \mid y) \mid x = 0,x_1x_2... \text{ und } y = 0,y_1y_2.... \text{ mit } (x_1 \mid y_1) \ne (1 \mid 1) \text{ und } 0,0y_2... \le 0,0\hat{x}_1\hat{x}_2... \right\}.$$

Genauso wie oben lassen sich die weiteren Approximationen von S darstellen: S_n besteht aus 3^{n-1} Dreiecken. Für das jeweilige Dreieck D, das den Nullpunkt enthält, gilt

$$D = \left\{ (x \mid y) \mid x = 0,0...0x_nx_{n+1}... \text{ und } y = 0,0...0y_ny_{n+1}... \text{ mit } y \le 0,0...0\hat{x}_1\hat{x}_2... \right\}.$$

Die anderen Dreiecke entstehen durch entsprechende Verschiebungen aus diesem Dreieck. Für das *Sierpinski*-Dreieck S ergibt sich schließlich

$$S = \left\{ (x \mid y) \mid x = 0,x_1x_2... \text{ und } y = 0,y_1y_2... \text{ mit } (x_i \mid y_i) \ne (1 \mid 1) \text{ für alle } i \in \mathbb{N} \right\}.$$

Mit Hilfe dieser Darstellung lässt sich der Ausgangsalgorithmus leicht analysieren: Die Eckpunkte des (beliebigen) Ausgangsdreiecks bestimmen ein affines Koordinatensystem und haben die Koordinaten $A(0|0)$, $B(1|0)$, $C(0|1)$. Ist $(a|b)$ die zufällig gewählte Ecke des Dreiecks ABC, so hat der Nachfolgerpunkt $P'(x'|y')$ des Punkts $P(x|y)$ die Koordinaten

$$x' = \frac{x+a}{2}, \; y' = \frac{y+b}{2} \;.$$

Haben die Koordinaten von P in Dualdarstellung die Koordinaten

$$x = 0,x_1x_2... \text{ und } y = 0,y_1y_2...,$$

so hat P' je nach Wahl der Ecke die folgenden Koordinaten:

$$(a \mid b) = (0 \mid 0): \; x' = \frac{x}{2} = 0,0x_1x_2..., \qquad y' = \frac{y}{2} = 0,0y_1y_2...,$$

$$(a \mid b) = (1 \mid 0): \; x' = \frac{x}{2} + \frac{1}{2} = 0,1x_1x_2..., \qquad y' = \frac{y}{2} = 0,0y_1y_2...,$$

$$(a \mid b) = (0 \mid 1): \; x' = \frac{x}{2} = 0,0x_1x_2..., \qquad y' = \frac{y}{2} + \frac{1}{2} = 0,1y_1y_2....$$

Lag P schon in S_n, so liegt P' in jedem Fall in S_{n+1}, insbesondere wird das *Sierpinski*-Dreieck selbst in sich abgebildet: $S' \subseteq S$. Wie im Falle des *Cantor*-Quadrats zeigt die Dualdarstellung: Jeder Punkt P aus S_n hat zu S einen Abstand

$$d(P,S) < \left(\frac{1}{2} \right)^{n-1} \;.$$

Der Startpunkt P_0 der Punktfolge war beliebig. Man macht die gleiche Überlegung wie zuvor beim *Cantor*-Quadrat: Aufgrund der zufälligen Wahl der Ecke wandert die Punktfolge (in der Regel) nach einigen Schritten ins Grunddreieck S_1 und nähert sich ab dann mit jedem Schritt um den Faktor 0,5 dem *Sierpinski*-Dreieck S, scheint also bald in der Bildschirmauflösung im *Sierpinski*-Dreieck zu liegen. Wieder wird aufgrund der zufälligen Wahl der Ecken das *Sierpinski*-Dreieck dicht aufgefüllt: P sei ein beliebiger Punkt der Folge und $R(x|y) \in S$ mit

$$x = 0, x_1 x_2 \ldots \text{ und } y = 0, y_1 y_2 \ldots \text{ mit } (x_i \mid y_i) \neq (1 \mid 1).$$

Die Folge $r_1, \ldots, r_m \in \{1, 2, 3\}$ sei definiert durch

$$r_i := \begin{cases} 1 \\ 2 \\ 3 \end{cases} \text{ falls } (x_i \mid y_i) = \begin{cases} (0 \mid 0) \\ (1 \mid 0) \\ (0 \mid 1) \end{cases}.$$

Bei $r_i = 1$ (bzw. 2, 3) möge die Ecke A (bzw. B, C) des Ausgangsdreiecks zur Konstruktion des nächsten Punkts verwendet werden. Werden jetzt zufälligerweise beim „Würfeln" der nächsten m Punkte $P^{(1)}$, $P^{(2)}$, ..., $P^{(m)}$ nacheinander die Ecken zu den Zahlen r_m, ..., r_2, r_1 gewählt, so hat nach dem gleichen Argument wie beim *Cantor*-Quadrat der letzte Punkt $P^{(m)}$ von S einen Abstand $< 2^{-m+1}$. Da jede solche Folge gleichwahrscheinlich ist, ist die Konvergenz gegen *jeden* S-Punkt gleichwahrscheinlich, und das Computerbild zeigt stets nach genügend vielen Wiederholungen des Algorithmus das (mehr oder weniger) vollständige *Sierpinski*-Dreieck.

Damit ist der Überblick über den Aufbau des Zahlensystems beendet. Die scheinbar so vertrauten rationalen und reellen Zahlen haben sich als höchst komplexe Strukturen mit merkwürdigen Eigenschaften erwiesen, die nicht mehr der Anschauung zugänglich sind. Ganz automatisch hat sich das Bedürfnis zur abstrakten Beschreibung dieser und anderer Zahlenmengen ergeben!

Literaturverzeichnis

Aigner, M. & Ziegler, G. M. (2002). *Das Buch der Beweise.* – Berlin: Springer.

Alperin, R. C. (2000). A Mathematical Theory of Origami Constructions and Numbers. – In: *The New York Journal of Mathematics*, 6, S. 119 – 133.

Alperin, R. C. (2002). Another View of Alhazens's Optical Problem. – In: Hull, Th. (Ed): *Origami³. Third International Meeting of Origami Science, Mathematics, and Education.* – Natick, Massachusetts: A. K. Peters.

Artin, E. (1957). *Geometric Algebra.* – New York: Interscience.

Artin, E. (1965). *Galoissche Theorie.* – Leipzig: Teubner.

Artin, M. (1998). *Algebra.* – Basel: Birkhäuser.

Artmann, B. (1999). *Euclid – The Creation of Mathematics.* – New York: Springer.

Aumann, G. (2006). *Euklids Erbe. Ein Streifzug durch die Geometrie und ihre Geschichte.* – Darmstadt: Wissenschaftliche Buchgesellschaft.

Bachmann, F. (1959). *Aufbau der Geometrie aus dem Spiegelungsprinzip.* – Berlin: Springer.

Basieux, P. (2000). *Die Top Ten der schönsten mathematischen Sätze.* – Reinbek: rororo.

Bender, P. (1995). Die Geometrie des Lederfußballs – ein Optimierungsproblem. – In: *ISTRON-Materialien für einen realitätsbezogenen Mathematikunterricht,* Band 2, G. Graumann u. a. (Hrsg.), Hildesheim: Franzbecker, S. 1 – 14.

Bewersdorff, J. (2002). *Algebra für Einsteiger.* – Wiesbaden: Vieweg.

Beutelspacher, A. (1995). *Der Goldene Schnitt.* – Mannheim: BI-Wissenschaftsverlag.

Bieberbach, L. (1952). *Theorie der geometrischen Konstruktionen.* – Basel: Birkhäuser.

Bläuenstein, E. (1997). *Geometrische Konstruktionen 3. Grades mit Papierfalten.* – Freising: Origami Deutschland.

Blum, W. & Kirsch, A. (1991). Preformal Proving: Examples and Reflections. – In: *Educational Studies in Mathematics* 22, S. 183 – 203.

Borneleit, P., Danckwerts, R., Henn, H.-W. & Weigand, H.-G. (2001). Expertise zum Mathematikunterricht in der gymnasialen Oberstufe. – In: H.-E. Tenorth (Hrsg.): *Kerncurriculum Oberstufe.* – Weinheim: Beltz (2001), S. 26 – 53.

Breidenbach, W. (1951). *Die Dreiteilung des Winkels.* – Leipzig: Teubner.

Breidenbach, W. (1953). *Das Delische Problem.* – Leipzig: Teubner.

Bromme, R. & H. Steinbring, H. (1990). Die epistemologische Struktur mathematischen Wissens im Unterrichtsprozess. – In: R. Bromme u. a. (Hrsg.): *Aufgaben als Anforderungen an Lehrer und Schüler.* – Köln: Aulis Verlag Deubner, S. 151 – 229

Büchter, A. & Henn, H.-W. (2007²). *Elementare Stochastik. Eine Einführung in die Mathematik der Daten und des Zufalls.* 2., überarbeitete und erweiterte Auflage. Heidelberg/Berlin: Springer.

Büchter, A. & Henn, H.-W. (Hrsg.) (2008). *Der Mathekoffer.* – Stuttgart: Klett.

Büchter, A. & Henn, H.-W. (2010). *Elementare Analysis. Von der Anschauung zur Theorie.* – Heidelberg: Spektrum Akademischer Verlag.

Byrne, O. (1847). *The First Six Books of The Elements of Euclid.* – London: William Pickering. (Faksimile-Ausgabe, 2010, Köln: Taschen-Verlag).

Cantor, M. (1907^3). *Vorlesungen über Geschichte der Mathematik,* 1. Band. – Leipzig: Teubner.

Caratheodory, C. (1919). Die Bedeutung des Erlanger Programms. – In: *Die Naturwissenschaften,* S. 297 – 300

Courant, R. & Robbins, H. (1967). *Was ist Mathematik?* – Berlin: Springer.

Dedekind, R. (1965). *Was sind und sollen die Zahlen. Stetigkeit und irrationale Zahlen.* – Braunschweig: Vieweg.

Delahaye, J.-P. (1999). π – *die Story.* – Basel: Birkhäuser.

Dörbrand, W. (2001). Wie könnte Archimedes bei der „Kreismessung" gerechnet haben? – In: *Praxis der Mathematik,* Heft 2, S. 67 – 73.

Dreyfus, T. & Hadas, N. (1996). Proofs as answer to the question why. – In: *Zentralblatt für Didaktik der Mathematik,* Heft 1, S. 1 – 5.

Drinfel'd, G. I. (1980). *Quadratur des Kreises und Transzendenz von π.* – Berlin: VEB Deutscher Verlag der Wissenschaften.

Drumm, V. (1983). Wandmuster und ihre Symmetrien; eine Anwendung der Vektorrechnung und des Skalarprodukts. Teil 1, Teil 2. – In: *Didaktik der Mathematik,* 11, Heft 1, S. 52 – 75; Heft 2, S. 152 – 168.

Ebbinghaus u. a. (1988). *Zahlen.* – Berlin: Springer.

Euklid (1980). *Die Elemente.* – Darmstadt: Wiss. Buchgesellschaft.

Faber, K. (1968). *Geometrie I.* – Stuttgart: Klett.

Fine, B. & Rosenberger, G. (1997). *The Fundamental Theorem of Algebra.* – New York: Springer.

Flachsmeyer, J., Feiste, U. & Manteuffel, K. (1990). *Mathematik und ornamentale Kunstformen.* – Thun: Deutsch.

Freudenthal, H. (1973). *Mathematik als pädagogische Aufgabe,* Band 1 und 2. – Stuttgart: Klett.

Führer, L. (2001). Kubische Gleichungen und die widerwillige Entdeckung der komplexen Zahlen. – In: *Praxis der Mathematik,* S. 57 – 67.

Gerretsen, J. & Vredenduin, P. (1967). Polygone und Polyeder. – In: Behnke, H. u.a. (Hrsg.): *Grundzüge der Mathematik, Band II: Geometrie, Teil A: Grundlagen der Geometrie, Elementargeometrie.* Göttingen: Vandenhoeck & Ruprecht, S. 253 – 305.

Grünbaum, B. (1985). Geometry strikes again. – In: *Mathematics Magazine* 58, S. 12 - 17.

Grünbaum, B. & Shephard, G. C. (1987). *Tilings and Patterns.* – New York: Freeman.

Haga, K. (2008). *Origamics. Mathematical Explorations through Paper Folding.* – Singapore: World Scientific Publishing.

Hallerberg, A. E. (1977). Indiana's Squared Circle. – In: *Mathematics Magazin,* 50, S. 136 – 140.

Hanna, G. (1989). Proofs that prove and proofs that explain. – In: *Thirteenth International Conference of the International Group on Psychology of Mathematics Education., Vol. 2. Proceedings.,* S. 45 – 51.

Hasse, H. (1964). *Vorlesungen über Zahlentheorie.* – Berlin: Springer.

Hefendehl-Hebeker, L. & Eschenburg, J.-H. (2000). Die Gleichung 5. Grades: Ist Mathematik erzählbar? – In: *Mathematische Semesterberichte,* Bd. 47, S. 193 – 220.

Henn, H.-W. (1992). Wie π fast einmal zu 4 wurde. – In: *mathematik lehren,* Heft 51, S. 74 – 75.

Henn, H.-W. (1997). Entdeckendes Lernen im Umkreis von zentrischer Streckung und Strahlensätzen. – In: *mathematik lehren,* Heft 82, S. 48 – 51.

Henn, H.-W. (2001). Mobile Classroom – a School Project Focussing on Modeling. – In: W. Blum et al. (Eds.): *Modelling and Mathematics Education.* Chichester: Horwood Publishing, S. 151 – 160.

Henn, H.-W. (2003). *Elementare Geometrie und Algebra.* – Wiesbaden: Vieweg.

Henn, H.-W. (2004). Computer-Algebra-Systeme – junger Wein oder neue Schläuche? – In: *Journal für Mathematikdidaktik,* Vol. 25/4, S. 198 – 220.

Henn, H.-W. (2011). Die Welt ist voller Zebras. Ein- und zweidimensionale Codes im Alltag. – In: Th. Krohn, E. Malitte, G. Richter, K. Richter, S. Schöneburg & R. Sommer (Hrsg.) (2012). *Mathematik für alle – Wege zum Öffnen von Mathematik. Mathematikdidaktische Ansätze. Festschrift für Wilfried Herget.* S. 117 – 126. Hildesheim: Franzbecker.

Hermes, J. G. (1894). Über die Teilung des Kreises in 65537 gleiche Teile. – In: *Nachrichten von der Gesellschaft der Wissenschaften in Göttingen, Mathematisch-Physikalische Klasse,* S. 170 – 186.

Hertz, H. (1894). *Prinzipien der Mechanik.* – Leipzig: Johann Ambrosius Barth.

Hilbert, D. (1968[10]). *Grundlagen der Geometrie.* – Basel: Teubner.

Hischer, H. (1994). Geschichte der Mathematik als didaktischer Aspekt (2). Lösung klassischer Probleme – In: *Mathematik in der Schule,* 32, S. 279 – 291.

Humenberger, H. (2011). Wie können die komplexen Zahlen in die Mathematik gekommen sein? – Gleichungen dritten Grades und die Cardano-Formel. In: H. Henning & F. Freise (Hrsg.): *ISTRON-Materialien für einen realitätsbezogenen Mathematikunterricht,* Band 17, S. 31 – 45. Hildesheim: Franzbecker.

Humenberger, H. & Schuppar, B. (2006). Irrationale Dezimalbrüche – nicht nur Wurzeln! – In: A. Büchter, H. Humenberger, S. Hussmann & S. Prediger (Hrsg.): *Realitätsnaher Mathematikunterricht vom Fach aus und für die Praxis,* S. 120 – 128. Hildesheim: Franzbecker.

Humenberger, H. & Reichel, H.-C. (1995). *Fundamentale Ideen der Angewandten Mathematik und ihre Umsetzung im Unterricht.* – Mannheim-Wien-Zürich: BI-Verlag.

Huppert, B. (1967). *Endliche Gruppen I.* – Berlin: Springer.

Huzita, H. (1992). Understanding Geometry through Origami Axioms. – In: Smith, J. (Ed): *Proceedings of the First International Conference on Origami in Education and Therapy. – British Origami Society*, S. 37 – 70.

Jörgensen, D. (1999). *Der Rechenmeister.* – Berlin: Rütten & Loening.

Kasahara, K. (2001). *Origami – figürlich und geometrisch.* – München: Augustus-Verlag.

Kepler, J. (1596). *Mysterium Cosmographicum.* – Tübingen.

Klein, F. (1908/1909). *Elementarmathematik vom höheren Standpunkte aus. Teil I: Arithmetik, Algebra, Analysis, Teil II: Geometrie.* – Leipzig: Teubner. Im Internet verfügbar unter http://gdz.sub.uni-goettingen.de/dms/load/toc/?IDDOC=249873

Klein, F. (1962). *Famous Problems of Elementary Geometry.* – New York: Chelsea.

Knörrer, H. (1996). *Geometrie.* – Braunschweig: Vieweg.

Krätz, O. & Merlin, H. (1995). *Casanova. Liebhaber der Wissenschaften.* – München: Callway.

Krbek, F. von (1962). *Eingefangenes Unendlich.* – Leipzig: Akademische Verlagsgesellschaft.

Lietzmann, W. (1950). *Wo steckt der Fehler?* – Leipzig: Teubner.

Lingenberg, R. & Baur, A. (1967). Affine und projektive Ebenen. – In: Behnke, H. u. a. (Hrsg.): *Grundzüge der Mathematik, Band II: Geometrie, Teil A: Grundlagen der Geometrie, Elementargeometrie.* Göttingen: Vandenhoeck & Ruprecht, S. 66 – 118.

Mac Gillavry, C. H. (1965). *Symmetry aspects of M. C. Escher's periodic drawings.* – Utrecht: Bohn, Scheltema & Holkema.

Mandelbrot, B. (1987). *Die fraktale Geometrie der Natur.* – Basel: Birkhäuser.

Müller, E. (1944). *Gruppentheoretische und strukturtheoretische Untersuchungen der Maurischen Ornamente aus der Alhambra in Granada.* – Inaugural-Dissertation, Universität Zürich.

Pasch, M. (1882). *Vorlesungen über neuere Geometrie.* – Berlin: Springer.

Penrose, R. (1979). Pentaplexity. A Class of Non-Periodic Tilings of the Plane. – In: *The Mathematical Intelligencer*, Vol. 2, Nr. 1, S. 32 - 37

Pesic, P. (2007). *Abels Beweis.* – Berlin-Heidelberg-New York: Springer.

Quaisser, E. (1994). *Diskrete Geometrie.* – Heidelberg: Spektrum.

Rauchhaupt, U. v. (2011). Farben für Euklid. – In: *Mitteilungen der DMV*, H. 19/1, 36 – 39.

Reményi, M. (2001). Geschichte des Symbols ∞. – In: *Spektrum der Wissenschaft Spezial. Das Unendliche*, S. 40 – 41.

Richelot, F. J. (1832). De resolutione algebraica aequationis X257=1, sive de divisione circuli per bisectionem anguli septies repetitam in partes 257 inter se aequales commentatio coronata. – In: *Crelles Journal* 9, S. 1 – 26, 146 – 161, 209 – 230 und 337 – 358.

Schafarewitsch, I. R. (1956). *Über die Auflösung von Gleichungen höheren Grades (Sturmsche Methode).* – Berlin: Deutscher Verlag der Wissenschaften.

Schattschneider, D. (1978). The plane symmetry groups: Their recognition and notation. – In: *American Mathematical Monthly,* Vol. 85, Heft 6, S. 439 – 450.

Schatz, N. (2001). *Pflasterungen in der Ebene – unter besonderer Berücksichtigung von fünfeckigen Kacheln der Künstlerin Rosemary Grazebrook.* – Schriftliche Hausarbeit im Rahmen der 1. Staatsprüfung für das Lehramt für die Primarstufe, Universität Dortmund.

Schneider, E. (1968). *Mathematik ernst und heiter.* – Wiesbaden: VMA-Verlag.

Schönbeck, J. (1988). Euklid und die „Elemente" der Geometrie. – In: *Der mathematisch-naturwissenschaftliche Unterricht* 41/4, S. 204 – 210.

Schupp, H. & Dabrock, H. (1995). *Höhere Kurven.* – Mannheim: BI-Wissenschaftsverlag.

Seiz, R. (1971²). *Glaser Fachbuch. Fachkunde, Fachzeichnen, Fachrechnen.* – Schorndorf: Verlag Karl Hofmann.

Singh, S. (1998). *Fermats letzter Satz.* – München: Hanser.

Slodowy, P. (1986). Das Ikosaeder und die Gleichungen fünften Grades. – In: *Mathematische Miniaturen 3, Arithmetik und Geometrie.* – Basel: Birkhäuser, S. 73 – 113.

Steck, M. (1948). *Dürers Gestaltlehre der Mathematik und der bildenden Künste.* – Halle: Max Niemeyer-Verlag.

Stewart, I. (2000). Fünfeckige Kacheln. – In: *Spektrum der Wissenschaft,* Heft 1, S. 106 – 108.

Sträßer, R. (2000). Dreiteilung des Winkels – stoffdidaktische Betrachtungen im Lichte dynamischer Geometriesoftware. – In: *Beiträge zum Mathematikunterricht 2000,* S. 643 – 646.

Tietze, H. (1980). *Gelöste und ungelöste Probleme aus alter und neuer Zeit.* – München: Beck'sche Verlagsbuchhandlung.

Toeplitz, O. (1927). Das Problem der Universitätsvorlesungen über Infinitesimalrechnung und ihre Abgrenzung gegenüber der Infinitesimalrechnung an den höheren Schulen. – In: *Jahresbericht der deutschen Mathematikervereinigung,* 36, S. 88 – 100.

Toth, L. F. (1965). *Reguläre Figuren.* – Leipzig: Teubner.

Trinks, W. (1988). *Pflasterungen der Ebene mit Drachen und Schwalben.* – Math. Inst. II, Universität Karlsruhe, Tag der Mathematik.

Tropfke, J. (1979). *Geschichte der Elementarmathematik, Bd. 1: Arithmetik und Algebra.* – Berlin: De Gruyter.

Tropfke, J. (1937). *Geschichte der Elementarmathematik, Bd. 3: Proportionen, Gleichungen.* – Berlin: De Gruyter.

van der Waerden, B. L. (1930). *Algebra, Teil 1 und 2.* – Berlin: Springer.

Wagenschein, M. (1970). *Ursprüngliches Verstehen und exaktes Denken,* Bd. 2. – Stuttgart: Klett.

Walser, H. (1993). *Der Goldene Schnitt.* – Stuttgart: Teubner.

Wantzel, P. L. (1837). Recherches sur les moyens de reconnaître si un Problème de Géométrie peut se résoudre avec la règle et le compas. – In: *Journal de Mathématiques pures,* 2, S. 366 – 372.

Witt, A. (1991). *Das Galilei Syndrom. Unterdrückte Entdeckungen und Erfindungen*. – München: Universitas Verlag.

Wittmann, E. Ch. (1981). *Grundfragen des Mathematikunterrichts*. – Braunschweig: Vieweg.

Wittmann, E. Ch. (1985). Objekte-Operationen-Wirkungen: Das operative Prinzip in der Mathematikdidaktik. – In: *mathematik lehren*, H. 11, S. 7-11.

Wittmann, E. Ch. & Müller, G. N. (2005). *Das Zahlenbuch 4*. – Stuttgart: Klett-Verlag.

Wussing, H. (2009). *6000 Jahre Mathematik. Eine kulturgeschichtliche Zeitreise* (2 Bände). – Heidelberg/Berlin: Springer.

Stichwortverzeichnis

Abel 176
abzählbar 219
Achsenspiegelungen 98
affine Abbildungen 97
affine Ebene 23, 25, 28
affine Räume 97
Affinitäten 97
Ähnlichkeitsdimension 255
aleph 219
algebraisch vom Grad *n* 55
algebraische Erweiterungen 55
algebraische Zahlen 54, 173
angeordneter Körper 232
Äquivalenzrelation 217
Archimedes 69
Archimedische Körper 112
Archimedische Spirale 86
Argand 203
Artin 45, 205
auflösbar 196
Automorphismen 34

Bandornamente 128
Bernoulli 86
Bewegungen 97
Bewegungsgruppe 97
Bólay 17
Bruner 3

Cantor 218
Cantorsches Diskontinuum 249
Cardano 175
Cardano'sche Formeln 177
Casanova 53
Cauchy 208, 239
Cauchy-Folgen 239
Ceulen 70
Cohen 222

Dedekind 222
Dedekind-Schnitte 238
Delisches Problem 50, 62
Desargues, Satz von 40
Desargues'sche Ebene 42

Descartes 10, 25, 204
dichte Teilmenge 222
Diedergruppen 108
Dilatation 36
Dilatationsebene 39
Division mit Rest 190
Dodekaeder 111, 124
Drehungen 97
Dürer 53

eigentliche Dilatation 36
einfache Gruppe 37
Einheit 237
Einheitswurzeln 74, 179
Einschiebelineal 67
elementarsymmetrische Funktionen 200
Elemente *Euklids* 12
elliptische Geometrie 25, 26
Erlanger Programm 26, 97
Erzeugende und Relationen 107
Escher 138
Euklid 12, 111
Euklidische Ebene 27, 97
Euklidische Geometrie 10, 19, 25
Euklidischer Algorithmus 73, 188
Euler 77, 118, 202, 246
Euler'sche Formel 246
Euler'scher Polyedersatz 117

Federov 135
Fermat 77
Fermatprimzahlen 51, 73, 77
Fibonacci-Folge 82
Flächenornamente 135
Fraktale 255
fraktale Dimension 253
Frege 223
Freudenthal 5
Fundamentalsatz der Algebra 201
Funktionenkörper 223

g-adische Zahldarstellung 227, 234
Galois 176
Galois'sche Gruppe 197

Galoistheorie 197
Gauß 17, 51, 73, 202, 206, 242
Gauß'sche Integralfunktion 173
Gauß'sche Zahlenebene 242
Gauß'sches Lemma 76
Genetisches Prinzip 2

Gitter 140
Gitter-Fixgruppen 142
Gittersymmetrie 142
Gitter-Typen 144
gleichmächtig 31, 118
Gleitspiegelung 97
Gödel 24, 222
Goethes Faust 79
goldene quadratische Gleichung 80
goldener Schnitt 80
goldenes Dreieck 81
goldenes Verhältnis 80
Grazebrook 160
Grundlagen der Geometrie 18
Gruppenoperation 35

Hamilton 243
Hankel 214
Hasse 227
Hauptsatz der Galoistheorie 197
Haussdorf 223
Hexaeder 112, 121
Hilbert 18, 222
Hippias von Elis 70
hyperbolische Geometrie 25, 26, 27

Ikosaeder 112, 124
inkommensurabel 235
Intervallschachtelungen 238
irreduzibel 55, 190
Isometrien 97

Kardinalzahlen 218, 224
kategorisch 242
Kepler 114
Klein 1, 30, 34, 97
Klein'sche Vierergruppe 110, 130
Kneser 1
Koch 256
Kollineationen 34

kommensurabel 234
Kompositionsreihe 196
Kongruenzabbildungen 97
Konjugation in $\mathbb{C}$ 244
Konstruktionen mit Zirkel und Lineal 54
Koordinatenkörper 29
Körpergrad 55
kristallographische Symmetriegruppen 135
Kronecker 213

Lindemann 51, 69
lineare Abbildungen 97
Liouville 205
Lobatschewskij 17
logarithmische Spirale 85
lokales Ordnen 10
Lorenzen 224

Mächtigkeit von Mengen 218
Mandelbrot 253
Mathematikum in Gießen 162
Methode von *Sturm* 192
Minimalmodell 28
Mitternachtsformel 5, 175

Nachfolgermenge 225
Neumann, von 224
nichteuklidische Geometrie 17
nichtperiodische Pflasterungen 161
normale Erweiterung 196
Normalteiler 37

Oktaeder 112, 121, 123
ontologisch 3
operatives Prinzip 215
operieren 35
Ordinalzahlen 224
Ordnungsrelation 217
Origamics 59
Ornamentsymmetrie 142

p-adische Körper 233
Pappos, Satz von 40
Parallelenaxiom 17, 28
Parallelenscharen 28
parallelentreu 34
Peano 224

Peano-Axiome 227
Penrose 161
Pentagramm 78
periodische Pflasterungen 135
Permanenzprinzip 214, 243
Platon 112
Platonische Körper 111
Polarkoordinatendarstellung 247
Pólya 135
primitive Einheitswurzel 74, 177
Primzahl 236
Primzahlen vom *Fermatschen* Typus 77
Prismen 121
projektive Ebene 25
Punktspiegelungen 97
Pyramiden 121
Pythagoras 234

Quadratgruppe 107
Quadratrix 70
Quadratur des Kreises 51, 68
Quasikörper 42
Quaternionen 243

Radikale 174
Radikalerweiterung 198
regelmäßiges 17-Eck 91
regelmäßiges 5-Eck 78
regelmäßiges 7-Eck 87
regelmäßiges *n*-Eck 51, 72
Relation 217
Richtung 28
Riemann 248
Riemann'sche Flächen 248
Ruffini 176
Russell 223

Schiefkörper 42
Schließungssätze 39
Schneeflockenkurve 256
Schrägspiegelungen 104
separabel 190
Sierpinski 256
Sierpinski-Dreieck 256
Spiegelungen 26, 97
Spiralprinzip 3
stereographische Projektion 117
Streckung 36
Sturm 192
synthetische Geometrie 25

Tai Gi 84
Tartaglia 175
Ternärkörper 33
Tetraeder 112, 123
Toeplitz 2
total unzusammenhängende Menge 247
Translation 36, 97
Translationsebene 39
transzendente Zahlen 54
treue Operation 35
Trisektion des Winkels 50, 64

überabzählbar 221
unzerlegbar 236

Wagenschein 2
Wedderburn, Satz von 42
Wiles 77
Windungszahl 207

Zermelo 224
Zufallsfraktale 257
zusammenhängender Graph 117

Printed in the United States
By Bookmasters